Schultke
ABC der Elektroinstallation

Medien und Kongresse

Hans Schultke

ABC

der Elektroinstallation

14. Auflage 2009

EW Medien und Kongresse GmbH
Frankfurt | Bonn | Berlin | Heidelberg | Essen

Dipl.-Ing. (FH) Hans Schultke
war bei E.ON Bayern AG, Regensburg tätig; er ist
Obmann des DIN-Normenausschusses NABau
für DIN 18012, 18013, 18014, 18015;
Stellv. Obmann des VDI-Ausschusses 2166 „Planung
von elektrischen Anlagen in Gebäuden“;
Mitglied in verschiedenen DKE (VDE-) Gremien,
unter anderen für Leitungsschutzschalter,
Fehlerstrom-Schutzschalter,
Mitglied im HEA-Fachausschuss
„Elektroinstallation und Gebäudesystemtechnik“
sowie im Beirat der Initiative „ELEKTRO +“.

Bilder und Zeichnungen: ABB, ABN, Berker, BEHA, BDEW, Bosecker, Busch-Jaeger, Dehn, Deutsches Institut für Normung, Doepke, Elcom, Elektra-Tailfingen, Freidl, E.ON Bayern, Geyer, GIRA, GMC-Instruments, Hager, Hirschmann, massa haus (Titelfoto), Jung, Kaiser, Kathrein, Langmatz, OBO, Phoenix, Rutenbeck, Schafberger, Schultke, Siedle, Siemens, VDE, Theben, VWEW, Wago, Werner, ZVEH

14. Auflage 2009,
Redaktionsschluss Juli 2009

Verlag
EW Medien und Kongresse GmbH
Kleyerstr. 88
D-60326 Frankfurt am Main
Telefon 0 69/7 10 46 87 – 3 18
Telefax 0 69/7 10 46 87 – 3 59
E-Mail vertrieb@ew-online.de
Internet www.ew-online.de

ISBN 978-3-8022-0969-7

Vorwort

Elektrohandwerk im Wandel

Die Elektrizität ist heute in allen Lebensbereichen unverzichtbar; die Ansprüche an eine moderne Elektroinstallation ohne zeitliche und räumliche Einschränkungen steigen.

Der Bauherr errichtet oder kauft ein Haus, der Eigner entschließt sich zur Modernisierung bestehender Anlagen: alle wollen dabei am liebsten die gesamten Handwerksleistungen aus einer Hand. Der Elektrohandwerker muss sich dieser Forderung des Marktes stellen und sich zum Energiedienstleister oder Systemintegrator, besonders für Gebäudetechnik, entwickeln. Gleichzeitig sollte der Elektrotechniker auch der Berater des Betreibers sein, indem er nützliche Hinweise zur rationellen Energieanwendung aufzeigt.

Die Novellierung der Handwerksordnung, die neuen Berufsbezeichnungen und Ausbildungsinhalte schaffen dazu eine attraktive Grundlage, indem sie Spezialisierung anbieten: Elektroniker/-in für Energie- und Gebäudetechnik, Automatisierungstechnik oder Informations- und Telekommunikationstechnik; Systemelektroniker/-in; Informationselektroniker/-in für Geräte- und Systemtechnik oder Büro-Systemtechnik; Elektroniker/-in für Maschinen und Antriebstechnik.

E-Marken-Handwerksbetriebe bieten höchste Leistungsqualität in den Bereichen Elektrotechnik, Elektromaschinenbau und Informationstechnik. Ob Energie- und Klimatechnik, Sicherheitslösungen, Beleuchtungskonzepte oder vernetzte Gebäudetechnik – Handwerk verbindet mit innovativen Technologien und berät über Zukunftsthemen wie Energieeffizienz.

Diesen veränderten Anforderungen des Marktes und der fortschreitenden technischen Entwicklung trägt auch das nun in der 14. Auflage vorliegende „ABC der Elektroinstallation“ Rechnung. Mit seinen umfangreichen fachpraktischen Inhalten gibt es viele Projektierungshinweise und dient gleichzeitig als Lernhilfe im Bereich der elektrohandwerklichen Aus- und Weiterbildung.

Die Bundesnetzagentur hat die Festlegung von bundesweit einheitlichen Geschäftsprozessen im Mess- und Zählwesen für den Strom- und Gasmarkt veröffentlicht. Vorgaben für einheitliche Geschäftsprozesse im Mess- und Zählwesen werden bundesweit gelten und sollen für den Strom- und Gasbereich identisch sein.

Das Buch berücksichtigt aktuell die veränderten Vorschriften und Bestimmungen und ist dadurch ein Ratgeber für den erfahrenen Meister, Gesellen oder den Lehrling.

Ing. Burkhard Schulze

Bundesbeauftragter für das Normenwesen im
Zentralverband der Deutschen Elektro- und Informationstechnischen Handwerke

Inhaltsverzeichnis

Einleitung

Die Elektroinstallation einer Wohnung, eines Hauses ist dann gut, wenn man sie nicht bemerkt. An dieser Aussage ist viel Wahres. Immer mehr Elektrogeräte sollen uns das Leben erleichtern. Das können sie aber nur dann, wenn sie ohne zeitliche und räumliche Einschränkungen genutzt werden können. Wir wollen aber auch unsere Geräte energiesparend einsetzen. Die Elektroinstallation muss diesen Forderungen gerecht werden.

Wer will dem Kunden vorschreiben, welche Erleichterungen er sich durch die Anschaffung von Geräten verschaffen darf und welche nicht. Dadurch, dass neue Geräte mit der elektrischen Energie sparsamer umgehen als alte, steigt auch – trotz größerer Anzahl von Geräten – der Stromverbrauch nicht an.

Dem Benutzer einer Wohnung ist anzuraten, sich über die Elektroinstallation seiner Wohnung Klarheit zu verschaffen. Der Bauherr sollte den Umfang der Elektroinstallation in seinem Haus mitbestimmen, der Planer sich seines „Planungsauftrags" bewusst sein. Der Elektroinstallateur muss Ausschreibungen des Planers bzw. Eigenplanungen des Bauherrn nicht kritiklos hinnehmen, sondern daran denken, dass ihm eine bedeutende Beratungsaufgabe zusteht, die sich nicht nur auf das Design des Installationsmaterials beschränkt. Dieses Bewusstsein kann aber nicht erst mit der Meisterprüfung erworben werden, es muss schon bei der Ausbildung geweckt werden. Dieses Buch soll mithelfen, diese Erkenntnisse allen Beteiligten zu vermitteln. Der Verfasser ist sich dabei der Schwierigkeit bewusst, Aussagen zu treffen, die sowohl Bewohner als auch Hauseigentümer, Architekten, Elektroinstallateure und Ausbildungsstätten befriedigen.

Es ist daher großer Wert auf das Zusammentragen von Basisinformation und der entsprechenden technischen Merkmale gelegt. Hierdurch bekommt jede der angesprochenen Gruppen die für sie grundlegende Information. Darüber hinausgehende technische Details lassen sich bei Bedarf durch Studium entsprechender Fachliteratur ergänzen.

Der vorhergehende Absatz war bereits im Vorwort von Dipl.-Ing. Gottfried F. Flatow zur ersten Auflage im Jahr 1972 enthalten. Flatow hat bis zu seinem Ruhestand das „ABC der Elektroinstallation" geprägt und durch seine Tätigkeit den Elektroinstallationsstandard positiv beeinflusst. Dafür gilt ihm Dank.

Wir hoffen, es ist gelungen, dem zuvor zitierten Absatz der vorangegangenen Auflagen gerecht zu werden. Für Kritik und Verbesserungsvorschläge besteht immer ein offenes Ohr.

Die aufwändigere Gestaltung mit farbigen Bildern, Zeichnungen und Tabellen wird in der 14. Auflage konsequent weiterverfolgt.

Mein besonderer Dank gilt den Kollegen, die mich bei der Bearbeitung fachlich unterstützt haben:

Oliver Born (Dehn, Neumarkt), Gerhard Freidl (Regensburg), Hans-Joachim Langels (Siemens, Regensburg), Manfred Kleemeier (Siemens, Regensburg), Ulrich Pint (Rutenbeck, Schalksmühle), Bernd Siedelhofer (ABB Stotz-Kontakt, Heidelberg).

Die fachliche Bearbeitung des Buches wurde Ende Mai 2009 abgeschlossen.

Bad Abbach, im Juli 2009 *Hans Schultke*

1 Anmeldeverfahren, Anschlussfragen

Elektrische Anlagen müssen sicher sein. Deshalb darf nur ein Fachmann Arbeiten an elektrischen Anlagen ausführen. Während bei Industrie- und Gewerbebauten dem Anlagenbesitzer – auch wegen der geltenden Unfallverhütungsvorschriften der Berufsgenossenschaften – eine große Eigenverantwortung aufgebürdet wird, ist für den Wohnungsbau durch die „Verordnung über Allgemeine Bedingungen für den Netzanschluss und dessen Nutzung für die Elektrizitätsversorgung in Niederspannung (Niederspannungsanschlussverordnung – NAV)“ vom 1. November 2006 festgelegt, dass für die ordnungsgemäße Errichtung, Erweiterung, Änderung und Instandhaltung der elektrischen Anlage hinter der Hausanschlusssicherung der Anschlussnehmer gegenüber dem Netzbetreiber (NB) verantwortlich ist. Wenn der Anschlussnehmer die Anlage ganz oder teilweise einem Dritten vermietet oder sonst zur Benutzung überlässt, bleibt er verantwortlich. Um unzulässige Rückwirkungen der Anlage auszuschließen darf die Anlage nur nach den Vorschriften dieser Verordnung, nach anderen anzuwendenden Rechtsvorschriften und behördlichen Bestimmungen sowie nach den allgemein anerkannten Regeln der Technik errichtet, erweitert, geändert und instand gehalten werden. Die Arbeiten dürfen außer durch den Netzbetreiber nur durch ein in ein Installateurverzeichnis eines Netzbetreibers eingetragenes Installationsunternehmen durchgeführt werden.

Die Eintragung in das Installateurverzeichnis kann der Elektroinstallateur durch einen Ausweis belegen (Bild 1-1). Der Elektroinstallateur ist so früh wie nur eben möglich vom Bauherrn bzw. Auftraggeber zu Rate zu ziehen. Er weiß, wie die Anlage bzw. die Anlagenerweiterung oder -änderung beim zuständigen NB angemeldet wird und kann auch Auskunft über die Bearbeitungszeiten beim NB geben.

Die Anmeldeverfahren und -formulare sind bei den einzelnen NB unterschiedlich. Der VDN hat ein neutrales Formular entwickelt, das als Abreißblock (auch im Durchschreibeverfahren) und als Programmpaket „Anmeldevordruck“

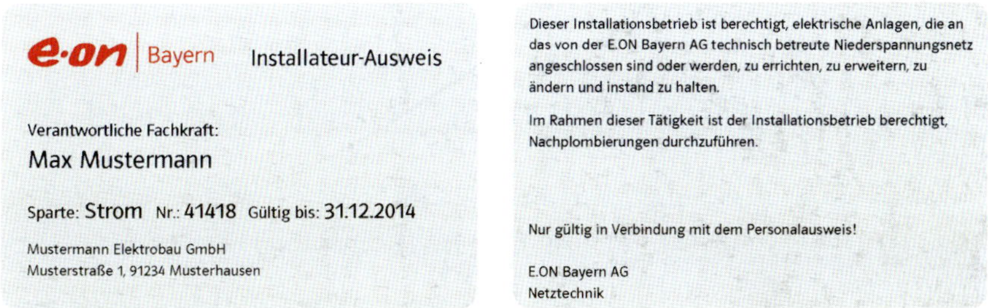

1-1 Installateur-Ausweis (Elektrotechniker-Ausweis)

1 ☐ **Anmeldung zum Netzanschluss (Strom)**

☐ **Inbetriebsetzung** ☐ **Teil-Inbetriebsetzung**

Erläuterungen auf der Rückseite

Eingangsvermerk (NB)

2

Anschrift des Netzbetreibers (NB)

Name des NB

Straße und Haus-Nr. bzw. Postfach

Postleitzahl Ort

Angaben zum Netzanschluss

Straße und Haus-Nr. / ggf. Anschlussnutzer

Postleitzahl Ort Ortsteil / Flurstück-Nr. / Etage

Bei Neubaugebieten Name des Baugebietes

Bei vorhandener Anlage: NB-Kundennummer oder Zählernummer

3

Angemeldet wird nach TAB:

☐ **Neuanschluss** ☐ **Stilllegung**

☐ **Anschluss/Anlagenveränderung**
☐ Austausch von Messeinrichtungen
☐ Anschluss weiterer Anlagen/Leistungserhöhung
☐ Anlagentrennung
☐ Anlagenzusammenlegung
☐ Veränderung Hausanschluss
☐ Wiederinbetriebsetzung

☐ **zeitlich befristeter Anschluss** (Baustrom, Schaustellerbetriebe, ...)
☐ **Erzeugungsanlagen**
☐ **Notstromanlagen**
☐ ....

☐ **Zustimmungspflichtige Geräte:**

Bezeichnung des Gerätes Anschlussleistung (kVA) Bezeichnung des Gerätes Anschlussleistung (kVA)

4

Für folgende Anlagen:

Art:
a) Baustelle (zeitl. befristet)
b) Wohnung
c) Gewerbe m. Branche
d) Gemeinschaftsanlagen
e) Erzeugungsanlagen
f) ....

Messeinrichtung (Art/Anzahl):
WS: Wechselstromzähler DS: Drehstromzähler
MZ: Mehrtarifzähler LGZ: Lastgangzähler
MW: Messwandler SG: Steuergerät

Art				Messeinrichtung Einbau		Messeinrichtung Ausbau		Gleichzeitig benötigte Leistung (kVA)			Zugeordnete Überstromschutz-einrichtung (A) vor Zähler		Benötigte Haus-anschluss-sicherung (A)	Erwarteter Jahres-verbrauch (kWh)
	bisher	neu	im End-ausbau	Anzahl	Art	Anzahl	Art	bisher	neu	im End-ausbau	bisher	neu		je Kundenanlage

Anschlussnehmer bzw. Grundstückseigentümer erkennen an, dass Grundlage für den Netzanschlussvertrag die **„Verordnung über Allgemeine Bedingungen für den Netzanschluss und dessen Nutzung für die Elektrizitätsversorgung in Niederspannung (Niederspannungsanschlussverordnung - NAV)"** ist. Dem Grundstückseigentümer obliegt es nach der NAV u. a., das Anbringen und Verlegen von Leitungen und Leitungsträgern zur Zu- und Fortleitung von Elektrizität und sonstiger Einrichtungen für die Zwecke der örtlichen Versorgung mit elektrischer Energie auf seinem Grundstück zu dulden (§§ 2, 6, 8, 10, 12 NAV). Die NAV ist beim Netzbetreiber (NB) und im Internet auf der Homepage des NB erhältlich. Die elektrische Anlage ist von einem eingetragenen Elektroinstallationsunternehmen unter Beachtung der einschlägigen Bestimmungen zu errichten und in Betrieb zu setzen.
Wird kein Stromlieferant benannt, erfolgt die Stromlieferung gemäß § 36, § 38 EnWG durch den Grundversorger.
Datenschutz-Hinweis: Die im Zusammenhang mit dem Vertragsverhältnis anfallenden Daten werden nach den Vorschriften des Bundesdatenschutzgesetzes (BDSG) zweckbezogen verarbeitet und genutzt.

5

Angebot an:

Name, Vorname bzw. Firmenname

Geburtsdatum bei Privatpersonen bzw. Registergericht und Registernummer bei Firma

Straße und Haus-Nr.

Postleitzahl Ort

Telefon, Fax, E-Mail

Datum Unterschrift Name in Druckschrift

Zustimmung des Grundstückseigentümers:
(wenn der Anschlussnehmer nicht Grundstückseigentümer ist)

Name, Vorname bzw. Firmenname

Registergericht / Registernummer bei Firma

Straße und Haus-Nr.

Postleitzahl Ort

Telefon, Fax, E-Mail

Datum Unterschrift Name in Druckschrift

6 **Terminwunsch:** .... **Bemerkungen:** ....

7 **Elektroinstallationsunternehmen:**

Firmenname

Straße und Haus-Nr.

Postleitzahl Ort

Firmenstempel

Telefon, Fax, E-Mail

Eingetragen bei:

Name des NB

Ausweis-Nummer:

Datum Unterschrift

8

Erklärung: Die aufgeführte(n) Installationsanlage(n) ist/sind unter Beachtung der geltenden Rechtsvorschriften und behördlichen Verfügungen sowie nach den anerkannten Regeln der Technik, insbesondere nach den DIN VDE Normen, den Technischen Anschlussbedingungen (TAB) und den sonstigen besonderen Vorschriften des oben genannten NB von mir/uns errichtet und fertiggestellt worden. Die Ergebnisse der Prüfung werden dokumentiert. Die Anlage kann gemäß NAV und TAB in Betrieb gesetzt werden. Soweit erforderlich, wird die Inbetriebsetzung im Namen des Anschlussnehmers/-nutzers beantragt.

Ort, Datum Unterschrift der eingetragenen verantwortlichen Elektrofachkraft Name in Druckschrift

1-2 Neutrales Formular – Anmeldung zum Netzanschluss (Strom)

auf CD-ROM angeboten wird. Die CD-ROM enthält neben der „Anmeldung zum Netzanschluss Strom mit Inbetriebsetzung/Teil-Inbetriebsetzung“ noch folgende Datenblätter für den

- Anschluss von Eigenerzeugungsanlagen bis 100 kW.
- Anschluss von Elektro-Wärmepumpenanlagen
- Anschluss von Elektro-Wärmespeicheranlagen
- Anschluss von Geräten mit Anschnittsteuerung, Gleichrichtung oder Schwingungspaketsteuerung
- Anschluss von Motoren (Aufzüge, Pumpen, etc.)
- Anschluss von Röntgengeräten
- Anschluss von Schweißgeräten
- Anschluss von Transformatoren

Das Formular als Vordruck und auf CD-ROM ist neutral gestaltet, so dass es auch bei unterschiedlicher Handhabung verwendet werden kann. Für die Abwicklung gilt im allgemeinen folgendes Schema:

Bauherr oder Architekt stellen dem beauftragten Elektroinstallateur den Lageplan und die ggf. erforderlichen Geschosszeichnungen, wie sie auch für den Bauantrag benötigt werden, zur Verfügung. Die Geschosszeichnung – meist vom Kellergeschoss – ist wichtig, um die Lage des Hausanschlusses/Hausanschlusskastens angeben zu können.

Der Elektroinstallateur füllt den ihm vorliegenden Vordruck für die Anmeldung (häufig: „Anmeldung zum Netzanschluss“) aus und holt die notwendigen Unterschriften ein. Rechtzeitig vor dem gewünschten Zeitpunkt der Erstellung des Hausanschlusses leitet der Elektroinstallateur die Anmeldung mit dem Lageplan, dem Grundrissplan mit gekennzeichnetem Hausanschlussraum und ggf. den Geschosszeichnungen an den NB weiter.

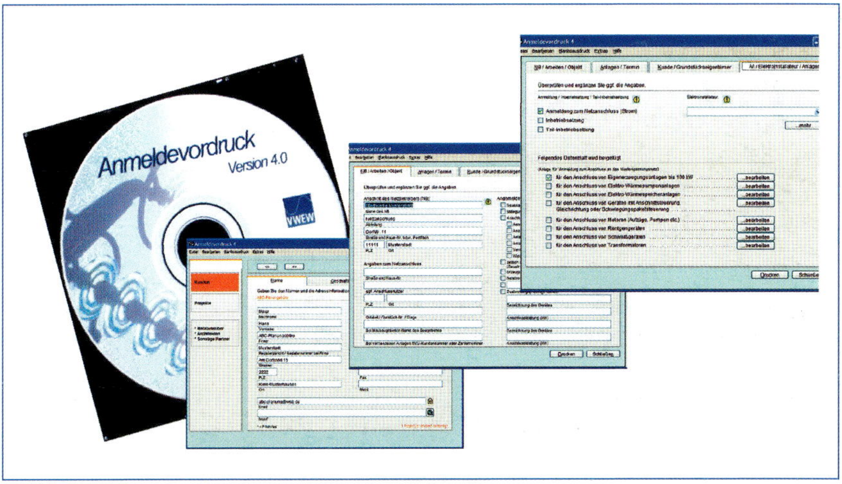

1-4 Programmpaket „Anmeldevordruck“

Nach Erhalt der vollständigen Unterlagen teilt der NB dem Bauherrn die Kosten für den Anschluss des Objektes mit.

Nach Eingang der schriftlichen Auftragserteilung durch den Bauherrn beim NB kann der Hausanschluss erstellt werden. Dabei ist zu berücksichtigen, dass im Winter, bei niedrigen Temperaturen, Kabel nicht mehr verlegt werden können und dadurch Wartezeiten bis ins Frühjahr entstehen können.

- Vor dem gewünschten Zählereinbau reicht der Elektroinstallateur die Fertigstellung/Inbetriebsetzung beim NB ein. Er bestätigt auf dem Formular gleichzeitig, dass die Anlage entsprechend den geltenden Vorschriften errichtet, geprüft und fertiggestellt ist.
- Der Messstellenbetreiber (kann auch NB sein) montiert Zähler und ggf. Steuergeräte (z. B. Tonfrequenz-Rundsteuer-Empfänger, Funk-Rundsteuer-Empfänger).
- Der NB setzt die Hausanschlusssicherungen ein (ist der NB nicht auch Messstellenbetreiber, ist eine terminliche Abstimmung mit dem Messstellenbetreiber organisatorisch sinnvoll).
- Für die Inbetriebsetzung der Kundenanlage ist der Elektroinstallateur zuständig.

Wird für das Haus ein vorübergehender Anschluss – kurz Baustromanschluss genannt – benötigt, ist hierfür eine eigene Anmeldung und Fertigstellungsanzeige notwendig.

2 Planung elektrischer Anlagen

Für die Errichtung und den Betrieb elektrischer Anlagen sowie für die Herstellung elektrischer Geräte gibt es viele Gesetze, Verordnungen, Vorschriften und Bestimmungen. Nicht alle sind für den Bereich der elektrischen Anlagen, die in diesem „ABC der Elektroinstallation" behandelt werden – also elektrische Anlagen in Wohngebäuden – von Bedeutung; die wichtigsten aus diesem Bereich sind im folgenden aufgeführt:

- Gesetz zur Neuregelung des Energiewirtschaftsrechts – Artikel 1: Gesetz über die Elektrizitäts- und Gasversorgung (Energiewirtschaftsgesetz – EnWG)
- Gesetz über technische Arbeitsmittel – Geräte- und Produktsicherheitsgesetz (GPSG)
- Unfallverhütungsvorschriften der gewerblichen Berufsgenossenschaften
- Verordnung über Allgemeine Bedingungen für den Netzanschluss und dessen Nutzung für die Elektrizitätsversorgung in Niederspannung (Niederspannungsanschlussverordnung – NAV)
- Technische Anschlussbedingungen für den Anschluss an das Niederspannungsnetz (TAB)
- DIN VDE-Normen
- DIN-Normen
- Merkblätter der Vereinigung der Technischen Überwachungs-Vereine (VdTÜV)
- Vorschriften und Merkblätter des Gesamtverbandes der Deutschen Versicherungswirtschaft e.V. (VdS-Publikationen).

Diese Gesetze, Verordnungen, Normen, Vorschriften und Bestimmungen haben eine unterschiedliche rechtliche Bedeutung. Näheres dazu in den einzelnen Abschnitten.

Energiewirtschaftsgesetz

Die Anforderung, elektrische Anlagen nach den anerkannten Regeln der Elektrotechnik zu errichten und zu betreiben, wurde bereits 1937 in einer Durchführungsverordnung festgelegt. Im jetzigen Energiewirtschaftsgesetz heißt es im § 49 (1): „Energieanlagen sind so zu errichten und zu betreiben, dass die technische Sicherheit gewährleistet ist. Dabei sind vorbehaltlich sonstiger Rechtsvorschriften die allgemein anerkannten Regeln der Technik zu beachten."

Weiter heißt es in (2):

„Die Einhaltung der allgemein anerkannten Regeln der Technik wird vermutet, wenn bei Anlagen zur Erzeugung, Fortleitung und Abgabe ... von Elektrizität die technischen Regeln des Verbandes Deutscher Elektrotechniker ... eingehalten worden sind."

Aber auch bei Anlagen oder Bestandteilen von Anlagen, die nach den Regelungen in einem anderen Mitgliedstaat der EU hergestellt wurden, ist davon auszugehen, dass die technische Sicherheit gewährleistet ist.

Erneuerbare-Energien-Gesetz (EEG)

Der Deutsche Bundestag hat am 6. Juni 2008 das neue Erneuerbare-Energien-Gesetz (EEG) beschlossen. Zweck dieses Gesetzes ist es, insbesondere im Interesse des Klima- und Umweltschutzes eine nachhaltige Entwicklung der Energieversorgung zu ermöglichen, die volkswirtschaftlichen Kosten der Energieversorgung auch durch die Einbeziehung langfristiger externer Effekte zu verringern, fossile Energieressourcen zu schonen und die Weiterentwicklung von Technologien zur Erzeugung von Strom aus erneuerbaren Energien zu fördern.

Energieeinsparverordnung (EnEV)

Inzwischen ist die novellierte Energieeinsparverordnung – EnEV 2009 in Kraft getreten. Ziel der EnEV 2009 ist es, den Energieverbrauch für Heizung und Warmwasser in Gebäudebereich um etwa 30 Prozent zu senken. Der Energieausweis ist ein wichtiger Bestandteil der EnEV.

Maßnahmen zur Steigerung der Energieeffizienz

Zur Steigerung der Energieeffizienz werden vielfach elektrische Installationen notwendig. Die Elektroinstallation muss entsprechend geplant und ausgeführt werden. Außerdem sind bei der Ausführung von Elektroinstallationen Besonderheiten bezüglich Lüftungs- und Transmissions-Wärmeverlusten zu berücksichtigen (siehe Kapitel 21 Installationen für Elektroheizung und Wärmepumpenanlagen).

Im Folgenden werden elektrische Installationen beschrieben, die zur Steigerung der Energieeffizienz notwendig werden.

Verbrauchs- und Tarifvisualisierung

Für eine Verbrauchs- und Tarifvisualisierung sind ggf. eigene Leitungsanlagen erforderlich, je nach Art der Signalübertragung zwischen den Verbrauchszählern (z. B. für Strom, Gas, Wasser, Wärme) und einer Visualisierungseinheit in der Wohnung.

Stand-By-Verluste
Zur Abschaltung von Verbrauchsmitteln mit „Stand-by"-Verlusten sollte in allen Räumen wenigstens eine Steckdose im Raum schaltbar ausgeführt werden. Zumindest sollte die Installation so ausgeführt werden, dass eine nachträgliche Änderung (z. B. Leitungsinstallation mit Reserveadern oder Leerrohren) leicht möglich ist.

Beleuchtung
In Räumen, die nur gelegentlich genutzt werden, sollte eine automatische Abschaltung der Beleuchtung erfolgen.

Beleuchtungen sollten bedarfsorientiert und energiesparend gesteuert werden. Hierfür können z. B. Bewegungs- und Präsenzmelder, Dämmerungsschalter sowie Zeitschaltuhren, ggf. sonnenauf- und -untergangsgesteuert, verwendet werden. Für Orientierungsbeleuchtungen sollten energiesparende Leuchtmittel eingesetzt werden.

Sonnenschutz
Sonnenschutz (Jalousien, Markisen, Rollläden) dient der Vermeidung von Überhitzung der Räume. Durch entsprechende elektrische Steuerung wird eine ständige automatische Anpassung an die Witterungsverhältnisse möglich. Die dafür notwendige Leitungsinstallation wird jeweils vom elektrischen Antrieb zu den zugehörigen Bedien- und Automatisierungskomponenten (z. B. Windsensor, Zeitschaltuhr) für Einzel-, Gruppen-, oder Zentralsteuerung vorgesehen.

Heizung
Durch Einzelraumtemperaturregelung ist es möglich, die Temperatur jedes Raumes an die individuelle Nutzung anzupassen. Für elektrisch betätigte Ventilstellantriebe sind zwischen dem Raumtemperaturregler und den Ventilstellantrieben sowie den Fensterkontakten Leitungen vorzusehen. Damit wird – abhängig von Raumbelegung und Tageszeit – den Räumen nur die tatsächlich benötigte Heizenergie zugeführt.

Der Verbrauch der Wärmepumpenheizungsanlagen wird ggf. über einen eigenen Zähler erfasst. Neben der Versorgungsleitung für das Wärmepumpenaggregat werden noch Leitungen zu den Hilfsaggregaten (z. B. Umwälzpumpen) und den Regeleinrichtungen benötigt.

Wohnungslüftung mit bzw. ohne Wärmerückgewinnung
Gebäude nach Niedrigenergie-Standard verfügen in der Regel über eine hohe Luftdichtigkeit. Zur Vermeidung von Schwitzwasser, Schimmelbildung usw. werden für diese Gebäude Raumlüftungsanlagen mit bzw. ohne Wärmerückgewinnung erforderlich. Für den elektrischen Anschluss und die regeltechnischen Einrichtungen sind die entsprechenden Leitungsanlagen und Anschlussstellen vorzusehen.

Luftdichte Elektroinstallation
Eine luftdichte Gebäudehülle (wie z. B. in der EnEV beschrieben) darf durch die Elektroinstallationen nicht unzulässig beeinträchtigt werden. Deshalb sind bei

Installationen an der Gebäudehülle (Innen- und Außenseite) luftdichte Geräte- und Verteilerdosen einzusetzen. Erforderliche Leerrohrverbindungen vom Rauminneren nach außen (z. B. für den Anschluss von außen liegenden Rollläden, Jalousien etc.) sind dabei nach Installationsabschluss luftdicht zu schließen.

Bei Durchdringung folienartiger luftdichter Schichten (z. B. auch Dampfsperren) sind die Durchdringungsöffnungen mit geeigneten Maßnahmen abzudichten.

Installation an gedämmten Außenfassaden

Elektroinstallationen an gedämmten Außenfassaden sind derart auszuführen, dass die Dämmwirkung nicht unzulässig beeinträchtigt wird. Dies wird durch den Einsatz dafür geeigneter Gerätedosen und Geräteträger erreicht.

Geräte- und Produktsicherheitsgesetz (GPSG)

Mit dem neuen Geräte- und Produktsicherheitsgesetz (GPSG) liegt nunmehr ein umfassendes Gesetz für technische Produkte vor. Zuordnungsprobleme und Doppelregelungen, wie sie durch das Nebeneinander von Gerätesicherheitsgesetz (GSG) und Produktsicherheitsgesetz (ProdSG) bestanden, werden beseitigt.

In § 4 Absatz 2 GPSG wird das auf europäischer Ebene erfolgreiche Konzept der Einbindung technischer Normen auf den nationalen Bereich übertragen. Danach kommen Hersteller, die ihre Produkte auf der Basis amtlich bekannt gemachter Normen fertigen, zukünftig in den Genuss der Konformitätsvermutung.

Mit der Zusammenführung von GSG und ProdSG können Hersteller zukünftig auch Produkte mit dem GS-Zeichen (GS = geprüfte Sicherheit) auszeichnen, für die das bisher nicht möglich war, wie z. B. Zubehörteile von Maschinen und Möbel.

Abschnitt 3 GPSG fasst die Vorschriften bezüglich der Überwachung des Inverkehrbringens von Produkten sowie die Information über unsichere Produkte zusammen. Diese sind erweitert worden, was letztlich zu einer Verbesserung des Schutzes von Verbrauchern und Beschäftigten führt.

Nach GPSG sind „Verbraucherprodukte Gebrauchsgegenstände und sonstige Produkte, die für Verbraucher bestimmt sind oder unter vernünftigerweise vorhersehbaren Bedingungen von Verbrauchern benutzt werden können, selbst wenn sie nicht für diese bestimmt sind. Als Verbraucherprodukte gelten auch Gebrauchsgegenstände und sonstige Produkte, die dem Verbraucher im Rahmen der Erbringung einer Dienstleistung zur Verfügung gestellt werden."

Der Begriff des Verbraucherprodukts ist also sehr weit gefasst. Es sind nicht nur Produkte, die für den Verbraucher bestimmt sind, sondern auch solche, die von ihm vorhersehbar benutzt werden können. Damit müssen Elektroprodukte, die gleichzeitig Verbraucherprodukte sind, ab dem 1. Mai 2004 sowohl den Anforderungen der 1. Verordnung zum GPSG (= deutsche Umsetzung der Niederspannungsrichtlinie) als auch den zusätzlichen Forderungen speziell für Verbraucherprodukte (z. B. Kennzeichnung) des GPSG entsprechen.

Unfallverhütungsvorschriften der Berufsgenossenschaften

Die von den gesetzlichen Berufsgenossenschaften herausgegebenen Unfallverhütungsvorschriften (UVV) sind gesetzliche Verordnungen und haben damit Rechtskraft. Im Gegensatz zu den DIN VDE-Normen werden die Unfallverhütungsvorschriften im Entwurf der Öffentlichkeit nicht zur Stellungnahme vorgelegt. An der Aufstellung der UVV sind alle interessierten Verbände und Institutionen (z. B. Behörden, Gewerkschaften, Industrie) beteiligt. Für die Elektroinstallation sind vor allem BGV A1 „Allgemeine Vorschriften" und BGV A2 „Elektrische Anlagen und Betriebsmittel" wichtig.

Niederspannungsanschlussverordnung – NAV

In der „Verordnung über Allgemeine Bedingungen für den Netzanschluss und dessen Nutzung für die Elektrizitätsversorgung in Niederspannung (Niederspannungsanschlussverordnung – NAV) ist festgelegt, dass die Anlage des Kunden außer durch das Elektrizitätsversorgungsunternehmen nur durch einen in ein Installateurverzeichnis bzw. Elektrotechniker-Verzeichnis eines NB eingetragenen Installateur nach den Vorschriften dieser Verordnung und nach anderen gesetzlichen oder behördlichen Bestimmungen sowie nach den anerkannten Regeln der Technik errichtet, geändert und unterhalten werden darf. In der NAV ist verankert, dass die Netzbetreiber (NB) Technische Anschlussbedingungen für den Anschluss an die Niederspannungsnetz (TAB) herausgeben können. Diese TAB gelten folglich wie die NAV für alle im Niederspannungsnetz angeschlossenen Anlagen.

Die TAB werden entsprechend der Niederspannungsanschlussverordnung (NAV) erst nach Mitteilung an die Regulierungsbehörde wirksam. Der Netzbetreiber ist verpflichtet, die Änderungen am Tage der öffentlichen Bekanntgabe auf seiner Internetseite zu veröffentlichen.

In den TAB werden Festlegungen getroffen, die störende Rückwirkungen auf das Versorgungsnetz und damit auf andere Kundenanlagen vermeiden sollen. Sachverhalte, die in anderen Regelwerken schon behandelt sind, dürfen in den TAB nicht mehr anders geregelt werden.

DIN VDE-Normen

Die DIN VDE-Normen sind kein Gesetz. Da sie aber in Gesetzen und Verordnungen (z. B. Energiewirtschaftsgesetz, Geräte- und Produktsicherheitsgesetz, NAV) als anerkannte Regeln der Technik bezeichnet und anerkannt werden, kommt ihnen eine große Bedeutung zu.

DIN VDE-Normen gibt es für die Ausführung von Installationsanlagen und für die Herstellung von Betriebsmitteln (z. B. Kabel, Leitungen, Überstrom-Schutzeinrichtungen, Steckdosen, Schalter, Elektrogeräte). Das VDE-Zeichen zeigt dem Anwender, dass das Betriebsmittel den Sicherheitsanforderungen entspricht.

Fallen die Betriebsmittel unter das Geräte- und Produktsicherheitsgesetz, wird das GS-Zeichen verwendet, das nach einer Prüfung der elektrischen und mechanischen Sicherheit eines Geräts erteilt wird.

Die wichtigsten VDE-Zeichen sind in Bild 2-1 dargestellt. Neben den VDE-Zeichen gibt es das Überwachungszeichen: die VDE-Register-Nummer für Gutachten und Fertigungsüberwachung (Bild 2-2).

DIN-Normen

DIN-Normen dienen der Rationalisierung und Planungsvereinfachung. Für die Elektroinstallation sind vor allem die

- DIN 18012 Haus-Anschlusseinrichtungen in Gebäuden
- DIN 18013 Nischen für Zählerplätze
- DIN 18014 Fundamenterder
- DIN 18015 Elektrische Anlagen in Wohngebäuden Teil 1, 2, 3 und 4 (Entwurf)

zu berücksichtigen. Aber auch einige Baunormen sind für die Planung der Elektroinstallation von Interesse.

Vorschriften und Merkblätter des Gesamtverbandes der Deutschen Versicherungswirtschaft e.V. (VdS-Publikationen)

Die Sachversicherer erarbeiteten mit dem Anstieg der Schäden Vorschriften und Merkblätter. Die Beachtung dieser Vorschriften ist dringend anzuraten, da anderenfalls der Versicherungsnehmer seinen Versicherungsschutz verlieren kann. Die Merkblätter enthalten – auch für den Laien verständliche – Hinweise für die Planung, den Bau und den Betrieb elektrischer Anlagen sowie über die Handhabung elektrischer Verbrauchsmittel.

Weitere Rechtsvorschriften

Bei der Planung von Elektroinstallationsanlagen sind ggf. auch zu beachten:

- Bauordnungen der Länder mit ihren ergänzenden Verordnungen:
  - Feuerungsverordnung (FeuVO)
  - Garagenverordnung (GarVO)
  - Geschäftshausverordnung (GhVO)
  - Versammlungsstättenverordnung (VstättVO)
  - Bau von Betriebsräumen mit elektrischen Anlagen (EltBauV)
- Gewerbeordnung mit ihren ergänzenden Verordnungen:
  - Arbeitsstättenverordnung mit Arbeitsstättenrichtlinien
  - Aufzugsverordnung
  - Verordnung über elektrische Anlagen in explosionsgefährdeten Räumen

Zeichen	Benennung und Anwendung
D V E	VDE-Zeichen für Geräte als technische Arbeitsmittel im Sinne des Gerätesicherheitsgesetzes (GSG), Medizinprodukte im Sinne des Medizinproduktegesetzes (MPG), Einzelteile und Installationsmaterial
D V E GS geprüfte Sicherheit	VDE-GS-Zeichen für Geräte als technische Arbeitsmittel im Sinne des GSG (wahlweise statt des VDE-Zeichens)
◁VDE▷	VDE-Kabelzeichen für Kabel und isolierte Leitungen sowie für Installationsrohre und -kanäle (Aufdruck oder Prägung)
	VDE-Kennfaden für Kabel und isolierte Leitungen
◁VDE▷◁HAR▷	VDE-HARmonisierungs-Kennzeichnung für Kabel und isolierte Leitungen nach harmonisierten Zertifizierungsverfahren (Aufdruck oder Prägung)
	VDE-HARmonisierungs-Kennzeichnung als Kennfaden
VDE EMV	VDE-EMV-Zeichen für Geräte, die den Normen für elektromagnetische Verträglichkeit entsprechen
ENEC 10 D V E	ENEC-Zeichen des VDE für Erzeugnisse nach harmonisierten Zertifizierungsverfahren, z.B. Leuchten, Leuchtenkomponenten, Energiesparlampen, Geräte der Informationstechnik, Transformatoren, Geräteschalter, elektrische Regel- und Steuergeräte, einige Arten von Kondensatoren und Funkentstörbauteilen; VDE-Zeichen freigestellt

2-1 VDE-Zeichen

VDE REG-Nr. 9876	VDE-Register-Nummer für Gutachten mit Fertigungsüberwachung (im Beispiel mit Nr. 9876 dargestellt)

2-2 VDE-Register-Nummer

Leitungsanlagen-Richtlinie (LAR)

Mit der Muster-Richtlinie über brandschutztechnische Anforderungen an Leitungsanlagen wird erläutert, wie die in der Landesbauordnung vorgegebenen Schutzziele erreicht werden können:

- Die Funktion von Leitungen von bestimmten bauordnungsrechtlich geforderten Sicherheitseinrichtungen ist aufrecht zu erhalten, wenn ein Brand auf diese Leitungsanlagen einwirkt
- Rettungswege müssen durch die Begrenzung von Einbauten (Leitungsanlagen aus brennbaren Stoffen) erhalten bleiben
- Für Leitungsdurchführungen durch feuerwiderstandsfähige Wände und Decken muss durch Maßnahmen, die die Übertragung von Feuer und Rauch verhindern, der bauliche Brandschutz aufrechterhalten werden

Die Muster-LAR muss in Landesrecht umgesetzt werden.
Die Bauaufsichtsämter, Gewerbeaufsichtsämter und Berufsgenossenschaften geben Auskunft über die im konkreten Fall anzuwendenden Vorschriften und Verordnungen.

3 Anschlusswert, Leistungsbedarf

Wohnvorgänge und elektrische Leistung

In einer Wohnung findet ein Familien- bzw. Gruppenleben statt. Die elektrische Energie ist dabei nicht fortzudenken, sie bietet letztlich ein Optimum an Erleichterungen für den Bewohner. Voraussetzung ist jedoch, dass die elektrische Energie den Benutzern ohne leistungsmäßige, zeitliche und örtliche Beschränkungen angeboten wird.

Dabei stellt sich der Strom nur mittelbar dar, nämlich durch das dienstleistende Elektrogerät. Um aber die Planung der Elektroinstallation nach diesen Forderungen vornehmen zu können, muss die elektrische Leistung der Geräte bekannt sein. Es wäre grundsätzlich falsch, lediglich die Anzahl der Räume einer Wohnung als Maßstab zu verwenden. Wohnvorgänge laufen in jeder Wohnung ähnlich ab, sie sind in erster Linie maßgebend für den Anschlusswert und den sich daraus ergebenden elektrischen Leistungsbedarf.

Bei der Ermittlung des Anschlusswerts und des Leistungsbedarfs bleiben die Elektroheizung, Wärmepumpe, Wohnungslüftung und die elektrische Warmwasserbereitung zunächst unberücksichtigt. Deshalb gelten die ermittelten Werte für Wohnungen, unabhängig von der Heizungsart und der Warmwasserbereitung. Die Elektroheizung einschließlich Wärmepumpen und Wohnungslüftung sowie die elektrische Warmwasserbereitung werden in den entsprechenden Kapiteln beschrieben.

Nahrungsbereitung

Neben dem Kochen, zu dem in erster Linie der Elektroherd oder die Kochmulde mit getrenntem, in günstiger Arbeitshöhe angebrachten Backofen sowie das Grillgerät und das Mikrowellengerät gehören, ist zur Nahrungsbereitung auch das Lagern der Vorräte zu zählen.

Das Kochendwassergerät wird hier erwähnt, da es, unabhängig von der Warmwasserbereitung, das in diesem Bereich benötigte Warm- und Kochendwasser liefern kann.

Für die elektrische Warmwasserbereitung bieten sich natürlich auch elektrische Durchlauferhitzer und Warmwasserspeicher an (siehe Kapitel 22: Elektroinstallation für Warmwasserbereitung).

Eine Vielzahl von Kleingeräten, wie Küchenmaschine, Handrührgerät, Kaffee- bzw. Teeautomat, Toaster, Dosenöffner, Entsafter, Eierkocher usw. kommen hinzu.

Daraus folgert ein Anschlusswert:

Elektroherd (oder Kochmulde mit Backofen)	10,5 kW
Friteuse	2,0 kW
Grillgerät	2,0 kW
Mikrowellengerät	1,5 kW
Kochendwasserbereiter	2,0 kW
Kühlschrank	0,2 kW
Gefriergerät	0,3 kW
Beleuchtung und Kleingeräte	3,5 kW
	22,0 kW

Für den Wohnvorgang Nahrungsbereitung ergibt sich also ein Anschlusswert von etwa 22 kW. Bild 3-1 zeigt als Beispiel die funktionelle Anordnung. Abweichungen, z. B. beim Lagern der Vorräte, sind denkbar, wobei Kleingeräte aber im dargestellten Arbeitsbereich bleiben. Für die langfristige Vorratshaltung dienen in einem besonderen Raum untergebrachte größere Kühl- und Gefriereinheiten.

Geschirrspülen

An die Stelle der herkömmlichen Spüle mit ihren zwei Becken ist mehr und mehr zusätzlich die Geschirrspülmaschine getreten. Das bedeutet aber keinen Wegfall der Spülbecken, da diese zu Tätigkeiten wie Gemüseputzen oder Behandlung von Einzelteilen weiterhin benötigt werden. Für diese Arbeiten kann das Kochendwassergerät das notwendige Wasser liefern.

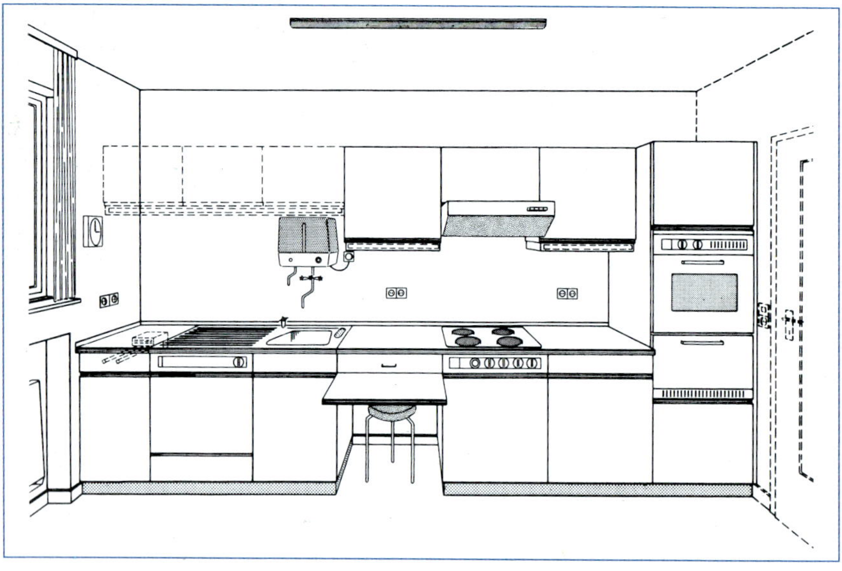

3-1 Wohnfunktionen „Nahrungsbereitung“ und „Geschirrspülen“

3-2 Küche mit Essplatz

3-3 Essplatz

Anschlusswert:

Geschirrspülmaschine	3,5 kW

In der funktionellen Zuordnung werden sich sowohl die Spüle als auch die Geschirrspülmaschine stets an einer „Nasswand“ befinden.

Wäschepflege

Bei dieser Wohnfunktion hat die Waschmaschine fast in jedem Haushalt bereits ihren – wenn auch nicht immer richtigen – Platz. Der Wäschetrockner und die Bügelmaschine finden immer mehr Freunde. Daneben wird aber auch das Leicht- oder Dampfbügeleisen seine Bedeutung behalten.

Der Anschlusswert beträgt:

Waschmaschine	3,5 kW
Wäschetrockner	3,5 kW
Bügelmaschine	2,0 kW
Bügeleisen, Nähmaschine, Beleuchtung	3,0 kW
	12,0 kW

Diese Geräte werden haushaltstechnisch richtig in einer Gruppe angeordnet.

Körper- und Gesundheitspflege

Hierzu zählen Elektrogeräte für die Haar- und Körperpflege, Massage- und Bestrahlungsgeräte.

Zum Gesundheitspflegebereich gehören auch Sauna und Fitnessraum und ggf. das Hausschwimmbad. Da diese Anschlusswerte aber mehr dem Allgemeinbereich zuzuordnen sind, sind sie deshalb in nachstehender Aufstellung nicht enthalten:

Kleingeräte, Beleuchtung	2,0 kW

Es ist jedoch zu beachten, dass durchaus mehrere Baderäume und WCs in einem Haus oder einer Wohnung vorhanden sein können.

Gemeinschaftsbereiche

Zur vollen Funktionsfähigkeit einer Wohnung gehören Bereiche, in denen sich die Familie zur gemeinsamen Mahlzeit, zum Gespräch oder Ähnlichem zusammenfindet. Aber auch Bereiche für Hobby, Spiel usw., in denen sich nur einzelne oder einige Bewohner zeitweilig aufhalten, sind als Gemeinschaftsbereich anzusprechen.

In diesen Fällen haben wir es ausschließlich mit Kleingeräten und Beleuchtung zu tun, aber auch mit Kommunikationsanlagen, zu denen vor allem Fernsehgeräte, Videorecorder, Stereoanlagen, Heimcomputer u. a. zählen.

3-4 Wohnraum im Gemeinschaftsbereich

Der Anschlusswert beträgt für:

Kleingeräte	3,0 kW

Bild 3-4 zeigt den Wohnraum im Gemeinschaftsbereich, Bild 3-5 einen Arbeitsplatz im Wohnbereich.

Individualbereiche
Hierzu gehören vor allem die Wohn- und Schlafräume der Eltern und die Zimmer z. B. für Tochter, Sohn und Gäste. Ausreichende Möglichkeiten zur Entfaltung und Gestaltung sind in diesem Bereich nur möglich, wenn alle technischen Hilfsmittel optimal einzusetzen sind. Auch hier überwiegen, ähnlich den Gemeinschaftsbereichen, Kleingeräte mit geringeren Anschlusswerten. Hinzu kommen außer der Beleuchtung ggf. die bereits bei den Gemeinschaftsbereichen zitierten, aber in den Individualbereichen ggf. nochmals vorhandenen Einrichtungen, wie Fernsehgeräte, Stereoanlagen, Heimcomputer u. ä. Für diese Geräte setzt man insgesamt an:

Kleingeräte	3,0 kW

Zusammenfassung
In einer durchschnittlichen „normalen“ Wohnung ergibt sich damit folgender *Anschlusswert je Wohnungseinheit*:

3-5 Arbeitsplatz im Wohnraum

Nahrungsbereitung	22,0 kW
Geschirrspülen	3,5 kW
Wäschepflege	12,0 kW
Körper- und Gesundheitspflege	2,0 kW
Gemeinschaftsbereich	3,0 kW
Individualbereiche	3,0 kW
insgesamt	45,5 kW

Nur von dieser Kenntnis ausgehend ist die Planung der elektrischen Anlagen in Wohngebäuden möglich. Anderenfalls ist eine zukunftssichere Energieversorgung der Geräte unmöglich. Bedenkt man, dass in jedem Haushalt in der Bundesrepublik Deutschland jährlich ein Elektrogerät zusätzlich in Benutzung genommen wird, ist ein Gesamtanschlusswert von rd. 50 kW je Wohnungseinheit (Mehrraumwohnung) nicht unrealistisch.

Leistungsbedarf

Der genannte Anschlusswert von 50 Kilowatt (kW) ist als technische Bezugsgröße für die Auslegung der Energiezuführungsleitung einer Wohnung nicht geeignet. Bei der Umsetzung muss der Faktor „Gleichzeitigkeit“ in die Rechnung eingebracht werden, denn nicht alle im Haushalt vorhandenen Elektrogeräte werden gleichzeitig und dann noch mit voller Leistung eingeschaltet.

Untersuchungen im Zusammenhang mit DIN 18 015 haben ergeben, dass der Leistungsbedarf einer Wohnung im Einfamilienhaus deutlich größer ist als der Leistungsbedarf einer Wohnung im Mehrfamilienhaus. Das kommt nicht zuletzt von der größeren Nutzfläche und der Verwendung leistungsintensiver Verbrauchsmittel. So sind bei der Ermittlung des Anschlusswertes die Verbrauchsmittel in Hobbyräumen, Sauna, Sauna-Ruheraum bzw. Fitnessraum nicht erfasst.

Auch wenn der Gleichzeitigkeitsfaktor bei kleineren Wohnungen größer ist als bei großen Wohnungen, wird der Leistungsbedarf am Stromkreisverteiler der Wohnung mit der Größe der Wohnung steigen.

4 Begriffe, Schaltzeichen

Begriffsbestimmungen, Abkürzungen

Es werden immer wieder Begriffe und Abkürzungen verwendet, die zwar z. T. nicht offiziell, aber durchaus gebräuchlich sind. Die Zusammenstellung erhebt keinen Anspruch auf Vollständigkeit.

AC Wechselspannung bzw. Wechselstrom (alternating current)

Ader Isolierter Leiter

Anschlusswert Addition aller Leistungen (kW) vorhandener Elektrogeräte

APL Abschlusspunkt Liniennetz, Abschlusspunkt des TK-Zugangsnetzes

Aufladeleitung Bei der Elektro-Speicherheizung: Leitung zwischen Überstrom-Schutzeinrichtung und den Heizkörpern des Geräts, führt nur während der Freigabezeiten Spannung

Aufladesteuerleitung Bei der Elektro-Speicherheizung: Leitung zwischen Aufladeregelgerät und Speicherheizgerät

Außenleiter L1, L2, L3 Leiter, die Stromquellen mit Verbrauchsmitteln verbinden, also Spannung führen, aber nicht vom Sternpunkt ausgehen

Berührungsspannung Spannung, die zwischen gleichzeitig berührbaren Teilen während eines Isolationsfehlers auftreten kann, wird im Zusammenhang mit Schutzmaßnahmen gegen elektrischen Schlag verwendet

Betriebsmittel, elektrische Alle Gegenstände, die zum Zweck der Erzeugung, Umwandlung, Übertragung, Verteilung und Anwendung von elektrischer Energie benutzt werden, z. B. Maschinen, Transformatoren, Schaltgeräte, Messinstrumente, Schutzeinrichtungen, Kabel und Leitungen, Stromverbrauchsgeräte

BDEW Bundesverband der Energie- und Wasserwirtschaft e.V., Reinhardtstraße 32, 10117 Berlin

BK-Netz Kupfer(Koaxial-)kabelnetz, zur Übertragung von analogen und digitalen Fernseh- und Rundfunkanälen, ggf. auch für Telefonie und Internet

BUS-Technik Der Begriff BUS bedeutet in der Informations- bzw. Nachrichtentechnik „Schiene zur Informationsübertragung“

CENELEC Europäisches Komitee für elektrotechnische Normung, Brüssel

DC Gleichspannung bzw. Gleichstrom (direct current)

Dimmer Elektronischer Helligkeitsregler für Lampen

DIN Deutsches Institut für Normung e.V., Burggrafenstr. 6, 10787 Berlin

DKE Deutsche Kommission – Elektrotechnik – Elektronik Informationstechnik im DIN und VDE, Stresemannallee 15, 60596 Frankfurt am Main

Doppelgeräteanschlussdose Verbindungselement für mehrere Zuführungsleitungen, z. B. bei der Elektro-Speicherheizung

Drehstromverbraucher Zwischen den Außenleitern betriebenes Verbrauchsgerät (im Wohnungsbau 3 x 400 V)

eHz elektronischer Haushaltszähler

EIB/KNX European Installation BUS, BUS-Technik, bei der viele europäische Hersteller kompatible Geräte herstellen

EIBA European Installation BUS Association, Sitz Brüssel

Elektroinstallations-Baustein Gesamtheit aller Leitungen und Installationselemente eines Raums ab Wohnungs-Stromkreisverteiler

EMV elektromagnetische Verträglichkeit, Fähigkeit eines elektrischen Betriebsmittels oder Systems, in seinem elektromagnetischen Umfeld befriedigend zu funktionieren, ohne dabei dieses Umfeld unzulässig zu beeinflussen

Endleitungsnetz Teil der Kundenanlage, die am APL beginnt und an der Telekomminikationsabschlusseinrichtung (z. B. 1. TAE) endet

Energiesparlampen So genannt, weil sie gegenüber Glühlampen bei gleicher Leistung weniger Energie verbrauchen; Fachausdruck: Kompaktleuchtstofflampen

Entladeleitung Bei der Elektro-Speicherheizung: Leitung zwischen Überstrom-Schutzeinrichtung und der Entladeeinrichtung (Lüfter) des Speicherheizgeräts, die meist auch über den Raumtemperaturregler geführt wird

Erder Leitfähiges Teil, das in das Erdreich oder in ein anderes bestimmtes leitfähiges Medium, zum Beispiel Beton, das in elektrischem Kontakt mit der Erde steht, eingebettet ist

Erdung Gesamtheit der zum Erden eines Netzes, einer Anlage oder eines Betriebsmittels verwendeten elektrischen Verbindungen und Einrichtungen

EVU Elektrizitätsversorgungsunternehmen

Fehlerstrom-Schutzeinrichtung (RCD) Fehlerstrom-Schutzeinrichtung (RCD), stellt den Schutz von Menschen und Tieren bei indirektem Berühren sicher

Fernschalter Durch beliebig viele Taster anzusteuerndes Relais, mit dem dann Leuchten o. ä. geschaltet werden, auch Stromstoßrelais genannt

FNN Forum Netztechnik/Netzbetrieb im VDE, Bismarckstraße 33, 10625 Berlin

Fundamenterder In das Gebäudefundament eingelegter Erder

GAEB Gemeinsamer Ausschuss Elektronik im Bauwesen, Deichmanns Aue, 53179 Bonn

GDV Gesamtverband der Deutschen Versicherungswirtschaft e.V., Friedrichstraße 191, 10117 Berlin

Gebäudesystemtechnik Ursprünglich für Industrie- und Verwaltungsgebäude konzipiertes System zur Steuerung, Regelung, Überwachung, Meldung; statt vieler einzelner Steuerleitungen wird die BUS-Technik eingesetzt

GED Gesellschaft für Energiedienstleistung GmbH & Co.KG, Reinhardtstraße 32, 10117 Berlin

Gerätedose Dose, die zur Aufnahme der Schalter und Steckdosen dient

Geräte-Verbindungsdose Dose, die außer zur Aufnahme der Schalter und Steckdosen auch zum Klemmen dient

Geräteanschlussdose Verbindungselement für Übergang von festverlegter Leitung beim Anschluss von Großgeräten

Gleichzeitigkeitsfaktor Faktor, mit dem der Anschlusswert multipliziert werden muss, um die tatsächlich in Anspruch genommene Leistung zu erhalten

Haupterdungsklemme, Haupterdungsschiene Verbindungsklemmleiste im Hausanschlussraum für alle Erd- und Potentialausgleichsleitungen, früher als Potentialausgleichsschiene bezeichnet

Hauptleitung Leitung vor dem Zähler, allgemein zwischen Hausanschlusskasten und Zähler, früher auch Steigleitung genannt

Hausanschluss (HA) Verbindung zwischen dem örtlichen Verteilungsnetz und Hauseinführungsleitung sowie Hausanschlusskasten, nach NAV Netzanschluss genannt

Hausanschlussnische Bauseits erstellte Nische, die zur Einführung der Anschlussleitungen bestimmt ist sowie der Aufnahme der erforderlichen Anschluss- und gegebenenfalls Betriebseinrichtungen dient

Hausanschlussraum Begehbarer und abschließbarer Raum eines Gebäudes, der zur Einführung der Anschlussleitungen für die Ver- und Entsorgung des Gebäudes bestimmt ist und in dem die erforderlichen Anschluss- und gegebenenfalls Betriebseinrichtungen untergebracht werden

Hausanschlusswand Wand, die zur Anordnung und Befestigung von Leitungen sowie Anschluss- und gegebenenfalls Betriebseinrichtungen dient

Hausinstallationen Starkstromanlagen für Wohnungen sowie andere Starkstromanlagen, die denen in Wohnungen entsprechen

Hausleittechnik Dieser Begriff wird häufig für einfache Gebäudesystemtechniken verwendet

HEA HEA – Fachgemeinschaft für effiziente Energieanwendung e.V., Reinhardtstraße 32, 10117 Berlin

HT-Zeit Hochtarifzeit, im Gegensatz zur NT-Zeit der Zeitraum, während der der Strom zu allgemeinen Tarifpreisen abgegeben wird (meist am Tag)

HÜP Hausübergabepunkt, Verbindung des regionalen Breitbandverteilnetzes mit dem Hausverteilnetz

IEC International Electrotechnical Commission, Central Office, Genf, Schweiz

IfB Institut für Bauforschung e.V., An der Markuskirche 1, 30163 Hannover

Infrarot-Schalttechnik Eine nicht leitungsgebundene Art der Hausleittechnik, die einzelnen Signale werden codiert per Infrarotlicht von Sendern zu Empfängern gesandt

Initiativkreis ELEKTRO+ Initiative von Herstellern im ZVEI und der HEA, die sich um herstellerneue Informationen zur zukunftssicheren Elektroinstallation nach RAL RG 678 bemüht

Installations-BUS Siehe BUS-Technik

Installationskanäle Hohlräume innerhalb von Wänden oder Metall- bzw. Kunststoffkanäle, in denen Leitungen unbefestigt liegen

Interaktive Dienste bidirektionaler Datenaustausch zwischen einem Dienstanbieter und einem Teilnehmer, z. B. DSL

IP-TV Übertragung von breitbandigen Anwendungen, wie Fernsehprogrammen und Filmen, über ein digitales Datennetz unter Nutzung des Internet Protocol (IP)

Isolationsfehler Fehlerhafter Zustand in der Isolierung

IuK (Informations- und Kommunikationstechnik) Gesamtheit der Daten- und Telekommunikationsanwendungen nach DIN EN 50173

Kabel Leitung mit zusätzlichen bzw. besonderen Mänteln, z. B. für Verlegung im Erdreich

Kalkulationshilfe Eine im Elektroinstallationshandwerk eingeführte Liste mit Daten, die für die Erstellung von Angeboten auch nach dem Leistungsverzeichnis wichtig ist

KNX siehe EIB

Körper Ein berührbares, leitfähiges Teil eines elektrischen Betriebmittels, das normalerweise nicht unter Spannung steht, im Fehlerfall jedoch unter Spannung stehen kann

Kompaktleuchtstofflampen Auch Energiesparlampen genannt, kompakte Form der Leuchtstofflampe, als Ersatz für Glühlampen gedacht

Kurzschluss Durch einen Fehler entstandene leitende Verbindung zwischen betriebsmäßig gegeneinander unter Spannung stehenden Leitern, wenn im Fehlerstromkreis kein Nutzwiderstand liegt

kVA Elektrische Leistung (Scheinleistung) in Kilo-Volt-Ampere

kW Elektrische Leistung (Wirkleistung) in Kilowatt

kWh Elektrische Arbeit in Kilowattstunden

Lampe Leuchtmittel in Form von Glühlampen, Leuchtstofflampen u. a., laienhaft auch Birnen bzw. Neonröhren genannt

Leistungsbedarf Anschlusswert multipliziert mit dem Gleichzeitigkeitsfaktor

Leistungsverzeichnis Enthält alle für eine bestimmte Anlage notwendigen Materialien; der Anbieter setzt seine Preise getrennt nach Material und Lohn ein und erstellt damit ein Angebot

Leiter Metalldraht – in Wohngebäuden meist Kupfer – zur Fortleitung elektrischer Energie

Leitung In einer Umhüllung zusammengefasste Adern

Leuchten Künstlerisch gestaltete oder technische Teile zur Aufnahme von Lampen

LS-Schalter Leitungsschutzschalter, Überstrom-Schutzeinrichtung

MCB Miniature Circuit Breaker, in Deutschland als Leitungsschutzschalter bezeichnet

NAV Niederspannungsanschlussverordnung, Verordnung über Allgemeine Bedingungen für den Netzanschluss und dessen Nutzung für die Elektrizitätsversorgung in Niederspannung

NB Netzbetreiber, ist für den sicheren und zuverlässigen Betrieb des jeweiligen Netzes in einem bestimmten Gebiet und für die Verbindung mit anderen Netzen verantwortlich

NDAV Niederdruckanschlussverordnung, Verordnung über Allgemeine Bedingungen für den Netzanschluss und dessen Nutzung für die Gasversorgung in Niederdruck

Netzanschluss Verbindung zwischen dem örtlichen Verteilungsnetz und Hauseinführungsleitung sowie Hausanschlusskasten, auch Hausanschluss genannt

Netzsystem Festlegungen über die Beschaffenheit des Netzes (bezüglich der Erdungsverhältnisse), wichtig für die Auswahl der Schutzmaßnahmen; es gibt TN-, TT- und IT-Systeme

Neutralleiter N Ein mit dem Mittelpunkt bzw. Sternpunkt des Netzes verbundener Leiter, der geeignet ist, zur Übertragung elektrischer Energie beizutragen, früher Mittelleiter (Mp) genannt

NTBA Netzabschlussgerät, Gerät für die ISDN-Anschlussleitung (Network-Terminal Basic Access)

NT-Zeit Freigabezeit der EVU, z. B. für Aufladen der Warmwasserspeicher, der Speicherheizung u. a., auch Schwachlastzeit genannt. Strompreise in der NT-Zeit sind günstiger als die in der HT-Zeit

PEN-Leiter Geerdeter Leiter, der zugleich die Funktionen des Schutzleiters und des Neutralleiters erfüllt, nur im TN-System vorkommend (früher: Nullleiter)

Potentialausgleich Elektrische Verbindung, die die Körper elektrischer Betriebsmittel und fremde leitfähige Teile auf gleiches oder annähernd gleiches Potential bringt

Potentialausgleichsschiene Verbindungs-Klemmleiste im Hausanschlussraum für alle Erd- und Potentialausgleichsleitungen, bisher verwendet für Haupterdungsklemme bzw. -schiene

PRCD Portable RCD, tragbarer FI/LS-Schalter

RAL Deutsches Institut für Gütesicherung und Kennzeichnung e.V., Bornheimer Str. 180, 53119 Bonn

RCBO Residual Current operated Circuit Breaker with overcurrent Protection, in Deutschland als FI/LS-Schalter bezeichnet

RCCB Residual Current operated Circuit Breaker, in Deutschland als Fehlerstrom-Schutzschalter (FI-Schalter) bezeichnet

RCD Residual Current operated Device, in Deutschland als Fehlerstrom-Schutzeinrichtung bezeichnet

RuK (Rundfunk- und Kommunikationstechnik) Gesamtheit der Radio,- TV- und Telekommunikationsanwendungen nach DIN EN 50173

Schaltkasten Zusammenfassung aller Schalt-, Steuer- und Regelorgane in einer fertig verdrahteten Einheit

Schutzbereiche Bereiche, in denen z. B. im Bad bzgl. Leitungen und/oder Steckdosen besondere Bedingungen gelten

Schutzkontakte Kontaktstücke im Zug des Schutzleiters, z. B. bei Steckvorrichtungen

Schutzleiter PE Geerdeter Leiter, der bei den meisten in Wohnungen üblichen Schutzmaßnahmen gegen gefährliche Körperströme erforderlich ist (früher: SL)

Selektiver Haupt-Leitungsschutzschalter Schutzschaltgerät im Zählerschrank (deshalb auch Hauptsicherungsautomat genannt), kann vom Kunden nach dem Auslösen wieder eingeschaltet werden

Spannungsfall Tritt in jeder Installationsanlage auf, soll möglichst klein sein, damit die Spannung an den Geräten noch ausreichend hoch ist

SPD Surge Protective Device, Überspannungs-Schutzeinrichtung, in Deutschland auch als ÜSE bezeichnet

SRCD Socket outlet RCD, FI-Stecker

Standardleistungsbuch (StLB) Umfangreiches Leistungsverzeichnis mit verschlüsselten Textbeschreibungen, das überwiegend mit Datenverarbeitung bearbeitet wird

Starkstromanlagen Elektrische Anlagen mit Betriebsmitteln zum Erzeugen, Fortleiten, Verteilen und Verbrauchen elektrischer Energie

Steuerleitung Im Wohnungsbau neben den Haupt- und Verbindungsleitungen zur Fortleitung von Steuerimpulsen verlegte Leitung

Stromkreis Gesamtheit der elektrischen Betriebsmittel einer Anlage, die von demselben Speisepunkt versorgt werden und durch dieselbe Überstrom-Schutzeinrichtung geschützt wird

Stromkreisverteiler „Schaltkasten“ für LS-Schalter und sonstige Schaltgeräte

TAB Technische Anschlussbedingungen der VNB für die Versorgung von Kunden

TAE Telekommunikationsanschlusseinrichtung, dient zum Anschluss der TK-Endeinrichtung

Taster Schalteinrichtung für Fernschalter

TRA Tonfrequenz-Rundsteuer-Anlage

Trägerfrequente Nutzung Der normalen Netzspannung wird eine höherfrequente modulierte Spannung überlagert, die Informationen enthält

TRE Tonfrequenz-Rundsteuer-Empfänger, Steuergerät, das sich als Teil der TR-Anlage im Wohnhaus befindet

Überspannungs-Schutzeinrichtung (ÜSE bzw. SPD) Gerät, das dazu bestimmt ist, transiente Überspannungen zu begrenzen und Stoßströme abzuleiten

Überstromschutzeinrichtung (MCB) stellt den Schutz bei Überstrom und damit verbundener unzulässig hoher Erwärmung der Leitungen und Betriebsmittel

ÜSE Überspannungs-Schutzeinrichtung, international: SPD

UP-Dose Unterputzdose 60 mm Ø zur Aufnahme von Installationselementen, z. B. Schalter, Steckdosen usw.

VDE Verband der Elektrotechnik – Elektronik – Informationstechnik e.V., Stresemannallee 15, 60596 Frankfurt am Main

VDEW Verband der Elektrizitätswirtschaft jetzt: BDEW

VDN Verband der Netzbetreiber VDN e.V. beim VDEW jetzt: BDEW bzw. FNN

VdS (früher: Verband der Sachversicherer) Richtlinien, Merkblätter u. a., herausgegeben vom Gesamtverband der Deutschen Versicherungswirtschaft e. V. – GDV

Verbindungsdose Auf- oder Unterputzdose meist 70 mm Ø zur Aufnahme von Leitungsverbindungsklemmen o. ä.

Verbindungsleitung Leitung zwischen Zähler und Stromkreisverteiler in der Wohnung

Verbraucheranlage Gesamtheit aller elektrischer Betriebsmittel hinter dem Hausanschlusskasten

Verbrauchsmittel, elektrische Betriebsmittel, die dazu bestimmt sind, elektrische Energie in andere Formen der Energie umzuwandeln, z. B. in Licht, Wärme oder in mechanische Energie

Verteilungsnetz Gesamtheit aller Leitungen und Kabel vom Stromerzeuger bis zur Übergabestelle der Verbraucheranlage

VNB siehe NB

VOB Verdingungsordnung für Bauleistungen; Teil A enthält das Verfahren für die Vergabe, Teil B und C ergänzen das Werkvertragsrecht des Bürgerlichen Gesetzbuches; der Titel Teil C lautet: Allgemeine Technische Vertragsbedingungen für Bauleistungen

VWEW VWEW Energieverlag GmbH, seit Oktober 2009 EW Medien und Kongresse GmbH, Kleyerstraße 88, 60326 Frankfurt am Main

Wechselstromverbraucher Zwischen einem Außen- und Neutralleiter betriebenes Verbrauchsgerät (im Wohnungsbau 230 V)

Wohnungskennziffer Elektroinstallation Maßstab nach HEA/IfB-Gutachten für den Ausstattungswert der Elektroinstallation

WÜP Wohnungsübergabepunkt, Schnittstelle zwischen Breitbandkabelnetz und Verteilanlage einer Wohnung

ZVEH Zentralverband der Deutschen Elektro- und Informationstechnischen Handwerke, Lilienthalallee 4, 60443 Frankfurt am Main

ZVEI Zentralverband der Elektrotechnik- und Elektronikindustrie e. V., Lyoner Straße 9, 60528 Frankfurt am Main

Schaltzeichen

Um beim Zeichnen von Schaltplänen ein einheitliches Bild zu erzielen, wurden in DIN EN 60617 Schaltzeichen für elektrische Geräte und Anlagen genormt. Mit Hilfe dieser Schaltzeichen ist es möglich, eine übersichtliche Darstellung der vorgesehenen Ausstattung einer Wohnung oder eines Raums zu geben.

Diese Schaltzeichen werden z. B. mittels Zeichenschablonen im Grundriss eingetragen. Die Grundrisspläne können zwar im Maßstab 1 : 100 angelegt sein, aber bei einer vernünftigen Ausstattung eines Raums mit Schaltern, Steckdosen und Leuchten ist es kaum mehr möglich, die Schaltzeichen räumlich richtig einzutragen, so dass sich ein Grundrissplan Maßstab 1 : 50 für die Planung der Elektroinstallation in der Praxis durchgesetzt hat. Die Schaltzeichen werden entsprechend der Raumnutzung und der Wohnfunktion eingesetzt. Die so mengenmäßig und örtlich fixierte Elektroinstallation wird als Grundlage für den Massenauszug benutzt, der wiederum Grundlage für eine Ausschreibung sein kann.

Darüber hinaus dient der Installationsplan auch als Montageanweisung. Üblicherweise werden die Leitungsführungen wegen der besseren Übersichtlichkeit nicht eingezeichnet. Nur wenn eine bestimmte Leitungsführung zwingend notwendig ist, wird man sie eintragen.

Zu den Elektroinstallationsplänen gehören Übersichtsschaltpläne, Stromlaufpläne und Anschlusspläne. Diese können auch in einem gemischten Schaltplan zusammengefasst werden. Die wichtigsten Schaltzeichen der Elektroinstallation und die gängigen Symbole auf Betriebsmitteln sind nachfolgend zusammengefasst.

Schaltzeichen der Elektroinstallation

Verteiler, Messgeräte, Schaltgeräte	
	Zähler
	Schaltuhr z. B. für Stromtarif-umschaltung
	Zeitrelais, z. B. für Treppenhaus-beleuchtung
	Tonfrequenz-Rundsteuerrelais
	Hausanschlusskasten
	Verteiler, Schaltanlage
230/8V	Transformator, 230/8 V
	Sicherung allgemein
D II 10 A	Schrau bsicherung, z. B. 10 A und Typ D II, dreipolig
10 A	Schalter, z. B. 10 A, dreipolig
	Fehlerstrom-Schutzschalter, vierpolig
	Leitungsschutzschalter
	Selektiver Haupt-Leitungs-schutzschalter
Leitungen und Leitungsverlegung	
	Leiter, allgemein
	Leiter, bewegbar
	Leitung mit Kennzeichnung der Leiteranzahl, z. B. 3 Leiter
3	Vereinfachte Darstellung
	frühere Darstellung für Schutz-leiter (PE)
	Schutzleiter (PE)
	PEN-Leiter
	frühere Darstellung für Neutral-leiter (N)
	Neutralleiter (N)
	Beispiel; drei Leiter, ein Neutral-leiter ein Schutzleiter
F	Fernmeldeleitung (Fernsprech-leitung)

	Leitung, die wahlweise oder nachträglich (Nachrüstleitung) verlegt wird
	nach oben führende Leitung
	nach unten führende Leitung
	nach unten und oben führende Leitung
	Leiterverbindung
	Verbindungsdose Darstellung, falls erforderlich
	Dose
	Anschlussstelle für Schutzleiter
Installationsschalter, Steckvorrichtungen	
	Ausschalter, einpolig
	Ausschalter dreipolig
	Serienschalter einpolig
	Wechselschalter einpolig
	Kreuzschalter einpolig
	Schalter mit Kontrolllampe
	Taster
	Leuchttaster
	Stromstoßschalter
	Dimmer
	Schutzkontaktsteckdose
3/N/PE	Schutzkontaktsteckdose für Drehstrom, z. B. fünfpolig
	Schutzkontaktsteckdose, ab-schaltbar
3	Schutzkontaktsteckdose, z. B. dreifach
	Fernmeldesteckdose
	Antennensteckdose

Leuchten	
	Leuchte, allgemein
5x60 W	Leuchte mit Angabe der Lampenzahl und Leistung, z. B. 5 Lampen zu je 60 W
	Leuchte mit Schalter
	Leuchte mit veränderbarer Helligkeit
	Leuchte mit Entladungslampe, allgemein
3	Leuchte für Entladungslampen mit Angabe der Lampenzahl, z. B. 3
36W	Leuchtenband, z. B. 3 Leuchten je 36 W
58W	Leuchtenband, z. B. 2 Leuchten je 2 x 58 W
	Scheinwerfer
Elektrogeräte	
E	Elektrogerät, allgemein
	Elektroherd, allgemein
	Mikrowellengerät
	Backofen
	Heißwasserspeicher
	Durchlauferhitzer
	Heißwassergerät, allgemein
	Waschmaschine
	Wäschetrockner
	Geschirrspülmaschine
***	Kühlgerät, z. B. Tiefkühlgerät
*** *	Gefriergerät
	Raumheizung allgemein
	Speicherheizgerät
	Infrarotstrahler
	Lüfter
	Klimagerät
M	Motor, allgemein

Telefon, Sprechanlage, Signalgeräte	
	Telefon, allgemein
	Wechselsprechstelle, z. B. Haus- oder Torsprechstelle
	Gegensprechstelle, z. B. Haus- oder Torsprechstelle
	Wecker
	Summer
	Gong
	Meldeleuchte, Signallampe, Lichtsignal
	Türöffner
	Brandmelder
	Temperaturregler
	Lichtstrahlmelder, Lichtschranke
Lx<	Dämmerungsschalter
Radio und Fernsehen	
	Antenne, allgemein
	Verstärker
	Lautsprecher
Einbruchmeldeanlagen	
Z	Zentrale
	Notstromversorgung
	Blockschloss (Scharfschalteinrichtung)
	Magnetkontakt
	Öffnungskontakt
	Schließblechkontakt
	Überfallmelder
	Vibrationskontakt
	Infrarot-Bewegungsmelder

	Ultraschall-Bewegungsmelder
	Körperschallmelder
	Glasbruchmelder

	akustischer Signalgeber
	akustischer, elektronischer Signalgeber
	Schaltuhr

Wichtige Symbole auf Betriebsmitteln

	für Hohlwand/Möbel
	zum Eingießen in Beton
	für Unterputz
	für Aufputz
	für Inputz
	für Installationskanal
	Isolierte Verbindungsklemmen
	Möbelleuchten für Entladungslampen, auf schwer oder normal entflammbaren Baustoffen
	Möbelleuchten für Glühlampen und Entladungslampen, bei Werkstoffen unbekannter Entflammungseigenschaft
	Leuchten für Entladungslampen zur direkten Montage auf normal oder leicht entflammbaren Baustoffen
	Leuchten mit begrenzter Oberflächentemperatur
	Leuchte mit begrenzter Oberflächentemperatur nach DIN VDE 0711 (neu)
	Ballwurfsichere Leuchten
	Kondensatoren für Entladungslampen; flammsicher

	Kondensatoren für Entladungslampen; flammsicher, platzsicher
	Stecker und Kupplungsdosen für erschwerte Bedingungen („rauher Betrieb“); Allgebrauchslampen für „rauhen Betrieb“
	Sicherheitstransformator, gekapselt
	Spielzeugtransformatoren, Kinderkochgerät und Kinderbügeleisen
	Anschluss für Schutzleiter (PE) Schutzklasse I
	Schutzisolierung für elektrische Betriebsmittel; Schutzklasse II
	Elektrische Betriebsmittel zum Anschluss an Schutzkleinspannung; Schutzklasse III
	Fehlerstrom-Schutzschalter für Wechsel- und pulsierenden Gleichstrom, Typ A
	Fehlerstrom-Schutzschalter für Temperaturen bis –25 °C
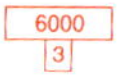	Leitungsschutzschalter mit 6 kA, Kurzschlussschaltvermögen und Energiebegrenzungsklasse 3
	Fehlerstrom-Schutzschalter, selektive Ausführung (zeitverzögert)
	Fehlerstrom-Schutzschalter, allstromsensitiv, Typ B

5 Installationsgeräte und -material, Leitungsmaterial

Installationsgeräte und -material

Schalter und Steckdosen sind die im Wohnungsbau in erster Linie sichtbaren Elemente der Elektroinstallation. Sie präsentieren sich heute in einer modernen Form und in vielen Designs, so dass sie jeder Stilrichtung der Wohnungseinrichtung oder

5-1 *Installationselemente Schalter, Steckdosen, Taster, Dimmer, Wächter – für jedes Design, jede Tapete und jede Einrichtung*

der Farbe der Tapete angepasst werden können. Geräuscharme Flächenschalter, in Verbindung mit schraubenlosen Anschlussklemmen, sind einige Details. Die Elemente werden sowohl einzeln als auch in Kombinationen eingesetzt. Hier finden die unterschiedlichsten Bauteile, z.B. Schalter, Taster, Dimmer, Steckdose, ihre Zusammenfassung in einer Frontplatte (Bilder 5-1 bis 5-5).

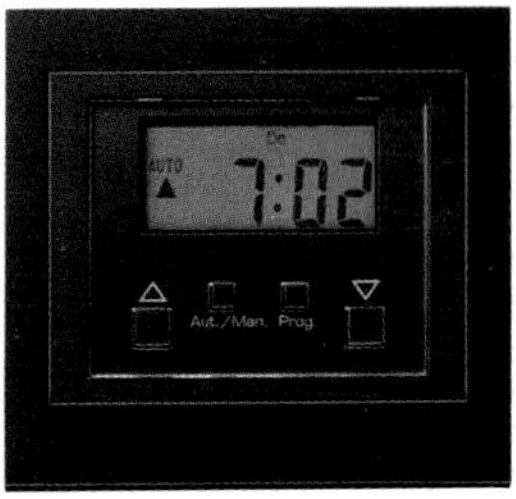

5-2 Jalousiesteuerung

5-4 Raumtemperaturregelung

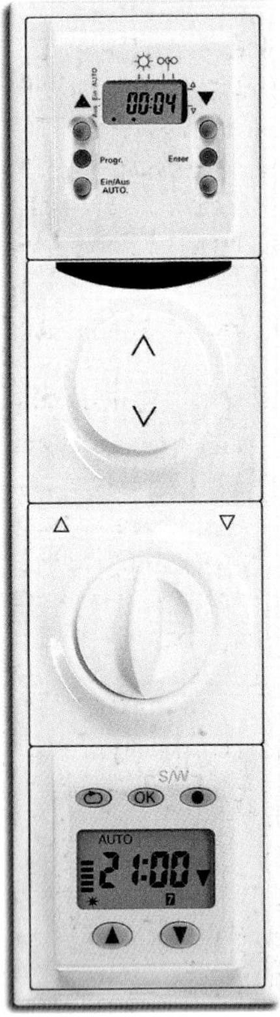

5-3 Kombination für eine Beschattung

5-5 Multimedia-Kombination für Radio/TV, ISDN (oben) und Digitalradio für UP-Dosen (unten)

5-6 *Perilexsteckdose für ortsveränderliche Drehstrom-Verbrauchsmittel*

Im Bereich der Schalter wird das Angebot durch Spezialgeräte ergänzt, z. B. Jalousieschalter, Zeitschaltuhren, Raumtemperaturregler, Bewegungsmelder, Anzeigen. Zur Sicherheit im Kinderzimmer tragen sog. Kinderschutzsteckdosen bei.

Neben den bekannten mechanischen Schaltern sind zur stufenlosen Helligkeitssteuerung die Dimmer bekannt. Diese elektronischen Schalter werden für Glühlampen, Niedervolthalogenlampen mit elektronischen und konventionellen Trafos und Leuchtstofflampen angeboten.

Die Palette wird ergänzt durch sog. elektronische Schalter. Sie können alle Funktionen der Aus-, Wechsel-, Kreuz- und Stromstoßrelais-Schaltungen übernehmen. Bei leichter Berührung der Oberfläche schalten sie völlig lautlos.

Auch fernbedienbare Schalter und Dimmer, die mit Funk, Infrarot oder Ultraschall arbeiten, werden angeboten. Vom Sessel aus lassen sich z. B. in den Unterputzdosen untergebrachte Empfänger mit einem Handsender steuern, wie beim Fernsehgerät.

Für Drehstrom-Verbrauchsmittel stehen Perilex- und CEE-Steckvorrichtungen zur Verfügung.

Für die Unterbringung stehen Unterputzdosen mit 60 mm Durchmesser zur Verfügung. In diese UP-Dosen – als Schalter- oder Gerätedosen bezeichnet – können die mechanischen und elektronischen Schalter und die Steckdosen eingesetzt werden. Zur Vermeidung von Spannungsverschleppungen sind die Dosen putzbündig zu setzen. Für zu tief eingebaute Installationsdosen besteht die Möglichkeit, Putzausgleichsringe und dergleichen zu verwenden. Die Putzbündigkeit ist auch Voraussetzung dafür, dass die Befestigung der Steckdosen und Schalter mittels

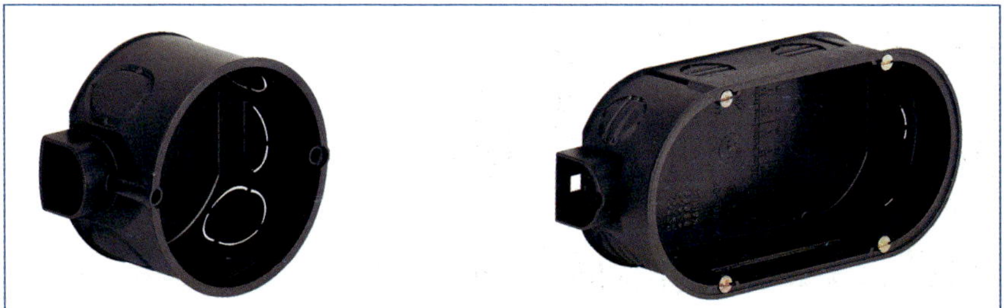

5-7 *Gerätedosen für ein bzw. zwei Einsätze*

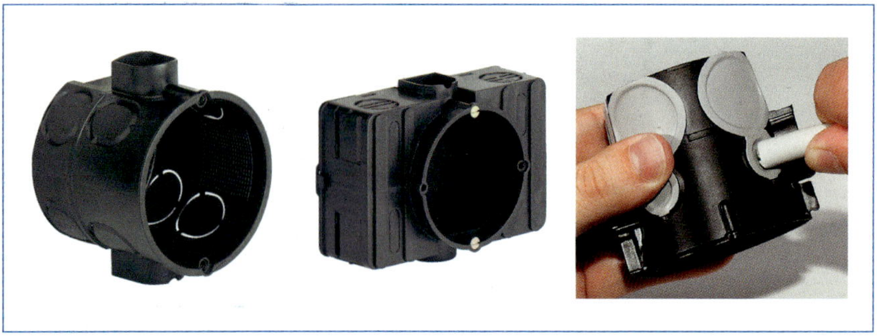

5-8 Geräte-Verbindungsdosen in normaler Ausführung (links), mit geräumigem Klemmraum (Mitte) und in luftdichter Ausführung (rechts)

5-9 Gerätedose für Perilex-Steckvorrichtung

5-10 Verlängerungsring für vorhandene Dosen bei Außendämmung

5-11 Teleskop-Geräteträger und -Gerätedose sowie Universal-Geräteträger (rechts) für Montage von Leuchten, Bewegungsmeldern u.a. bei Außendämmung

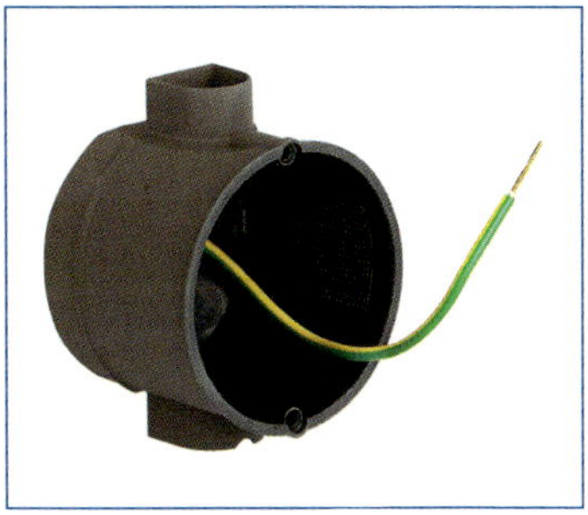

5-12 *Geräte-Verbindungsdose mit Abschirmung und Potentialableitung*

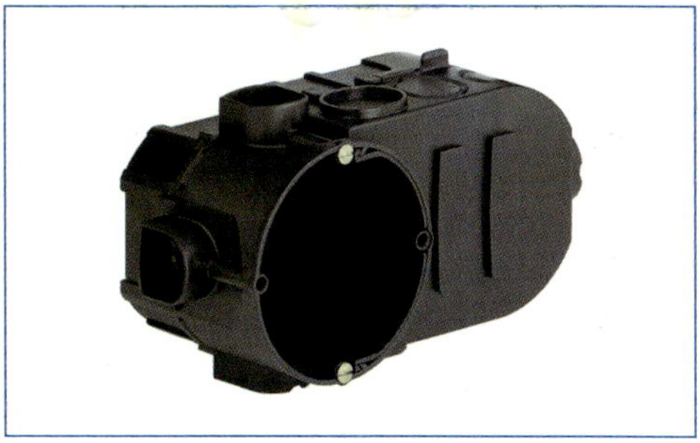

5-13 *Zweikammerdose für Geräteeinsätze und elektronische Komponenten z. B. für Gebäudesystemtechnik*

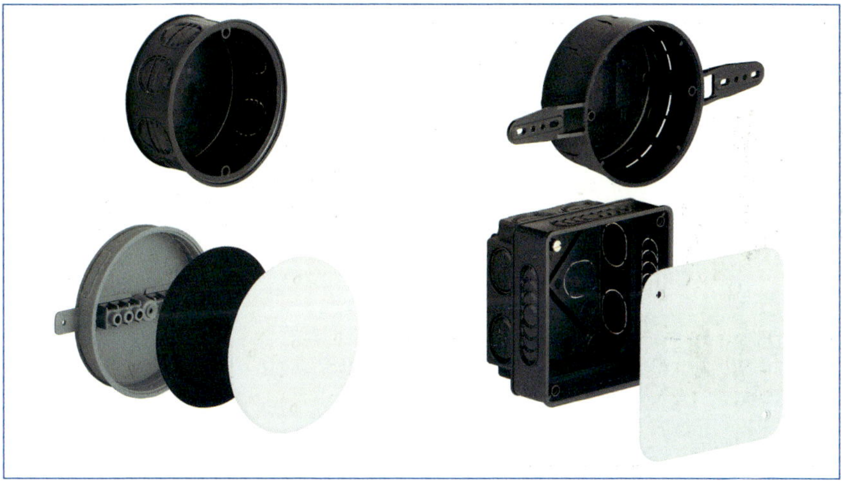

5-14 *Normale Verbindungsdose, Verbindungsdose für Nagelbefestigung, Imputz-Verbindungsdose, Verbindungskasten mit Abschlussdeckel*

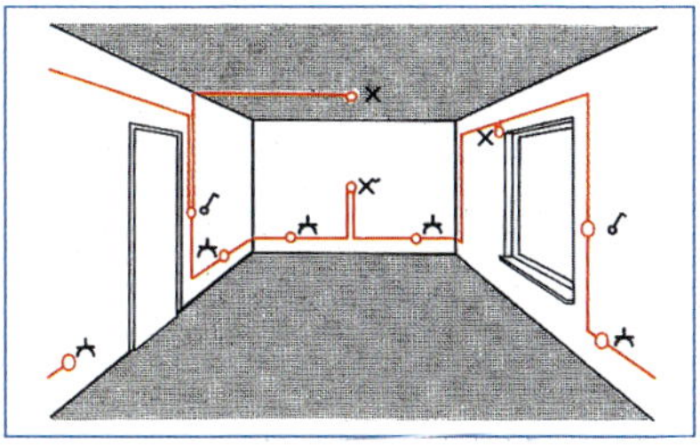

5-15 *Leitungsführung bei Verwendung von Geräte-Verbindungsdosen*

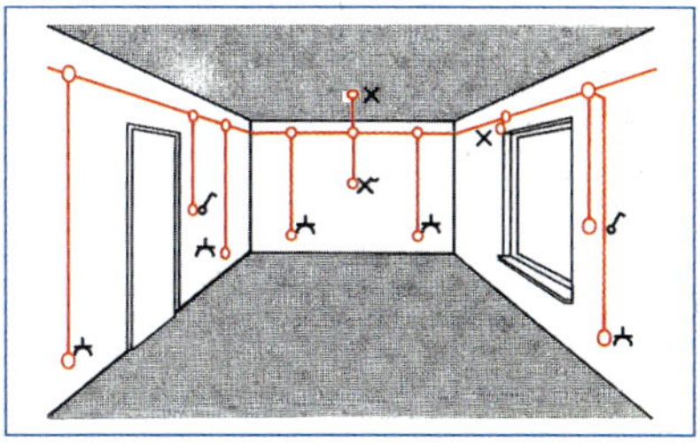

Leitungsführung bei Verwendung von Verbindungsdosen

5-16 *Signaldeckel für Gerätedosen, Geräte-Verbindungsdosen und Wandleuchten-Anschlussdosen*

5-17 *Wandleuchten-Anschlussdose (links), und Deckenauslasstülle (rechts)*

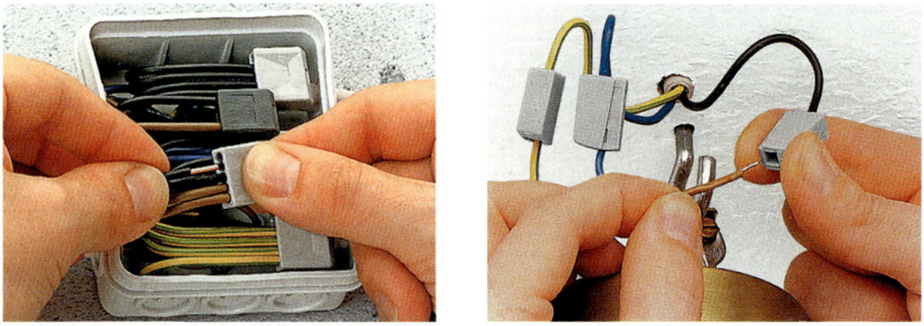

5-18 *Schraubenlose Verbindungsklemmen bzw. Anschlussklemmen für Leuchten*

5-19 Installationsgeräte, Unterputz in wassergeschützter (IP 44) Ausführung

5-20 Installationsgeräte, Aufputz oben in wassergeschützter (IP 44), unten in wasserdichter (IP 66) Ausführung

Schrauben statt Krallenbefestigung haltbar ist. Dies ist besonders bei Steckdosen wichtig, damit durch das Ziehen der Stecker die Steckdose nicht aus der Unterputzdose gerissen wird. Statt der bisher üblichen Dosenmontage mittels Gips kann kostengünstig auch die gipslose Montage mittels Nageldosen bzw. speziellen Klemmhalterungen ausgeführt werden.

Wichtiger Hinweis: Die Klemmen der Schalter und Steckdosen dürfen z. B. bei einer Ringleitung als Verbindungsstellen nur verwendet werden, wenn diese als „Verbindungsklemmen" ausgebildet sind. Ist dies nicht der Fall, müssen zusätzliche Klemmen in der Dose vorhanden sein. Dann sind allerdings die geräumigeren Geräte-Verbindungsdosen zu verwenden.

Unterschiedliche Leitungsführung ergibt sich, wenn – wie beschrieben – Verbindungsdosen (auch Abzweigdosen genannt) verwendet oder Geräte-Verbindungsdosen installiert werden (Bild 5-15). Die Installation mittels Geräte-Verbindungsdosen setzt sich immer mehr durch, da sie meist auch kostengünstiger ist.

Die Industrie bietet Verbindungsdosen mit einem Durchmesser von 70 mm und einer Tiefe von 36 mm an. Sie sind aber auch in einer flachen Ausführung für die Imputz-Technik im Handel.

Entsprechend den DIN VDE-Normen dürfen Wandleuchten nur über spezielle Dosen angeschlossen werden. Damit wird verhindert, dass freie Leitungsenden nach Entfernen der Leuchte – z. B. beim Umzug – eine Gefahrenquelle darstellen können.

Damit nach dem Verputzen die Gerätedosen, Geräte-Verbindungsdosen, Verbindungsdosen, Verbindungskästen und Wandleuchten-Anschlussdosen leichter gefunden werden und die darin befindlichen Leitungen vor Verschmutzung und Beschädigung geschützt werden, setzt man vor dem Verputzen sog. Signaldeckel (Bild 5-16).

Für Beleuchtungsanschlüsse in Stegleitungsinstallationen gibt es sog. Deckenauslasstüllen (Bild 5-18), die ein Herausreißen der Leitung aus dem Putz verhindern sollen. Für Beleuchtungsanschlüsse in Betondecken gibt es spezielle Dosen, die im Kapitel 28 „Elektroinstallation im Fertig-, Montage- und Ortbetonbau sowie bei Hohlwandbauweise“ beschrieben sind.

Für die Elektroinstallation in wärmegedämmten Außenfassaden z. B. von Außensteckdosen stehen besondere Verlängerungsringe zur Verfügung. Die erforderliche Tiefe kann durch Ineinanderstecken der Verlängerungsringe und ggf. Kürzen erreicht werden (Bild 5-10).

Die sichere Befestigung von Leuchten, Bewegungsmeldern u. a. erfolgt bei Einsatz von Wärmedämmung mittels Teleskop-Geräteträger bzw. -dosen oder Universalgeräteträger (Bild 5-11).

Zweikammer-Gerätedosen (Electronic-Dosen) mit Trennwand für die Geräteeinsätze und elektronische Komponenten werden z. B. für die BUS-Installation angeboten (Bild 5-13).

Die im Bild 5-18 gezeigten schraubenlosen, isolierten Verbindungs- und Anschlussklemmen entsprechen den DIN VDE-Normen und tragen erheblich zur Rationalisierung der Installationsarbeit bei. Sie haben sich in den letzten Jahren immer mehr durchgesetzt.

Die Verwendung von Fernschaltern, auch Stromstoßrelais genannt, die über eine beliebig große Anzahl von Tasten angesteuert werden können, ist immer zu empfehlen, wenn mehr als zwei Schaltstellen gewünscht sind. Die Fernschalter werden im Stromkreisverteiler untergebracht. Werden sie aus Kostengründen in Gerätedosen oder Verbindungsdosen installiert, wird dadurch später die Fehlersuche erschwert.

Sofern in Räumen wie Keller, Garagen usw. die Leitungen auf Putz verlegt werden, finden Installationsgeräte gemäß Bild 5-20 Verwendung.

Schutzkontakt-Steckdosen stehen nur bis zu einer Bemessungsstromstärke von 16 A zur Verfügung. Daraus ergibt sich, dass alle Elektrogeräte mit einem Anschlusswert von 3,5 kW und größer durch andere Dosen mit der fest verlegten Leitung zu verbinden sind. Geräteanschlussdosen bilden den Übergang von der fest verlegten zur beweglichen Anschlussleitung der Großgeräte. Die Dosen werden sowohl unter Putz als auch auf Putz montiert. Für die Elektro-Speicherheizung braucht man Doppel- oder Dreifach-Anschlussdosen.

Schutzarten von Installationsgeräten

In DIN EN 60529 (VDE 0470-1) sind die unterschiedlichen Schutzarten durch Gehäuse (IP-Codes) mittels Kennziffern sowie ggf. weitere Buchstaben definiert, z. B. IP 21. Dabei gibt die erste Kennziffer den Berührungsschutz von Personen sowie den Betriebsmittelschutz gegen das Eindringen fester Fremdkörper, die zweite Kennziffer den Schutz gegen das Eindringen von Wasser an. Die zusätzlichen Buchstaben (A, B, C, D) für den Berührungsschutz und die ergänzenden Buchstaben (H, M, S, W) für die Betriebsmittelsicherheit unter besonderen Umgebungsbedingungen können wahlweise verwendet werden.

Die Tabellen 5-21 und 5-22 zeigen die Bestandteile und die Anordnung des IP-Codes.

Wo eine Kennziffer nicht angegeben werden muss, ist sie durch den Buchstaben „X" zu ersetzen („XX", falls beide Kennziffern weggelassen sind). Zusätzliche Buchstaben und/oder ergänzende Buchstaben dürfen ersatzlos weggelassen werden.

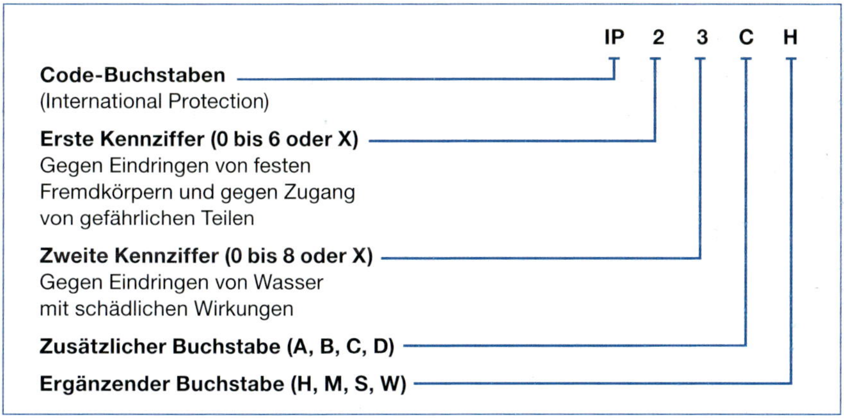

5-21 Anordnung des IP-Codes

IP2X

Hier wird nur Wert gelegt auf die Festlegung des Berührungsschutzes:

2 – schützt das Betriebsmittel innerhalb des Gehäuses gegen Eindringen von festen Fremdkörpern mit einem Durchmesser von 12,5 mm und größer;
  – schützt Personen gegen den Zugang zu gefährlichen Teilen mit Fingern;
X – die Anforderungen an den Wasserschutz sind offengelassen.

IP23CS

Hier werden auch die fakultativen Buchstaben verwendet:

2 – schützt das Betriebsmittel innerhalb des Gehäuses gegen Eindringen von festen Fremdkörpern mit einem Durchmesser von 12,5 mm und größer;
  – schützt Personen gegen den Zugang zu gefährlichen Teilen mit Fingern;

3 – schützt das Betriebsmittel innerhalb des Gehäuses gegen schädliche Wirkungen durch Wasser, das gegen das Gehäuse gesprüht wird;

C – schützt Personen, die mit Werkzeugen mit einem Durchmesser von 2,5 mm und größer und einer Länge nicht über 100 mm umgehen, gegen den Zugang zu gefährlichen Teilen (das Werkzeug kann in das Gehäuse bis zu seiner vollen Länge eindringen),

S – wird für den Schutz gegen schädliche Wirkungen durch das Eindringen von Wasser geprüft, während alle Teile des Betriebsmittels im Stillstand sind.

Ziffern oder Buchstaben IP	**Schutz von Betriebsmitteln**	**Schutz von Personen**
Erste Kennziffer		
 0 1 2 3 4 5 6	gegen Eindringen von festen Fremdkörpern nicht geschützt ≥ 50 mm Ø ≥ 12,5 mm Ø ≥ 2,5 mm Ø ≥ 1,0 mm Ø staubgeschützt staubdicht	gegen Zugang zu gefährlichen Teilen nicht geschützt mit Handrücken mit Finger mit Werkzeug mit Draht mit Draht mit Draht
Zweite Kennziffer		
 0 1 2 3 4 5 6 7 8	gegen Eindringen von Wasser mit schädlichen Wirkungen nicht geschützt senkrechtes Tropfen Tropfen bis 15° Neigung Sprühwasser Spritzwasser Strahlwasser starkes Strahlwasser zeitweiliges Untertauchen dauerndes Untertauchen	
Zusätzlicher Buchstabe (fakultativ)		
 A B C D		gegen Zugang zu gefährlichen Teilen mit Handrücken Finger Werkzeug Draht
Ergänzender Buchstabe (fakultativ)		
 H M S W	ergänzende Information speziell für Hochspannungsgeräte Bewegung während Wasserprüfung Stillstand während Wasserprüfung Wetterbedingungen	

5-22 Bestandteile des IP-Codes und ihre Bedeutung

Symbol	Schutzart nach DIN EN 60598-1 (VDE 0711 Teil 1)	Schutzart nach DIN EN 60529 (VDE 0470-1) (etwa)	Schutzumfang
	abgedeckt	IP 20	Kein besonderer Schutz
	tropfwasser-geschützt	IP X1	Herabtropfendes Wasser (senkrecht fallende Tropfen) darf keine schädliche Wirkung haben
	regengeschützt	IP X3	Sprühendes Wasser darf aus einer Neigung bis zu 60° gegen die Senkrechte keine schädliche Wirkung haben
	spritzwasser-geschützt	IP X4	Aus beliebiger Richtung gegen das Gehäuse gespritztes Wasser darf keine schädliche Wirkung haben
	strahlwasser-geschützt	IP X5	Aus beliebiger Richtung gegen das Gehäuse mit einer Düse gespritztes Wasser darf keine schädliche Wirkung haben
	gegen starkes Strahlwasser geschützt	IP X6	Wasser von schwerer See oder Strahlwasser unter hohem Druck darf nicht in schädlicher Menge in das Gehäuse eindringen
	wasserdicht (eintauchbar)	IP X7	Eindringen von Wasser in schädlicher Menge darf nicht möglich sein, wenn das Gehäuse in Wasser unter vorgegebenen Bedingungen hinsichtlich Druck und Zeit eingetaucht ist
 .. bar	druckwasserdicht (untertauchbar)	IP X8	Das Gerät ist für dauerndes Untertauchen in Wasser geeignet. Die Bedingungen sind vom Hersteller anzugeben
	geschützt gegen fremde Fremdkörper > 2,5 mm	IP3X	Werkzeuge, Drähte usw. mit Durchmesser oder Dicke größer als 2,5 mm Feste Fremdkörper über 2,5 mm Durchmesser
	geschützt gegen Fremdkörper > 1 mm	IP4X	Drähte oder Streifen dicker als 1 mm Feste Fremdkörper über 1 mm Durchmesser
	staubgeschützt	IP5X	Eindringen von Staub ist nicht völlig verhindert, aber Staub dringt nicht in solchen Mengen ein, dass ordnungsgemäßer Betrieb des Betriebsmittels behindert wird
	staubdicht	IP 6X	Kein Eindringen von Staub

5-23 Kennzeichnung der Schutzarten bei Leuchten mit Symbolen und Ziffern

Raumart	Merkmale	Symbol	IP-Kennzeichnung (etwa)
Küche, Hausarbeitsraum, Wohn-, Schlaf- und Kinderzimmer, Flur in der Wohnung, Treppenraum, WC, trockener Keller	trockener Raum		IP 20
Bad, Dusche in der Wohnung	abhängig vom Schutzbereich		
feuchter Keller, Waschküche	feuchter Raum		IP 24
Waschküche, in der abgespritzt wird	feuchter, nasser Raum		IP 25
Dachboden	trockener Raum, mechanische Beanspruchung		IP 24
Heißluft-Sauna (nicht Dampfsauna)	trockener Raum		IP 24
Schwimmhalle	abhängig vom Schutzbereich		
Einzelgarage, Sammelgarage	feuchter Raum, mechanische Beanspruchung		IP 24
Werkstatt	Staub, mechanische Beanspruchung		IP 24
Anlagen im Freien	Feuchtigkeit, mechanische Beanspruchung		IP 24

5-24 Beispiele für die Zuordnung der Schutzarten von Schaltern, Steckdosen zu einzelnen Räumen

Tabelle 5-23 enthält eine Gegenüberstellung der Symbole, wie sie für Leuchten festgelegt sind, und den Ziffern.

Welche Schutzarten bei Schaltern und Steckdosen in den einzelnen Räumen erforderlich sind, kann meist nur nach genauer Kenntnis der Räume und deren Nutzung angegeben werden. Einige Beispiele sind in Tabelle 5-24 enthalten.

Über weiteres Installationsmaterial und über Montagehilfsmittel, wie Deckenhaken, Leitungsschellen, Dübel usw., braucht sicherlich an dieser Stelle nicht berichtet werden.

Anzahl der Adern	Farben der Adern
Kabel und Leitungen mit grün-gelber Ader	
3	grün-gelb, blau, braun
4	grün-gelb, braun, schwarz, grau
4 [a)]	grün-gelb, blau, braun, schwarz
5	grün-gelb, blau, braun, schwarz, grau
Kabel und Leitungen ohne grün-gelbe Ader	
2	blau, braun
3	braun, schwarz, grau
3 [a)]	blau, braun, schwarz
4	blau, braun, schwarz, grau
5	blau, braun, schwarz, grau, schwarz
[a)] nur für bestimmte Anwendungen	

5-25 Farbkennzeichnung von Leitungsadern

Meistverwendete Leitungen und Kabel

Für die Fortleitung der elektrischen Energie dienen Leitungen oder Kabel.

Der eigentliche Leiter besteht in Wohngebäuden ausschließlich aus Kupfer. Der mit einer Isolierung (meistens Kunststoff) versehene Leiter wird Ader genannt. Mehrere Adern, in einer Umhüllung zusammengefasst, bezeichnet man als Leitung. Wo diese Umhüllung – z. B. aufgrund der Beanspruchung – nicht ausreicht, wird noch ein zusätzlicher bzw. besonderer Mantel aufgebracht (z. B. beim Kabel). Leitungen für feste Verlegung haben meist massive ein- oder mehrdrähtige Leiter, für bewegliche Anschlüsse zu verwendende Leitungen dagegen feindrähtige oder hochflexible Leiter.

Die einzelnen Adern einer Leitung sind farblich gekennzeichnet. Die Ausführungen nach DIN VDE 0293-308 sind in Tabelle 5-25 wiedergegeben.

Ausnahmslos darf in allen Fällen die grün-gelbe Ader nur als Schutzleiter verwendet werden. Als Neutralleiter darf nur eine blaue Ader verwendet werden. Die schwarzen, braunen und grauen Adern finden Verwendung als Außenleiter.

Bei Leitungen mit sechs und mehr Adern werden, statt der farblichen Kennzeichnung, schwarze Adern mit Zahlenaufdruck verwendet, lediglich der Schutzleiter ist – wenn vorhanden – grün-gelb.

Harmonisierte Kurzzeichen von Starkstromleitungen

Hierunter fallen Leitungen nach europäisch harmonisierten Normen. Die Kurzkennzeichen beginnen mit „H", wenn sie in allen CENELEC-Ländern gleich sind. Ein „A" steht vorne, wenn die Leitungen nur in einzelnen Ländern zugelassen sind

Typ	Verwendung (Anwendungsbereiche)
PVC-Aderleitung H07 V-U 	Diese Leitungen sind bestimmt für die Verlegung in Rohren auf, in und unter Putz sowie in geschlossenen Installationskanälen. Sie dürfen nicht verwendet werden für die direkte Verlegung auf Pritschen, Rinnen und Wannen. Sie dürfen als Schutz- und Potentialausgleichsleiter auch direkt auf, in und unter Putz sowie auf Pritschen und dergleichen verwendet werden.
Stegleitung NYIF (mit Gummihülle) – NYIFY (mit Kunststoffhülle) 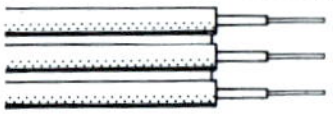	Diese Leitungen sind bestimmt für das Verlegen in oder unter Putz in trockenen Räumen. Da nur der Putz den notwendigen mechanischen Schutz gewährleistet, muss die Leitung in ihrem gesamten Verlauf vom Putz bedeckt sein. Die Verlegung hinter Gipskartonplatten ist nur zulässig, wenn die Platten mit Gipspflaster befestigt werden.
Mantelleitung NYM 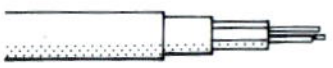	Diese Leitungen sind bestimmt zur Verlegung über, auf, in und unter Putz in trockenen, feuchten und nassen Räumen sowie im Mauerwerk und im Beton, ausgenommen für direkte Einbettung in Schüttel-, Rüttel- oder Stampfbeton. Diese Leitungen sind auch für die Verwendung im Freien geeignet, sofern sie vor direkter Sonneneinstrahlung geschützt sind.
NI 2 XY 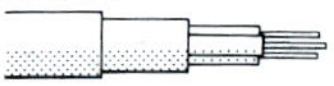	Für Verlegearten wie NYM zulässig. Zusätzlich anwendbar im Rüttelbeton, die Leitung ist UV-beständig.
Kunststoffkabel NYY 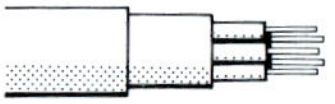	Für Verlegung im Erdreich und im Wasser sowie in Innenräumen. Im Erdreich verlegte Kabel sollen mindestens 0,6 m unter der Erdoberfläche verlegt werden und gegen die am Verlegungsort zu erwartenden mechanischen Einwirkungen geschützt werden.

5-26 Leitungen und Kabel zur Energieübertragung

Arten von Kabel- und Leitungsanlagen		Stromkreisarten, Anwendung	Leiter	
			Werkstoff	Mindestquerschnitt mm²
Feste Verlegung	Kabel, Mantelleitungen und Aderleitungen	Leistungs- (und Beleuchtungs-) Stromkreise	Cu Al	1,5 16 [1)]
		Melde- und Steuerstromkreise	Cu	0,5 [2)]
	blanke Leiter	Leistungsstromkreise	Cu Al	10 [4)] 16 [4)]
		Melde- und Steuerstromkreise	Cu	4 [4)]
Bewegliche Verbindungen mit isolierten Leitern und Kabeln		für ein besonderes Betriebsmittel	Cu	wie in der entsprechenden IEC-Publikation angegeben
		für andere Anwendungen		0,75 [3)]
		Schutz- und Funktionskleinspannung für besondere Anwendung		0,75

[1)] Verbinder zum Anschluss von Aluminiumleitern sollten für diesen Werkstoff geprüft und zugelassen sein.
[2)] In Melde- und Steuerstromkreisen für elektronische Betriebsmittel ist ein Mindestquerschnitt von 0,1 mm² zulässig.
[3)] Für vieladrige flexible Leitungen mit 7 oder mehr Adern gilt Anmerkung 2).
[4)] Besondere Anforderungen an Beleuchtungsstromkreise mit Kleinspannung (ELV) sind in Beratung.

5-27 Mindestquerschnitte von Leitern

sowie bei mehradrigen Leitungen ohne Schutzleiter (PVC-isolierte Leitungen und gummiisolierte Leitungen).

Nationale Kurzzeichen von Starkstromleitungen und Kabeln

Daneben gibt es aber immer noch eine Reihe von Leitungen, die nicht in die Harmonisierung einbezogen sind.

Verwendung der Leitungen und Kabel

Bild 5-26 zeigt die meist verwendeten Leitungen und Kabel; die Mindestquerschnitte von Leitern sind in Tabelle 5-27 aufgeführt.

PVC-Aderleitung H07 V-U

Aderleitungen dürfen nur in Elektroinstallationskanälen, die nur mit Werkzeug geöffnet werden können, in Elektroinstallationsrohren und in elektrischen Betriebsstätten verlegt werden.

In Elektroinstallationsrohren oder Zügen von Elektroinstallationskanälen dürfen Aderleitungen nicht gemeinsam mit anderen Kabeln oder Leitungen verlegt werden.

Um den Leiter herum befindet sich eine Isolierung aus Kunststoff in den gängigsten Farben.

Stegleitung NYIF bzw. NYIFY

Stegleitungen dürfen nur in trockenen Räumen und nur in oder unter Putz verlegt werden. Sie müssen in ihrem ganzen Verlauf von Putz bedeckt sein. Die Aderisolierung von Stegleitungen ist etwa halb so dick wie die von Aderleitungen. Der Abstand der Adern wird durch eine Umhüllung aus Kunststoff erhalten. Die Verwendung kann in Sonderbestimmungen eingeschränkt sein.

Mantelleitung NYM

Diese Leitungen sind bestimmt zur Verlegung über, auf, im und unter Putz in trockenen, feuchten und nassen Räumen sowie im Mauerwerk und im Beton, ausgenommen für direkte Einbettung in Schütt-, Rüttel- oder Stampfbeton. Die Verlegung im Freien ist möglich, wenn sie vor direkter Sonneneinstrahlung geschützt sind.

Kunststoffkabel NYY

Durch einen stärkeren Mantel (meist schwarz) ist dieses Kabel für besondere Beanspruchungen geeignet. Das Kabel wird von 1,5 mm^2 Cu bis zu 240 mm^2 Cu, aber auch mit Aluminium-Leitern hergestellt.

Verlegen von Leitungen

Allgemein gilt nach DIN VDE 0100, dass die Leitungen durch ihre Lage (z. B. in Putz bei NYIF) oder durch Verkleidung (Mantel bei NYM) vor mechanischer Beschädigung geschützt sein müssen.

An besonders gefährdeten Stellen, z. B. Deckendurchführungen, ist für einen zusätzlichen Schutz zu sorgen, z. B. durch übergeschobene Kunststoffrohre.

Kabel und Leitungen dürfen durch die jeweils verwendeten Befestigungsmittel nicht beschädigt werden.

Sowohl die DIN VDE-Normen, die DIN-Normen, als auch die HEA-Merkblätter weisen auf die senkrechte oder waagrechte Leitungsführung an den Wänden in festgelegten Installationszonen hin. Die äußerlichen Merkmale der Installation, wie Schalter, Steckdosen, Verbindungsdosen, lassen dadurch die ungefähre Lage der Leitungen erkennen. Bild 5-28 zeigt die Installationszonen und Vorzugsmaße für die Verlegung von elektrischen Leitungen sowie die Vorzugshöhen für die Anbringung der Steckdosen und Schalter in Räumen ohne Arbeitsflächen vor Wänden, also für den Wohnbereich. Die Installationszonen und Vorzugsmaße in Räumen mit Arbeitsflächen vor Wänden, also für Küchen und Hausarbeitsräume, sind in Bild 5-29 dargestellt.

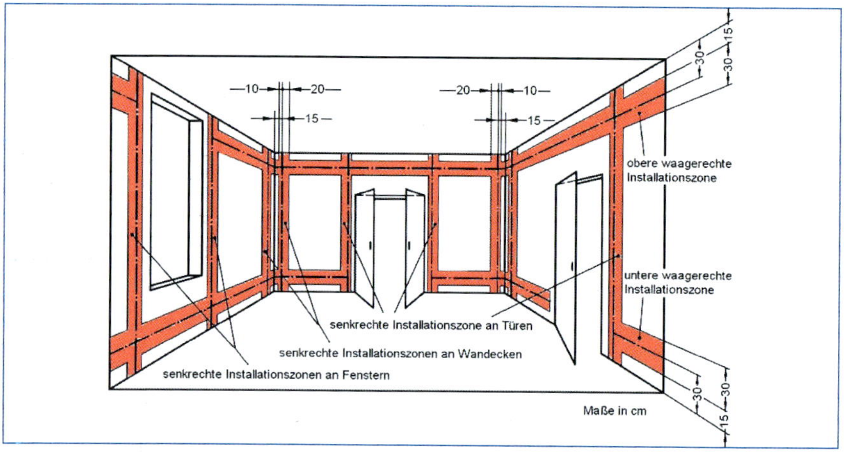

5-28 Installationszonen und Vorzugsmaße in Räumen ohne Arbeitsflächen vor Wänden

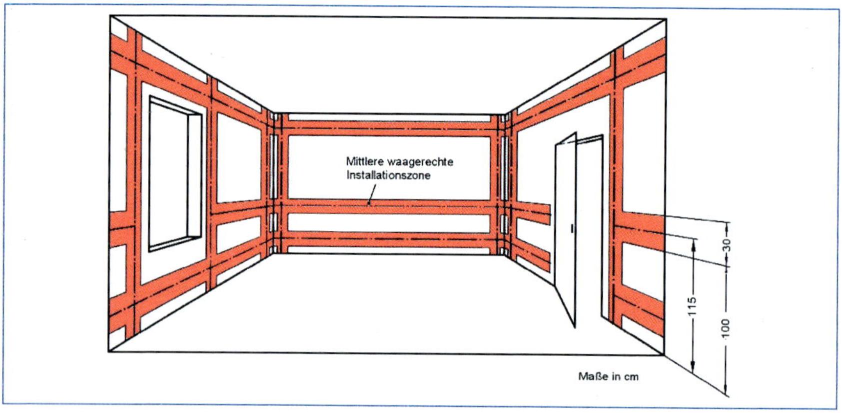

5-29 Installationszonen und Vorzugsmaße in Räumen mit Arbeitsflächen vor Wänden

Die mittlere waagerechte Installationszone (100 bis 130 cm über der fertigen Fußbodenfläche) kann auch bei einer großen Arbeitsflächenhöhe genutzt werden.

Zur Koordination von Elektroleitungen einerseits und Heizungs- und Wasserrohren andererseits auf der (Roh-)Decke sind entsprechende Verlegezonen in DIN 18015-3 beschrieben (Bilder 5-30 und 5-31). Deren Berücksichtigung stellt sicher, dass Rohre und Leitungen so angeordnet werden, dass ein fachgerechter Bodenaufbau (Estrich mit Dämmung) ohne Einschränkung der Festigkeit, des Schallschutzes und der Dämmung möglich ist.

Besonders hinzuweisen ist hier auf die richtige Anbringung der Geräteanschlussdosen, z. B. für den Elektroherd, da in der Vorzugshöhe von 30 cm meist kein Platz hinter den Geräten ist. Die untere Grenze der Installationszone (ca. 15 cm über dem Fußboden ist günstig. Die Steckdose für die Geschirrspülmaschine ist deshalb neben dem Gerät, unter der Spüle angeordnet.

Die DIN VDE-Normen unterscheiden zwischen fest verlegten Leitungen, die jeweils in einer Steckdose oder Anschlussdose enden, und beweglichen Leitungen. Ortsveränderliche Geräte müssen über bewegliche Leitungen angeschlossen werden. Nur in wenigen Fällen, z. B. bei ortsfest montierten Elektro-Wassererwärmern, Elektroheizungen, darf die fest verlegte Leitung – z. B. NYM – direkt in das Gerät geführt werden.

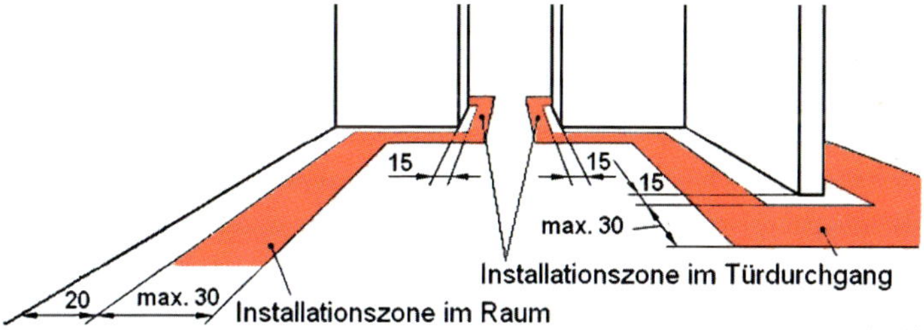

5-30 Leitungsführung auf der Decke bei ausschließlich elektrischen Leitungen

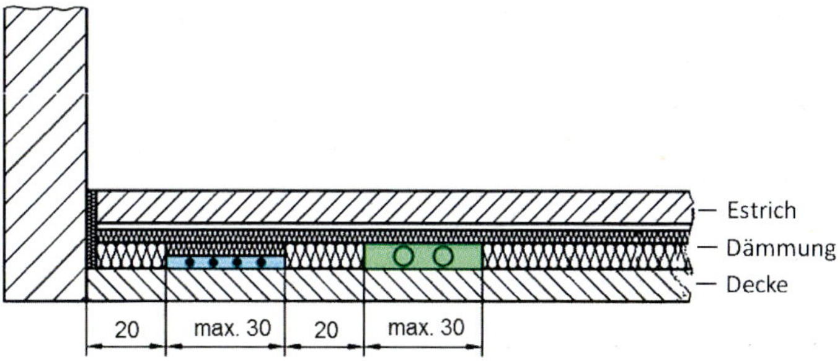

5-31 Leitungsführung auf der Decke bei mehreren Gewerken

Die beweglichen Leitungen müssen für die mechanische und thermische Beanspruchung geeignet sein.

In DIN VDE 0100-701 sind für Räume mit Badewanne oder Dusche Bereiche festgelegt, in denen keine Leitungen verlegt werden dürfen. Bild 5-32 zeigt am Beispiel einer Badewanne, Bild 5-33 am Beispiel einer Duschwanne die verschiedenen Bereiche. Bei Duschen ohne Wanne ist der Bereich 1 auf 120 cm vergrößert, der Bereich 2 entfällt deshalb (Bild 5-34).

Kabel und Leitungen einschl. deren Zubehör müssen mindestens 6 cm tief ab Wandoberfläche eingebettet sein. Ist eine solche Restwanddicke bautechnisch nicht vorhanden, dürfen Kabel und Leitungen nur dann verlegt werden, wenn

- diese Stromkreise durch eine der Schutzmaßnahmen „Schutz durch Kleinspannung mittels SELV oder PELV" oder „Schutztrennung" geschützt sind oder diese Stromkreise durch einen zusätzlichen Schutz mit Fehlerstrom-Schutzeinrichtungen (RCDs) mit einem Bemessungsdifferenzstrom nicht größer als 30 mA geschützt sind
- eingebettete Kabel oder Leitungen mit einer geerdeten metallenen Abdeckung, die die Anforderungen an einen Schutzleiter des betreffenden Stromkreises erfüllt, oder
  - Kabel oder Leitungen, die in geerdete Elektroinstallationsrohre oder zu öffnende oder geschlossene, geerdete Elektroinstallationskanalsysteme verlegt sind, welche die Anforderungen an einen Schutzleiter erfüllen, oder
  - isolierte Kabel mit konzentrischem Leiter verwendet werden; oder
- eingebettete Kabel oder Leitungen einen mechanischen Schutz haben, z. B. Verlegung in einem metallenen Installationsrohr, der wahrscheinlich dafür geeignet ist, das Eindringen von Nägeln, Schrauben, Bohrern und Ähnlichem in die Kabel oder Leitungen zu verhindern.

In Räumen mit Badewanne oder Dusche dürfen in Wänden, Decken, Dachschrägen und fest angebrachten Abtrennungen Stegleitungen nach DIN VDE 0250-201 bis zu einer Tiefe von 6 cm – von der Wandoberfläche – nicht verlegt werden.

Kabel und Leitungen sind an elektrische Betriebsmittel wie folgt heranzuführen:

- für über der Wannenoberkante fest angeordnete elektrische Betriebsmittel, z. B. Wassererwärmer, senkrecht von oben oder rückseitig waagerecht von hinten,
- für unter der Wannenoberkante angeordnete elektrische Betriebsmittel senkrecht von unten oder rückseitig waagerecht von hinten.

In Räumen mit Badewanne oder Dusche dürfen in Wänden, Decken, Dachschrägen und fest angebrachten Abtrennungen Stegleitungen bis zu einer Tiefe von 6 cm nicht verlegt werden.

Installationsgeräte dürfen nicht oder nur mit folgenden Einschränkungen errichtet werden:

Bereich 0:

- Installationsgeräte sind hier nicht zulässig.

Bereich 1:

- Verbindungs- und Anschlussdosen für die Versorgung der in den Bereichen 0 und 1 zulässigen Verbrauchsmittel.
- Installationsgeräte einsch. Steckdosen mit einer Nennspannung bis 25 V Wechselspannung (AC) oder bis 60 V Gleichspannung (DC) in SELV- oder PELV-Stromkreisen.

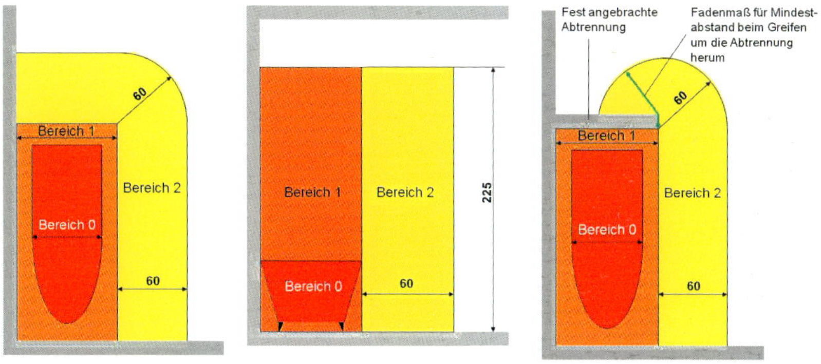

Links: Draufsicht, Bad
Mitte: Seitenansicht, Bad
Rechts: Draufsicht (mit fest angebrachter Abtrennung und Radius für Mindestabstand beim Greifen um die Abtrennung herum

5-32 Bereiche in Räumen mit Badewanne

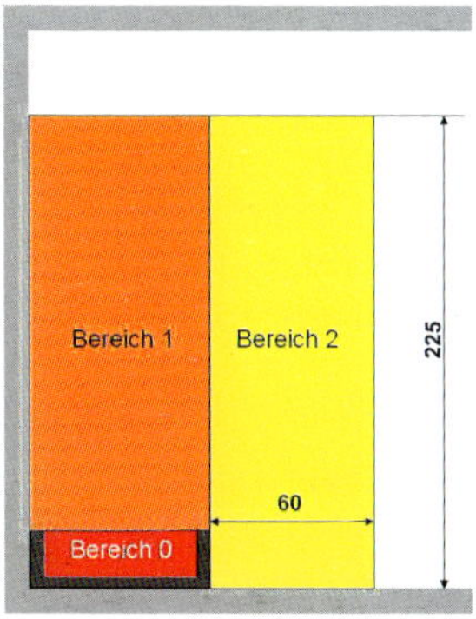

5-33 Bereiche in Räumen mit Duschwanne

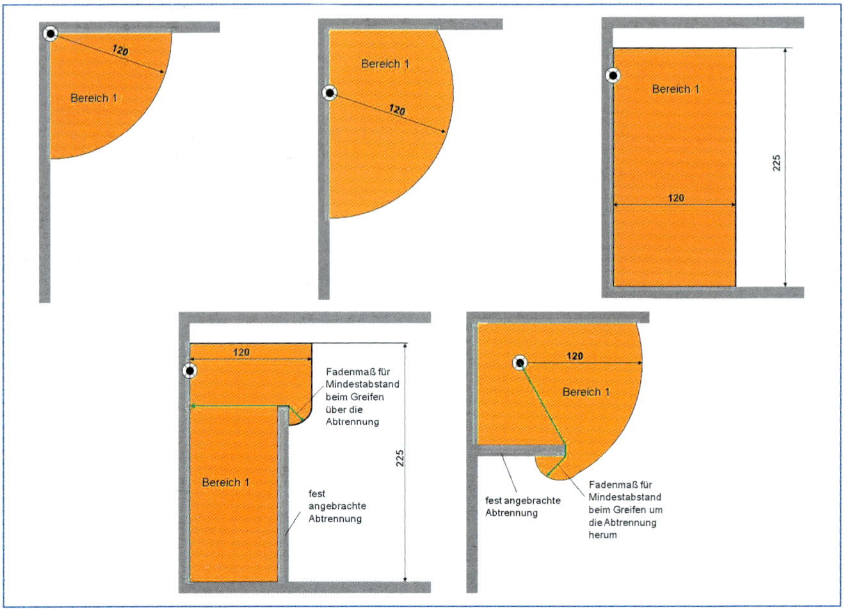

5-34 Bereich 1 in Räumen mit Dusche ohne Wanne

Bereich 2:

- Installationsgeräte, ausgenommen Steckdosen,
- Installationsgeräte, einschl. Steckdosen, von Kleinspannungs-Stromkreisen in SELV oder PELV (die Stromquelle muss außerhalb von 0 und 1 errichtet sein),
- Installationsgeräte, einschl. Steckdosen für Betriebsmittel der Signal- und Kommunikationstechnik, in SELV- oder PELV-Kleinspannungs-Stromkreisen,
- Rasiersteckdosen-Einheiten nach DIN EN 61558-2-5 (VDE 0570 Teil 2-5).

Im Bereich 0 dürfen nur elektrische Verbrauchsmittel errichtet werden, die nach Herstellerangaben für die Verwendung hier zugelassen sind, fest angeordnet und fest angeschlossen sind und mit einer Nennspannung bis AC 12 V oder bis DC 30 V in SELV-Stromkreisen versorgt werden (die Stromquelle darf nicht in den Bereichen 0 und 1 errichtet werden).

Im Bereich 1 dürfen nur die folgenden elektrischen Verbrauchsmittel errichtet werden, wenn sie fest angeordnet und fest angeschlossen und nach Herstellerangaben für die Verwendung hierfür zugelassen sind:

- Wassererwärmer,
- Handtuchtrockner,
- Whirlpooleinrichtungen und Duschpumpen,
- Verbrauchsmittel für Lüftung,
- Verbrauchsmittel mit einer Nennspannung bis AC 25 V oder bis DC 60 V in SELV- oder PELV-Stromkreisen (die Stromquelle darf nicht in den Bereichen 0 und 1 errichtet werden).

Leuchten dürfen im Bereich 1 nicht verwendet werden, es sei denn, sie sind geschützt durch Kleinspannung mittels SELV oder PELV mit einer Nennspannung, die AC 25 V oder DC 60 V nicht überschreitet.

Für Fußboden-Flächenheizungen dürfen nur Heizleitungen oder Flächenheizelemente nach den zutreffenden Betriebsmittelnormen verwendet werden. Sie müssen mit einem metallenen Mantel oder einer metallenen Umhüllung versehen sein, die mit dem Schutzleiter des versorgenden Stromkreises verbunden werden. Es müssen als Abschalteinrichtungen Fehlerstrom-Schutzeinrichtungen (RCDs) mit $I_{\Delta n} \leq 30$ mA verwendet werden. Bei Anwendung der Schutzmaßnahme SELV gelten diese Festlegungen für Fußboden-Flächenheizungen nicht. Die Schutzmaßnahme Schutztrennung ist für Fußboden-Flächenheizungen nicht zulässig.

Außer den Festlegungen für Kabel- und Leitungsanlagen bestehen für Räume mit Badewanne oder Dusche besondere Festlegungen für den Schutz gegen elektrischen Schlag.

Für die Stromkreise sind eine oder mehrere Fehlerstrom-Schutzeinrichtungen (RCDs) mit $I_{\Delta n} \leq 30$ mA vorzusehen, außer bei Schutz durch Schutztrennung, wenn jeder Stromkreis nur ein elektrisches Verbrauchsmittel oder nur eine Steckdose versorgt, Schutz durch Kleinspannung SELV oder PELV und bei fest montierten und elektrisch fest angeschlossenen Wassererwärmern.

Schutz der Leitungen gegen übermäßige Erwärmung (Überlast und Kurzschluss)

Beim Fließen des Stroms durch einen Leiter erwärmt sich dieser. Diese Wärmeentwicklung darf für eine Ader bzw. die gesamte Leitung nicht in eine Größenordnung kommen, in der sich die Isolation verändert bzw. Schaden erleidet und damit auch die Umgebung gefährdet.

Durch die für jeden Querschnitt festgelegte maximale Stromstärke der Überstrom-Schutzeinrichtung soll eine unzulässige Erwärmung ausgeschlossen werden. Die Umgebungstemperatur ist ebenfalls zu berücksichtigen. DIN VDE 0298-4 enthält für die verschiedenen Verlegearten Strombelastbarkeitswerte von Kabeln und Leitungen für feste Verlegung bei einer zulässigen Betriebstemperatur am Leiter von 70 °C (für PVC) und einer Umgebungstemperatur von 30 °C. Für die in Deutschland übliche Umgebungstemperatur von 25 °C sind im Anhang A von DIN VDE 0298-4 entsprechende Strombelastbarkeitswerte (ebenfalls bei 70 °C am Leiter) enthalten. Diese letztgenannten Tabellenwerte sind direkt mit dem Umrechnungsfaktor 1,06 bei abweichenden Umgebungstemperaturen von 30 °C auf 25 °C umgerechnet.

DIN VDE 0298-4 enthält keine Zuordnung von Überstrom-Schutzeinrichtungen zu Leitungsquerschnitten.

Zum Schutz bei Überlast von Kabeln, Leitungen und Stromschienen müssen demnach folgende Bedingungen erfüllt sein (siehe auch 5-35):

$$I_b \leq I_n \leq I_z \qquad (1)$$

$$I_2 \leq 1{,}45\, I_z \qquad (2)$$

Dabei bedeuten:

- I_b Betriebsstrom des Stromkreises
- I_z Zulässige Strombelastbarkeit des Kabels oder der Leitung
- I_n Bemessungsstrom der Schutzeinrichtung
- I_2 Strom, der eine Auslösung der Schutzeinrichtung bewirkt

Bei Verwendung von Überstrom-Schutzeinrichtungen mit einem großen Prüfstrom

$$I_2 \leq 1{,}45\ I_Z$$

darf der Bemessungsstrom der Schutzeinrichtung gleich der zulässigen Strombelastbarkeit I_Z der Leitung bzw. des Kabels sein. Da die Gerätebestimmungen für Leitungsschutzschalter an die 2. Bedingung angepasst wurden und Leistungsschalter und Motorstarter die Bedingung schon bisher erfüllen, kann diese vereinfacht werden:

$$I_n \leq I_Z$$

Bei Überstrom-Schutzeinrichtungen, deren großer Prüfstrom (meist I_2 genannt) die Bedingung $I_2 \leq 1{,}45\ I_Z$ nicht erfüllt, muss entsprechend umgerechnet werden. Z. B. bei $I_2 \leq 1{,}6\ I_Z$ darf dann der Bemessungsstrom betragen:

$$I_n \leq \frac{1{,}45}{1{,}6} \cdot I_Z \leq 0{,}91 \cdot I_Z$$

Das bedeutet in der Praxis, dass der Bemessungsstrom bei Schmelzsicherungen gegenüber Leitungsschutzschaltern, Leistungsschaltern und Motorstartern um ca. 10 % kleiner gewählt werden muss, was etwa 1 Stufe des Bemessungsstroms entspricht.

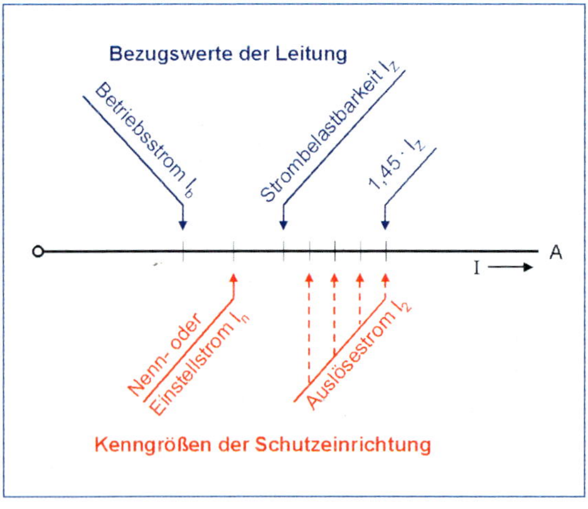

5-35 Koordination der Kenngrößen für den Überlastschutz

1	2	3	4	5	6	7	8	9
Zulässige Betriebstemperatur am Leiter	70 °C							
Umgebungstemperatur	25 °C							
Verlegeart (Referenzverlegeart)[1]	A1		A2		B1		B2	
	Verlegung in wärmegedämmten Wänden				Verlegung in Elektro-Installationsrohren			
	Aderleitungen im Elektro-Installationsrohr in einer wärmegedämmten Wand		Mehradriges Kabel oder mehradrige Mantelleitung in einem Elektro-Installationsrohr in einer wärmegedämmten Wand		Aderleitungen im Elektro-Installationsrohr auf einer Wand		Mehradrige Kabel oder mehradrige Mantelleitung in einem Elektro-Installationsrohr auf einer Wand	
		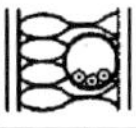						
Anzahl der belasteten Adern	2	3	2	3	2	3	2	3
Nennquerschnitt, Kupferleiter in mm^2	Belastbarkeit in A							
1,5	16,5[2])	14,5	16,5[2])	14,0	18,5	16,5	17,5	16,0
2,5	21	19,0	19,5	18,5	25	22	24	21
4	28	25	27	24	34	30	32	29
6	36	33	34	31	43	38	40	36
10	49	45	46	41	60	53	55	49
10	–	–	–	–	–	–	–	50[3])
16	65	59	60	55	81	72	73	66
25	85	77	80	72	107	94	95	85
35	105	94	98	88	133	117	118	105
50	126	114	117	105	160	142	141	125
70	160	144	147	133	204	181	178	158
95	193	174	177	159	246	219	213	190
120	223	199	204	182	285	253	246	218
150	254	229	232	208	–	–	–	–
185	289	260	263	236	–	–	–	–
240	339	303	308	277	–	–	–	–
300	389	348	354	316	–	–	–	–

1) Weitere Verlegearten siehe DIN VDE 0298-4, Tabelle 7
2) Siehe DIN VDE 0298-4, Anhang C
3) Gilt nicht für die Verlegung auf einer Holzwand; siehe Anhang C DIN VDE 0298-4

5-36 Belastbarkeit von Kabeln und Leitungen für feste Verlegung, in Gebäuden Verlegeart A1, A2, B1, B2; Betriebstemperatur 70 °C; Umgebungstemperatur 25 °C (Tabelle A. 1 in DIN VDE 0298-4)

Es ist aber auch noch zu bedenken, dass die beiden o.ä. Bedingungen in einzelnen Fällen nicht den vollständigen Schutz garantieren, z.B. bei länger anstehenden Überströmen, die kleiner als I_2 sind. Sie führen auch nicht zwangsläufig zur wirtschaftlichsten Lösung. Deshalb ist vorausgesetzt, dass der Stromkreis so gestaltet ist, dass kleine Überlastungen von langer Dauer nicht regelmäßig auftreten werden. Hier sind der Planer und Errichter einer Installationsanlage gefordert!

1	2	3	4	5	6	7	8	9	10
Zulässige Betriebstemperatur am Leiter	70 °C								
Umgebungstemperatur	25 °C								
Verlegeart (Referenzverlegeart)[2])	C		E		F			G	
	Verlegung auf einer Wand		Verlegung in Luft						
	Ein- oder mehradriges Kabel oder ein- oder mehradrige Mantelleitung		Mehradriges Kabel oder mehradrige Mantelleitung mit Abstand von mindestens 0,3 × Durchmesser *D* zur Wand		Einadrige Kabel oder einadrige Mantelleitungen mit Abstand von mindestens 1 × Durchmesser *D* zur Wand				
					mit Berührung			mit Abstand *D*	
	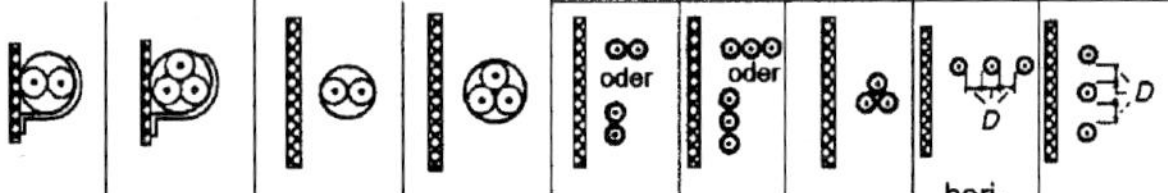							horizontal	vertikal
Anzahl der belasteten Adern	2	3	2	3	2	3			
Nennquerschnitt, Kupferleiter in mm²	Belastbarkeit in A								
1,5	21	18,5	23	19,5	–	–	–	–	–
2,5	29	25	32	27	–	–	–	–	–
4	38	34	42	36	–	–	–	–	–
4	–	35[3])	–	–	–	–	–	–	–
6	49	43	54	46	–	–	–	–	–
10	67	60	74	64	–	–	–	–	–
10	–	63[3])	–	–	–	–	–	–	–
16	90	81	100	85	–	–	–	–	–
25	119	102	126	107	139	121	117	155	138
35	146	126	157	134	172	152	145	192	172
50	178	153	191	162	208	184	177	232	209
70	226	195	246	208	266	239	229	298	269
95	273	236	299	252	322	292	280	361	330
120	317	275	348	293	373	340	326	420	384
150	365	317	402	338	430	394	377	483	444
185	416	361	460	386	491	453	434	552	509
240	489	427	545	456	579	537	514	652	603
300	562	492	629	527	667	622	595	752	699
400	–	–	–	–	799	730	695	903	843
500	–	–	–	–	920	836	794	1041	975
630	–	–	–	–	1065	959	906	1206	1134

1) Bei Kabeln mit konzentrischem Leiter gilt die Belastbarkeit nur für mehradrige Ausführungen.
2) Weitere Verlegearten siehe DIN VDE 0298-4, Tabelle 7.
3) Gilt nicht für die Verlegung auf einer Holzwand; siehe Anhang C DIN VDE 0298-4
4) Gilt u. a. auch für ein- oder mehradriges Kabel oder Mantelleitung direkt im Mauerwerk oder Beton und für Stegleitung im und unter Put

5-37 Belastbarkeit von Kabeln und Leitungen für feste Verlegung, in Gebäuden Verlegeart C, E, F und G; Betriebstemperatur 70 °C; Umgebungstemperatur 25 °C (Tabelle A.2 in DIN VDE 0298-4)

Bei Häufung von Leitungen und Temperaturen über 25 °C müssen Reduktionsfaktoren nach DIN VDE 0298-4 berücksichtigt werden.

Die Tabelle kann auch für flexible Leitungen nach DIN VDE 0298-3 mit den Isolierstoffen PVC oder Gummi bei fester Verlegung bzw. festem Anschluss angewendet werden. Die Verlegung ein- oder mehradriger Kabel und Mantelleitungen in Elektroinstallationsrohren oder geschlossenen Elektroinstallationskanälen in Erde sowie die Verlegung ein- oder mehradriger Kabel in Erde (mit bzw. ohne zusätzlichen mechanischen Schutz) wurde der Verlegeart D zugeordnet.

Überstrom-Schutzeinrichtungen können außer dem Schutz der Leitungen bei Überlast und Kurzschluss auch die Aufgabe haben, am Stromkreis angeschlossene Betriebsmittel gegen Überlast zu schützen (z. B. Steckdosen 16 A, fest angeschlossene Geräte bzw. Motoren). Der Bemessungsstrom der Schutzeinrichtung muss dann entsprechend dem zu schützenden Betriebsmittel gewählt werden.

Überstrom-Schutzeinrichtungen

Als Überstrom-Schutzeinrichtungen werden heute in der Wohnungsinstallation Leitungsschutzschalter und selektive Haupt-Leitungsschutzschalter eingesetzt, in Ausnahmefällen auch noch Schmelzsicherungen.

Schmelzsicherungen

Bei Sicherungen wird die Stromzufuhr bei einem Kurzschluss bzw. bei Überlast durch Abschmelzen eines Schmelzleiters unterbrochen. Das „Durchbrennen" erfolgt beim Kurzschluss mit relativ hohem Strom sehr schnell, bei geringer Überlastung jedoch langsam. In der Wohnungsinstallation kommen – wenn überhaupt – folgende Sicherungstypen zur Verwendung:

- D-Sicherungen (DIAZED)
- D0-Sicherungen (NEOZED)
- NH-Sicherungen

Niederspannungs-Hochleistungssicherungen (NH) kamen in der Vergangenheit in der Wohnungsinstallation nur als Zählervorsicherungen vor. Sie wurden mit den TAB weitgehend durch selektive Haupt-Leitungsschutzschalter ersetzt.

D- und D0-Sicherungen finden in der Gebäudeinstallation meist nur noch Anwendung im Austauschfall bei Altanlagen. Hier befindet sich im unteren Teil des Sicherungssockels der sog. „Passring" oder die sog. „Passschraube". Durch verschiedene Durchmesser des Sicherungseinsatzes, auch Patronenfuß genannt, soll sichergestellt werden, dass keine größere als die vorgesehene Sicherungspatrone eingesetzt werden kann.

D0-Sicherungslastschalter unterbrechen die Zuleitung zum Fußkontakt und sollen auf diese Weise vor dem zufälligen Berühren der Spannung bewahren.

Der Nachteil aller Schmelzsicherungen liegt für den Benutzer in der Tatsache, dass die Sicherung nach dem Ansprechen durch eine neue ersetzt werden muss. Dafür müssen die Sicherungspatronen mit der passenden Bemessungsstromstärke „auf Lager" sein.

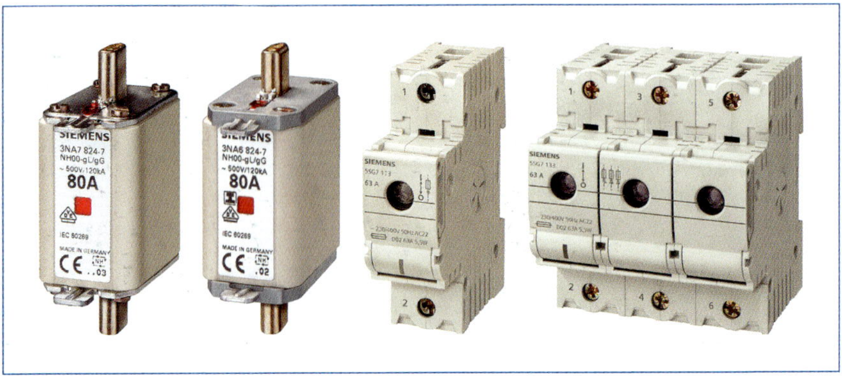

5-38 *NH-00 Sicherungen (rechts mit spannungsfreier Grifflasche) und ein- bzw. dreipoliger Sicherungslastschalter für D0-Sicherungen*

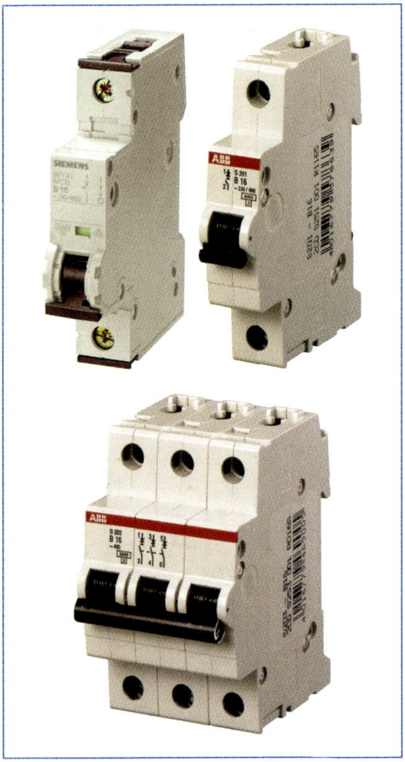

5-39 *LS-Schalter, 1-polig, B-Charakteristik, unten 3-polig*

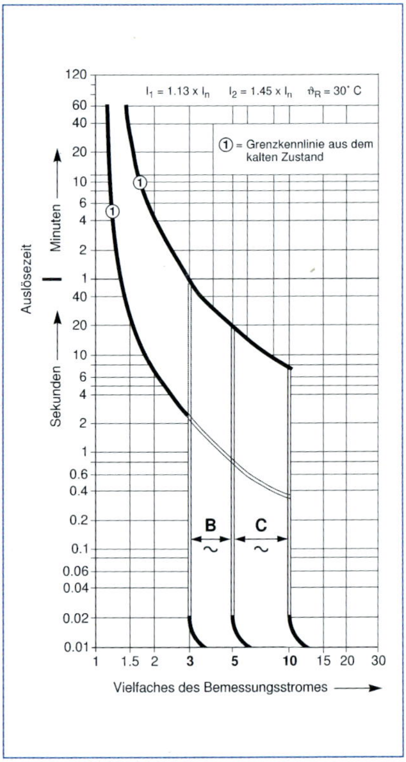

5-40 *Auslösekennlinie von LS-Schaltern, Charakteristik B und C*

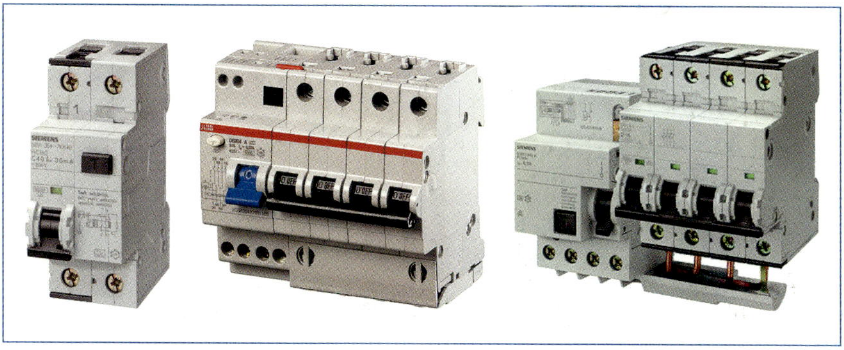

5-41 Fehlerstrom-Schutzschalter mit eingebauter Überstrom-Schutzeinrichtung 2- und 4-polig, sowie als Kombiblock

Leitungsschutzschalter

In der Wohnungsinstallation wird heute überwiegend ein Einbau-Sicherungsautomat, der Leitungsschutzschalter, kurz LS-Schalter, eingesetzt. Seine Vorteile:

- vom Laien einfachst und gefahrlos zu bedienen
- Wechsel zu höheren Bemessungsstromstärken nur durch Fachmann möglich
- sicher gegen Manipulation
- einfach wieder einschaltbar und damit kürzeste Betriebsunterbrechungen
- keine alterungsbedingte Verschiebung der Auslösekennlinie
- geringer Platzbedarf
- allpoliges Abschalten von mehrphasig angeschlossenen Verbrauchern durch Einsatz von mehrpoligen LS-Schaltern

Bild 5-38 zeigt LS-Schalter bzw. Leistungsschalter heutiger Bauweise mit einer Breite von 17,5 mm je Pol. In Bild 5-40 sind die international vereinbarten Auslösecharakteristiken B und C von LS-Schaltern mit ihren Toleranzbändern dargestellt.

In der Praxis werden meist Geräte mit B-Charakteristik eingesetzt. Ihr unverzögerter Elektromagnet-Auslöser arbeitet im Toleranzband vom 3- bis 5-fachen des Bemessungsstroms. Der verzögerte Thermobimetall-Auslöser liegt mit seinen Auslösewerten zwischen 1,13 bis 1,45 I_n.

Bei der C-Charakteristik ist der Thermobimetall-Auslöser mit dem der B-Charakteristik deckungsgleich. Der unverzögerte Elektromagnet-Auslöser der C-Charakteristik arbeitet im Toleranzband von 5 bis 10 I_n. Die C-Charakteristik ist zum Sichern von Stromkreisen, in denen mittlere Stromspitzen auftreten, gedacht.

Für die Absicherung von Stromkreisen mit höheren betriebsbedingten Stromspitzen wie z. B. für Motoren, Transformatoren, Lampengruppen gibt es zusätzlich Automaten mit entsprechenden Charakteristiken, z. B. Kraft-Charakteristik (K). Diese Geräte sind Leistungsschalter nach DIN EN 60947-2 (VDE 0660-101).

Auf dem Typschild der LS-Schalter ist neben dem Bemessungsstrom auch das Kurzschlussschaltvermögen angegeben. Nach dem Musterwortlaut der TAB,

Ziffer 8 „Stromkreisverteiler“ sind hier 6 kA und die Energiebegrenzungsklasse 3 gefordert.

Leitungsschutzschalter übernehmen neben dem Schutz der Leitungen bei Überströmen auch Aufgaben des Fehlerschutzes gegen elektrischen Schlag. In TN-Systemen, die weit verbreitet sind, kann ein Fehler, der zu einer gefährlichen Berührungsspannung führt, zu einem Kurzschluss zwischen einem Außenleiter und dem Schutzleiter führen. Der resultierende hohe Kurzschlussstrom wird von Sicherungsautomaten in genügend kurzer Zeit abgeschaltet, sodass es zu keiner unmittelbaren Personengefährdung kommt.

Leitungsschutzschalter kommen auch in Kombination mit Fehlerstrom-Schutzschaltern (FI/LS, Bild 5-41) zum Einsatz, sie zeichnen sich durch eine kompakte Form aus. FI/LS-Schalter mit einem Bemessungsfehlerstrom von 10 mA werden auch als Personenschutzautomaten bezeichnet.

Selektive Haupt-Leitungsschutzschalter

Im Gegensatz zu den normalen Leitungsschutzschaltern eignen sich die selektiven Haupt-Leitungsschutzschalter, auch Hauptsicherungsautomaten genannt (Bild 5-42), besonders zum Schutz von Stromkreis-Gruppen. Sie werden deshalb in Energieflussrichtung vor den Leitungsschutzschaltern installiert, z. B. im unteren Anschlussraum des Zählerplatzes oder im Hausanschlusskasten. Selektive Haupt-Leitungsschutzschalter gibt es mit Bemessungsströmen bis 100 A, das Kurzschlussschaltvermögen beträgt 25 kA. Neben den in den Normentwürfen E DIN VDE 0641-21, E DIN VDE 0643 und E DIN VDE 0645 enthaltenen Charakteristiken E und Cs sind auch Geräte mit K-Charakteristik erhältlich.

Leitungsschutzschalter sind zu den selektiven Haupt-Leitungsschutzschaltern (SH-Schaltern) bis zum Kurzschlussschaltvermögen der Leitungsschutzschalter

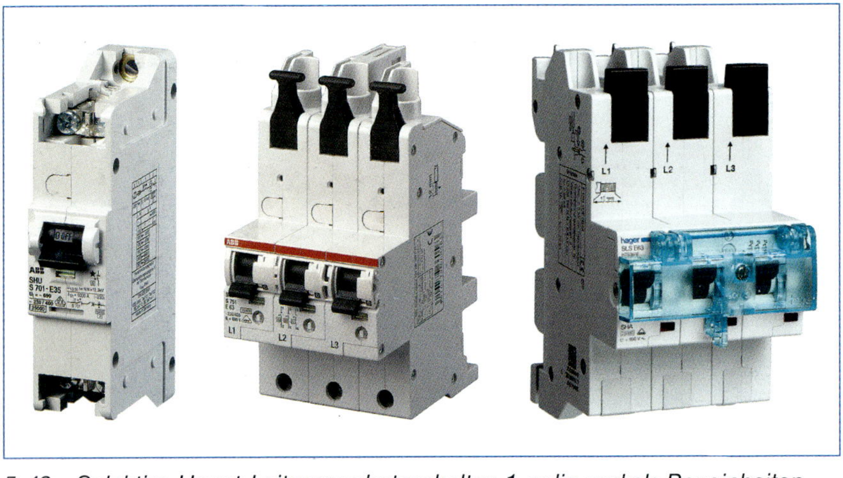

5-42 Selektive Haupt-Leitungsschutzschalter, 1-polig und als Baueinheiten 3 x 1-polig

(6 kA bzw. 10 kA) selektiv. Der selektive Haupt-Leitungsschutzschalter hat neben den besonderen Selektiveigenschaften alle Vorteile der Leitungsschutzschalter. Die unter Plombenverschluss befindlichen SH-Schalter können vom Laien wieder eingeschaltet werden, falls es zu einer automatischen Abschaltung gekommen ist. In der Praxis wird diese Situation allerdings eher selten vorkommen, da die SH-Schalter bei den üblicherweise in den Endstromkreisen entstehenden Überströmen nicht auslösen, wohl aber den abschaltenden Sicherungsautomaten bei der Abschaltung unterstützen. Das Auswechseln von Schmelzsicherungen durch eine Elektrofachkraft oder den NB erübrigt sich.

Eine Installation mit SH-Schaltern garantiert dem Anlagennutzer eine optimale Verfügbarkeit der Stromversorgung bei gleichzeitig hohem Schutzniveau.

Fehlerstrom-Schutzeinrichtungen (RCDs)

Im Fehlerstrom-Schutzschalter (Bild 5-44) sitzt ein Stromwandler, an dessen Sekundärwirkung ein Auslöser angeschlossen ist. Dieser wiederum wirkt auf das Schaltschloss ein. Am Fehlerstrom-Schutzschalter müssen alle Außenleiter und der Neutralleiter angeschlossen werden. Im ungestörten Normalbetrieb ist die geometrische Summe der Ströme über die Außenleiter und den Neutralleiter Null. Fließt im Fehlerfall von einem der Außenleiter oder dem Neutralleiter ein Strom z. B. zur Erde ab, so ist das Gleichgewicht gestört und die Summe der Ströme entspricht dem Fehlerstrom.

Überschreitet der Fehlerstrom den Auslösestrom (das 0,5- bis 1-fache des Bemessungsfehlerstroms $I_{\Delta n}$), löst der Fehlerstrom-Schutzschalter aus. Fehlerstrom-Schutzschalter mit Bemessungsfehlerstörungen von 10 mA, 30 mA, 100 mA, 300 mA und 500 mA sind üblich.

Fehlerstrom-Schutzeinrichtungen (RCDs)	
Bezeichnung	**Anwendung**
Fehlerstrom-Schutzschalter ohne eingebaute Überstrom-Schutzeinrichtung (RCCB, früher: FI))	Schutz gegen elektrischen Schlag (Fehlerschutz, zusätzlicher Schutz), Brandschutz, vorgelagerter Schutz für mehrere Endstromkreise
Fehlerstrom-Schutzschalter mit eingebauter Überstrom-Schutzeinrichtung (RCBO, früher FI/LS)	Schutz gegen elektrischen Schlag (Fehlerschutz, zusätzlicher Schutz), Brandschutz, Überstromschutz (Überlast, Kurzschluss), vorwiegend zum Schutz von Endstromkreisen
Fehlerstrom-Schutzschalter in Baueinheit mit einer Steckdose nach DIN EN 61008-1 (FI-Steckdose)	Zusätzlicher Schutz von Steckdosen nach DIN VDE 0100-410
Ortsfeste Fehlerstrom-Schutzeinrichtung in Steckdosenausführung (SRCD) nach E DIN VDE 0662,	nur zur Schutzpegelerhöhung für angeschlossene Verbraucher

5-43 Gebräuchliche Ausführungen von Fehlerstrom-Schutzeinrichtungen (RCDs) für die Wohnungsinstallation

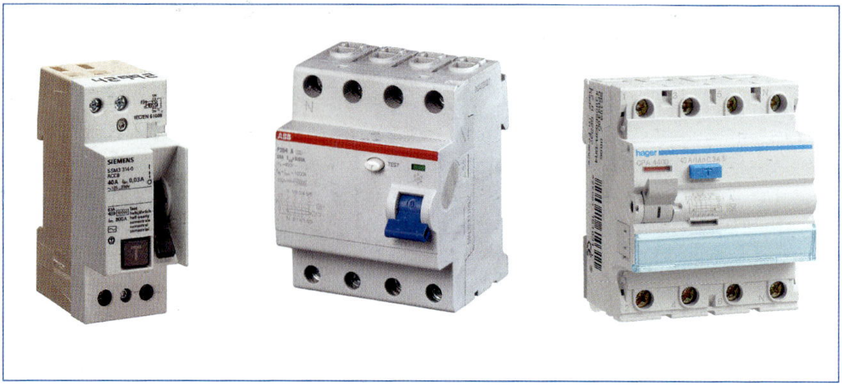

5-44 Fehlerstrom-Schutzschalter 2-polig und 4-polig, rechts als selektives Gerät

Untersuchungen haben ergeben, dass Fehlerstrom-Schutzschalter mit Bemessungsfehlerströmen von 10 mA bis 300 mA auch als Schutz gegen Brände durch Erdfehlerströme wirken. Fehlerstrom-Schutzschalter mit größeren Nennfehlerströmen als 300 mA sollten nur in Ausnahmefällen eingesetzt werden.

In Deutschland sind Fehlerstrom-Schutzschalter des Typs A seit langem Standard in der Gebäudeinstallation, die bei reinen Wechselströmen und auch bei pulsierenden Gleich-Fehlerströmen auslösen. Der Typ AC, der nur bei Wechsel-Fehlerströmen auslöst, ist nicht zugelassen.

Für Stromkreise in Anlagen mit besonderen Umgebungsbedingungen, wie z. B. Räume mit Badewanne oder Dusche, überdachte Schwimmbecken (Schwimmhallen), Schwimmanlagen im Freien, Anlagen im Freien sowie für alle allgemein zugänglichen Steckdosen bis 20A sind nach DIN VDE 0100 für Steckdosen-

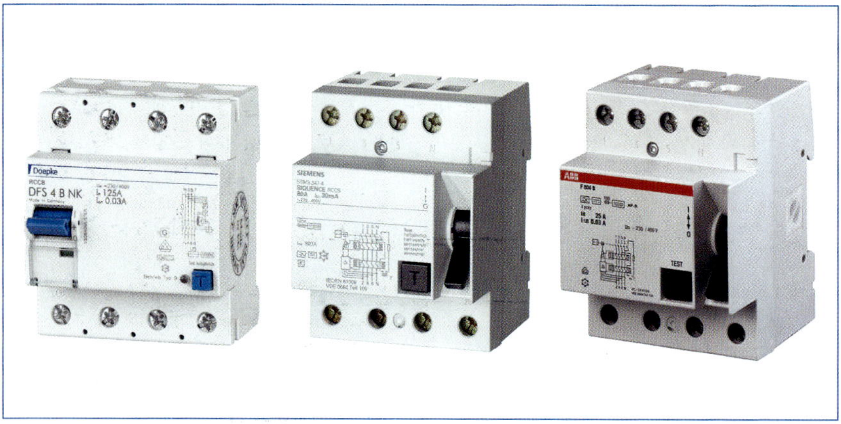

5-45 Allstromsensitive Fehlerstrom-Schutzschalter (Typ B)

stromkreise wegen der höheren Gefährdung Fehlerstrom-Schutzschalter mit einem Bemessungsfehlerstrom von $I_{\Delta n} \leq 30$ mA vorgeschrieben.

Für diesen zusätzlichen Schutz (zusätzlich zum ohnehin erforderlichen Fehlerschutz) sind nur Fehlerstrom-Schutzschalter mit $I_{\Delta n} \leq 30$ mA zulässig. Fehlerstrom-Schutzschalter mit $I_{\Delta n} \leq 30$ mA schützen vor der Gefahr des Herzkammerflimmerns, und Fehlerstrom-Schutzschalter mit $I_{\Delta n} \leq 10$ mA schützen vor der Gefahr des Verkrampfens bzw. Hängenbleibens, sie werden deshalb auch Personenschutzautomaten genannt.

Bei hohen Spannungsimpulsen, z. B. durch Gewitter, können herkömmliche Fehlerstrom-Schutzschalter auslösen, ohne dass ein Fehler in der Anlage besteht. Eine Abhilfe sind selektive oder kurzzeitverzögerte Fehlerstrom-Schutzschalter. Selektive Fehlerstrom-Schutzschalter werden mit S gekennzeichnet. Diese abschaltverzögerten Fehlerstrom-Schutzschalter sitzen in Energieflussrichtung vor den normalen Fehlerstrom-Schutzschaltern und werden deshalb auch als Haupt-Fehler strom-Schutzschalter bezeichnet. Sie sprechen bei Stoßströmen bis zu 3000 A nicht an. Sie verhalten sich zu den nachgeschalteten Fehlerstrom-Schutzschaltern selektiv, d. h. sie lösen bei Fehlern in den Endstromkreisen nicht aus. Außerdem können sie gleichzeitig einen Beitrag zum Brandschutz liefern. Kurzzeitverzögerte Fehlerstrom-Schutzschalter werden zum Schutz der Endstromkereise eingesetzt. Sie haben keine genormte Typbezeichnung.

Frequenzumrichter, Röntgengeräte u. a. können im Fehlerfall glatte Gleichfehlerströme oder Fehlerströme mit Frequenzen bis zu einigen Kilohertz verursachen. Fehlerströme lösen pulsstromintensive Fehlerstrom-Schutzschalter des Typs A nicht ordnungsgmäß aus. Deshalb sind für diese Verbrauchsmittel allstromsensitive Fehlstrom-Schutzschalter des Typs B einzusetzen.

Schon gernige glatte Gleichfehlerströme (> 6 mA) beeinträchtigen das Auslöseverhalten pulsstromsensitiver Fehlerstrom-Schutzschalter bei wechsel- und pulsierenden Gleichfehlerströmen. Daher dürfen die o. a. elektronischen Betriebsmittel keinesfalls in Anlagenbereichen hinter einer (pulsstromsensitiven) Standard-Fehlerstrom-Schutzeinrichtung installiert werden, auch wenn sie zusätzlich durch einen allstromsensitiven Fehlerstromschutzschalter geschützt sind.

Spannungsfall

Der Spannungsfall in der Kundenanlage tritt vor allem auf in der Hauptleitung, der Verbindungsleitung und den Stromkreisleitungen. Der Spannungsfall in der elektrischen Anlage nach der Messeinrichtung bis zu den Verbrauchsmitteln (Geräten) soll nach DIN 18015-1 maximal 3 % betragen. In DIN 18015-1 ist auch festgelegt, dass bei der Berechnung des Spannungsfalls der Bemessungsstrom der vorgeschalteten Überstrom-Schutzeinrichtung zugrunde zu legen ist.

Befinden sich der Stromkreisverteiler und der Zählerplatz nebeneinander (z. B. beim Einfamilienhaus), ist der Spannungsfall auf der Verbindungsleitung vernachlässigbar. Der Spannungsfall von 3 % steht dann ganz für die Stromkreisleitungen zur Verfügung. In Mehrfamilienhäusern mit zentraler Zähleranordnung und Stromkreisverteiler in der Wohnung muss aber der Spannungsfall auf der Verbindungsleitung berücksichtigt werden. Normalerweise sollte auf der Verbindungsleitung nicht mehr als 1 % Spannungsfall auftreten, da ansonsten der Spannungsfall in den Stromkreisleitungen nur noch unter 2 % betragen darf. Tabelle 5-47 enthält daher Werte für 2 % und 3 % Spannungsfall für Stromkreisleitungen bei der Nennspannung 230/400 V. Bei der Absicherung ist in jedem Fall die Verlegeart zu berücksichtigen. Werte für Verbindungsleitungen und Hauptleitungen sind in den entsprechenden Kapiteln genannt.

Nach DIN VDE 0100-520 soll der Spannungsfall von der Übergabestelle (Hausanschluss) bis zu den Verbrauchsmitteln maximal 4 % betragen.

Leitungsart	**verlegt**		**Spannungsfall nach**		
	von	**nach**	**TAB bzw. DIN 18015-1 %**		**DIN VDE 0100-520 %**
Hauptleitung	Haus-anschluss-kasten	Zählerschrank	bis 100 kVA:	**0,50**	**4,00**
			100 bis 250 kVA:	**1,00**	
			250 kVA bis 400 kVA:	**1,25**	
			über 300 kVA:	**1,50**	
Verbindungs-leitung	Zählerschrank	Stromkreisver-teiler	**3,00**		
Stromkreislei-tung	Stromkreisver-teiler	Verbrauchs-mittel, Steck-dose			

5-46 Spannungsfall in der Kundenanlage

Nennquer-schnitt mm² Cu	**Leitungs-schutzschalter A**	**maximale Leitungslänge (m) bei Drehstrom**		**Wechselstrom**	
		ΔU=2 %	**ΔU=3 %**	**ΔU=2 %**	**ΔU=3 %**
1,5	10	37	55	18	28
	13	29	43	14	22
	16	23	34	11	17
	20	19	28	9	14
2,5	10	60	90	30	45
	16	37	56	19	28
	20	30	45	15	23
	25	24	36	12	18
4	16	59	88	29	44
	20	47	70	23	35
	25	37	56	19	28
	35	27	40	13	20
6	20	71	106	35	53
	25	57	85	28	43
	35	40	60	20	30
	40	35	53	18	27

5-47 Maximale Länge für Leitungen und Kabel nach DIN VDE 0100-520 Beiblatt 2

Leitungen und Kabel für Kommunikationsanlagen

Zu den Kommunikationsanlagen gehören z. B. auch Klingel, Hauskommunikation, Telefon, Gefahrenmeldeanlagen, Einbruchmeldeanlagen. Diese Anlagen werden üblicherweise mit „Schwachstrom" betrieben.

Auch bei den sog. Schwachstromleitungen finden im Wohnungsbau nur relativ wenig Typen Verwendung. Der Übersicht halber seien auch hier der Aufbau und die Kennzeichnung von Leitungen für Fernmeldeanlagen wiedergegeben.

Verwendung der Leitungen und Kabel

Die meist verwendeten Leitungen und Kabel für die Fernmeldeanlagen und die zugehörigen Anwendungsbereiche sind in Tabelle 5-48 aufgeführt.

Die Kurzzeichen sind nicht identisch mit denen für Starkstromleitungen.

Typ	Verwendung (Anwendungsbereiche)
PVC-Schaltdraht YV 	In trockenen Räumen, als Installationsdraht für Klingelanlagen, für Verlegung in Rohr auf und unter Putz
Stegleitung (PVC-Hülle) I-FY 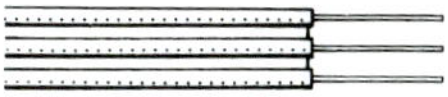	In trockenen Räumen, als Installationsleitung für Klingelanlagen, für Verlegung in und unter Putz
Kunststoffmantelleitung YR 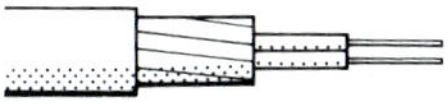	In trockenen, feuchten und nassen Räumen, als Installationsleitung für Klingelanlagen, für Verlegung auf, in und unter Putz (nicht genormt)
Geschirmte BUS-Leitung YCYM 	Für die Übertragung der BUS-Signale in der Gebäudesystemtechnik bestimmt. Verlegeart wie bei Leitung I-Y (St) Y. Zusätzlich kann sie ohne Einschränkung neben anderen Starkstromleitungen geführt werden bzw. diese berühren
Installations-Kunststoffkabel I-Y (St) Y 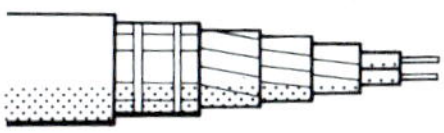	Zur Verlegung auf, in und unter Putz und in Rohren, in trockenen, feuchten und nassen Räumen für Fernsprech- und Signalübertragungen (Haussprechanlagen o. ä.)
Außen-Kunststoffkabel A-2 Y F (L) 2Y 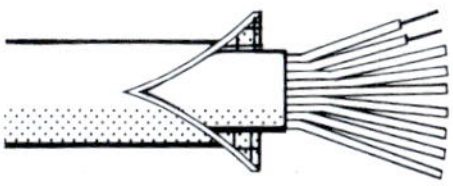	Zur Fernsprech- und Signalübertragung für Verlegung als Erd- und Röhrenkabel (zu Torsprechstellen o. ä.)

5-48 Leitungen und Kabel für Kommunikationsanlagen

6 Elektrische Anlagen auf Baustellen

Bevor der eigentliche Hausanschluss installiert werden kann, wird die Baustelle in der Regel über einen zeitlich begrenzten Baustromanschluss mit elektrischer Energie versorgt. Die hierfür erforderliche Anlage einschließlich des Baustromverteilers erstellt der Elektroinstallateur, der im Auftrag des Bauherrn oder des Bauunternehmers den Anschluss beim NB beantragt.

Da elektrische Anlagen auf Baustellen erfahrungsgemäß einer besonders starken Beanspruchung unterliegen, müssen die Betriebsmittel diesen besonderen Beanspruchungen gerecht werden, Personen und Sachen dürfen nicht gefährdet werden.

Deshalb darf die allgemeine Hausinstallation nicht für die Versorgung der Baustellen-Verbrauchsgeräte verwendet werden. Es muss ein besonderer Speisepunkt geschaffen werden. Dieser Speisepunkt kann entweder ein Baustellen-Anschlussschrank (Bild 6-1) mit Baustellen-Verteilerschrank (Bild 6-3), ein Baustellen-Anschlussverteilerschrank (Bild 6-2), ein Kleinstbaustromverteiler (mit max. 2 Steckdosen und Fehlerstrom-Schutzschalter mit $I_{\Delta n} \leq 30$ mA und eigenem Erder), ein der Baustelle zugeordneter Abzweig in einer vorhandenen ortsfesten Verteilung, eine Ersatzstromversorgungsanlage oder ein Transformator mit getrennten Wicklungen sein.

6-1 Baustellen-Anschlussschrank (A-Schrank)

6-2 Baustellen-Anschlussverteilerschrank (AV-Schrank)

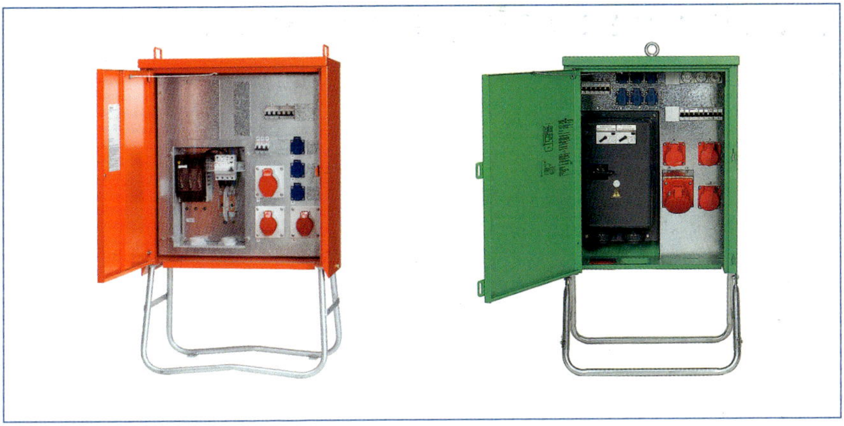

6-3 Baustellen-Verteilerschränke (V-Schrank)

Jeder Anschlussschrank und jeder Verteilerschrank muss Betriebsmittel zum Schalten und Trennen der Einspeisung enthalten.

Auch bezüglich der Schutzmaßnahmen gelten für Baustellen besondere Festlegungen (DIN VDE 0100-704). Hinter Speisepunkten dürfen nur die Netzformen TT-System, TN-S-System oder IT-System mit Isolationsüberwachung angewendet werden. Im TT-System und TN-S-System müssen Schutzkontakt- und CEE-Steckdosen bis 32 A durch Fehlerstrom-Schutzschalter mit $I_{\Delta n} \leq 30$ mA geschützt werden. Für Stromkreise zur Versorgung von Steckdosen mit Bemessungsströmen über 32 A müssen Fehlerstrom-Schutzeinrichtungen (RCDs) mit einem Bemessungsdifferenzstrom, der nicht größer als 500 mA ist, verwendet werden. Für frequenzgesteuerte Betriebsmittel gelten besondere Festlegungen; es wird besonders auf allstromsensitive Fehlerstrom-Schutzeinrichtungen (Typ B) hingewiesen. Daneben ist noch die Versorgung über SELV- und PELV- Stromkreise oder durch Schutztrennung möglich.

Bei Schutztrennung muss jede Steckdose oder jedes fest angeschlossene und in der Hand gehaltene elektrische Verbrauchsmittel durch einen separaten Transformator versorgt werden.

Fehlerstrom-Schutzschalter, Überstrom-Schutzeinrichtungen und Steckvorrichtungen werden in Baustellen-Verteilerschränken (Bild 6-3) eingebaut.

Bei den Fehlerstrom-Schutzschaltern ist außerdem darauf zu achten, dass diese für niedrige Außentemperaturen geeignet sind (-25).

Wegen der besonderen mechanischen Beanspruchung durch Abrieb oder Wasser sind flexible Leitungen vom Typ H07RN-F oder gleichwertig zu verwenden. Um Beschädigungen zu vermeiden, sollten die Kabel und Leitungen Verkehrswege oder Gehwege nicht kreuzen. Darüber hinaus sind Stellen, an denen Leitungen z. B. durch Baumaschinen oder Fahrzeuge mechanisch besonders beansprucht werden können, durch mechanisch geschützte Verlegung oder durch mechanisch feste Abdeckungen zu schützen.

7 Fundamenterder

Allgemeines

Seit langer Zeit sind Stab-, Tiefen-, Platten- und Ringerder bekannt, doch unterliegen diese Erderarten alle einer mehr oder weniger starken, von der Bodenbeschaffenheit abhängigen Korrosion. Eine Beschädigung dieser Erder durch spätere Bauarbeiten ist auch nicht auszuschließen. Die Technischen Anschlussbedingungen (TAB) der NB sowie DIN 18015-1 verlangen den Einbau eines Fundamenterders in Neubauten. Für die Anordnung und den Einbau von Fundamenterdern gilt die Norm DIN 18014.

Der Fundamenterder, in das Gebäudefundament eingelegt, macht den Potentialausgleich wesentlich wirksamer. Er wird sowohl zum Erfüllen von Erdungsaufgaben für den die Schutzmaßnahmen gegen elektrischen Schlag, z. B. für Fehlerstrom-Schutzeinrichtungen, als auch für den Blitz- und Überspannungsschutz, für Kommunikationsanlagen sowie für Antennenanlagen herangezogen werden. Wegen der unterschiedlichen Belange der verschiedenen Gewerke hat die Planung frühzeitig zu erfolgen. Nur so können die Anforderungen z. B. bezüglich der Blitzschutzanlage, der Abschirmung für informationstechnische Anlagen und den Potentialausgleich berücksichtigt werden. Der Fundamenterder gilt als Bestandteil der elektrischen Anlage und erfüllt wesentliche Sicherheitsfunktionen. Seine Errichtung soll deshalb nur durch eine beim Netzbetreiber eingetragene Elektro-/Blitzschutzfachkraft oder unter Aufsicht dieser Fachkraft erfolgen.

Erdungsanlagen werden für Schutz- und Funktionszwecke herangezogen. Sie werden entsprechend den Anforderungen der elektrischen Anlage, gemeinsam oder getrennt verwendet. Die Festlegungen für Schutzzwecke müssen immer Vorrang haben. Der Erder wird durch einen Erdungsleiter mit der Haupterdungsschiene verbunden.

In Deutschland sind Wasser- und Gasrohre als Erder nicht erlaubt, außerdem besteht die Verpflichtung, in allen neuen Gebäuden einen Fundamenterder nach DIN 18014 zu errichten.

Erdungsanlagen dienen dazu, eine Verbindung zur Erde herzustellen,

- die geeignet ist für die Schutzanforderungen der elektrischen Anlage,
- die zuverlässig ist,
- die Erdfehlerströme und Schutzleiterströme zur Erde führen kann,
- die gegenüber möglichen äußeren Einflüssen widerstandsfähig oder mechanisch geschützt und entsprechend widerstandsfähig gegen Korrosion ist,
- die ggf. auch für Funktionsanforderungen geeignet ist.

Fundamenterder oder Ringerder

In bestimmten Fällen kann der Erder nicht in das Gebäudefundament gelegt werden: wenn eine schwarze oder weiße Wanne vorhanden ist, oder bei einigen Ausführungsvarianten der Perimeterdämmung. Diese Fälle werden nachfolgend detailliert beschrieben. Wird der Erder unterhalb oder seitlich der Gebäudefundamente eingebracht, handelt es sich nach der neuen DIN 18014 um einen Ringerder, für den – bis auf das Material – die gleichen Anforderungen wie an den Fundamenterder gelten.

Werkstoff eines Fundamenterders

Bandstahl von mindestens 30 x 3,5 mm oder 25 x 4 mm sowie Rundstahl von mindestens 10 mm Durchmesser, verzinkt oder unverzinkt, sind geeignet. Die Anschlussfahnen müssen jedoch stets aus verzinktem Material bestehen.

Werkstoff eines Ringerders

Wenn der Erder nicht im Gebäudefundament eingebracht werden kann, muss Rund- oder Bandmaterial aus korrosionsfestem Edelstahl (V4A, Werkstoffnummer 1.4571) verwendet werden. Rundmaterial muss mindestens 10 mm Durchmesser haben. Bei Bandmaterial müssen die Abmessungen mindestens 30 mm x 3,5 mm betragen.

Ausführung des Fundamenterders bzw. Ringerders

Der Fundamenterder ist als geschlossener Ring (Bild 7-1) in die Fundamente der Außenmauern der Gebäude unterhalb der Isolierschicht zu legen. Bei einer Fundamentplatte muss die Anordnung entsprechend erfolgen, d. h. der Fundamenterder ist als geschlossener Ring im äußeren Bereich der Fundamentplatte, dort wo die Außenmauern erstellt werden, zu errichten.

Die Erderwirkung des Fundamenterders wird durch die Verbindung mit der Bewehrung in Abständen von max. 2 m wesentlich verbessert.

Als Verbindungen sind Schweiß-, Klemm- oder Pressverbindungen anzuwenden (Bild 7-2). Rödelverbindungen sind nicht ausreichend leitend. Würgeverbindungen sind unzulässig. Keilverbinder sollten nicht verwendet werden, wenn der Beton maschinell verdichtet wird (z. B. mittels Rüttler).

Der Ringerder wird ebenfalls als geschlossener Ring unterhalb bzw. seitlich der Gebäudefundamente eingebracht. Ein Abstand von 1 m zur Gebäudeaußenkante sollte eingehalten werden.

Bei Reihenhäusern ist – auch wegen der Eigentumsrechte der einzelnen Hausbesitzer – für jedes Haus ein separater Erder zu erstellen (Bild 7-3).

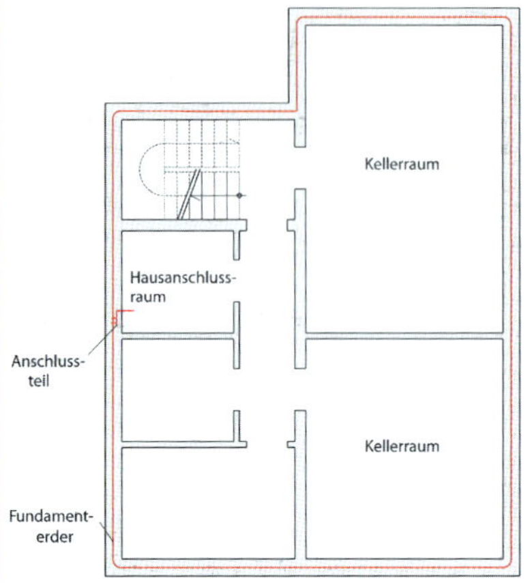

7-1 Anordnung des Fundamenterders in den Fundamenten bzw. der Fundamentplatte

7-2 Verbinder zur Verlegung von Band- oder Rundstahl für Fundamenterder

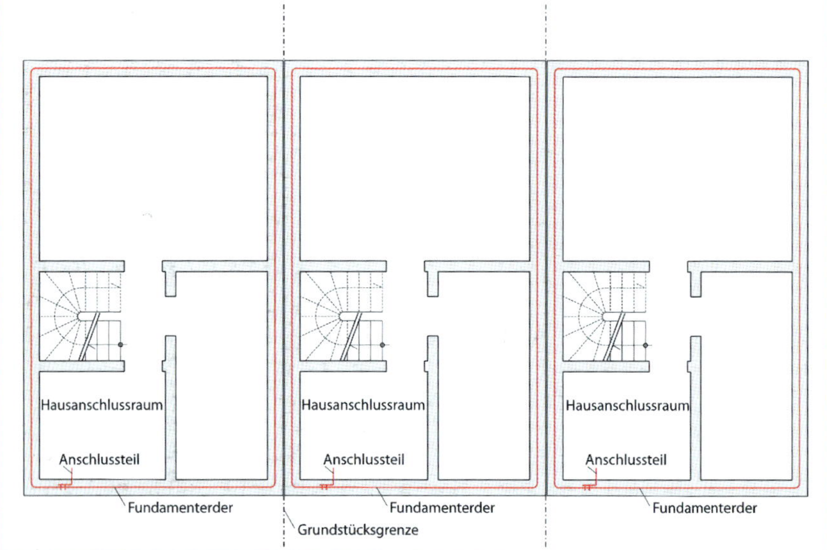

7-3 Anordnung des Fundamenterders bei Reihenhäusern

Bei größeren Gebäuden sollte der Fundament- bzw. Ringerder durch Querverbindungen aufgeteilt werden, sodass die Maschenweite nicht größer als 20 m x 20 m wird. Bei Nutzung des Fundamenterders bzw. Ringerders für Blitzschutzanlagen sind je nach Schutzbedürftigkeit des Gebäudes auch geringere Maschenweiten erforderlich. Festlegungen über die Maschenweite und Anschlussfahnen/Erdungsfestpunkte für die Ableitungen sind in DIN EN 62305-3 (VDE 0185-305-3) „Blitzschutz; Schutz von baulichen Anlagen und Personen“ enthalten. In die Planung ist ein entsprechender Fachmann einzubeziehen.

Der Fundamenterder darf nicht über Bewegungsfugen geführt werden. Deshalb ist er an diesen Stellen aus dem Fundament herauszuführen und mit Dehnungsbändern zu verbinden. Bei Betonwänden können alternativ auch Erdungsfestpunkte eingebracht werden, die dann miteinander verbunden werden. Außerdem stehen Dehnungsbänder zum Einbau in die Bodenplatte zur Verfügung.

Einfluss von Kunststofffolien auf den Erdungswiderstand

Durch Folien zwischen Streifenfundament bzw. Fundamentplatte und Erdreich wird die Wirkung des im Fundament eingebrachten Erders negativ beeinflusst. Messungen haben ergeben, dass Kunststofffolien die als Trennlage zwischen Fundament und Sauberkeitsschicht eingebracht werden, die Fundamenterderwirkung zwar beeinträchtigen, der Erdungswiderstand aber in der Regel immer noch ausreichend ist. Somit kann der Fundamenterder in das Streifenfundament bzw. die Fundamentplatte eingebaut werden.

Werden aber Kunststoffnoppenbahnen aus Spezial-Polyäthylen hoher Dichte mit 20 cm Überlappung unter der Fundamentplatte verwendet, verschlechtert sich die Erderwirkung. Werden die Noppenbahnen auch an den Außenwänden verwendet, ergibt dies eine sehr hohe elektrische Isolationswirkung. Damit kann der Erder nicht mehr alle geforderten Erdungsaufgaben für den Schutz gegen elektrischen Schlag und die Blitzschutz-, Kommunikations- und Antennenanlagen erfüllen. In diesen Fällen ist ein Ringerder unterhalb der Noppenbahnen einzubringen.

Der Korrosionsschutz des Erdermaterials ist zu berücksichtigen (siehe „Werkstoff eines Ringerders“).

Ausführung des Fundamenterders im unbewehrten Fundament

Durch geeignete Mittel, z. B. Abstandhalter, kann sichergestellt werden, dass der Stahl beim Einbringen des Betons mindestens 5 cm über der Fundamentsohle zu liegen kommt, so dass er allseitig von Beton umhüllt wird und dadurch gegen Korrosion geschützt ist.

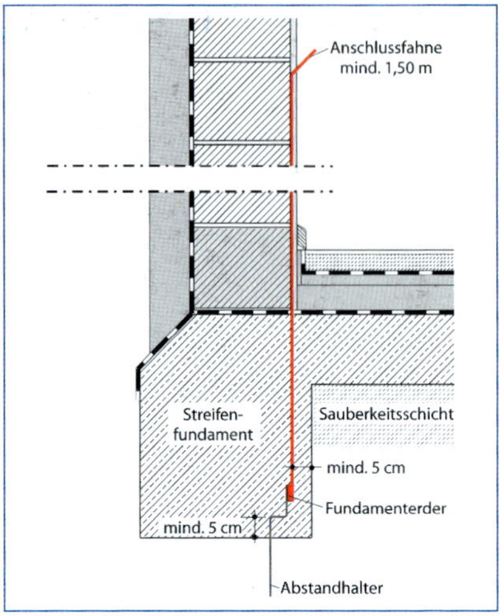

7-4 *Ausführung eines Fundamenterders in unbewehrtem Fundament*

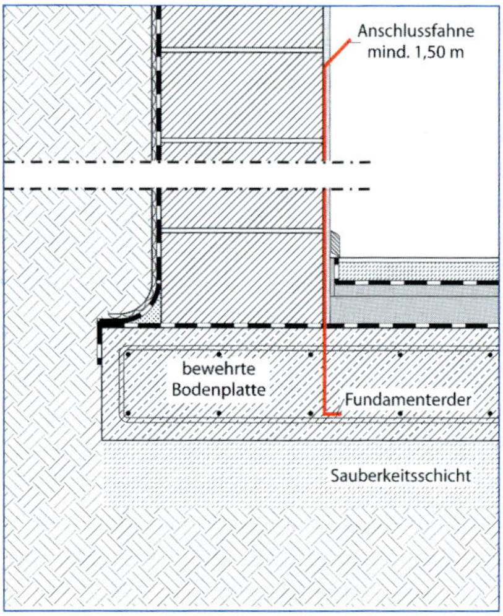

7-5 *Ausführung eines Fundamenterders in bewehrtem Fundament*

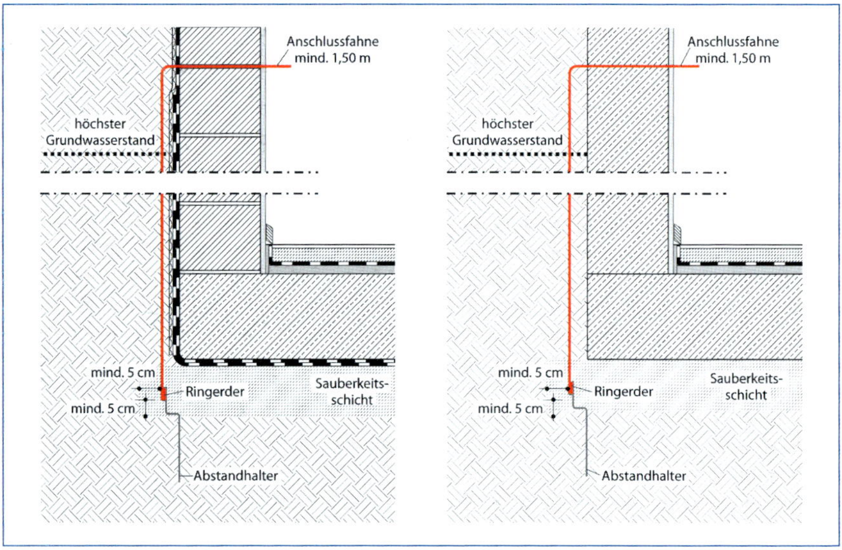

7-6 *Anordnung des Fundamenterders bei Wannenabdichtungen, links schwarze, rechts weiße Wanne*

Ausführung des Fundamenterders im bewehrten Fundament

Bei Fundamenten aus bewehrtem Beton wird der Stahl auf die untere Bewehrungsanlage gelegt und zur Lagefixierung in Abständen von etwa 2 m mit der Bewehrung verrödelt (Bild 7-5). Das Einbringen von Abstandhaltern erübrigt sich dadurch.

Besondere Anforderungen bei Fundamenten mit Wannenabdichtungen und Perimeterdämmung

Bei Wannenabdichtungen (Bild 7-6) und bei Perimeterdämmung (Bild 7-7 bis 7-9) ist die Erdfühligkeit der Erders beeinträchtigt. Deshalb sind hier ggf. besondere Maßnahmen notwendig.

Ausführung bei Wannenabdichtungen

In der Bautechnik gibt es zwei Verfahren, um gegen eindringendes Wasser abzudichten:

- die schwarze Wanne
- die weiße Wanne

Bei der schwarzen Wanne handelt es sich um wasserdruckhaltende Abdichtungen des Gebäudes aus unterschiedlichen, mehrlagigen Kunststoff- bzw. Bitumenbahnen (schwarzes Material).

Die weiße Wanne wird aus wasserundurchlässigem Beton (WU-Beton) hergestellt. Der Beton kann zwar Wasser aufnehmen, allerdings wird trotz langzeitigem Einwirken des Wassers auf den Beton nicht die gesamte Dicke durchdrungen, d.h., auf der Wandinnenseite tritt keine Feuchtigkeit auf. Nach DIN EN 206-1/DIN 1045-2 darf die größte Wassereindringtiefe von 5 cm bei wasserundurchlässigem Beton nicht überschritten werden. In der Praxis lassen WU-Betonsorten nach einer Abbindezeit von 12 Monaten nur noch 1,5 cm Wasser eindringen.

Bei Wannenabdichtungen ist die Erdfühligkeit des Fundamenterders nicht gewährleistet. Deshalb ist ein Ringerder außerhalb der Wannenabdichtung

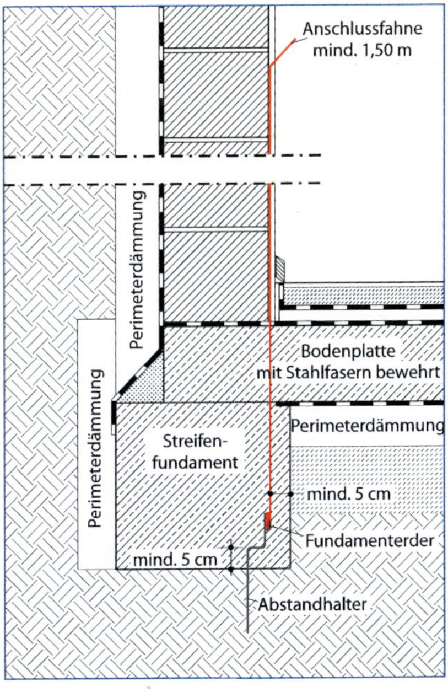

7-7 *Ausführung des Fundamenterders bei einseitiger Anordnung der Perimeterdämmung an einem Streifenfundament*

einzubringen (Bild 7-6). Für dauerhaften Korrosionsschutz sind nicht rostende Edelstähle, Werkstoffnummer 1.4571 (V4A) notwendig.

Ausführung bei Perimeterdämmung

Wird die Perimeterdämmung nur an den Umfassungswänden verwendet, ist eine gewisse Erdfühligkeit für den Fundamenterder noch gegeben. Ist das Streifenfundament bzw. die Umfassungswände an den Seiten mit einer Perimeterdämmung versehen (Bilder 7-7 und 7-8), wird der Ausbreitungswiderstand noch ausreichend niedrig sein. Der Fundamenterderstahl kann in das Streifenfundament eingebracht werden (wie bei „Ausführung des Fundamenterders im bewehrten Fundament" beschrieben).

Bei einer Perimeterdämmung sowohl an den Umfassungswänden als auch unter der Bodenplatte ist die Erdfühligkeit nicht mehr gegeben (Bild 7–9). Deshalb ist der Erder wie unter „Ausführung bei Wannenabdichtung" beschrieben, zu errichten (siehe auch Bild 7-6). Als Erdermaterial ist korrosionsgeschützter Edelstahl (V4A, Werkstoffnummer 1.4571) zu verwenden.

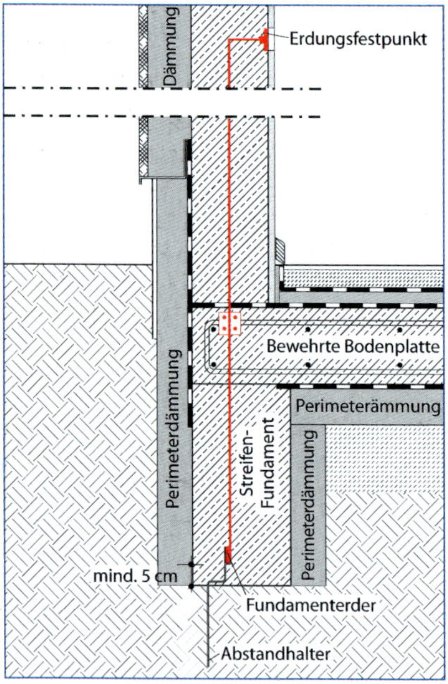

7-8 *Ausführung des Fundamenterders bei beidseitiger Anordnung der Perimeterdämmung an einem Streifenfundament*

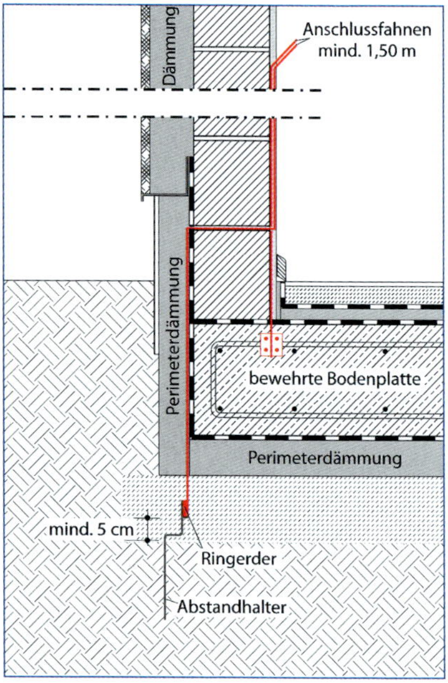

7-9 *Ausführung eines Ringerders bei Anordnung der Perimeterdämmung seitlich und unterhalb der Fundamentplatte*

Zusätzliche Maßnahmen für Blitzschutzsysteme und EMV-Zwecke

Wird der Ringerder für ein Blitzschutzsystem verwendet, darf die Maschenweite max. 10 x 10 m sein. Damit soll verhindert werden, dass der Blitzeinschlag zur Zerstörung der Abdichtung auf der Unterseite der Fundamentplatte führt.

Für den Potentialausgleich bei Blitzschutzsystemen und für EMV-Zwecke ist zusätzlich im Fundament ein Rund- oder Bandstahl als Potentialausgleich zu verlegen, der mit der Bewehrung und der Haupterdungsschiene zu verbinden ist. Ausführung, Maschenweite und Materialien entsprechen denen des Fundamenterders. Es empfiehlt sich je Ableitung des Blitzschutzsystems eine Verbindung zu diesem Potentialausgleichsleiter herzustellen.

Anschlussteile

Die Verbindung des Erders zur Haupterdungssschiene (Potentialausgleichsschiene) ist wichtig. Sie kann nur dann ausgeführt werden, wenn die notwendigen Anschlussteile für den Anschluss der Ableitungen (z. B. für die Blitzschutzanlage) und den Potentialausgleich herausgeführt sind. Es können Anschlussfahnen oder Erdungsfestpunkte eingebracht werden. Sofern Konstruktionsteile aus Metall, z. B. Führungsschienen von Aufzügen, direkt mit dem Fundamenterder verbunden werden sollen, sind zusätzliche Anschlussteile an den erforderlichen Stellen zu berücksichtigen.

Die Länge der Anschlussfahne soll ab der Eintrittstelle in den Raum mindestens 1,5 m betragen. Anschlussfahnen, die nach innen geführt werden (Bild 7-10), sind gegen Korrosion zu schützen und müssen aus verzinktem Material mit Kunststoffummantelung oder nichtrostenden Edelstählen (V4A, Werkstoffnummer 1.4571) bestehen.

Das Anschlussteil für den Anschluss an die Haupterdungsschiene ist in der Nähe des Hausanschlusskastens vorzusehen.

Anschlussteile für die Blitzschutzanlage sind nach außen zu führen, damit die Ableitungen bzw. Erdungsleitungen der Blitzschutzanlage nicht nach innen geführt werden müssen.

Anschlussfahnen, die nach außen geführt werden (Bild 7-11), sollen – um Korrosion zu vermeiden – im Beton oder im Mauerwerk bis oberhalb der Erdoberfläche verlegt werden. Die Anschlussfahnen sind im gesamten Verlauf gegen Korrosion zu schützen. Anschlussfahnen, die ins Erdreich geführt werden, benötigen ebenfalls einen besonderen Korrosionsschutz.

Anschlussfahnen sind während der Bauzeit auffällig zu kennzeichnen, damit sie nicht versehentlich abgeschnitten werden.

Anschlussfahnen am Ringerder werden aus dem gleichen Material wie der Ringerder ausgeführt (nichtrostender Edelstahl, V4A, Werkstoffnummer 1.4571).

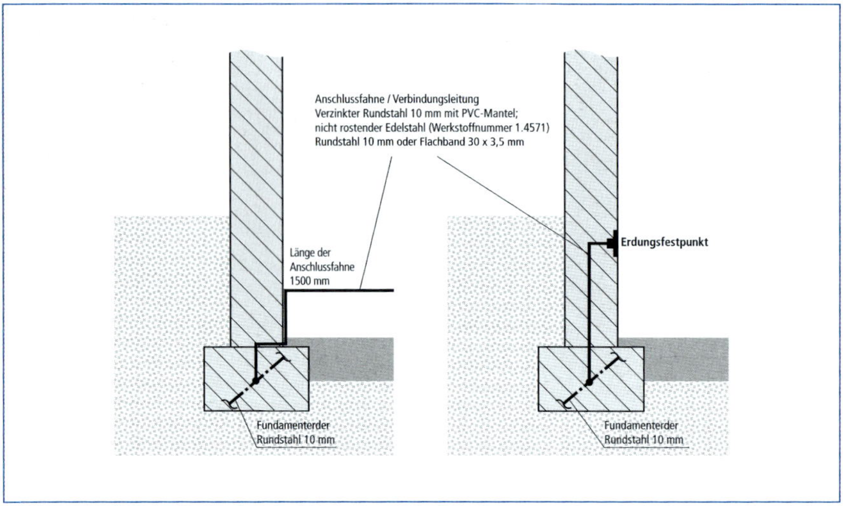

7-10 Beispiele für Anordnung der nach innen geführten Anschlussteile (Anschlussfahne bzw. Erdungsfestpunkt)

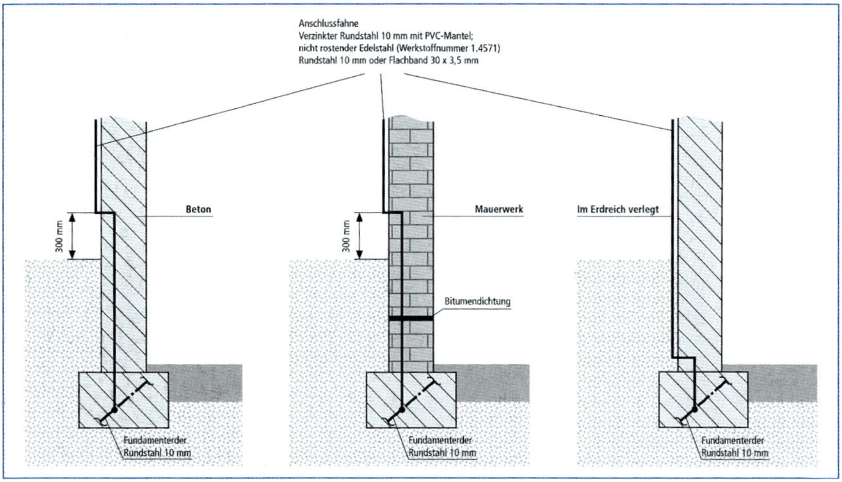

7-11 Beispiele für Anordnung der nach außen geführten Anschlussfahnen

Bei Betonbauten eignen sich Erdungsfestpunkte (Bild 7-12). Diese haben den Vorteil, dass sie während der Bauphase nicht stören und die Schalung nicht beschädigt wird.

Nur bei rechtzeitiger Planung können die benötigten Anschlussteile für das Blitzschutzsystem vorgesehen werden. Die Anzahl und die Lage von Ableitungen des Blitzschutzsystems und damit die Anschlussteile können nur objektbezogen durch Blitzschutzfachkräfte festgelegt werden. Im Allgemeinen ist zu empfehlen je 10 m Gebäudeumfang ein Anschlussteil vorzusehen. Damit ist die Anwendung jeder Blitzschutzklasse für das Gebäude gegeben.

7-12 Erdungsfestpunkt vor dem Einbetonieren

Zuständigkeit

Der Fundamenterder ist Bestandteil der Kundenanlage. Der Bauherr, Architekt oder Fachplaner haben das Verlegen des Fundamenterders zu veranlassen. Bereits bei der Ausschreibung der Rohbauarbeiten muss der Fundamenterder berücksichtigt werden, wobei eine gesonderte Ausschreibung vorteilhaft ist.

Um beim Errichten des Fundamenterders gravierende Fehler zu vermeiden, sind die Arbeiten durch eine beim Netzbetreiber eingetragene Elektrofachkraft/ Blitzschutzfachkraft oder durch eine Baufachkraft unter Aufsicht einer Elektrofachkraft/Blitzschutzfachkraft auszuführen.

Das Anschließen des Fundamenterders an die Haupterdungsschiene sowie das Herstellen des Schutzpotentialausgleichs darf ausschließlich durch eine Elektrofachkraft erfolgen.

Der Anschluss der anderen Anlagen, wie z. B. Antennenanlage, Telekommunikationsanlage, an die Haupterdungsschiene erfolgt durch den jeweiligen Anlagenerrichter.

Soll der Fundamenterder auch für andere Erdungsaufgaben genutzt werden, muss die Planung frühzeitig erfolgen, damit die unterschiedlichen Belange berücksichtigt werden. Nur so sind die notwendigen Anschlussteile, z. B. für die Blitzschutzanlage, einzuplanen.

Dokumentation

Nach DIN 18014 ist über die Erdungsanlage eine Dokumentation anzufertigen. In der Dokumentation ist das Ergebnis der Durchgangsmessung sowie die Ausführungspläne und ggf. Fotografien der Erdunganlage einzutragen (Bild 7-13 und 7-14).

Das Formular steht auch im Internet unter www.elektro-plus.com bereit.

Dokumentation der Erdungsanlage nach DIN 18014 (Seite 1)

Ersteller: .... **Datum:** .... **Bericht Nr.:** ....

Eigentümer des Gebäudes	Name: .... Strasse: .... PLZ, Ort: ....
Angaben zum Gebäude	Standort: .... Nutzung: .... Bauart: .... Art des Fundaments: .... Bauunternehmer: .... Baujahr: ....
Planer der Erdungsanlage	Name: .... Strasse: .... PLZ, Ort: ....
Errichter der Erdungsanlage	☐ Elektro-Fachbetrieb ☐ Blitzschutz-Fachbetrieb ☐ Bauunternehmen Firma, Name: .... Strasse: .... PLZ, Ort: ....
Verwendung der Erdungsanlage	☐ Schutzerdung für elektrische Sicherheit ☐ Funktionserdung für: ☐ Antennenanlage ☐ Blitzschutzsystem ☐
Ausführung der Erdungsanlage	Art der Erdungsanlage: ☐ Fundamenterder ☐ Ringerder Werkstoff Fundamenterder: ☐ Stahl blank ☐ Stahl verzinkt Werkstoff Ringerder: ☐ Edelstahl ☐ .... ☐ Rundmaterial ☐ Bandmaterial ☐ .... Abmessungen: .... Anschlussteile innen: ☐ St. verz. m. Kunststoffummantelung ☐ Edelstahl ☐ Erdungsfestpunkt ☐ .... Anschlussteile außen: ☐ St. verz. m. Kunststoffummantelung ☐ Edelstahl ☐ Erdungsfestpunkt ☐ ....

7-13 Dokumentation der Erdungsanlage (Seite 1)

Dokumentation der Erdungsanlage nach DIN 18014 (Seite 2)

Beschreibung	☐ äußeres Blitzschutzsystem	☐ Erdungsanlage
Zeichnungen und/oder Bilder	☐ liegen nicht vor	☐ Zeichnung Nr.: ....
	☐ liegen vor	☐ Bild Nr.: ....
Zweck der Dokumentation	☐ Abnahme/Übergabe ☐ Wiederholungsprüfung	☐ ....
Bodenbeschaffenheit	☐ felsig/steinig ☐ Kies ☐ Sand ☐ Lehm	☐ ....
Bodeneigenschaften:	☐ trocken ☐ feucht	☐ nass

Prüfergebnis

Die Anlage stimmt mit den vorliegenden Plänen überein	☐ ja	☐ nein
Die Anlage ist ohne Mängel bzgl. der Anforderungen nach DIN 18014	☐ ja	☐ nein

Die Prüfung hat folgende Mängel ergeben:

....

....

....

....

....

....

....

....

....

Die Dokumentation besteht aus diesem Blatt und nebenstehenden Anlagen (z. B. Zeichnungen, Fotos):	....

Ort **Datum** **Unterschrift des Prüfers**

Hinweis für den Eigentümer des Gebäudes

Der Eigentümer des Gebäudes hat für die Beseitigung der Mängel zu sorgen.
Bei baulichen Veränderungen oder Veränderung der Nutzung des Gebäudes ist umgebend der Fachbetrieb zu verständigen.

7-14 Dokumentation der Erdungsanlage (Seite 2)

8 Potentialausgleich

Grundlagen

In den Gebäuden bilden die Wasser-, Gas- und Zentralheizungsinstallationen zusammen mit den Starkstrom-, Antennen-, Fernsprech- und Rufanlagen ein verzweigtes Netz leitfähiger Systeme.

Diese Systeme sind aber nicht zwangsläufig miteinander verbunden. Deshalb können Fehler oder Mängel in einem Leitungssystem ungünstige Einwirkungen auf andere Systeme haben.

Um beim Auftreten solcher Einwirkungen einen erhöhten Schutz, vor allem gegen gefährliche Körperströme, zu erzielen, wird nach DIN VDE 0100-410 ein Potentialausgleich (Bild 8-1) gefordert, der alle leitfähigen Systeme miteinander verbindet.

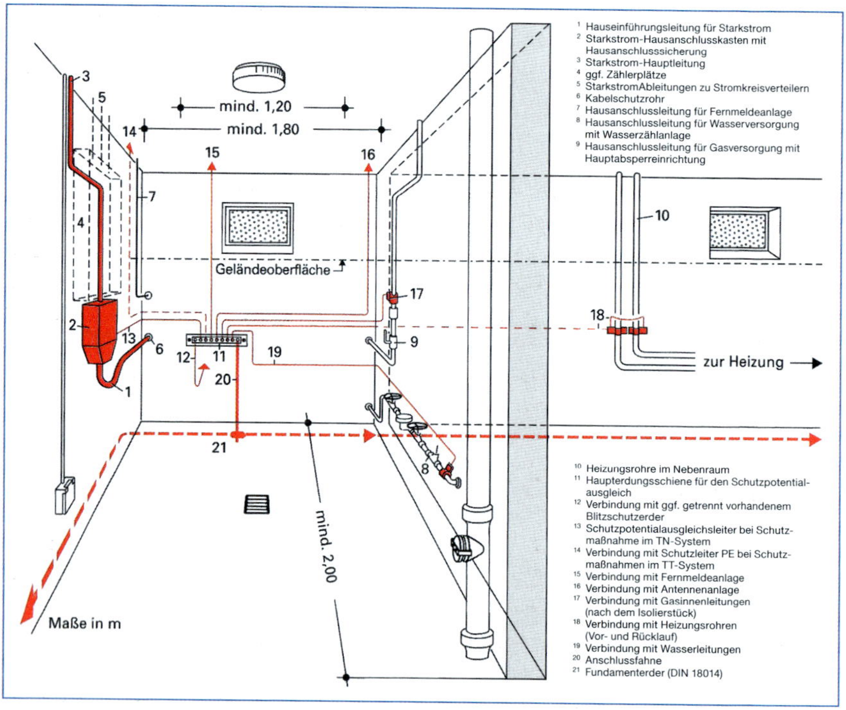

8-1 Potentialausgleich im Hausanschlussraum

Haupterdungsschiene

In jeder Anlage, in der ein Schutzpotentialausgleich ausgeführt ist, muss eine Haupterdungsschiene (Bild 8-2) vorgesehen sein, mit der folgende Leiter verbunden sein müssen:

- Schutzpotentialausgleichsleiter;
- Erdungsleiter;
- Schutzleiter;
- Funktionserdungsleiter, falls erforderlich.

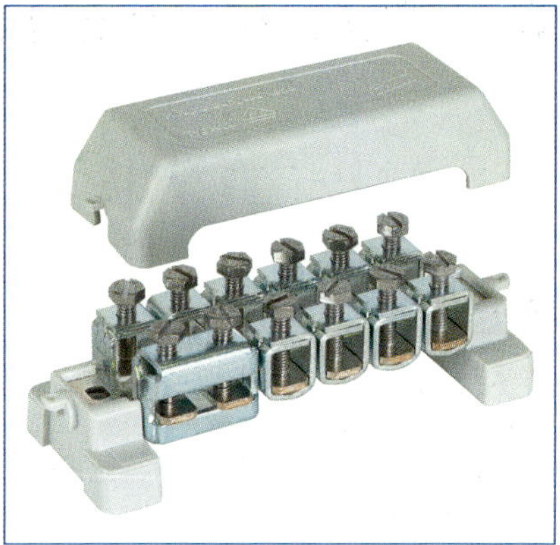

8-2 Haupterdungsschiene, Potentialausgleichsschiene,

Jeder an der Haupterdungsschiene angeschlosse Leiter muss einzeln getrennt werden können um eine Messung des Widerstandes der Erdungsanlage zu ermöglichen. Die Trennmöglichkeiten werden der Einfachheit halber an der Haupterdungsschiene angeordnet. Die Anschluss muss zuverlässig ausgeführt werden und darf nur mit Werkzeug lösbar sein.

Es ist nicht zwingend, jeden einzelnen Schutzleiter direkt mit der Haupterdungsschiene zu verbinden. Es ist ausreichend, wenn sie über andere Schutzleiter mit dieser Haupterdungsschiene verbunden sind.

Die Haupterdungsschiene eines Gebäudes kann grundsätzlich auch für Funktionserdungszwecke verwendet werden.

Über eine Haupterdungsschiene im Hausanschlussraum werden die einzelnen Leitungen und Systeme miteinander verbunden (Bild 8-8). Die Anschlussfahne des Fundamenterders wird direkt auf die Haupterdungsschiene geführt. Es ist zulässig, mehrere Rohrleitungen untereinander zu verbinden und über einen gemeinsamen Schutzpotentialausgleichsleiter an der Haupterdungsschiene anzuschließen. Eine Beschriftung der ankommenden Leiter bzw. das Anklemmen in der oft im Deckel angegebenen Aufgliederung erleichtert die Messungen an der Haupterdungsschiene.

Potentialausgleichsleiter können schwarz und grün-gelb, aber nicht blau gekennzeichnet werden.

Erdungsleiter

Der Anschluss einer Erdungsleitung an einen Erder muss zuverlässig und elektrotechnisch einwandfrei ausgeführt sein. Erdungsleitungen müssen bezüglich der Querschnitte auch die Anforderungen für Schutzleiter (siehe Tabelle 8-7) erfüllen, in Erde verlegte Erdungsleitungen müssen außerdem die in Tabelle 8-3 aufgeführten Mindestquerschnitte aufweisen. Die Verbindung muss durch Schweißen, Pressverbinder, Klemm- oder andere mechanische Verbinder hergestellt werden. Klemmverbinder dürfen den Erder oder den Erdungsleiter nicht beschädigen.

Erdungsleiter	Mindestquerschnitt in mm²			
	mechanisch geschützt		mechanisch ungeschützt	
	Kupfer	Stahl	Kupfer	Stahl
gegen Korrosion geschützt	2,5	10	16	16
gegen Korrosion nicht geschützt	25	50	25	50

8-3 Mindestquerschnitte von Erdungsleitern bei Verlegung in Erde

In TN-Systemen, in denen keine nennenswerten Fehlerströme über den Erder zu erwarten sind, dürfen Erdungsleiter wie Schutzpotentialausgleichsleiter bemessen werden. Dementsprechend darf der Querschnitt nicht kleiner sein als:

- 6 mm^2 Kupfer oder
- 16 mm^2 Aluminium oder
- 50 mm^2 Stahl.

Schutzpotentialausgleichsleiter

Der Querschnitt von Schutzpotentialausgleichsleitern zum Anschluss an die Haupterdungsschiene darf nicht kleiner sein als:

- 6 mm^2 Kupfer oder
- 16 mm^2 Aluminium oder
- 50 mm^2 Stahl.

Schutzpotentialausgleichsleiter für den zusätzlichen Schutzpotentialausgleich

Verbindet ein Schutzpotentialausgleichsleiter zwei Körper elektrischer Betriebsmittel, darf seine Leitfähigkeit nicht kleiner als die des kleineren Schutzleiters sein, der an die Körper angeschlossen ist (siehe Bild 8-4).

Verbindet ein Schutzpotentialausgleichsleiter, Körper elektrischer Betriebsmittel mit fremden leitfähigen Teilen, muss seine Leitfähigkeit mindestens halb so groß sein wie die des Querschnittes des entsprechenden Schutzleiters (Bild 8-5).

Als mechanisch geschützt gilt ein Schutzpotentialausgleichsleiter, der nicht Bestandteil eines Kabels oder einer Leitung ist, wenn er in einem Elektroinstallationsrohr, in einem Elektroinstallationskanal oder in einem baulichen Hohlraum verlegt oder auf ähnliche Weise geschützt ist.

Entsprechend DIN VDE 0100 ist bei besonderer Gefährdung aufgrund der Umgebungsbedingungen ein zusätzlicher Potentialausgleich gefordert. In Wohngebäuden trifft dies für Räume mit Badewannen oder Duschen sowie für überdachte Schwimmbecken zu. In Räumen mit Badewanne oder Dusche müssen fremde leitfähige Teile für

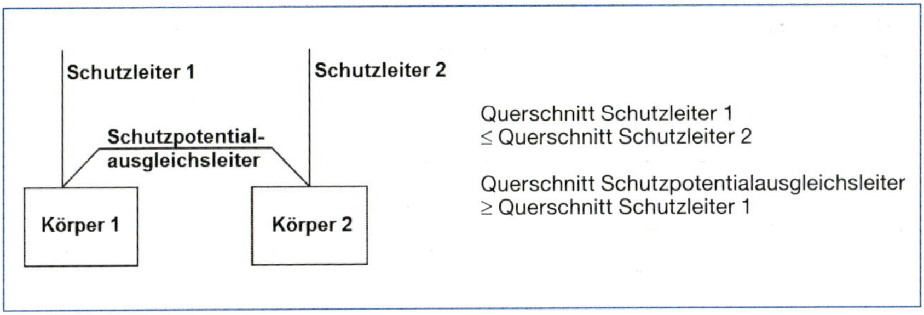

8-4 Schutzpotentialausgleichsleiter zwischen zwei Körpern elektrischer Betriebsmittel

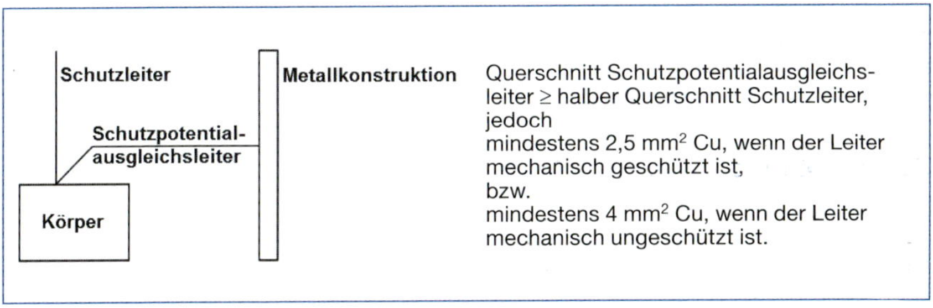

8-5 Schutzpotentialausgleichsleiter zwischen einem Körper (eines elektrischen Betriebsmittels) und einem Konstruktionsteil aus Metall

normal	zwischen zwei Körpern	Querschnitt des kleineren Schutzleiters
	zwischen Körper und fremden leitfähigen Teil	halber Querschnitt des Schutzleiters
mindestens	bei mechanischem Schutz	2,5 mm^2 Kupfer
	ohne mechanischen Schutz	4 mm^2 Kupfer

8-6 Querschnitte für den zusätzlichen Schutzpotentialausgleich

- Frisch- und Abwasser
- Heizung und Klima
- Gas

in einen zusätzlichen Potentialausgleich einbezogen werden. Diese Teile sind außerdem mit der Schutzleiterschiene im Stromkreisverteiler oder mit der Haupterdungsschiene über einen Schutzpotentialausgleichsleiter zu verbinden.

Der Potentialausgleich ist auch auszuführen, wenn in den Räumen keine elektrischen Einrichtungen vorhanden sind.

Kunststoffummantelte metallenen Rohre müssen nicht in den zusätzlichen Potentialausgleich einbezogen werden. Der zusätzliche Potentialausgleich kann innerhalb oder außerhalb der Räume mit Badewanne oder Dusche ausgeführt werden. Dies geschieht vorzugsweise in der Nähe der Einführung der fremden leitfähigen Teile in diese Räume.

Schutzleiter

Nach DIN VDE 0100-540 gibt es zwei Methoden, den Querschnitt des Schutzleiters festzulegen: entweder nach Tabelle (Bild 8-7) oder durch Berechnung. In der Praxis wird man den Mindestquerschnitt des Schutzleiters nach Tabelle auswählen. Der Tabelle ist zugrunde gelegt, dass der Schutzleiter aus dem gleichen Material wie der Außenleiter besteht, was bei der Elektroinstallation in Wohngebäuden üblich ist. Wird ein Schutzleiter gemeinsam für mehrere Stromkreise verwendet, ist sein Querschnitt entsprechend dem Querschnitt des größten Außenleiters zu bemessen.

Querschnitt der Außenleiter der Anlage	**Mindestquerschnitt des entsprechenden Schutzleiters** [1) 2) 3)]
bis 16 mm^2	wie Außenleiterquerschnitt, mind. 2,5 mm^2 mit mechanischem Schutz, 4 mm^2 ohne mechanischen Schutz
25 mm^2 bis 35 mm^2	16 mm^2
ab 50 mm^2	halber Außenleiterquerschnitt[4)]

[1)] gilt bei gleichem Material wie Außenleiter, ansonsten gleiche Leitfähigkeit
[2)] bei gemeinsamer Umhüllung mit den Außenleitern, gleicher Querschnitt wie Außenleiter
[3)] für PEN-Leiter ist die Reduzierung des Querschnittes nur in Übereinstimmung mit den Bemessungsregeln für Neutralleiter erlaubt; In TT-Systemen darf der der Schutzleiter-Querschnitt auf 25 mm^2 Kupfer bzw. 35 mm^2 Aluminium begrenzt werden
[4)] ergeben sich keine genormten Querschnitte, ist aufzurunden

8-7 Zuordnung der Schutzleiterquerschnitte zu den Außenleitern

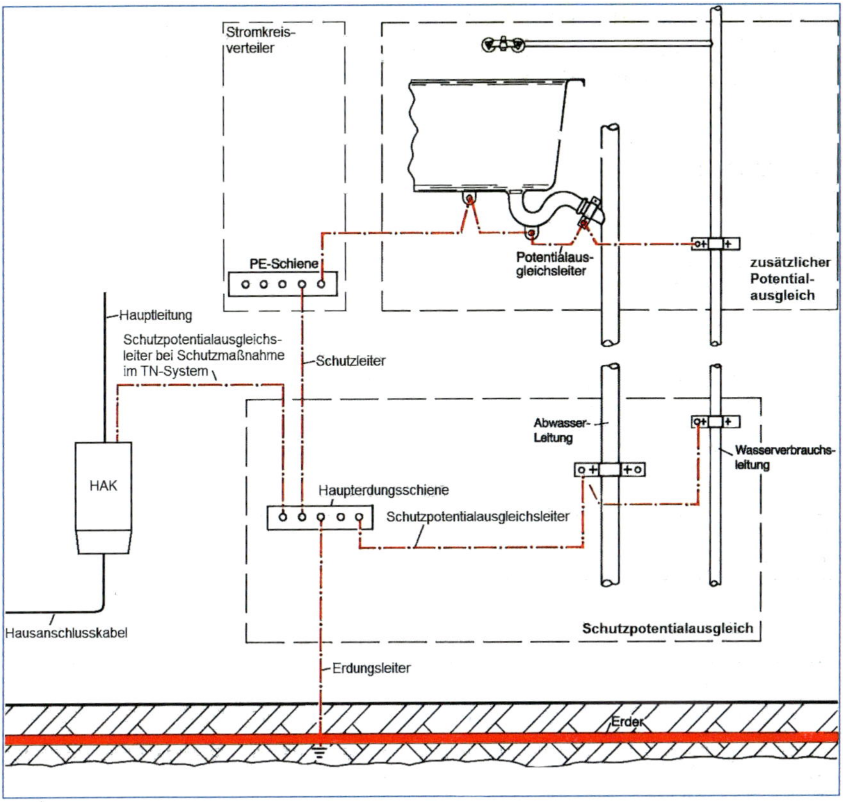

8-8 Erder, Erdungsleiter, Schutzleiter, Schutzpotentialausgleich und zusätzlicher Potentialausgleich

9 Hausanschluss/Netzanschluss

Allgemeines

Der Anschluss eines Gebäudes an das Niederspannungsnetz des Netzbetreibers erfolgt nach NAV über einen Netz- bzw. Hausanschluss.

Die Anschlussleitung ggf. einschließlich Hauseinführungsleitung und Hausanschlusskasten werden zusammenfassend als Netzanschluss bzw. Hausanschluss bezeichnet. Es gibt Freileitungs- und Erdkabelanschlüsse.

Bei der Ausführung des Erdkabelanschlusses gibt es verschiedene Bauweisen. Meist sitzt der Hausanschlusskasten innerhalb des zu versorgenden Gebäudes. Es gibt aber auch Lösungen, bei denen die Sicherungen in einem Kabelverteilerschrank bzw. einer Hausanschlusssäule oder Zähleranschlusssäule (Bild 9-2), außerhalb von Gebäuden untergebracht sind, manchmal sind auch die Sicherungen für mehrere Häuser in einem solchen Schrank untergebracht. Vor allem für nicht ständig zugängliche Häuser, wie Wochenendhäuser, Ferienhäuser, kann mit Zustimmung des NB der elektrische Hausanschluss in sog. Anschlusssäulen – z. B. aus glasfaserverstärktem Polyester – untergebracht werden. Diese sind dann so aufzustellen, dass die Zugänglichkeit durch Einfriedungen und dgl. nicht beeinträchtigt wird.

Der NB stellt nach internationaler Übereinkunft in DIN IEC 60038 an der Übergabestelle (z. B. Hausanschluss) eine Nennspannung von 230 V mit einer Toleranz von +10 % und –10 % zur Verfügung (Bild 9-1).

Da für Niederspannungsanlagen der Spannungsfall auf 4 % begrenzt ist, kann der Spannungsbereich in der Verbraucheranlage +10 % bis –14 % sein.

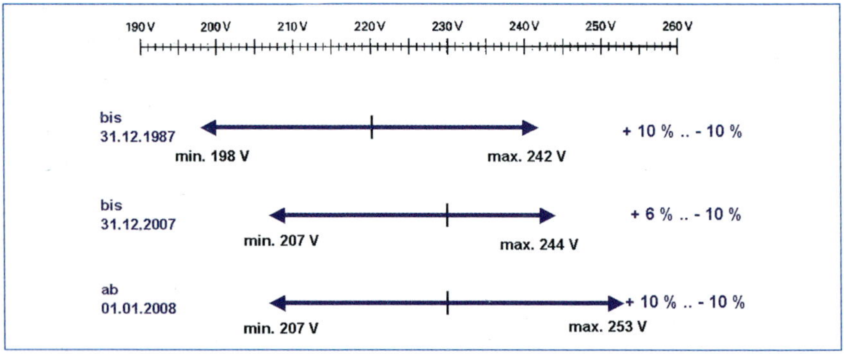

9-1 *Nennspannung nach DIN IEC 60038 mit den Toleranzbereichen und den Einführungszeiträumen*

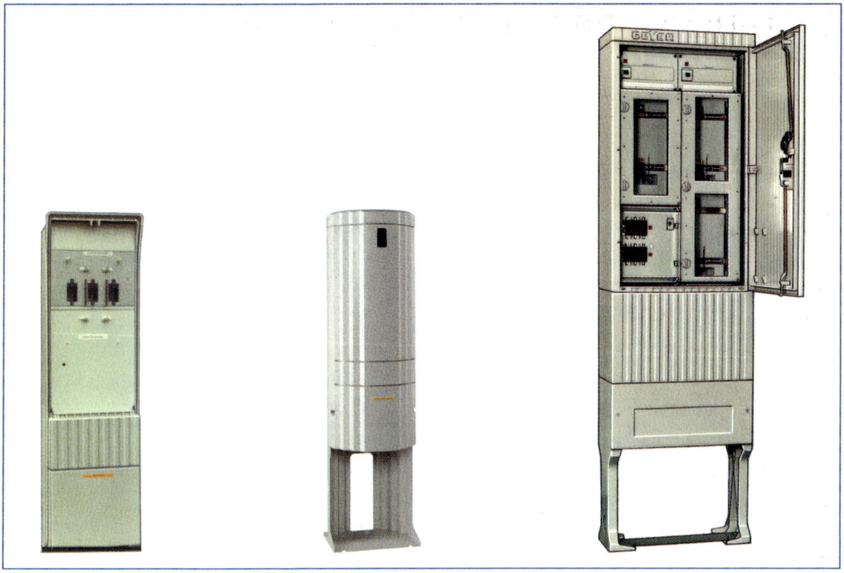

9-2 Hausanschlusssäulen und Zähleranschlusssäule

An den Abgangsklemmen dieser Hausanschlusssicherung endet im allgemeinen die Anlage des NB. Für alle hinter dieser Übergabestelle liegenden Anlagenteile – mit Ausnahme der Zähler – ist demnach zunächst der Planer und nach Aufnahme der Stromlieferung der Besitzer (Benutzer) bzw. dessen Elektroinstallateur verantwortlich. Nach der „Verordnung über Allgemeine Bedingungen für den Netzanschluss und dessen Nutzung für die Elektrizitätsversorgung in Niederspannung (Niederspannungsanschlussverordnung – NAV)" hat der Kunde die baulichen Voraussetzungen für die sichere Errichtung des Hausanschlusses zu schaffen.

Entsprechend DIN 18015-1 und den TAB soll jedes zu versorgende Gebäude bzw. Grundstück einen eigenen Hausanschluss haben. Dort wird aber auch vorgegeben, wie mehrere Gebäude z. B. Doppelhäuser, Reihenhäuser aus einem gemeinsamen Hausanschluss versorgt werden. Voraussetzung ist, dass der (gemeinsame) Hausanschlusskasten mit allen Zählerplätzen in einem für alle Gebäude gemeinsamen Hausanschlussraum errichtet wird. Dadurch werden die gleichen Voraussetzungen geschaffen wie in Eigentumswohnanlagen. Wichtig ist auch, dass die Verlegung der Leitungen durch fremdes Eigentum z. B. für die Hauptleitungen und das Zutrittsrecht untereinander und das Zutrittsrecht für den NB rechtlich abgesichert sind.

Werden mehrere Hausanschlüsse auf einem Grundstück errichtet, haben Planer und Errichter, aber auch der Betreiber der elektrischen Anlagen durch geeignete Maßnahmen (z. B. Abschottung in den Verteilungen, Kennzeichnung der Stromkreise) sicher zu stellen, dass eine eindeutige elektrische Trennung der angeschlossenen Anlagen gegeben ist.

Die Hausanschlusseinrichtungen sind gemäß DIN 18012 unterzubringen:

- in Hausanschlussräumen
- auf Hausanschlusswänden
- in Hausanschlussnischen

In Wohngebäuden ist die Hausanschlussnische vorgesehen für nicht unterkellerte Einfamilienhäuser. Die Hausanschlusswand ist vorgesehen für Gebäude mit bis zu 5 Nutzungseinheiten. In Gebäuden mit mehr als 5 Nutzungseinheiten ist ein Hausanschlussraum erforderlich, er kann aber auch schon in Gebäuden mit bis zu 5 Nutzungseinheiten sinngemäß angewendet werden.

Bei Nichtwohngebäuden kann entweder die Hausanschlussnische, die Hausanschlusswand oder der Hausanschlussraum vorgesehen werden. Individuelle, mit den Netzbetreibern bzw. Ver- und Entsorgungsunternehmen abgestimmte Ausführungen sind im Bedarfsfall möglich.

In der Hausanschlussnische, auf der Hausanschlusswand bzw. im Hausanschlussraum kann nicht nur der elektrische Hausanschlusskasten montiert werden, sondern auch alle Anschlusseinrichtungen für ein Gebäude. Diese können der Tabelle 9-3 entnommen werden.

Während die Unterbringung des Hausanschlusses bei Neubauten eingeplant werden kann, ergeben sich bei der Unterbringung in bestehenden Anlagen oft Schwierigkeiten nachträglich einen optimalen Raum zu finden.

Folgende Anforderungen sind in Bezug auf die Starkstromversorgung bei Hausanschlussnische, Hausanschlusswand und Hausanschlussraum relevant:

Art	**Anschlusseinrichtung**
Wasserversorgung	Hauptabsperreinrichtung
Entwässerung	letzte Reinigungsöffnung vor dem Anschlusskanal
Stromversorgung	Hausanschlusskasten
Telekommunikations-versorgung	Anschlusspunkte der allgemeinen Netze von Telekommunikationsanlagen
Gasversorgung	Hauptabsperreinrichtung
Fernwärmeversorgung	Übergabestelle

9-3 Anschlusseinrichtungen

- Sie sind so auszuführen, dass ggf. die Anschluss- und Betriebseinrichtungen aller Netzbetreiber bzw. Ver- und Entsorgungsträger in ihnen untergebracht und gewartet werden können.
- Bei der Festlegung der Lage innerhalb eines Gebäudes ist der Schallschutz nach DIN 4109 zu beachten.
- Sie sind so zu planen, dass vor der mit 30 cm Tiefe anzunehmenden Zone für die Anschluss- und Betriebseinrichtungen eine Bedienungs- und Arbeitsfläche mit einer Tiefe von mindesten 1,20 m vorhanden ist (Bild 9-4).

- Wände, an denen Anschluss- und Betriebseinrichtungen befestigt werden, müssen den zu erwartenden mechanischen Belastungen entsprechend ausgebildet sein und eine ebene Oberfläche aufweisen. Die Mindestwanddicke muss 60 mm betragen. Elektrische Hausanschlusskabel und der Hausanschlusskasten müssen auf einer nicht brennbaren Unterlage montiert sein.
- Sie müssen frostfrei gehalten werden. Die Raumtemperatur darf jedoch 30 °C, die des Trinkwassers 25 °C nicht überschreiten.
- Der Raum mit Hausanschlussnische oder Hausanschlusswand und der Hausanschlussraum müssen zur Vermeidung von Schwitzwasser lüftbar sein.
- Im Raum mit Hausanschlussnische oder Hausanschlusswand und dem Hausanschlussraum sind die Anschlussteile (Anschlussfahne oder Erdungsfestpunkt) des Fundamenterders nach DIN 18014 und die Haupterdungsschiene für den Schutzpotentialausgleich anzuordnen.
- Eine schaltbare, fest installierte Beleuchtung ist vorzusehen.
- Die Anforderungen des Brandschutzes entsprechend den Bauordnungen und den Leitungsanlagen-Richtlinien des jeweiligen Bundeslandes sind zu berücksichtigen.
- Bei unterirdischer Einführung der Anschlussleitungen durch die Keller-Außenwand sind die erforderlichen Tiefen unter Geländeoberfläche mit den jeweiligen Netzbetreibern bzw. Versorgungsunternehmen abzustimmen. Zur Kosteneinsparung sollten die Anschlussleitungen in Koordination aller Netzbetreiber bzw. Versorgungsunternehmen verlegt werden.

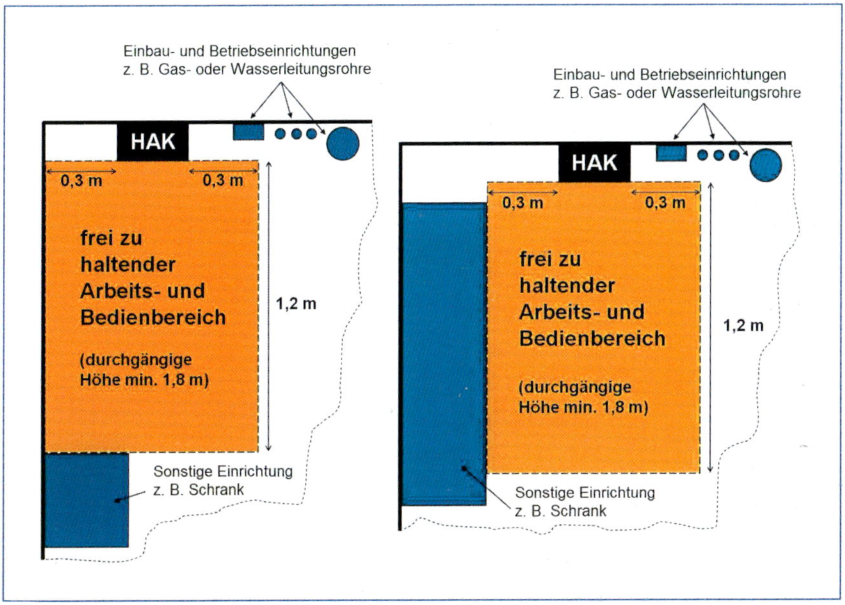

9-4 Arbeits- und Bedienbereich vor dem Hausanschlusskasten

Raumarten	zulässig	HA-Raum	HA-Wand	HA-Nische
Kellerraum	ja	✓	✓	-
Treppenraum, Flur, jedoch nicht über Treppenstufen	ja[1]	–	✓	✓
Zählerraum	ja	✓	✓	✓
Feuchter bzw. nasser Raum Spritzwasser ≥ IP X4	ja	–	✓	✓
Feuchter bzw. nasser Raum Strahlwasser	nein	–	–	–
Lagerraum für Heizöl bis max. 5000 l Gesamtinhalt	ja [2] [3] [4]	–	✓	✓
Lagerraum für Holzpellets	nein[4]	–	–	–
Raum mit Feuerstätten für flüssige und gasförmige Brennstoffe bis 100 kW Nennleistung	ja[4]	–	✓	✓
Raum mit Feuerstätten für feste Brennstoffe bis 50 kW Nennleistung	ja[4]	–	✓	✓
Raum mit Wärmepumpen bis 50 kW Antriebsleistung	ja[4]	–	✓	✓
Raum mit BHKW bis 35 kW Gesamtleistung	ja[4]	–	✓	✓
Raum mit Umgebungstemperatur > 30 °C (dauernd)	nein	–	–	–
Garage[2] bis 100 m^2 ≥ IP X4	ja[5] [6]	–	✓	✓
Garage über 100 m^2	nein[6]	–	–	–
Feuergefährdete Betriebsstätte	nein	–	–	–
Explosionsgefährdeter Bereich	nein	–	–	–
Aufzugsraum	nein	–	–	–

[1] jedoch Leitungsanlagen-Richtlinie (LAR) des jeweiligen Bundeslandes beachten
[2] auch möglich, wenn Heizkessel und Heizöltank in einem Raum
[3] Hausanschlusskasten und -kabel müssen den Mindestabstand von 0,3 m zu GfK-Tanks bzw. Außenkante der Auffangwanne einhalten
[4] Feuerungsverordnung (FeuV) des jeweiligen Bundeslandes beachten
[5] mechanischer Schutz (Rammschutz) notwendig
[6] gilt auch für Tiefgaragen

9-5 Beispiele für den Einbau von Hausanschlüssen

Tabelle 9-5 gibt die Einbaumöglichkeiten in verschiedenen Raumarten an. Dabei ist zu berücksichtigen, dass bei Räumen, die nicht der üblichen Unterbringung entsprechen (Hausanschlussraum, Zählerraum, Kellerraum, Treppenraum u. ä.) die oben genannten Bedingungen oft nur schwer einzuhalten sind. Hier empfiehlt sich Rücksprache mit dem NB.

Bei Erdkabelanschlüssen wird die Führung des Kabels bis zum Hausanschlusskasten vom NB festgelegt. Wünsche des Bauherrn werden dabei nach Möglichkeit berücksichtigt. Damit soll sichergestellt werden, dass der Hausanschluss nicht in einem Raum untergebracht wird, den der Bauherr zu späterer Zeit anderweitig nutzen will.

Hausanschlussraum

Zusätzliche Anforderungen an Hausanschlussräume:

- Sie müssen über allgemein zugängliche Räume, z. B. Treppen, Kellergang oder direkt von außen erreichbar sein.
- Sie dürfen nicht als Durchgang zu weiteren Räumen dienen.
- Der Hausanschlussraum muss an der Gebäudeaußenwand liegen, durch die die Anschlussleitungen geführt werden. Von dieser Bestimmung darf abgewichen werden, wenn zwingende bauliche Gründe dagegen stehen und alle betroffenen Ver- und Entsorgungsunternehmen dem zustimmen.
- Zur Einführung der Leitungen in das Gebäude sind in der Gebäudeaußenwand die erforderlichen Schutzrohre vorzusehen. Art und Größe der Schutzrohre sind von dem jeweiligen Netzbetreiber bzw. Ver- und Entsorgungsunternehmen festgelegt. Mehrsparten-Hauseinführungen sind zulässig.
- Die Anordnung der Anschluss- und Betriebseinrichtungen für die Strom- und Telekommunikationsversorgung einerseits und für Wasser-, Gas- und Fernwärmeversorgung andererseits kann bei kreuzungsfreier Verlegung und entsprechender Länge der Wand auch gemeinsam auf einer Wand erfolgen.
- Der Hausanschlussraum ist mit einer schaltbaren, fest installierten Beleuchtung und mit einer Schutzkontaktsteckdose zu versehen.

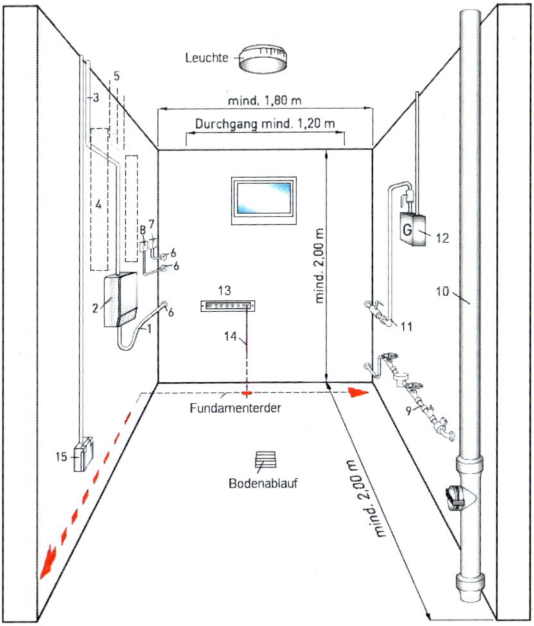

1 Hauseinführungsleitung für Strom
2 Starkstrom-Hausanschlusskasten mit Hausanschlusssicherungen
3 Starkstrom-Hauptleitung
4 ggf. Zählerplätze
5 Verbindungsleitungen zum Stromkreisverteiler
6 Hauseinführung
7 APL – Abschlusspunkt für Telekommunikation
8 HÜP – Hausübergabepunkt für Breitbandkommunikation
9 Anschlussleitung für Trinkwasserversorgung mit Wasserzähler
10 Entwässerung
11 Anschlussleitung für Gasversorgung mit Hauptabsperreinrichtung zum Gasrohr
12 Gaszähler
13 Haupterdungsschiene (Potentialausgleichsschiene)
14 Erdungsleiter
15 Schutzkontaktsteckdose

9-6 Hausanschlussraum

- Eine Tür des Hausanschlussraumes muss so groß sein, dass die Anschluss- und Betriebseinrichtungen eingebracht werden können.
- Jeder Hausanschlussraum ist an seinem Zugang mit der Bezeichnung „Hausanschlussraum“ zu kennzeichnen.
- Die freie Durchgangshöhe unter Leitungen und Kanälen darf im Hausanschlussraum nicht kleiner als 1,8 m sein.

In Gebäuden mit mehr als 5 Nutzungseinheiten ist ein gesonderter Hausanschlussraum erforderlich. Die Abmessungen eines Hausanschlussraumes (Bild 9-6) ist abhängig von der Anzahl der vorgesehenen Anschlüsse, der Anzahl der zu versorgenden Nutzungseinheiten und nach der Art und Größe der Betriebseinrichtungen, die in dem Hausanschlussraum untergebracht werden sollen.

Außerdem muss ein sicheres Arbeiten an Anschlusseinrichtungen und ihr Bedienen möglich sein. Deshalb sind in DIN 18012 folgende Mindestmaße für einen Hausanschlussraum festgelegt:

- Länge: 2,00 m
- Höhe: 2,00 m

Die Mindestbreite muss

- 1,50 m bei Belegung nur einer Wand und
- 1,80 m bei Belegung gegenüberliegender Wände betragen.

Die Abmessungen für den Hausanschlussraum bei zusätzlicher Installation von Hauptverteilern und Zählerschränken sind mit dem jeweils zuständigen NB abzustimmen.

Soll der Verwendungszweck des Raumes, in dem der Hausanschlusskasten untergebracht ist, geändert werden, so ist hierfür die vorherige Zustimmung des zuständigen NB einzuholen.

Hausanschlusswand

Zusätzlich zu den allgemeinen Bedingungen gilt für Hausanschlusswände:

- Der Raum mit Hausanschlusswand muss über allgemein zugängliche Räume, z. B. Treppenraum, Kellergang, oder direkt von außen erreichbar sein.
- Die Hausanschlusswand muss in Verbindung mit einer Außenwand stehen, durch die die Anschlussleitungen geführt werden. Von dieser Bestimmung darf abgewichen werden, wenn zwingende bauliche Gründe dagegen stehen und alle betroffenen Netzbetreibern bzw. Ver- und Entsorgungsunternehmen dem zustimmen.
- Zur Einführung der Leitungen in das Gebäude sind in der Gebäudeaußenwand die erforderlichen Schutzrohre vorzusehen. Art und Größe der Schutzrohre sind von dem jeweiligen Netzbetreiber bzw. Ver- und Entsorgungsunternehmen festgelegt. Mehrsparten-Hauseinführungen sind zulässig.
- Eine kreuzungsfreie Verlegung der Hausanschlussleitungen nach der Hauseinführung ist zu gewährleisten.

- Räume mit einer Hausanschlusswand müssen mindestens 2,0 m hoch sein.
- Die freie Durchgangshöhe unter Leitungen und Kanälen darf im Bereich der Hausanschlusswand nicht kleiner als 1,80 m sein.
- Die Länge der Hausanschlusswand richtet sich nach der Anzahl der vorgesehenen Anschlüsse, der Anzahl der zu versorgenden Kundenanlagen und nach Art und Größe der Betriebseinrichtungen, die an der Hausanschlusswand untergebracht werden sollen. Der Mindestplatzbedarf für die Anschluss- und Betriebseinrichtungen ist mit den örtlichen Netzbetreibern bzw. Versorgungsträgern abzustimmen.

Die mögliche Anordnung ist in den Bildern 9-7 und 9-8 dargestellt.

Hausanschlussnische

Zusätzlich zu den zuvor genannten allgemeinen Bedingungen gilt für Hausanschlussnischen:

- Die Hausanschlussnische sollte nicht mehr als 3,0 m von einer Außenwand entfernt sein.
- Zur Einführung und zum Auswechseln der Anschlussleitungen sind die erforderlichen Schutzrohre vorzusehen. Art und Größe der Schutzrohre sind von dem jeweiligen Netzbetreiber bzw. Ver- und Entsorgungsunternehmen festgelegt. Die Schutzrohre werden vom Anschlussnehmer oder dessen Beauftragten eingebracht. Spezielle Mehrsparten-Hauseinführungen haben sich bewährt (Bilder 9-7, 9-8, 9-11). Die Abdichtung des Kabels zum Rohr wird vom NB vorgenommen.
- Das Hausanschlusskabel ist innerhalb der Hausanschlussnische gegen mechanische Beschädigung zu schützen.
- Die Größe der Hausanschlussnische wird bestimmt durch das Rohbau-Richtmaß der Öffnung einer gängigen Wohnungstür mit einer Breite von 875 mm (bei Fernwärme 1000 mm) und einer Höhe von 2000 mm. Das Richtmaß der Tiefe muss mindestens 250 mm betragen.
- Für die Weiterführung der Leitungen aus der Hausanschlussnische sind entsprechende Maßnahmen zu treffen (z. B. Schlitze, Leerrohre, Kabelkanäle), wobei besonders auf die statischen Elemente (z. B. Stürze, Unterzüge) zu achten ist.
- Die Anschluss- und Betriebseinrichtungen für Strom, Gas, Wasser und Telekommunikation sind in der Hausanschlussnische unter Berücksichtigung der Funktionsflächen anzuordnen (Bild 9-9 und 9-10).
- Die erforderlichen Schutzrohre sind so zu verlegen, dass die Hausanschlussleitungen senkrecht in die Nische eingeführt werden können. Die räumliche Anordnung der Schutzrohre ist mit dem jeweiligen Netzbetreiber bzw. Versorgungsunternehmen abzustimmen. Mehrsparten-Hauseinführungen sind zulässig.
- Kaltwasserleitungen müssen aus Gründen der Schwitzwasserbildung wärmegedämmt werden.

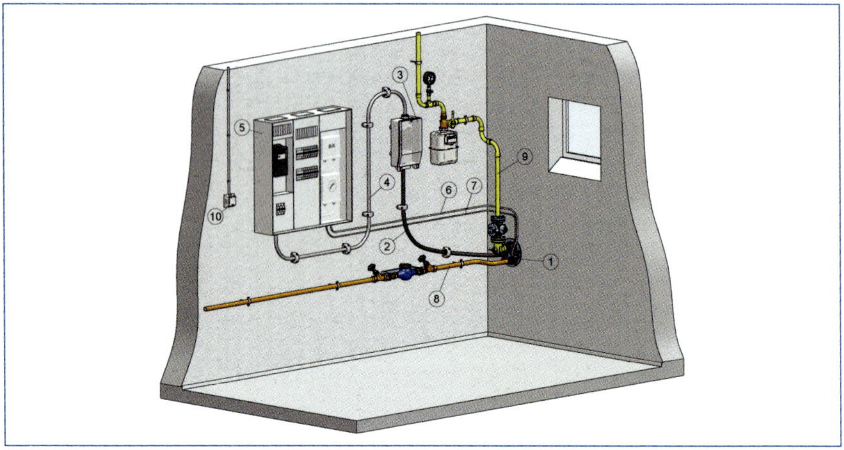

9-7 *Hausanschlusswand – Ausführungsbeispiel für ein Einfamilienhaus mit den Sparten Gas, Kommunikation, Strom, Trinkwasser*

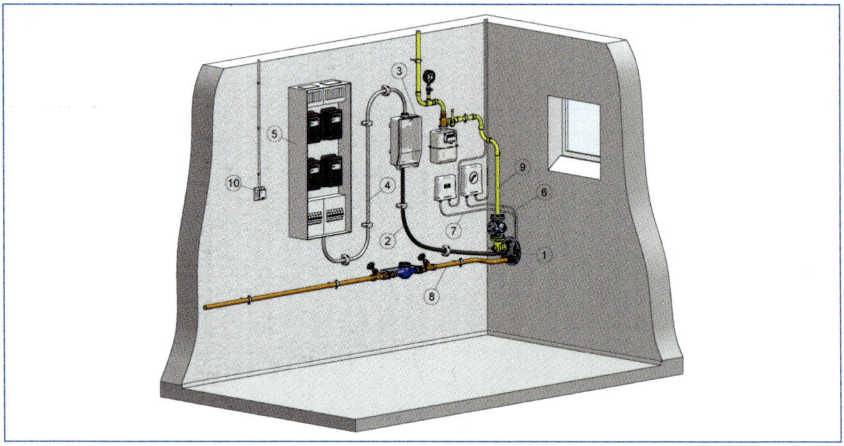

9-8 *Hausanschlusswand – Ausführungsbeispiel für ein Mehrfamilienhaus mit den Sparten Gas, Kommunikation, Strom, Trinkwasser*

Legende zu Bild 9-7 und 9-8

① Hauseinführung für Gas, Kommunikation, Strom, Wasser (Mehrspartenhauseinführung)
② Hauseinführungsleitung für Strom
③ Starkstrom-Hausanschlusskante mit Hausanschlusssicherungen
④ Starkstrom-Hauptleitung
⑤ Zählerplätze
⑥ Hauseinführungsleitung für Telekommunikation
⑦ Hauseinführungsletung für Breitbandkommunikation
⑧ Anschlussleitung für Trinkwasserversorgung mit Wasserzähler
⑨ Anschlussleitung für Gasversorgung mit Gaszähler
⑩ Schutzkontaktsteckdose

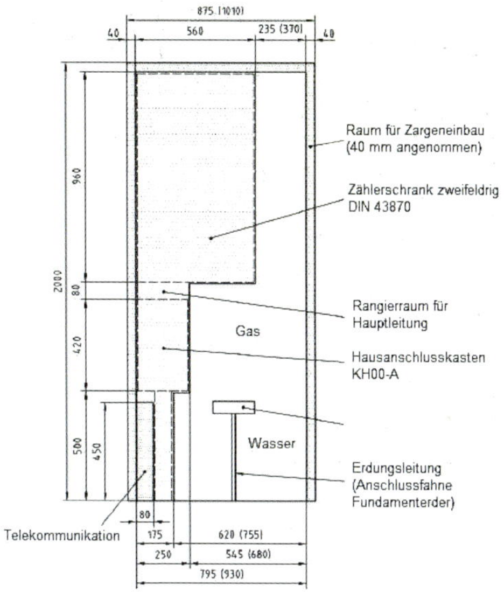

9-9 Hausanschlussnische – Funktionsflächen

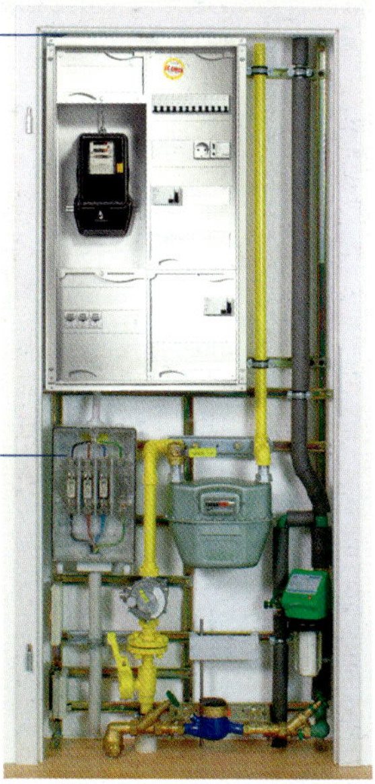

9-10 Hausanschlussnische – Ausführungsbeispiel

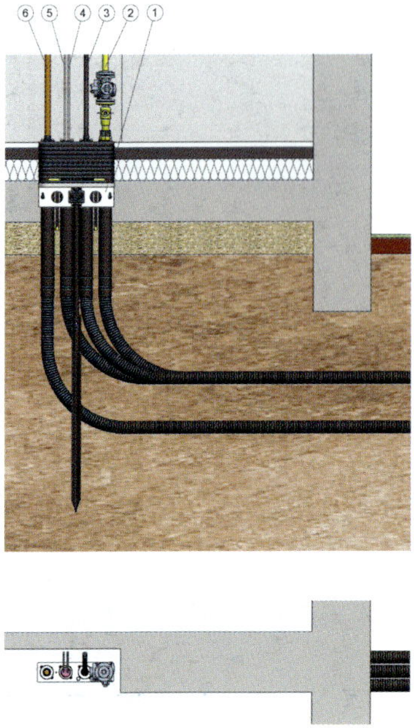

1 Mehrspartenhauseinführung
2 Anschlussleitung für Gasversorgung
3 Starkstrom-Hausanschlusskabel
4 Anschlussleitung Telefon
5 Anschlusskabel Breitband-kommunikation
6 Anschlussleitung Wasserversorgung

9-11 Hausanschlussnische – Ausführungsbeispiel für die Anordnung der Schutzrohre (unterhalb der Bodenplatte)

Hausanschlusskasten

Anbringungsort und Anzahl der Hausanschlusskästen werden im Einvernehmen mit dem Bauherrn vom NB festgelegt. Hausanschlusskabel und Hausanschlusskästen werden vom NB oder einem von diesem beauftragten Unternehmen verlegt bzw. angebracht.

Hausanschlusskästen und Hauptverteiler werden frei zugänglich und sicher bedienbar angeordnet, eine Kombination ist in Abstimmung mit dem NB möglich.

In der Regel werden folgende Maße bei der Anbringung des Hausanschlusskastens zu Grunde gelegt (Bild 9-12):

- Höhe Oberkante Hausanschlusskasten über Fußboden ≤ 1,5 m
  (In begründeten Ausnahmen ist in Absprache mit dem Netzbetreiber eine Höhe von ≤ 1,8 m zulässig)
- Höhe Unterkante Hausanschlusskasten über Fußboden ≥ 0,3 m
- Abstand des Hausanschlusskastens zu seitlichen Wänden ≥ 0,3 m
- Tiefe der freien Arbeits- und Bedienfläche vor dem Hausanschlusskasten: ≥ 1,2 m

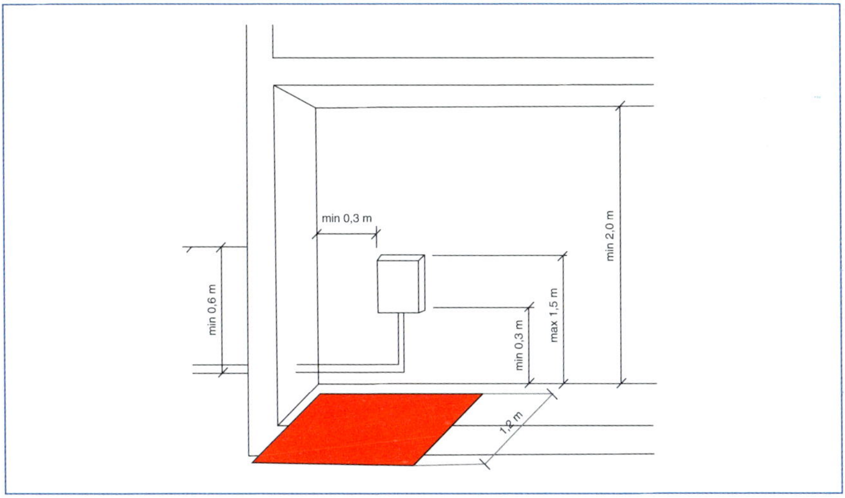

9-12 Anordnung Hausanschlusskasten

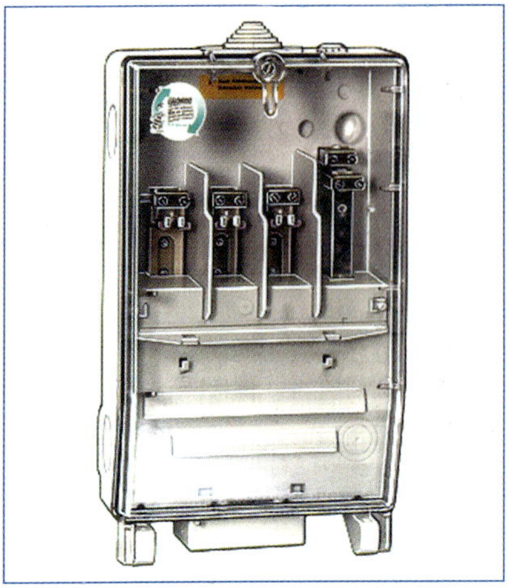

9-13 *Hausanschlusskasten für NH-Sicherungen*

9-14 *Hausanschlusskasten für NH-Sicherungen in Unterputzausführung*

Im Hausanschlusskasten, der im Allgemeinen nach DIN 43627, Blatt 2 eine Mindestgröße von 3 x 100 A aufweist (Bild 9-13 und 9-14), befinden sich die Hausanschlusssicherungen. Die Größe der Sicherungen richtet sich nach dem Leistungsbedarf des Gebäudes und ist im Netzanschlussvertrag mit dem NB festgelegt.

Hausanschlussleitung

Um die Leitungen einbringen zu können, sind in der Gebäudeaußenwand die notwendigen Schutzrohre vorzusehen, wobei Größe und Art der Schutzrohre von den Netzbetreibern bzw. Ver- und Entsorgungsunternehmen festgelegt werden.

Bei unterirdischer Einführung der elektrischen Anschlussleitungen durch eine Keller-Außenwand ist eine Mindesttiefe unter Geländeoberfläche von 0,6 m einzuhalten, geringere Tiefen sind mit dem NB abzustimmen.

In den letzten Jahren haben sich Mehrsparteneinführungen (Bild 9-15) bewährt, d.h. in eine Einführung werden auch andere Anschlussleitungen (z.B. für Gas, Wasser, Telekommunikation) durch die Außenwand geführt. Bei der Mehrsparteneinführung richtet sich die Tiefe nach der Sparte mit der größten Tiefe.

Die Stelle des für die Starkstromversorgung notwendigen Mauerdurchbruchs wird vom NB in Abstimmung mit dem Bauherrn oder Architekten gekennzeichnet und sollte im Bereich normaler Erdfeuchtigkeit liegen. Wegen der bei der Verlegung der Leitungen bzw. Kabel einzuhaltenden Biegeradien ist die Einführungsstelle in einer Raumecke vorzunehmen, der Mauerdurchbruch vom Architekten oder Bauherrn zu veranlassen.

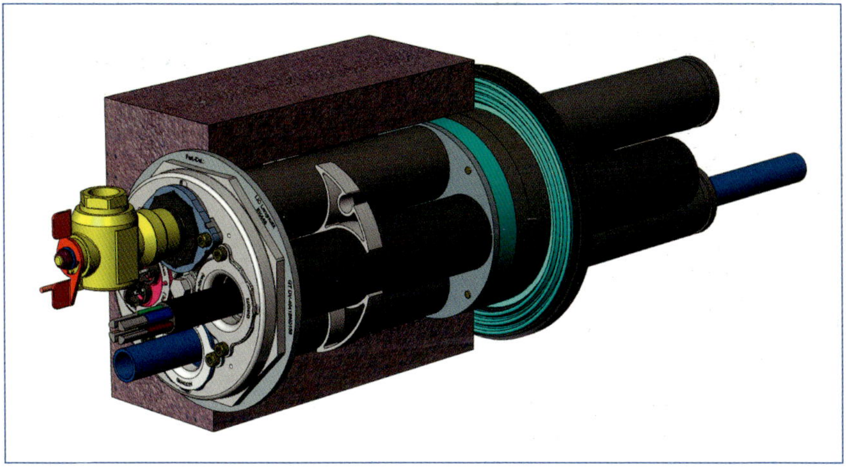

9-15 Mehrsparten-Hauseinführung

In den Mauerdurchbruch muss bauseitig ein vom NB zu beziehendes Schutzrohr wasserdicht eingesetzt werden. Für den wasserdichten Abschluss des Kabels im Schutzrohr sorgt der NB. Ist eine druckwasser- oder gasdichte Kabeleinführung notwendig, muss der Bauherr oder der Architekt nach Abstimmung mit dem VNB alle dafür erforderlichen Maßnahmen veranlassen. Viele NB bieten inzwischen diese Arbeiten als Dienstleistung an.

10 Hauptstromversorgung

Aufbau der Hauptstromversorgungssysteme

Zum Hauptstromversorgungssystem gehören:

- Hauptverteiler (falls vorhanden)
- Hauptleitung
- Hauptleitungsabzweige
- Unterverteiler (falls vorhanden)
- Zählerplatz (unterer Anschlussraum, z. B. mit Sammelschienensystem)

Als Hauptleitungen bezeichnet man die Leitungen von der Übergabestelle des NB, also dem Hausanschlusskasten, zu den Zählern. Die elektrische Energie in diesen Leitungen ist ungemessen bzw. ungezählt, deshalb sind die zugehörigen Teile des Hauptstromversorgungssystems auch unter Plombenverschluss.

Auch wenn bundesweit unterschiedliche Hauptstromversorgungssysteme Anwendung finden, haben diese eines gemeinsam: Wegen der Versorgungssicherheit sind Hauptstromversorgungssysteme als Strahlennetz aufgebaut. Kupplungsmöglichkeiten für den Notbetrieb können vorgesehen werden. Bild 10-1 zeigt ein solches Hauptstromversorgungssystem mit zwei Hauptleitungen und mehreren Hauptleitungsabzweigen in einem Hochhaus, wobei ganz oben liegend eine Kupplungsmöglichkeit für den Notbetrieb eingebaut ist.

Entsprechend dem Musterwortlaut der TAB und nach DIN 18015-1 sind Hauptstromversorgungssysteme und Hauptleitungen in allgemein zugänglichen Räumen, z. B. in Treppenräumen oder in Kellerfluren, anzuordnen. Sicherheitstreppenräume dürfen jedoch nicht benutzt werden. Hauptleitungen sind in Schächten, Rohren, Kanälen auch unter Putz, jedoch nicht in Beton zu verlegen. Lediglich im Kellergeschoss können die Leitungen auf Putz verlegt werden.

Ein Übersichtsschaltplan des Hauptstromversorgungssystems in einpoliger Darstellung ist beim Hauptverteiler bzw. Hausanschlusskasten auszuhängen, damit man sich im Störungs- bzw. Notfall einen schnellen Überblick über das Hauptstromversorgungssystem verschaffen kann.

Nach TAB und DIN 18015-1 sind Hauptleitungen als Drehstromleitungen zu installieren, da nur so eine gesicherte Versorgung gewährleistet ist. Dies gilt auch, wenn anfangs noch keine Drehstromzähler gesetzt werden. Erst durch die Verlegung von Drehstromleitungen ist zu gegebener Zeit ein problemloses Auswechseln des Wechselstromzählers gegen einen Drehstromzähler ohne weitere Installationsmaßnahmen möglich.

Auch bei mehreren Hauptleitungen in einem Haus müssen diese immer einzeln abgesichert werden. Die Forderung nach einer Drehstromleitung bedeutet je nach

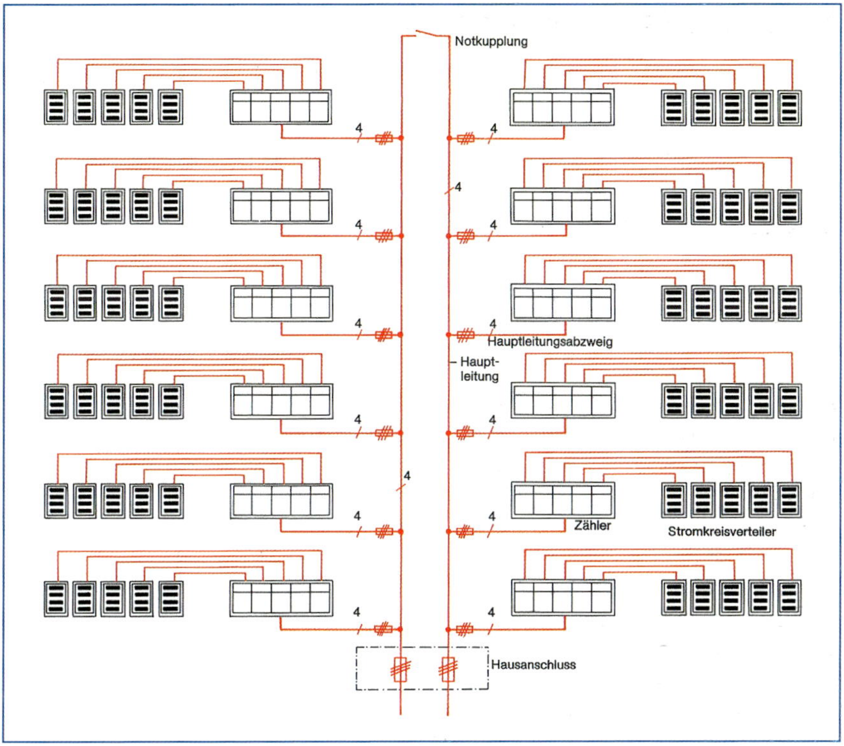

10-1 Aufbau einer Hauptstromversorgung in einem großen Mehrfamilienhaus mit Zählerschrankgruppen

Netzsystem und anzuwendender Schutzmaßnahme eine vier- oder fünfadrige Leitung.

Wegen des einwandfreien Betriebs moderner Kommunikationsanlagen (Telefon, Telefax, ISDN) ist nach DIN 18015-1 und TAB auch bei TN-Systemen empfohlen, für den Schutzleiter (PE) und den Neutralleiter (N) getrennte Leiter zu verwenden, d. h. ein TN-S-System auszuführen. Damit wird erreicht, dass ein Potentialausgleich zur Verfügung steht, der nicht von Betriebsströmen beeinflusst ist.

Hausanschlüsse werden heute überwiegend als Erdkabelanschlüsse erstellt. Bei Freileitungsanschlüssen sind nach DIN 18015 und den TAB die Zählerplätze und die Hauptleitung so zu errichten, dass die Anlage im Bedarfsfall problemlos auch über einen Kabelanschluss versorgt werden kann. Damit soll erreicht werden, dass später Wände und Decken nicht aufgeschlitzt und durchbrochen werden müssen. Diese Anforderung sollte auch bei der Erneuerung von Hauptleitungen in Altbauten mit Freileitungsanschluss berücksichtigt werden.

Werden Hauptleitungen in Rohren oder Kanälen verlegt oder befinden sich mehrere Hauptleitungen in einem Schlitz, müssen ggf. Reduktionsfaktoren wegen der Erwärmung der Leitungen berücksichtigt werden.

Ebenso wie die Hauptleitungen sind auch die Hauptleitungsabzweige – das sind die Leitungen abzweigend von der Hauptleitung – bis zu den Messeinrichtungen als Drehstromleitung auszuführen.

Besondere Forderungen bestehen bezüglich der Hauptleitungsabzweigklemmen und Hauptleitungsabzweigkästen. Hauptleitungsabzweigklemmen müssen DIN VDE 0603 und Hauptleitungsabzweigkästen DIN VDE 0606 entsprechen.

Hauptleitungsabzweige können zwar geschnitten ausgeführt werden, aus Gründen der Sicherheit ist dem ungeschnittenen Abzweig der Vorzug zu geben.

Hat die Abzweigleitung einen kleineren Querschnitt als die Hauptleitung, muss der verjüngte Querschnitt durch zusätzliche Überstrom-Schutzeinrichtungen geschützt werden. Wegen der hohen Kurzschlussleistungen und um die Schäden bei Kurzschlüssen gering zu halten, empfiehlt sich, die Überstrom-Schutzeinrichtungen für die Hauptleitungsabzweige in getrennten Gehäusen mit gesonderten Abdeckungen unterzubringen. So ist auch das Freischalten der dahinter liegenden Zählerplätze problemlos. Die Überstrom-Schutzeinrichtungen sind so nahe wie möglich an der Abzweigstelle anzuordnen.

Für Großbauten bieten sich ggf. statt der Hauptleitungen Schienensysteme an. Technische und wirtschaftliche Gesichtspunkte sprechen hier ggf. für das Schienensystem.

Bei Stromschienensystemen oder Hauptleitungen ist auf die Einhaltung von Maßnahmen gegen Brände und Brandfolgen gemäß DIN VDE 0100-520 zu achten, wenn brandabschnittsbegrenzende Bauteile durchstoßen werden.

Dimensionierung von Hauptstromversorgungssystemen

Folgende Kriterien sind bei der Dimensionierung der Hauptstromversorgungssysteme zu berücksichtigen:

- Leistungsbedarf
- Erwärmung
- Spannungsfall
- Selektivität
- Kurzschlussfestigkeit

Der Anschlusswert für eine Wohnung wurde bereits ermittelt. Aber nicht nur bei den Verbrauchsgeräten in einer Wohnung ist ein Gleichzeitigkeitsfaktor anzusetzen, sondern auch für den Leistungsbedarf mehrerer Wohnungen in einem Haus. Entsprechend DIN 18015-1 ist die Hauptleitung mindestens belastbar mit 63 A zu bemessen, der Leiterquerschnitt muss mindestens 10 mm^2 Cu betragen.

Die Leiterquerschnitte sind aus einem Diagramm (Bild 10-2) zu entnehmen. In den Tabellen 10-3 und 10-4 sind diese Querschnitte aufgelistet.

Spannungsfall im Hauptstromversorgungssystem

Unter Zugrundelegung der Bemessungsstromstärke der vorgeschalteten Sicherung darf entsprechend der „Verordnung über Allgemeine Bedingungen für den Netzanschluss und dessen Nutzung für die Elektrizitätsversorgung in Nieder-

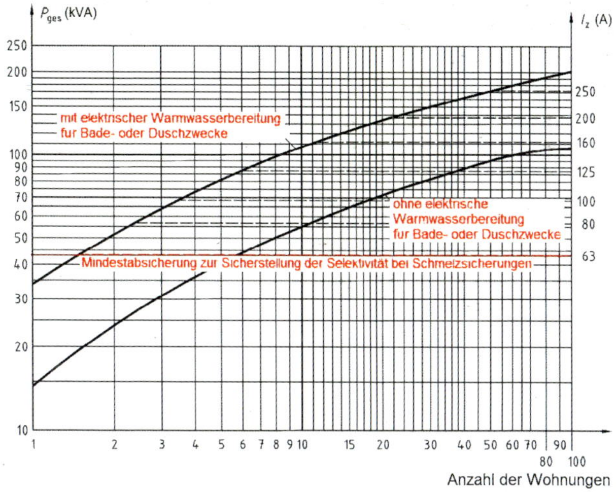

I_z mindestens erforderliche Strombelastbarkeit
P_{ges} Leistung, die sich aus der erforderlichen Strombelastbarkeit und der Nennspannung ergibt
--- gegeignete Bemessungsströme von zugeordneten Überstrom-Schutzeinrichtungen

10-2 Bemessungsgrundlage für Hauptleitungen in Wohngebäuden ohne Elektroheizung

Anzahl der Wohnungen	Zulässige Belastbarkeit des Kabels bzw. der Leitung (A)
1	63
2	80
3	100
4 – 6	125
7 – 11	160
12 – 22	200

10-3 Hauptleitungen für Anlagen ohne Elektroheizung mit elektrischer Warmwasserbereitung für Bade- oder Duschzwecke (Kurve 1, DIN 18015-1)

Anzahl der Wohnungen	Zulässige Belastbarkeit des Kabels bzw. der Leitung (A)
1 – 5	63
6 – 10	80
11 – 17	100
18 – 37	125
38 – 100	160

10-4 Hauptleitungen für Anlagen ohne Elektroheizung und ohne elektrische Warmwasserbereitung für Bade- oder Duschzwecke (Kurve 2, DIN 18015-1) spannung (Niederspannungsanschlussverordnung – NAV)“ der Spannungsfall in den Leitungen zwischen dem Hauptanschluss und dem Zähler nicht mehr als 0,5 % betragen. Bei Großbauten mit einem Leistungsbedarf über 100 kVA gelten nach TAB die Werte der Tabelle 10-5, da wegen der großen Leitungslängen niedrigere Werte bei wirtschaftlich vertretbarem Aufwand nicht eingehalten werden können.

Leistungsbedarf	**zulässiger Spannungsfall in %**
bis 100 kVA	0,50
über 100 bis 250 kVA	1,00
über 250 bis 400 kVA	1,25
über 400 kVA	1,50

10-5 Spannungsfall im Hauptstromversorgungssystem

Zuordnung von Überstrom-Schutzeinrichtungen zu Leiterquerschnitten bei Hauptleitungen

In DIN 18015-1 ist eine Mindestbelastbarkeit von Hauptleitungen festgelegt. Die zugehörigen Leitungsquerschnitte müssen nun gemäß DIN VDE ausgewählt werden. Daneben sind aber auch weitere Bedingungen, wie Verlegeart, Umgebungstemperatur, Leitermaterial sowie die Leitungsart, d. h. die Isolierung, zu berücksichtigen. Die Auswahl des Leitungsquerschnittes erfolgt nach den Kriterien, die im Kapitel 5 „Installationsgeräte und -material, Leitungsmaterial“ beschrieben sind.

Kurzschlussfestigkeit

Hauptstromversorgungssysteme von der Übergabestelle des NB bis einschließlich zur letzten Überstrom-Schutzeinrichtung vor der Messeinrichtung müssen gemäß den TAB eine Kurzschlussfestigkeit von 25 kA aufweisen. Das bedeutet, dass die Selektiven Haupt-Leitungsschutzschalter bzw. andere sog. Zählervorsicherungen für 25 kA auszulegen sind. Die Betriebsmittel zwischen der letzten Überstrom-Schutzeinrichtung vor der Zähl- und Messeinrichtung und dem Stromkreisverteiler sind für 10 kA auszulegen.

11 Zähleranlage

Da Elektrizitätszähler Messgeräte im Sinne des Eichgesetzes sind, ist eine Beeinträchtigung der Messfunktion zu vermeiden. Daher müssen Messeinrichtungen und Steuergeräte (Rundsteuer-Empfänger, Schaltuhren u. ä.) gegen Feuchtigkeit, Verschmutzung, Erschütterung und mechanische Beschädigung geschützt sein. Schädliche Einflüsse auf ihre Funktion z. B. durch zu hohe Umgebungstemperaturen, müssen vermieden werden. Nach den TAB werden Zähl- und Messeinrichtungen in Zählerschränken nach DIN 43870 und DIN VDE 0603-1 (Bild 11-1) untergebracht. Der Planer oder Errichter berücksichtigt bei der Auswahl der Zählerschränke bezüglich der Schutzart die jeweils vorliegenden Umgebungsbedingungen.

Entsprechend DIN 18015-1 und dem Musterwortlaut der TAB sind leicht zugängliche Räume bzw. Stellen zu wählen. Geeignete Räume sind z. B. besondere Zähler-, Hausanschluss- und Treppenräume.

Damit die Möglichkeit für das Nachrüsten einer Steuer- bzw. Datenübertragungseinrichtung gegeben ist, soll der Platz dafür im Zählerschrank vorgesehen werden. Es reicht aber auch aus, wenn neben dem Zählerschrank ein entsprechender freier Platz vorgesehen wird. In Mehrfamilienhäusern ist der Platz beim Zählerplatz für die Gemeinschaftsanlage zu schaffen. Es sollte aber bedacht werden, dass eine spätere Nachrüstung Probleme bereiten kann, deshalb wird von vielen NB eine sofortige Ausrüstung empfohlen.

In Ein- und Zweifamilienhäusern bieten sich vor allem Hausanschlussnische und Hausanschlusswand an. Hier ist besonders darauf zu achten, dass durch Entleerventile keine Beeinträchtigung der Zählerplätze besteht.

Bezüglich der Unterbringung von Zählerschränken in Treppenräumen ist die Bauordnung und ggf. die Leitungsanlagenrichtlinie (LAR) des jeweiligen Bundeslandes zu beachten. Zählerschränke mit metallener Zählerplatzumhüllung und Metalltüren können üblicherweise in Treppenräumen von Wohngebäuden mit bis zu fünf

11-1 Zählerschrank mit selektiven Haupt-Leitungsschutzschaltern

Vollgeschossen auf oder unter Putz oder teilversenkt angeordnet werden. Bei der Unterputzmontage und teilversenktem Einbau sind Nischen entsprechend DIN 18013 vorzusehen.

Zählerplätze mit Kunststoffzählerplatzumhüllung und Metalltüren sollten in Treppenräumen von Wohngebäuden mit bis zu fünf Vollgeschossen nur unter Putz in Nischen nach DIN 18013 angebracht werden.

Werden Zählerplätze in Treppenräumen angebracht, dürfen sie aber in keinem Fall über Treppenstufen installiert werden.

Der Abstand vom Fußboden bis zur Mitte der Zähl- und Messeinrichtung sowie der Steuereinrichtung darf nicht weniger als 0,80 m und nicht mehr als 1,80 m betragen. Die Bedienungs- und Arbeitsfläche vor dem Zählerplatz muss mindestens 1,20 m betragen, wobei eine durchgängige Höhe von mindestens 1,80 m freigehalten werden muss.
Im Musterwortlaut der TAB sind Räume und Stellen angeführt, wo Messeinrichtungen und Steuergeräte nicht anzubringen sind:

- in Wohnungen von Mehrfamilienhäusern
- über Treppenstufen
- in Wohnräumen, Küchen, Toiletten, Bade- und Waschräumen
- in Speichern
- in feuchten Räumen, Garagen, Öllagern
- an Stellen mit erhöhter Umgebungstemperatur (über 30 °C)
- feuer- oder explosionsgefährdeten Räumen/Bereichen

Ein Zählerplatz umfasst das Zählerfeld, den unteren Anschlussraum (für Betriebsmittel vor dem Zähler) und den oberen Anschlussraum (für Betriebsmittel nach dem Zähler).

Tabelle 11-2 zeigt die Höhen der Zählerplatzflächen. Die Breite einer Zählerplatzfläche beträgt 250 mm.

Entsprechend DIN 18015 und dem Musterwortlaut der TAB werden für jedes Zählerfeld sperr- und plombierbare, selektive, laienbedienbare Überstrom-Schutzeinrichtungen eingesetzt mit folgenden Funktionen:

- Trennvorichtung für die Inbetriebsetzung der Kundenanlage,
- Freischalteinrichtung für die Mess- und Steuereinrichtungen,
- zentrale Überstrom-Schutzeinrichtung für die Kundenanlage und
- Überstrom-Schutzeinrichtung für die Messeinrichtungen und die Leitungen zum Stromkreisverteiler.

Hausanschlusssicherungen dürfen nicht als Trennvorrichtung für die Kundenanlage verwendet werden.

Für die Zählerplatzverdrahtung sind flexible Aderleitungen H07 V-K, Querschnitt 10 mm^2 Cu, zu verwenden. Für Zähler mit einem Grenzstrom über 63 A sind ggf. größere Querschnitte zu wählen, einige NB fordern 25 mm^2 Cu. Die Leiterenden sind mit Aderendhülsen zu versehen, die sich beim Anklemmen nicht stark deformieren lassen, damit ein Zählerwechsel ohne Probleme möglich ist.

Höhe des oberen Anschlussraumes[1]	150	300	150	300
Höhe des Zählerfeldes	450	450	750[2]	750[2]
Höhe des unteren Anschlussraumes	300	300	300	300
Höhe der gesamten Zählerplatzfläche	900	1050	1200	1350

[1] Dient nicht als Stromkreisverteiler für Installationen
[2] Zählerfeld für 2 Zähler

11-2 Höhe der Zählerplatzflächen (Maße in mm)

Anzahl der Zählerplätze nach DIN 43870[1]	**Mindestmaße Nische**			
	Breite *b*	Tiefe *t* teilversenkt	Tiefe *t* vollversenkt	Höhe[2] *h*
1	325	140	225	975, 1125, 1275 oder 1425
2	575	140	225	
3	825	140	225	
4	1075	140	225	
5	1325	140	225	

[1] Die Anzahl der Zähler, die auf einen Zählerplatz montiert werden können, sind mit dem Elektroplaner abzustimmen.
[2] in Abhängigkeit von der Bestückung der Zählerplätze

11-3 Lichte Mindestmaße von Zählernischen (Maße in mm) für teilversenkte bzw. vollversenkte Zählerschränke

Bei Betriebsströmen von mehr als 63 A ist aber in jedem Fall Rücksprache mit dem NB notwendig, da dann häufig Wandlermessungen (halbindirekte Messungen) notwendig werden.

Für Zählerschränke für Wandeinbau gibt die Tabelle 11-3 die verschiedenen Nischenmaße nach DIN 18013 (z. Zt. Entwurf) an. Die Nischen für Zählerplätze einschließlich des Schlitzes für die Hauptleitung sind im Bild 11-4 dargestellt.

Zählernischen in feuerbeständigen Massivwänden sind z. B. mit lichtbogenfesten, nicht brennbaren Platten (z. B. Fibersilikat-Platte) zu versehen, damit der Mindest-Brandschutz nach DIN 41 02-2 erhalten bleibt.

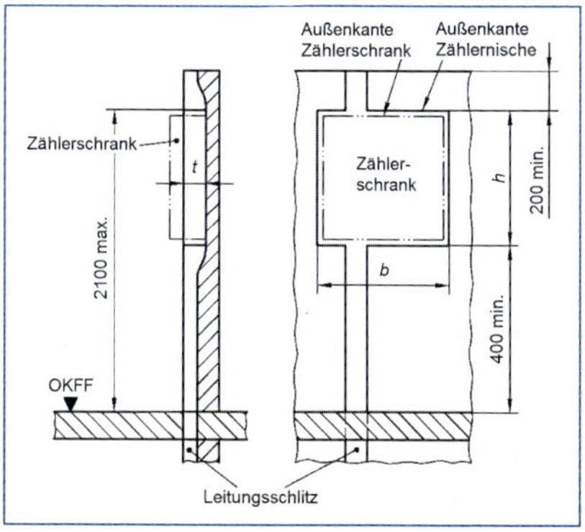

11-4 Zählernische

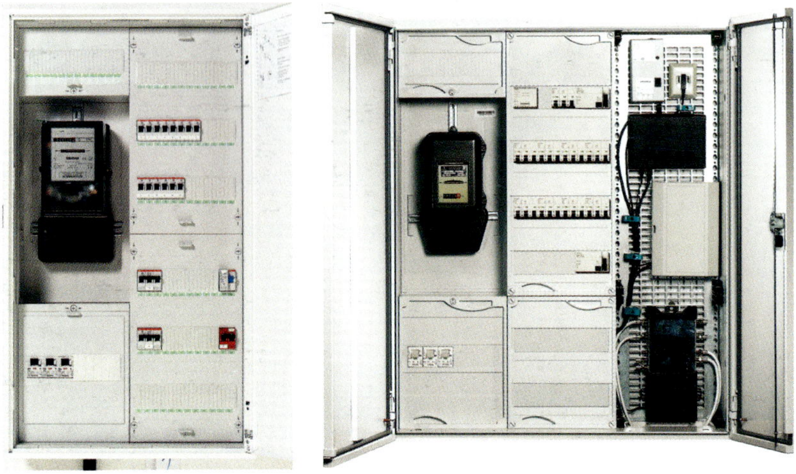

11-5 *Zählerschränke nach TAB mit selektiven Haupt-Leitungsschutzschaltern und integriertem Stromkreisverteiler (links), rechts mit Kommunikationsfeld*

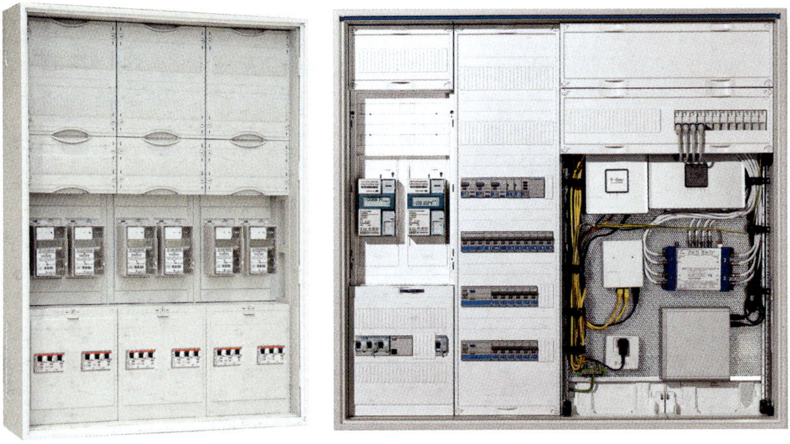

11-6 *Zählerschrank nach TAB mit selektiven Haupt-Leitungsschutzschaltern und eHZ, montiert auf integrierter Befestigungs- und Kontaktiereinrichtung, rechts mit Kommunikationsfeld*

Der Mindest-Schallschutz (DIN 4109-2) wird meist schon durch serienmäßige Zählerschränke mit Tür eingehalten.

Der Mindest-Wärmeschutz nach DIN 4108 ist einzuhalten, wenn sich die Nischen in Treppenraumwänden, Wohnungstrennwänden und anderen Trennwänden befinden.

Der obere Anschlussraum dient der Aufnahme von Betriebsmitteln für die Zuleitung zum Stromkreisverteiler (z. B. Hauptleitungsabzweigklemme), jedoch nicht als Stromkreisverteiler. Nach Rücksprache mit dem NB können hier lediglich die Überstrom-Schutzeinrichtungen für die einzelnen Keller von Mehrfamilienhäusern, der Klingeltransformator o. ä., installiert werden.

In Einfamilienhäusern besteht häufig der Wunsch, den Stromkreisverteiler im Zählerschrank mit unterzubringen (Bild 11-5). Dann muss hierfür seitlich neben den Zählerplatzflächen ein weiteres 250 mm breites Feld vorhanden sein. Für Einfamilienhäuser gibt es Zählerschränke mit eingebauten Kommunikationsfeld. Auf diesem können die für die Kommunikationsanlagen notwendigen Einrichtungen untergebracht werden (Bild 11-5 rechts).

Über die Anzahl der Zähler, die in einem Haus benötigt werden, kann keine allgemein verbindliche Angabe gemacht werden. Üblicherweise sind je Wohnung Platz für einen Zähler und ggf. je Zähleranlage ein Platz für das Steuergerät vorgesehen. Bei mehr als zwei Wohnungen im Haus wird meist zusätzlich noch eine Zählerplatzfläche für den Allgemeinverbrauch benötigt. Für Elektroheizung und Wärmepumpen sind bei den meisten NB getrennte Zähler und somit weitere Zählerplätze notwendig. Eine Rücksprache beim NB kann hier Klarheit schaffen.

In Abstimmung mit dem Netzbetreiber und ggf. dem Messstellenbetreiber ist der Einsatz von Zählerschränken mit integrierter Befestigungs- und Kontaktiereinrichtung möglich (Bild 11-6). Hier können je nach Bestückung zwei Zähler nebeneinander auf der Zählerfeldbreite von 250 mm untergebracht werden. Eine Übersicht über Zählerfelder, Zählerplatz und deren Anordnung gibt Bild 11-7.

Aus Gründen der Erwärmung ist bei Ein- und Zwei-Kundenanlagen je Zählerfeld grundsätzlich nur ein elektronischer Haushaltszähler (eHZ) zulässig. Ausnahmen sind bei Anlagen kleiner Leistung wie z. B. Wärmepumpen oder Photovoltaikanlagen möglich. Hier kann bis zu einer Anlagenleistung von bis zu 4,6 kVA ein zweiter eHZ auf dem gleichen Zählerfeld eingesetzt werden (siehe Bild 11-8).

Sollen eHZ auf konventionellen Zählerfeldern montiert werden, stehen Befestigungs- und Kontaktrichtungen (BKE-A) als Adapter zur Verfügung (Bild 11-9).

In Gebäuden mit mehreren Kundenanlagen werden die Zählerschränke zentral angeordnet (Bild 11-10). Bei größeren Gebäuden bieten sich auch – in Abstimmung mit dem NB – zusammengefasste Zählerschrankgruppen z. B. in Zählerräumen an.

Durch die zentrale Anordnung der Zähler ist die Versorgung der zu den Wohnungen gehörenden Keller relativ einfach. Die entsprechenden Überstrom-Schutzeinrichtungen und je nach Schutzmaßnahme ggf. auch die Fehlerstrom-Schutzschalter lassen sich im oberen Anschlussraum des Zählerschranks unterbringen.

Für nur zeitweise zugängliche Anlagen, z. B. Wochenendhäuser, stimmt der Errichter der Anlage die Art der Zählerplatzausführung sowie den Ort der Zählerschrankinstallation mit dem NB ab (z. B. Einsatz von Zähleranschlusssäulen).

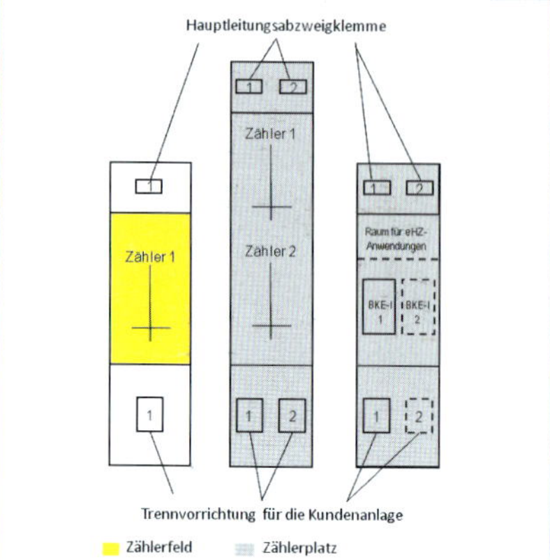

*) Bei Ein- und Zwei-Kundenanlagen ist je Zählerfeld grundsätzlich nur ein eHZ zulässig. Ausnahmen sind bei Anlagen kleiner Leistung wie z. B. Wärmepumpen oder Photovoltaikanlagen möglich. Hier kann bis zu einer Anlagenleistung von bis zu 4,6 kVA ein zweiter eHZ auf dem gleichen Zählerfeld eingesetzt werden (siehe Bild 11-8).

11-7 Gegenüberstellung von Zählerfeldern und Zählerplätzen für konventionelle Zählerfelder und solche mit intergrierter Befestigungs- und Kontaktiereinrichtung (BKE-I)

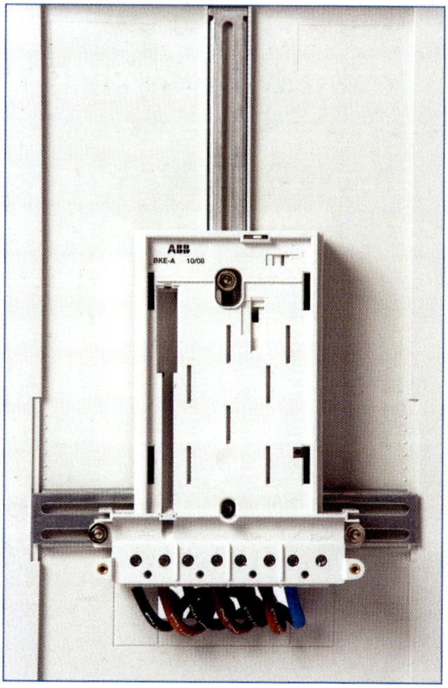

11-9 Befestigungs- und Kontaktiereinrichtung (BKE-A) als Adapter für bestehende Anlagen

	notwendige Anzahl eHZ									
	1	2	3	4	5	6	7	8	9	10
Zählerplatzhöhe	Anzahl Zählerfelder									
900 mm	1	2	3	4	5	6	7	8	9	10
1050 mm	1	2	2	2	3	3	4	4	5	5

*) Bei Ein- und Zwei-Kundenanlagen ist je Zählerfeld grundsätzlich nur ein eHZ zulässig. Ausnahmen sind bei Anlagen kleiner Leistung wie z. B. Wärmepumpen oder Photovoltaikanlagen möglich. Hier kann bis zu einer Anlagenleistung von bis zu 4,6 kVA ein zweiter eHZ auf dem gleichen Zählerfeld eingesetzt werden (siehe Bild 11-8).

11-8 Anzahl der eHZ-Zähler in einem Zählerschrank mit integrierter Befestigungs- und und Kontaktiereinrichtung (BKE-I)

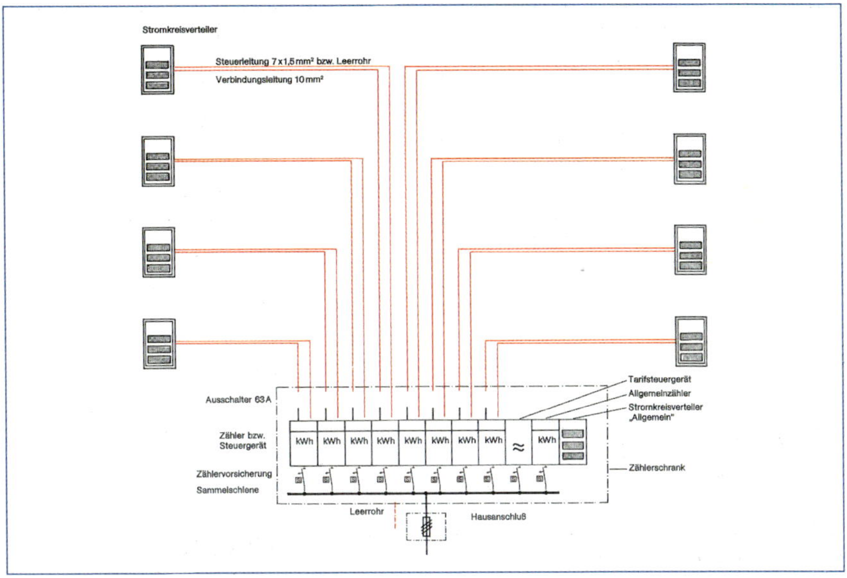

11-10 Zentrale Zähleranordnung in einem Mehrfamilienhaus

11-11 Zählerschränke im Zählerraum einer Großanlage

12 Verbindungsleitungen zwischen Zählerplatz und Stromkreisverteiler

Verbindungsleitungen

Nach DIN 18015 Teil 1 ist die Verbindungsleitung zwischen Zählerplatz und Stromkreisverteiler als Drehstromleitung für eine Belastung von mindestens 63 A anzulegen (Bild 12-1). Somit ist der notwendige Querschnitt unter Berücksichtigung der Verlegeart, der Umgebungstemperatur, der Häufung und des Spannungsfalls u. a. festzulegen.

Weder DIN 18015 noch die TAB enthalten eine konkrete Aussage über den zulässigen Spannungsfall auf diesen Verbindungsleitungen. Nach DIN 18015 darf der Spannungsfall vom Zählerplatz bis zu den Verbrauchsmitteln bzw. Steckdosen max. 3 % betragen. Im Normalfall wird man auf der Verbindungsleitung einen Spannungsfall von ca. 1 % zulassen (Tabelle 12-2), damit für die Leitungen vom Stromkreisverteiler zu den Verbrauchsmitteln bzw. Steckdosen noch ca. 2 % Spannungsfall möglich sind, die Querschnitte für die Stromkreisleitungen also nicht zu groß werden.

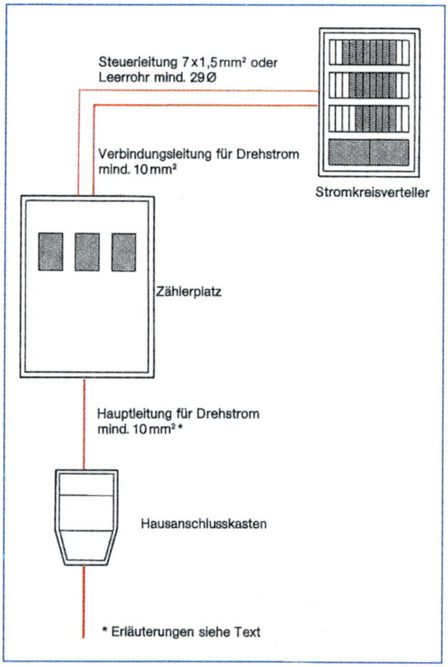

12-1 Prinzipschaltbild für Verbindungsleitung Zählerplatz – Wohnungs-Stromkreisverteiler

DIN 18015 Teil 1 macht auch keine Aussage über die ggf. zu „Unterverteilern“ in Hobbywerkstätten führenden Leitungen. Hier muss der Planer bzw. Einrichter den Querschnitt in Absprache mit dem Kunden festlegen.

Die Forderung nach Drehstromleitungen für die Verbindungsleitung basiert, wie bei den Hauptleitungen, auf der Erkenntnis, dass sich nur über Drehstromleitungen ausreichend Energie übertragen lässt. Durch diese Festlegung ist es möglich, dass auch einzelne Wohnungen über den im Anfangszustand vorhandenen Elektrifizierungsgrad vom jeweiligen Kunden erweitert werden können, ohne dass dazu eine kostenintensive und schmutzbringende Auswechslung der Leitung erfolgen muss.

Nennquer-schnitt NYM, NYY mm² Cu	max. Leitungslänge bei ΔU=1,0 % m	Überstrom-Schutzeinrichtung bei Verlegeart A1/A2 A	B1/B2 A	C A	E A
10	20,6	nicht zulässig	nicht zulässig	63*)	63
16	32,9	nicht zulässig	63	63	63
25	51,4	63	63	63	63

*) Gilt nicht für Verlegung auf einer Holzwand; siehe Anhang C DIN VDE 0298-4
Anmerkung: Die Werte gelten bei Umgebungstemperatur 25 °C, ohne Häufung, cos φ = 1,0

12-2 Verbindung vom Zählerplatz zum Stromkreisverteiler für Anlagen ohne Elektroheizung und Verwendung von selektiven Haupt-Leitungsschutzschaltern als Überstrom-Schutzeinrichtungen

Sind zunächst noch keine Drehstromverbrauchsmittel vorhanden und wird vom NB noch kein Drehstromzähler gesetzt, sind die freien Enden nicht benutzter Adern zu isolieren.

Wie bei den Hauptleitungen, ist auch bei den Verbindungsleitungen anzustreben, dass für Neutralleiter (N) und Schutzleiter (PE) getrennte Leiter vorhanden sind.

Die Absicherung der Verbindungsleitung zwischen Zählerplatz und Stromkreisverteiler erfolgt unter den gleichen Gesichtspunkten wie die der Hauptleitungen. Werden – wie in den TAB festgelegt – selektive Haupt-Leitungsschutzschalter verwendet, kann die Tabelle 12-2 angewendet werden. Ist dies nicht der Fall, muss der Querschnitt nach DIN VDE 0298-4 ausgewählt und der Spannungsfall errechnet werden.

Um die anderen Kundenanlagen im Haus nicht zu beeinträchtigen, muss die Zuordnung der Überstrom-Schutzeinrichtungen auch unter Berücksichtigung der Selektivität erfolgen.

Für die Verlegung der Verbindungsleitungen gelten die gleichen Kriterien wie für Hauptleitungen.

Steuerleitungen

Nach dem Musterwortlaut der TAB stimmt der Planer oder Errichter den Aufbau der Steuerung mit dem NB ab, wenn Zähl- und Messeinrichtungen und/oder Verbrauchsgeräte zentral gesteuert werden sollen.

Mit dem NB ist zu klären, ob die Steuerleitung als Ringleitung auszuführen oder ob von jedem Zählerplatz zum zugehörigen Stromkreisverteiler eine Stichleitung zu legen ist.

Abzweige und Enden der Steuerleitung sowie die Überstrom-Schutzeinrichtungen für die Steuerelemente und ggf. Hilfsrelais müssen plombierbar sein.

Nach den TAB hat der Planer oder Errichter einer Anlage auch den Aufbau von Datenübertragungsstrecken zur Übermittlung von Zählimpulsen und/oder Abrechnungsdaten mit dem NB abzustimmen. Dabei ist dann auch die Art des Anschlusses und die Anschlusseinrichtung mit dem NB zu klären.

13 Stromkreisverteiler

Stromkreisverteiler (Installationskleinverteiler) verteilen die bereits vom Zähler erfasste elektrische Energie auf die einzelnen Stromkreise. Im Stromkreisverteiler finden neben den Leitungsschutzschaltern bzw. Sicherungen auch Fehlerstrom-Schutzschalter, Schaltschütze, Fernschalter, Klemmen usw. Platz (Bilder 13-1 und 13-2).

Entsprechend dem Musterwortlaut der TAB sind in Mehrfamilienhäusern die Stromkreisverteiler innerhalb der Wohnung anzuordnen. Lediglich in Einfamilienhäusern findet man daher den Stromkreisverteiler in gemeinsamer Umhüllung mit dem Zählerplatz.

13-1 Stromkreisverteiler

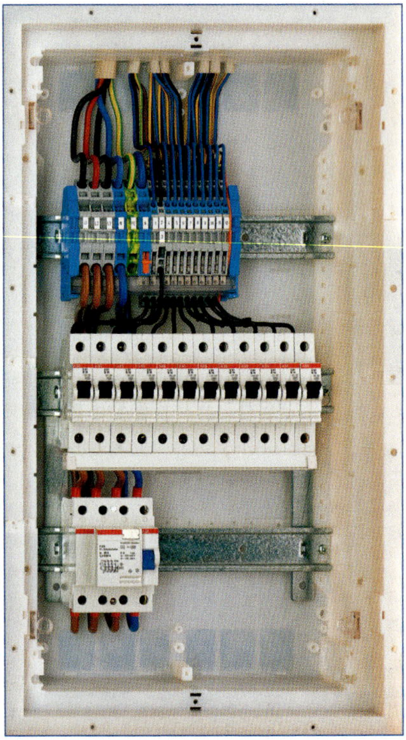

13-2 Abgangsverdrahtung mit Reihenklemmen in einem Stromkreisverteiler

Für Neubauten sind Unterputzverteiler mit Tür zu empfehlen. Die unterschiedlichen Abmessungen der einzelnen Fabrikate erfordern eine rechtzeitige Klärung bezüglich der Nischengröße. Die Außenabmessungen der Installationskleinverteiler nach DIN 43871 sind nicht genormt. In einer Reihe müssen 12 Teilungseinheiten (je 18 mm) eingebaut werden können. Der Abstand der Hutschienen ist mit 125 mm (von Mitte zu Mitte) festgelegt.

Deshalb werden heute üblicherweise die Nischen so groß gewählt, dass auch der größte, am Markt übliche Verteiler Platz findet. Die bestehenden Hohlräume werden ausgeschäumt bzw. zugeputzt.

Der Stromkreisverteiler ist im Belastungsschwerpunkt der Wohnung zu installieren. Unbestritten ist der Raum mit dem größten Leistungs- bzw. Energiebedarf die Küche. Die Küche selbst ist aber nicht der Raum, in dem der Stromkreisverteiler unterzubringen ist. Man wird aus Gründen der Zugänglichkeit den Flur wählen und dabei möglichst in die Nähe der Küche gehen. Oft verhindert aber die Ausstattung des Flurs (z. B. durch Garderobenmöbel) die Unterbringung des Stromkreisverteilers im Belastungsschwerpunkt. Ungeachtet dessen sollte jedoch eine möglichst kurze Leitungsführung zu den leistungsstarken Verbrauchsmitteln gewählt werden. Die notwendigen Schutzarten für Stromkreisverteiler können Tabelle 13-3 entnommen werden. Wie bereits geschildert, befinden sich im Stromkreisverteiler nicht nur die Leitungsschutzschalter bzw. Sicherungen, sondern auch Fehlerstrom-Schutzschalter, Schaltschütze, Fernschalter, Klemmen usw. Deshalb besteht sehr schnell die Gefahr, dass der Stromkreisverteiler zu klein wird. Aus diesem Grund ist zu empfehlen, die Festlegungen über die Größe des Stromkreisverteilers entsprechend den Ausstattungswerten als Mindestgröße anzusehen. Für den Ausstattungswert 1 ist mindestens ein zweireihiger, bei Wohnungen mit einer Wohnfläche von mehr als 50 m^2 ein dreireihiger Verteiler vozusehen. Für den Ausstattungswert 2 ist ein dreireihiger und für den Ausstattungswert 3 ein vierreihiger Verteiler einzuplanen (Bild 13-4). Bei mehrgeschossigen Wohnungen sind die notwendigen Schutz- und Schaltgeräte in mehreren Stromkreisverteilern, die in den jeweiligen Stockwerken angeordnet werden, unterzubringen. Grundsätzlich sind in allen Strokreisverteilern genügend Reserverplätze einzuplanen.

Raumart	**Merkmale**	**Verteiler**
Flur in der Wohnung, Diele, Treppenhaus	trockener Raum	IP 30
Waschküche, in der abgespritzt wird	feuchter, nasser Raum	IP 55
Einzelgarage, Sammelgarage	feuchter Raum, mechanische Beanspruchung	IP 54
Werkstatt	Staub, mechanische Beanspruchung	IP 54
Anlagen im Freien	Feuchtigkeit, mechanische Beanspruchung	IP 54
Keller, unbewohnt	feuchter Raum	IP 31

13-3 Beispiel für die Zuordnung der Schutzarten von Verteilern zu einzelnen Räumen

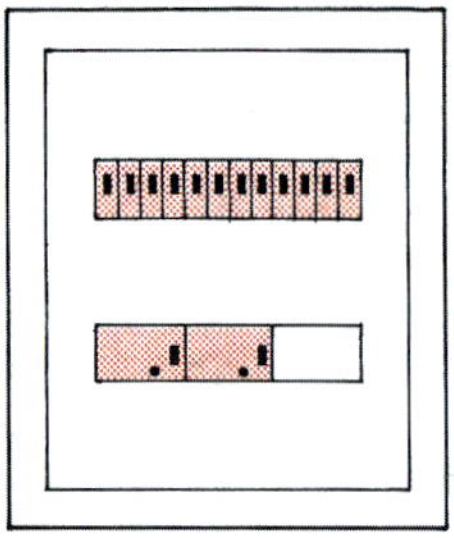

Anzahl der Stromkreise	**Raum/Gerät**
3 bis 7, je nach Wohnfläche	Wohnraum, Schlafraum, Küche (Kochnische), Hausarbeitsraum, Bad, WO, Flur/Diele, Freisitz (Balkon, Loggia, Terrasse), Abstellraum, Hobbyraum, zur Wohnung gehörender Keller-, Bodenraum
1	Elektroherd
1	Geschirrspülmaschine
1	Mikrowellengerät
1	Waschmaschine
1	Wäschetrockner
1	Warmwassergerät[1]

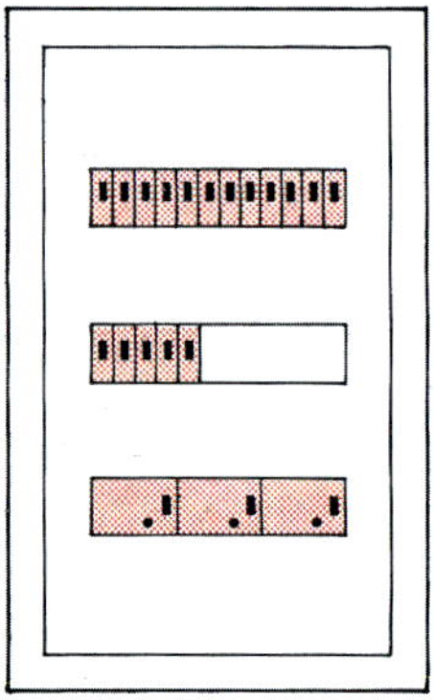

Anzahl der Stromkreise	**Raum/Gerät**
4 bis 8, je nach Wohnfläche	Wohnraum, Schlafraum, Küche (Kochnische), Hausarbeitsraum, Bad, WO, Flur/Diele, Freisitz (Balkon, Loggia, Terrasse), Abstellraum, Hobbyraum, zur Wohnung gehörender Keller-, Bodenraum
1	Elektroherd/Kochfeld
1	Backofen
1	Geschirrspülmaschine
1	Mikrowellengerät
1	Waschmaschine
1	Wäschetrockner
1	Warmwassergerät[1]
1	Dampfbügelmaschine/Bügelmaschine

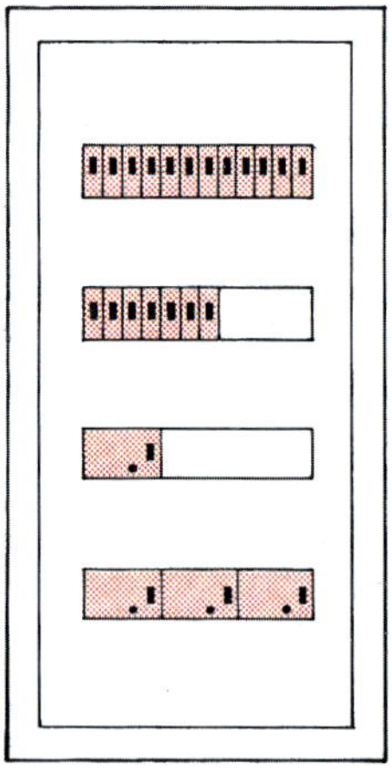

Anzahl der Stromkreise	**Raum/Gerät**
5 bis 9, je nach Wohnfläche	Wohnraum, Schlafraum, Küche (Kochnische), Hausarbeitsraum, Bad, WO, Flur/Diele, Freisitz (Balkon, Loggia, Terrasse), Abstellraum, Hobbyraum, zur Wohnung gehörender Keller-, Bodenraum
1	Elektroherd/Kochfeld
1	Backofen
1	Dampfgarer
1	Geschirrspülmaschine
1	Mikrowellengerät
1	Waschmaschine
1	Wäschetrockner
1	Warmwassergerät[1]
1	Dampfbügelmaschine/Bügelmaschine
1	Heizungsanlage
1	Jalousie-/Rollladenantriebe
1	Sauna/Whirl Pool

[1] wenn keine andere Warmwasserversorgung vorhanden

13-4 Stromkreisverteiler und Ausstattungsumfang

In Einfamilienhäusern kann nach DIN VDE 0603-1 einer einer dieser Stromkreisverteiler auch in gemeinsamer Umhüllung mit Zählerplätzen nach DIN 43870-1 angeordnet werden.

Auch für Stromkreisverteiler in Wohnungen gelten die Anforderungen für Zählernischen (Brandschutz, Schallschutz, Wärmeschutz) sinngemäß. Wegen der Schaltgeräusche von Relais und Schaltschützen empfiehlt sich, den Stromkreisverteiler nicht in Wände zu Schlafräumen einzubauen.

Stromkreise für verschiedene Tarife in einer Anlage (z. B. für Allgemeinanlage einerseits und Elektroheizung andererseits) sind entweder in getrennten Stromkreisverteilern zu installieren oder innerhalb des Stromkreisverteilers mindestens durch Stege voneinander zu trennen und mit Abdeckungen zu versehen.

Stromkreise verschiedener Kundenanlagen dürfen nicht in einem Stromkreisverteiler untergebracht werden. Um eine einwandfreie und sichere Bedienung des Stromkreisverteilers zu ermöglichen, ist er an einer leicht zugänglichen Stelle zu installieren. Leider findet man in der Praxis oft völlig ungeeignete, schwer zugängliche Stellen über Türen, in Einbauschränken und dgl. Wie beim Zählerplatz sollte der Abstand vom Fußboden bis zur Mitte des Stromkreisverteilers nicht weniger als 0,80 m und nicht mehr als 1,80 m betragen.

13-5 Stromkreisverteiler für Garagen, Werkstätten u. ä.

Die Stromkreisverteiler weisen zur Aufnahme der Installationselemente Hutschienen auf. Durch sie ist durch einfaches Aufschnappen eine Schnellbefestigung der Installationselemente möglich.

Die im Stromkreisverteiler eingebauten Leitungsschutzschalter bzw. Sicherungen schützen die abgehenden Leitungen gegen zu hohe Erwärmung bei Überlast und Kurzschluss. Während Sicherungen nach dem Auslösen ausgewechselt werden müssen, können Leitungsschutzschalter wieder eingeschaltet werden. Vor dem Wechseln der Sicherungen bzw. dem Wiedereinschalten des Leitungsschutzschalters sind jedoch die Fehlerquellen, die zur Auslösung geführt haben, zu beseitigen (z. B. durch Verringerung der eingeschalteten Leistung oder Entfernen des fehlerhaften Verbrauchsmittels).

Für Licht- und Steckdosenstromkreise sind nach DIN 18015-1 Leitungsschutzschalter vorzusehen. Damit wird das bei Schmelzsicherungen immer wieder vorkommende Flicken der Sicherungseinsätze vermieden und die damit verbundenen Gefahren ausgeschlossen. Die Zuordnung eines Stromkreises je Raum ist nicht zwangsläufig, vielmehr soll eine sinnvolle Aufteilung erfolgen. So kann es durchaus richtig sein, mehrere untergeordnete, nicht mit vielen Geräten ausgestattete Räume (z.B. Bad, WC, Flur) zusammenzufassen und für Küche und ggf. Wohnraum je zwei Stromkreise vorzusehen.

Nach den TAB müssen Leitungsschutzschalter ein Bemessungsschaltvermögen nach DIN VDE 0641-11 von mindestens 6 kA haben und den Anforderungen der Energiebegrenzungsklasse 3 entsprechen.

In feuchten Räumen sind Verteiler mit entsprechender Schutzart einzusetzen (Bild 13-5).

14 Sicherheit elektrischer Anlagen

Der Benutzer von Elektrogeräten erwartet, dass der Hersteller die einschlägigen Bauvorschriften beim Bau der Geräte beachtet hat. Nach den DIN VDE-Normen darf sich der Hersteller von Elektrogeräten in keinem Fall auf die spätere Anwendung von Schutzmaßnahmen verlassen. Vom Errichter der elektrischen Anlage, dem eingetragenen Elektroinstallateur, erwartet der Benutzer, dass die Anlage unter Beachtung der Erichtungsvorschriften errichtet wird.

Um die Sicherheit elektrischer Anlagen zu gewährleisten sind vor allem die Vorschriften der DIN VDE 0100 Gruppe 400 „Schutzmaßnahmen" zu beachten. Für die Wohnungsinstallation sind dies vor allem die Teile:

410 Schutz gegen elektrischen Schlag
420 Schutz gegen thermische Einflüsse
430 Schutz von Kabeln und Leitungen bei Überstrom
442 Schutz bei Überspannungen – Schutz von Niederspannungsanlagen bei Erdschlüssen in Netzen mit höherer Spannung
443 Schutz bei Störspannungen und elektromagnetischen Störgrößen – Schutz bei Überspannungen infolge atmosphärischer Einflüsse oder von Schaltvorgängen
444 Schutz bei Überspannungen – Schutz gegen elektromagnetische Störungen (EMI) in Anlagen von Gebäuden
450 Schutz gegen Unterspannung
460 Trennen und Schalten
482 Auswahl von Schutzmaßnahmen; Brandschutz bei besonderen Risiken oder Gefahren

Der **Schutz gegen elektrischen Schlag** (DIN VDE 0100-410) wird im Kapitel 15 beschrieben.

Schutz gegen thermische Einflüsse (DIN VDE 0100-420)
Personen, Nutztiere und Sachen sind gegen zu hohe Erwärmung, die durch benachbarte elektrische Betriebsmittel oder benachbarte elektrische Anlagen verursacht werden können, zu schützen. Elektrische Anlagen müssen so angeordnet sein, dass von ihnen keine Gefahr der Entzündung von brennbaren Materialien infolge hoher Temperatur oder eines Lichtbogens ausgeht. Konkrete Aussagen zum Brandschutz, zum Schutz gegen Verbrennungen und zum Schutz gegen Überhitzung sind hier getroffen.

Der **Schutz von Kabeln und Leitungen bei Überstrom** (DIN VDE 0100-430) wurde bereits im Kapitel 5 „Installationsgeräte und -material, Leitungsmaterial" behandelt; der **Schutz bei Überspannungen** (DIN VDE 0100-442 bis -444) wird im Kapitel 24 „Blitzschutzanlagen, Überspannungsschutz" beschrieben.

Schutz gegen Unterspannung (DIN VDE 0100-450)
Wenn ein Spannungseinbruch oder ein Spannungsausfall mit anschließender Spannungswiederkehr zu Gefahren für Personen oder Sachen führen kann, müssen hiergegen geeignete Abhilfemaßnahmen getroffen werden. Solche Maßnahmen müssen auch getroffen werden, wenn durch Spannungseinbrüche Teile der elektrischen Anlage oder einzelne Betriebsmittel beschädigt werden können.

Trennen und Schalten (DIN VDE 0100-460)
Nach den vorgesehenen Funktionen muss jede Einrichtung, die zum Trennen und Schalten vorgesehen ist, mit den entsprechenden Anforderungen von DIN VDE 0100-537 übereinstimmen.

Entsprechend dem Netzsystem (System nach Art der Erdverbindung) ist zu beachten, ob der Neutralleiter getrennt oder geschaltet werden muss. Der PEN-Leiter eines TN-C-Systems darf nicht getrennt oder geschaltet werden.

Jeder Stromkreis muss von allen aktiven Leitern der Stromversorgung getrennt werden können. Stromkreisgruppen dürfen durch eine gemeinsame Maßnahme getrennt werden, wenn dies die Betriebsbedingungen erlauben. An Geräte zum Trennen werden besondere Anforderungen gestellt (DIN VDE 0100-537).

Maßnahmen zum Ausschalten müssen vorgesehen werden, wenn die mechanische Wartung ein Verletzungsrisiko einschließt.

Die **Anwendung der Schutzmaßnahmen** (DIN VDE 0100-470) wird in Kapitel 15 „Schutzmaßnahmen gegen elektrischen Schlag" beschrieben.

Brandschutz bei besonderen Risiken oder Gefahren (DIN VDE 0100-482)
Die Gewährleistung des Brandschutzes bei besonderen Risiken oder Gefahren bedingt für die Auswahl und Errichtung von elektrischen Anlagen spezielle Forderungen. Diese Forderungen gelten in Räumen oder an Orten

- mit besonderem Brandrisiko – feuergefährdete Betriebsstätten,
- die aus vorwiegend brennbaren Baustoffen, wie Holz, Hohlwände usw. hergestellt sind,
- mit unersetzbaren Gütern von hohem Wert.

Elektrische Betriebsmittel müssen unter Berücksichtigung äußerer Einflüsse so ausgewählt und errichtet werden, dass ihre Erwärmung bei üblichem Betrieb und die vorhersehbare Temperaturerhöhung im Fehlerfall kein Feuer verursachen können. Dies wird durch eine geeignete Bauart der Betriebsmittel oder durch zusätzliche Schutzmaßnahmen bei der Errichtung erreicht. So müssen Kabel- und Leitungsanlagen (ausgenommen mineralisolierte Leitungen und Stromschienensysteme) in TN- und TT-Systemen gegen die Auswirkungen von Isolationsfehlern mit Fehlerstrom-Schutzeinrichtungen (RCDs) mit einem Bemessungsdifferenzstrom $\leq$ 300 mA geschützt werden.

15 Schutzmaßnahmen gegen elektrischen Schlag

Allgemein gültige Maßnahmen für den Schutz gegen elektrischen Schlag bei allen Anlagen und Betriebsmitteln gibt es nicht. Vielmehr muss entsprechend den Gegebenheiten differenziert vorgegangen werden. Am einfachsten und sichersten wäre, alle spannungsführenden Teile ausreichend zu isolieren. Doch das geht nicht immer. So gibt es nach wie vor elektrische Betriebsmittel, bei denen das Berühren spannungsführender Teile auch durch den Benutzer der Anlage – also meist Laien – möglich ist (wie z. B. Fußkontakten von Glühlampenfassungen).

Doch nicht bei allen Geräten lässt sich die Isolierhülle so dicht gestalten, dass ein Berühren der spannungsführenden Teile in jedem Fall verhindert werden kann. So wäre der Betrieb z. B. von Haartrocknern, Heizlüftern u. ä. nicht möglich, wenn die Isolierhülle keine Öffnungen hätte. Deshalb hat man sich darauf geeinigt, dass der Schutz gegen direktes Berühren ausreichend ist, wenn das Berühren spannungsführender Teile mit den bloßen Gliedmaßen nicht möglich ist. Die Manipulation mit Werkzeugen und Hilfsmitteln (z. B. Schraubenzieher, Draht) soll durch entsprechende Informationen z. B. in den Gebrauchsanweisungen verhindert werden.

Die Größe der Öffnungen und damit die Güte des Schutzes wird für elektrische Geräte durch Schutzarten mit IP-Kennzeichnung angegeben (Tabelle 5-22, Kapitel „Installationsgeräte und -material, Leitungsmaterial").

Dass Geräteindustrie und Errichter elektrischer Anlagen die notwendige Sorgfalt anwenden, beweist die Schadensstatistik der Bundesrepublik Deutschland. Weniger als 1 % der tödlichen Unfälle im Bereich Haushalt sind durch Einwirkungen des elektrischen Stromes verursacht und das trotz einer steigenden Anzahl von Geräten.

Nachfolgend soll der Schutz gegen elektrischen Schlag (früher: Schutz gegen gefährliche Körperströme) behandelt und ein Überblick über die in der Wohnungsinstallation wichtigen Schutzmaßnahmen und deren Wirkungsweise gegeben werden.

Elektrischer Strom und menschlicher Körper

Schon kleine Stromstärken können tödliche Gefahr für Menschen bedeuten. Wie kann überhaupt ein Strom über den menschlichen Körper fließen? Nur dann, wenn zwei Teile mit unterschiedlichem Potential, zwischen denen somit eine Spannung besteht, berührt werden. Dieser Unterschied der beiden Spannungen

Bereichs-kurz-zeichen	Bereichs-grenzen	Physiologische Auswirkungen
AC-1	bis 0,5 mA Linie a	Üblicherweise keine Reaktionen
AC-2	0,5 mA bis zur Linie b*)	Üblicherweise keine schädlichen physiologischen Effekte
AC-3	Linie b bis zur Kurve c_1	Üblicherweise wird kein organischer Schaden erwartet. Wahrscheinlichkeit von krampfartigen Muskelkontraktionen und Schwierigkeiten beim Atmen beim Stromfluss länger als 2 s. Reversible Störungen der Bildung und Weiterleitung der Impulse im Herzen, einschließlich Vorhofflimmern und vorübergehenden Herzstillstand ohne Herzkammerflimmern (Asystole), zunehmend mit Stromstärke und Einwirkdauer.
AC-4	oberhalb Kurve c_1	Zunehmend mit Stromstärke und Einwirkdauer können gefährliche pathophysiologische Effekte, wie Herzstillstand, Atemstillstand und schwere Verbrennungen, zusätzlich zu den Effekten von Bereich AC-3, auftreten.
AC-4.1	$c_1 - c_2$	Wahrscheinlichkeit von Herzkammerflimmern steigt auf etwa 5 %
AC-4.2	$c_2 - c_3$	Wahrscheinlichkeit von Herzkammerflimmern bis etwa 50 %
AC-4.3	oberhalb Kurve c_3	Wahrscheinlichkeit von Herzkammerflimmern über 50 %

*) Für Stromflussdauern unter 10 ms bleibt die Grenze des Körperstromes der Linie b konstant auf einem Wert von 200 mA

15-1 Beschreibung der Zeit-Stromstärke-Bereiche für Wechselstrom 15 Hz bis 100 Hz (zu Bild 15-2 gehörig)

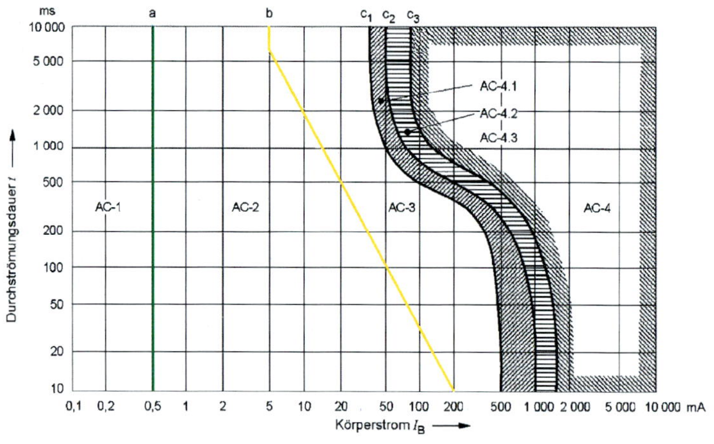

Anmerkung: Bezüglich Herzkammerflimmern bezieht sich dieses Bild auf die Auswirkungen von Strom, der im Stromweg linke Hand zu beiden Füßen fließt. Die Schwellenwerte für Stromflusszeiten unter 0,2 s gelten nur, wenn der Strom während der vulnerablen Phase des Herzzyklus fließt.

15-2 Zeit-Stromstärke-Bereiche mit Auswirkungen bei Wechselströmen von 15 bis 100 Hz

wird Potentialdifferenz genannt. Als Potential bezeichnet man eine Spannung zur elektrisch unbeeinflussten Erde. Berührt der Mensch nun ein fehlerhaft spannungsführendes Teil z. B. mit der Hand, so kann der Strom über den menschlichen Körper zum Erdpotential fließen (leitfähiges Schuhwerk und leitfähiger Standort vorausgesetzt). Der menschliche Körper ist aber kein „idealer Leiter“, sondern stellt dem Durchgang von Wechselstrom einen Widerstand entgegen. Da dieser Widerstand nicht rein ohmsch ist, wird er als Scheinwiderstand bzw. Impedanz bezeichnet. Diese Impedanz ist abhängig von der Beschaffenheit der Haut, dem Stromweg durch den Körper und der Größe der Berührungsfläche. Als typischer Wert gelten etwa 1000 Ω.

Der Spannungsfall an der Impedanz des menschlichen Körpers wird als Berührungsspannung (U_B) bezeichnet. Die Auswirkungen des elektrischen Stroms auf den erwachsenen Menschen sind in Bild 15-1 und 15-2 dargestellt.

Unter Einfluss von Wechselströmen verkrampfen Muskeln schon bei sehr geringen Stromstärken. Auch Gleichstrom ist keinesfalls ungefährlich. Er wirkt jedoch bei gleicher Stromstärke weniger stark auf den Menschen als Wechselstrom. Das liegt daran, dass Muskelreizungen durch Stromänderungen hervorgerufen werden und Stromänderungen bei reinem Gleichstrom nur durch das Öffnen und Schließen des Stromkreises entstehen.

Netzsysteme

Für die Beschreibung der Schutzmaßnahmen „Schutz gegen elektrischen Schlag“ ist zunächst die Kenntnis der möglichen Netzsysteme von Bedeutung. Diese sind in DIN VDE 0100-300 durch die Erdungsverhältnisse der Stromquelle und der Körper von Betriebsmitteln der Schutzklasse I beschrieben. Jedes System wird durch eine Buchstabenkombination mit folgender Bedeutung beschrieben:

- Erster Buchstabe für die Erdungsverhältnisse der Stromquelle:
  - **T** direkte Erdung eines Punktes,
  - **I** entweder Isolierung aller aktiven Teile von Erde oder Verbindung eines Punktes mit Erde über eine Impedanz.
- Zweiter Buchstabe für die Erdungsverhältnisse der Körper der elektrischen Anlage:
  - **T** Körper direkt geerdet, unabhängig von der etwa bestehenden Erdung eines Punktes der Stromquelle,
  - **N** Körper direkt mit dem Betriebserder über einen besonderen Leiter verbunden.

Daraus ergeben sich drei grundsätzlich unterschiedliche Netzsysteme:

- TN-System (Bild 15-3)
- TT-System (Bild 15-4)
- IT-System (Bild 15-5)

TN-S-System:
- *Transformatorsternpunkt direkt geerdet (Betriebserder).*
- *Körper über Schutzleiter mit dem Betriebserder verbunden.*
- *Schutz- und Neutralleiter im gesamten Netz als zwei separate Leiter ausgeführt.*

TN-C-System:
- *Transformatorsternpunkt direkt geerdet (Betriebserder).*
- *Körper über PEN-Leiter mit dem Betriebserder verbunden.*
- *Schutz- und Neutralleiter im gesamten Netz zum PEN-Leiter kombiniert.*

TN-C-S-System:
- *Transformatorsternpunkt direkt geerdet (Betriebserder).*
- *Körper über PEN- bzw. Schutzleiter mit dem Betriebserder verbunden.*
- *Schutz- und Neutralleiter teils zum PEN-Leiter kombiniert, teils als separate Leiter ausgeführt.*

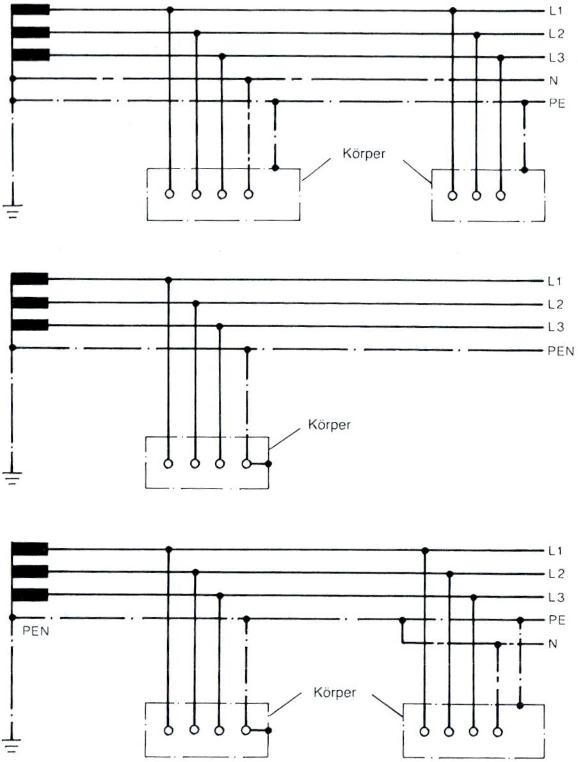

15-3 Die drei Arten des TN-Systems

TT-System:
- *Transformatorsternpunkt direkt geerdet (Betriebserder).*
- *Körper direkt geerdet.*

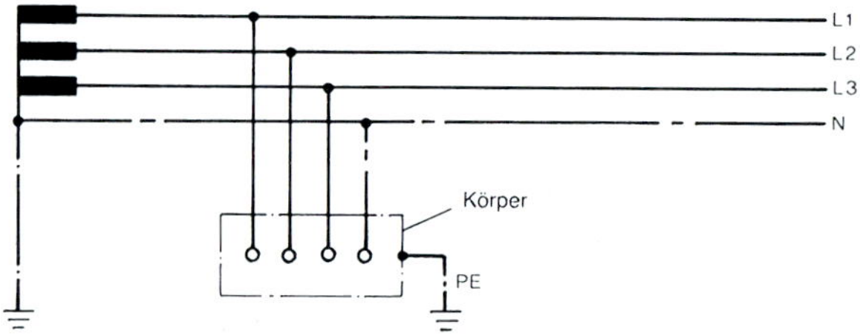

15-4 Das TT-System

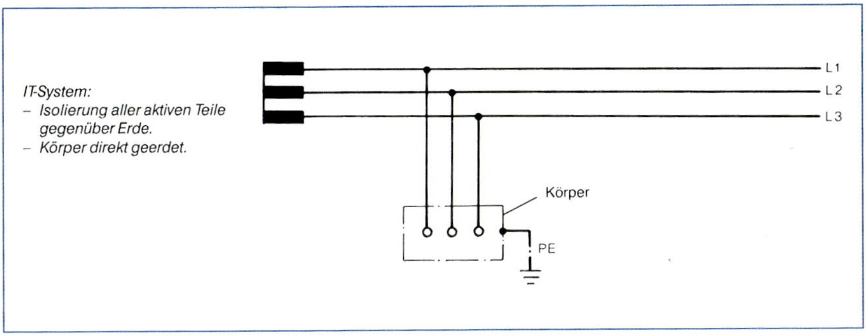

15-5 Das IT-System

Weitere Buchstaben für die Anordnung des besonderen Leiters (Neutral- und Schutzleiters) im TN-System:

- **S** Neutralleiter- und Schutzleiterfunktion durch getrennte Leiter,
- **C** Neutralleiter- und Schutzleiterfunktion kombiniert in einem Leiter (PEN-Leiter),
- **C-S** wenn Neutralleiter- und Schutzleiterfunktion sowohl kombiniert (PEN-Leiter) als auch durch getrennte Leiter (N-Leiter und PE-Leiter) bestehen.

Allgemeine Anforderungen zum Schutz gegen elektrischen Schlag

Die grundlegenden Prinzipien und Anforderungen zum Schutz gegen elektrischen Schlag sind in DIN VDE 0100-410 festgelegt:

- Im fehlerfreien Zustand dürfen Teile der elektrischen Anlage, die eine für den Menschen gefährliche elektrische Spannung führen, nicht berührbar sein.
- Im Fehlerfall muss eine geeignete Schutzmaßnahme verhindern, dass berührbare Teile eine gefährliche elektrische Spannung annehmen oder eine für Menschen lebensgefährliche Berührungsspannung bestehen bleibt.

Um diese Forderungen zu erfüllen muss eine Schutzmaßnahme für den Schutz gegen elektrischen Schlag bestehen aus:

- einer geeigneten Kombination von zwei unabhängigen Schutzvorkehrungen, nämlich einer Basisschutzvorkehrung und einer Fehlerschutzvorkehrung,

oder

- einer verstärkten Schutzvorkehrung, die sowohl den Basisschutz als auch den Fehlerschutz bewirkt.

Unter bestimmten äußeren Einflüssen und in bestimmten besonderen Räumlichkeiten ist „zusätzlicher Schutz“ als Teil einer Schutzmaßnahme festgelegt. In der Reihe DIN VDE 0100 Gruppe 700 sind für diese Anwendungsfälle Konkretisierungen mit Ergänzungen zu den allgemeinen Anforderungen enthalten.

Schutzvorkehrung für den Basisschutz

verhindert das direkte Berühren unter Spannung stehender (aktiver) Teile der elektrischen Anlage, z. B. durch Isolierung.

(+)

Zusätzlicher Schutz

bietet zusätzlichen Schutz:

- bei Versagen der Schutzvorkehrung für den Basisschutz und/oder
- bei Versagen der Schutzvorkehrung für den Fehlerschutz oder
- bei Sorglosigkeit des Benutzers der elektrischen Anlage oder
- bei besonderer Personengefährdung durch spezielle Bedingungen von äußeren Einflüssen,

z. B. durch Einsatz von Fehlerstrom-Schutzeinrichtungen mit $I_{\Delta N} \leq 30$ mA.

+

Schutzvorkehrung für den Fehlerschutz

verhindert, dass im Fehlerfalle bei Versagen der Schutzvorkehrung für den Basisschutz eine gefährliche Berührungsspannung auftritt bzw. an leitfähigen Teilen bestehen bleiben kann, z. B. durch automatische Abschaltung der Stromversorgung.

(+)

=

Schutzmaßnahme zum Schutz gegen elektrischen Schlag nach DIN VDE 0100-410 (VDE 0100-410):2007-06

Abschnitt 411: Automatische Abschaltung der Stromversorgung
Abschnitt 412: Doppelte oder verstärkte Isolierung
Abschnitt 413: Schutztrennung
Abschnitt 414: Kleinspannung SELV oder PELV

15-6 Konzept des Schutzes von Personen nach DIN VDE 0100-410

Schutzmaßnahmen

Geeignete Kombinationen aus Basis- und Fehlerschutzvorkehrungen führen zu den nachstehenden für den Schutz von Personen allgemein und gleichwertig anwendbaren Schutzmaßnahmen:

- Schutz durch automatische Abschaltung der Stromversorgung,
- Schutz durch doppelte oder verstärkte Isolierung,
- Schutz durch Schutztrennung für die Versorgung eines Verbrauchsmittels,
- Schutz durch Kleinspannung mittels SELV oder PELV.

Als weitere Schutzmaßnahmen, die nicht allgemein zulässig sind, sondern nur anwendbar sind, wenn die Anlage unter der Überwachung durch Elektrofachkräfte oder elektrotechnisch unterwiesenen Personen steht, werden genannt:

- Schutz durch nicht leitende Umgebung,
- Schutz durch erdfreien örtlichen Schutzpotentialausgleich,
- Schutz durch Schutztrennung für die Versorgung von mehr als einem Verbrauchsmittel.

Diese Sachverhalte sind in Bild 15-6 wiedergegeben.

Basisschutzvorkehrungen

Ziel der Basisschutzvorkehrung ist das unbeabsichtigte Berühren unter Spannung stehender Teile (aktiver Teile) zu verhindern, z. B. durch Isolierung. Man nannte dies früher vom „Schutz gegen direktes Berühren“. Vorkehrungen für den Basisschutz unter **normalen Bedingungen** sind:

- Basisisolierung aktiver Teile
- Abdeckungen oder Umhüllungen

Unter **besonderen Bedingungen**, wie in Anlagen, die ausschließlich von Elektrofachkräften oder elektrotechnisch unterwiesenen Personen betrieben und überwacht werden. können als Basisschutzvorkehrungen angewendet werden:

- Hindernisse
- Anordnung der spannungsführenden Teile außerhalb des Handbereichs

Basisisolierung aktiver Teile

Hierdurch soll verhindert werden, dass aktive (spannungsführende) Teile unbeabsichtigt berührt werden können. Dazu müssen diese vollständig mit einer Isolierung umgeben sein, die nur durch Zerstörung entfernt werden kann, ein Beispiel hierfür zeigt Bild 15-7. Bei fabrikfertigen Betriebsmitteln muss die Isolierung den einschlägigen Normen der elektrischen Betriebsmittel genügen.

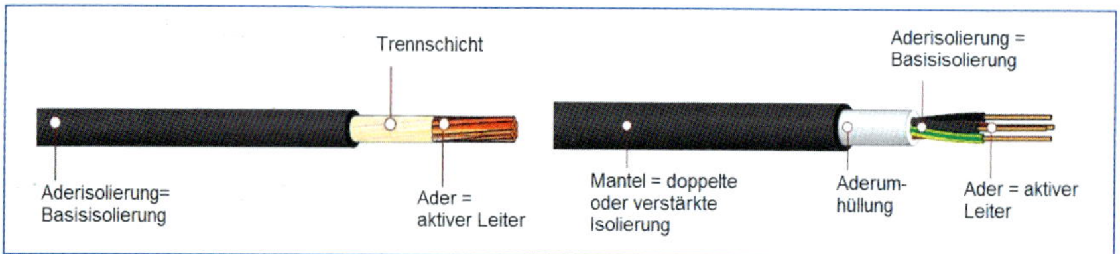

15-7 Leiterisolierung, Leitungsisolierung

Bei anderen Betriebsmitteln muss die Isolierung den mechanischen, chemischen, elektrischen und thermischen Beanspruchungen denen sie ggf. im Betrieb ausgesetzt sind, dauerhaft standhalten. Farbe, Anstriche, Lacke und dergleichen sind kein ausreichender Schutz gegen elektrischen Schlag.

Schutz durch Abdeckungen oder Umhüllungen

Aktive Teile müssen im Inneren von Umhüllungen oder hinter Abdeckungen sein, die mindestens „fingersicher“ sind (siehe auch IP-Schutzgrade).

Falls größere Öffnungen für den ordnungsgemäßen Betrieb der Betriebsmittel notwendig sind (z. B. bei Toastern) oder beim Wechseln von Teilen entstehen (z. B. Lampenfassungen, Sicherungssockel) wird dies zugelassen, wenn

- geeignete Vorsichtsmaßnahmen getroffen sind um unbeabsichtigtes Berühren aktiver Teile zu verhindern, und
- so weit praktisch möglich den Personen bewusst wird, dass aktive Teile durch die Öffnungen berührt werden können, aber nicht absichtlich berührt werden sollten und
- die Öffnung so klein wie möglich ist.

Horizontale Oberflächen von Abdeckungen oder Umhüllungen, die leicht zugänglich sind, müssen gegen das Eindringen eines Drahtes mit 1 mm Durchmesser geschützt sein.

15-8 Toaster als Beispiel für ein Betriebsmittel der Schutzklasse I

Begriff	**Bedeutung**
Fingersicher	berührungsgefährliche Teile können mit dem geraden Prüffinger nicht berührt.
Handrückensicher	berührungsgefährliche Teile können mit einer Prüfkugel mit einem Durchmesser von 50 mm nicht berührt werden

15-9 Schutz durch Abdeckungen oder Umhüllungen

Schutz durch Hindernisse und Schutz durch Anordnung außerhalb des Handbereiches

Durch diese Maßnahmen soll vermieden werden, das spannungsführende Teile unterschiedlichen Potentials gleichzeitig berührt werden können.

Sie sind nur zugelassen in Anlagen, die ausschließlich von Elektrofachkräften oder elektrotechnisch unterwiesenen Personen betrieben und überwacht werden und haben deshalb in der Wohnungsinstallation keine Bedeutung.

Schutz durch automatische Abschaltung der Stromversorgung

Diese Schutzmaßnahme ist die in der Praxis am häufigsten verwendete. Der Schutz besteht prinzipiell darin, dass im Fehlerfall (z. B. bei Versagen der Basisisolierung) die Stromversorgung des zu schützenden Stromkreises oder Betriebsmittels innerhalb maximal zulässiger Zeiten automatisch abgeschaltet wird.

Damit soll im Fehlerfall verhindert werden, dass zwischen einem aktiven (spannungsführenden) Teil und einem Körper (z. B. metallenem Gehäuse) oder einem Schutzleiter des Stromkreises oder des Betriebsmittels die zu erwartende Berührungsspannung eine festgelegte Zeitdauer überschreitet. Ziel ist hierbei das Risiko gefährlicher physiologischer Einwirkungen auf den Menschen zu begrenzen.

Für Wechselspannungen unter 50 V und Gleichspannungen unter 120 V sind keine Abschaltzeiten zum Schutz gegen elektrischen Schlag definiert und damit keine Abschaltungen gefordert. Eine Abschaltung des Stromkreises kann aber aus Gründen des Sach- und Anlagenschutzes notwendig sein.

Grundlegende Anforderungen

Diese Schutzmaßnahme erfordert einen

- Basisschutz durch Basisisolierung oder die Anwendung von Abdeckungen oder Umhüllungen.

und

- Fehlerschutz durch Schutzpotentialausgleich und das automatische Abschalten der Stromversorgung innerhalb festgelegter Zeiten im Fehlerfall.

Für die Wirksamkeit des Fehlerschutzes sind die Schutzeinrichtungen und Systeme nach Art der Erdverbindung (TN-System, TT-System oder IT-System) entsprechend zu koordinieren.

Eine weitere Voraussetzung für die Anwendung dieser Schutzmaßnahme ist die Erdung über den Schutzleiter und das Herstellen eines Schutzpotentialausgleiches über die Haupterdungsschiene.

Zu den Basis- und Fehlerschutzvorkehrungen kann ein zusätzlicher Schutz mit Fehlerstrom-Schutzeinrichtungen (RCDs) mit Bemessungsfehlerstrom von max. 30 mA festgelegt sein.

Es sei an dieser Stelle darauf hingewiesen, dass Differenzstrom-Überwachungsgeräte (RCMs) keine Schutzeinrichtungen darstellen, um den Schutz durch automatische Abschaltung der Stromversorgung zu realisieren. Sie dürfen lediglich eingesetzt werden um Differenzströme in elektrischen Anlagen zu überwachen.

Wenn der eingestellte Wert des Differenzstroms überschritten wird, lösen diese RCMs ein hörbares und/oder ein sichtbares Signal aus.

Anforderung an den Basisschutz

Der Basisschutz ist üblicherweise durch die verwendeten elektrischen Betriebsmittel sichergestellt und damit nicht Bestandteil der Anlagenerrichtung durch die Elektrofachkraft. Die Anforderungen an die Betriebsmittel sind in entsprechenden Betriebsmittelnormen enthalten, für deren Einhaltung der Hersteller dieser Betriebsmittel verantwortlich ist.

Anforderung an den Fehlerschutz

Schutzerdung und Schutz-Potentialausgleich

Schutzerdung (Erdung über den Schutzleiter) bedeutet, dass die Körper mit einem Schutzleiter verbunden werden müssen. Dabei sind die vorgegebenen Bedingungen des Systems nach Art der Erdverbindung zu berücksichtigen.

Zu beachten ist weiterhin, dass gleichzeitig berührbare Körper mit demselben Erdungssystem verbunden werden müssen und für jeden Stromkreis ein Schutzleiter vorhanden sein muss, der mit der für diesen Anschluss zugeordneten Erdungsklemme oder Erdungsschiene verbunden ist.

In jedem Gebäude ist ein Schutzpotentialausgleich auszuführen. Dazu müssen der Erdungsleiter und die nachstehenden leitfähigen Teile über die Haupterdungsschiene verbunden werden:

- metallene Rohrleitungen von Versorgungssystemen innerhalb des Gebäudes z. B. für Gas, Wasser;
- fremde leitfähige Teile der Gebäudekonstruktion, Zentralheizungs- und Klimaanlagen;
- metallene Verstärkungen von Gebäudekonstruktionen aus bewehrtem Beton (soweit berührbar und zuverlässig untereinander verbunden).

Automatische Abschaltung im Fehlerfall

Abhängig vom System nach Art der Erdverbindung und Spannung sind entsprechende maximal zulässige Abschaltzeiten für Endstromkreis mit Bemessungsströmen bis 32 A, definiert innerhalb deren die verwendeten Schutzeinrichtungen im Falle eines impedanzlosen Fehlers automatisch abschalten müssen.

Für die weitverbreitete Netzspannung 400/230 V~ sind in Bild 15-11 die maximal zulässigen Abschaltzeiten eingetragen.

Für Gleichspannungsnetze und andere Spannungen gelten abweichende Abschaltzeiten für Endstromkreise.

Die in DIN VDE 0100-410 gegenüber Wechselspannung angegebenen höheren maximal zulässigen Abschaltzeiten resultieren für Gleichspannungssysteme aus der geringeren Empfindlichkeit des Menschen gegen Durchströmung mit Gleichstrom.

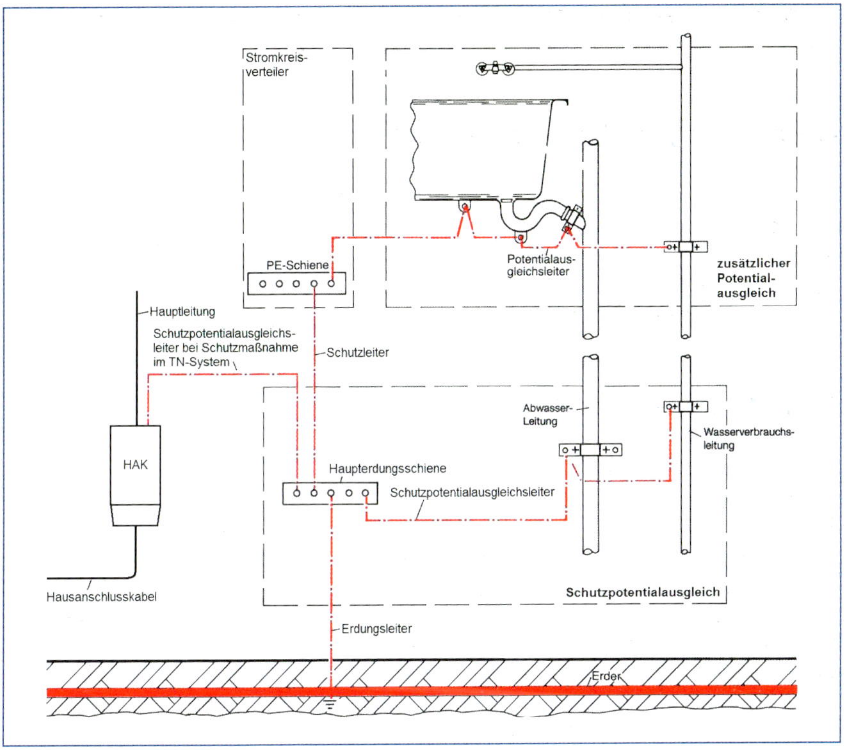

15-10 Schutzpotentialausgleich

Im Hauptstromversorgungssystem nach DIN 18015-1 sind die Leitungen üblicherweise in der Schutzmaßnahme „doppelte oder verstärkte Isolierung" ausgeführt (siehe im Bild 15-11). Es ist deshalb ausreichend, wenn im Fehlerfall mindestens der Strom zum Fließen kommt, der eine Auslösung der Schutzeinrichtung unter den in der Norm für die Überstrom-Schutzeinrichtung für den Überlastbereich festgelegten Bedingungen (großer Prüfstrom) bewirkt.

Die maximal zulässigen Abschaltzeiten im TT-System sind gegenüber dem TN-System reduziert, da hier im Fehlerfall mit höheren Berührungsspannungen und in der Folge mit höheren Berührungsströmen zu rechnen ist. Tabelle 15-12 zeigt eine Gegenüberstellung der signifikanten Kenngrößen im TN- und TT-System.

Für Endstromkreise über 32 A (siehe Bild 15-11) und Verteilerstromkreise sind längere Abschaltzeiten zulässig:

- TN-System: 5 s
- TT-System: 1 s

Wenn die automatische Abschaltung innerhalb der geforderten Zeit nicht erreicht werden kann, muss ein zusätzlicher Schutzpotentialausgleich vorgesehen werden.

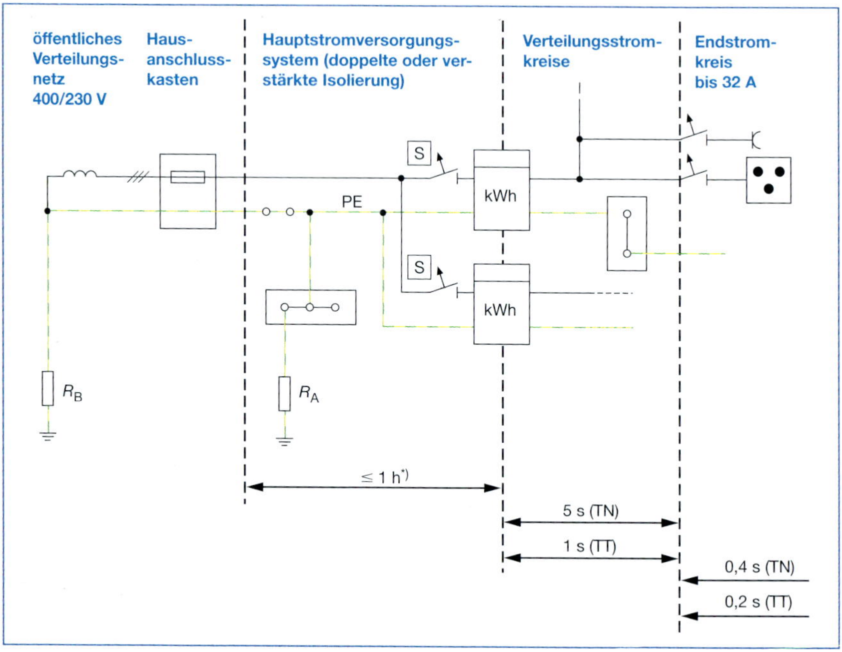

15-11 Abschaltzeiten in TN- und TT-Systemen im 400/230 V-Netz

Zusätzlicher Schutz für Endstromkreise für den Außenbereich und Steckdosen

Als Forderung für den Fehlerschutz wird in einphasigen und in mehrphasigen Wechselspannungssystemen auch ein zusätzlicher Schutz durch Fehlerstrom-Schutzeinrichtungen (RCDs) mit einem Bemessungsdifferenzstrom von nicht größer 30 mA gefordert für:

Kenngrößen	Werte im TN-System	Werte im TT-System
Impedanz der Fehlerschleife Z_S (Messwerte)	einige 10 mΩ bis etwa 2 Ω	bis 100 Ω
Fehlerstrom $I_F = \frac{230\,V}{Z_S}$	etwa 115 A bis zu einigen 1000 A	mindestens 2,3 A
maximal zulässige Abschaltzeit t_a nach Tabelle 41.1	**0,4 s**	**0,2 s**
Berührungsspannung U_T (Erfahrungswerte)	80 V bis 115 V	160 V bis 230 V
Berührungsstrom $I_T = \frac{U_T}{1000\,\Omega}$ Körperimpedanz bei Hand –Fuß Durchströmung (Richtwert)	80 mA bis 115 mA	160 mA bis 230 mA

15-12 Kenngrößen für die Abschaltbedingungen in Endstromkreisen bis 32 A im TN-System und im TT-System

- alle Steckdosen mit einem Bemessungsstrom bis einschließlich 20 A, die für die Benutzung durch Laien und zur allgemeinen Verwendung bestimmt sind;
- alle Endstromkreise für im Außenbereich verwendete tragbare Betriebsmittel mit einem Bemessungsstrom bis einschließlich 32 A.

Die Notwendigkeit des zusätzlichen Schutzes durch Fehlerstrom-Schutzeinrichtungen mit einem Bemessungsdifferenzstrom kleiner oder gleich 30 mA ergibt sich aus dem erhöhten Risiko bei der allgemeinen Verwendung und Benutzung von Steckvorrichtungen durch Laien.

Dort, wo Verbrauchsmittel in der Hand gehalten (die Eigenschaft „tragbar" weist darauf hin) und betrieben werden, insbesondere durch Laien, die den sicherheitstechnischen Zustand eines solchen Verbrauchsmittels im allgemeinen nicht beurteilen können, soll zusätzlich zur Basis- oder Fehlerschutzvorkehrung ein Schutz vorhanden sein, der auch dann noch wirksam ist, wenn die eigentliche Schutzmaßnahme aufgrund besonderer Umstände nicht wirksam ist.

Man bietet damit den Benutzern von Steckdosen einen zusätzlichen Schutz auch dann noch, wenn unwissend oder leichtfertig die Fehlerschutzvorkehrung umgangen oder außer Funktion gesetzt wird.

Nicht der Schutz des Stromkreises, sondern der Schutz der Person, die elektrische Verbrauchsmittel an eine Steckdose anschließt und betreibt, steht im Vordergrund dieser Maßnahme. Das gilt sowohl für Steckdosen im Außenbereich als auch im Innenbereich eines Gebäudes.

In nicht normativen Anmerkungen werden zwei Ausnahmen genannt, in denen dieser zusätzliche Schutz mit Fehlerstrom-Schutzeinrichtungen für Steckdosen bis 20 A nicht durchgeführt werden muss:

1) Steckdosen, die durch Elektrofachfachkräfte oder elektrotechnisch unterwiesene Personen überwacht werden, wie z. B. in entsprechenden gewerblichen oder industriellen Anlagen. Dies ist so zu interpretieren, dass Steckdosen, die für die Benutzung durch Laien und zur allgemeinen Verwendung bestimmt sind generell mit einem zusätzlichen Schutz durch Fehlerstrom-Schutzeinrichtungen mit Bemessungsdifferenzstrom von nicht mehr als 30 mA geschützt werden müssen. Lediglich Steckdosen, die ausschließlich durch Elektrofachkräfte und elektrotechnisch unterwiesene Personen benutzt werden (trifft in Deutschland z. B. für elektrische Betriebsstätten zu), dürfen im Einzelfall von dieser Forderung ausgenommen werden.
2) Steckdosen, die jeweils für den Anschluss nur eines bestimmten Betriebsmittels errichtet werden. Dies sollte nicht in Anspruch genommen werden, wenn in Zweifel gezogen wird, dass diese Steckdose dauerhaft für ein „bestimmtes Betriebsmittel" genutzt wird. Da der Errichter der Anlage den Betrieb der Anlage nicht beeinflussen kann, wird empfohlen dieses „bestimmte Betriebsmittel" fest anzuschließen.

In einer weiteren Anmerkung zur Realisierung des zusätzlichen Schutzes mit Fehlerstrom-Schutzeinrichtungen wird die Verwendung von netzspannungsunabhängigen Fehlerstrom-Schutzeinrichtungen (RCDs) mit eingebautem Überstromschutz (FI/LS-Schalter) nach DIN EN 61009-2-1 empfohlen. Diese Schutzeinrichtungen ermöglichen Personen-, Brand- und Leitungsschutz in einem Gerät.

Grund für diese Empfehlung sind die zahlreiche Vorteile, die sich durch die Anwendung von FI/LS-Schaltern ergeben:

- Erhöhte Betriebssicherheit und Anlagenverfügbarkeit: Bei einem FI/LS-Schalter je Stromkreis erfolgt keine Aufsummierung betriebsbedingter Ableitströme und im Fehlerfall wird nur der betroffene Stromkreis abgeschaltet.
- Damit wird auch die Forderung aus DIN VDE 0100-300 zur Stromkreisaufteilung erfüllt. Es sollen so Gefahren vermieden, Folgen von Fehlern begrenzt, die Kontrolle, Prüfung und Instandhaltung erleichtert und Gefahren berücksichtigt werden, die durch einen Fehler in nur einem Stromkreis entstehen können, z. B. Ausfall der Beleuchtung.
- Auch die Planungsnorm DIN 18015-1 „Elektrische Anlagen in Wohngebäuden, Planungsgrundlagen“ fordert die Zuordnung von Anschlussstellen für Verbrauchsmittel zu einem Stromkreis so vorzunehmen, dass durch das automatische Abschalten der entsprechenden Stromkreis-Schutzeinrichtung (z. B. Überstrom-Schutzeinrichtung, Fehlerstrom-Schutzeinrichtung) nur ein kleiner Teil der Kundenanlage abgeschaltet wird.
- Vereinfachte Planung. Keine Dimensionierung bezüglich Strombelastbarkeit notwendig, da sich der FI/LS-Schalter selbst vor Überlast schützt.
- Allpolige Abschaltung. Da im Gegensatz zum einpoligen LS-Schalter hier alle spannungsführenden Leiter getrennt werden, vereinfacht sich die Fehlersuche.
- Zusätzlicher Schutz und Fehlerschutz im selben Gerät bei Einsatz eines FI/LS-Schalters mit $I_{\Delta n}$ von maximal 30 mA am Anfang des zu schützenden Stromkreise.
- Isolationsmessung aller Leiter gegen Erde ohne Abklemmen des N-Leiters. DIN VDE 0100-718 fordert für jeden Stromkreis eine Isolationsmessung aller Leiter gegen Erde ohne Abklemmen des Neutralleiters. FI/LS-Schalter können die geforderten Neutralleiter-Trennklemmen ersetzen.

In DIN VDE 0100-530 ist für die Auswahl und Errichtungen elektrischer Betriebsmittel festgelegt, dass ortsfeste Fehlerstrom-Schutzeinrichtungen in Steckdosenausführung (SRCDs) nach Entwurf DIN VDE 0662 lediglich zur Schutzpegelerhöhung zu gelassen sind. Diese Geräte sind nicht zur Realisierung einer Schutzmaßnahme und damit auch nicht für den zusätzlichen Schutz anwendbar.

Fehlerstrom-Schutzeinrichtungen (RCDs) die der Produktnorm DIN EN 61008-2-1 bzw. DIN EN 61009-2-1 entsprechen und fest an eine Steckdose angebaut oder in eine Steckdose integriert sind, dürfen für den zusätzlichen Schutz eingesetzt werden. Im Fehlerfall wird dann nicht der gesamte Stromkreis, sondern nur das über diese Steckdose betriebene elektrische Verbrauchsmittel geschützt und abgeschaltet.

Diese Lösung kommt dann zum Einsatz, wenn in einer bestehenden Anlage eine zusätzliche Steckdose errichtet wird und diese entsprechend des gültigen Normenstandes mit dem zusätzlichen Schutz versehen werden muss, oder wenn die Installation der Stromkreise noch im TN-C-System (ohne PE-Leiter) ausgeführt ist.

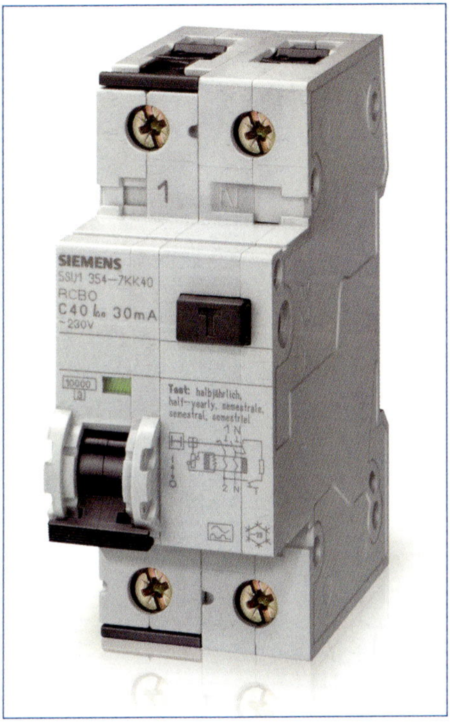

15-13 Beispiel eines FI/LS-Schalters

Werden Steckdosen mit eingebauten Fehlerstrom-Schutzeinrichtungen für den zusätzlichen Schutz vorgesehen, so muss der Fehlerschutz mit einem am Anfang des zu schützenden Stromkreises, also im Stromkreisverteiler installierten Schutzschaltgerät realisiert werden.

TN-Systeme

Alle Körper müssen mit dem Neutralpunkt oder Mittelpunkt des speisenden Netzes durch Schutzleiter bzw. PEN-Leiter verbunden werden. Da der Fehlerstromkreis ausschließlich leitungsgebunden ist führt ein Körperschluss zu einem Kurzschluss mit sehr niedriger Fehlerimpedanz (maßgeblich durch die Kabel-/Leitungsimpedanzen bestimmt, siehe Bild 15-14) und es kommt ein relativ hoher Fehlerstrom I_F zum Fließen. In den meisten Fällen reichen dieser Fehlerströme aus um Überstrom-Schutzeinrichtungen (Sicherungen, Leistungsschutzschalter), die schon wegen des Kabel- und Leitungsschutzes eingesetzt sind, innerhalb der geforderten Abschaltzeiten auszulösen.

Die Funktion der Schutzmaßnahme hängt im TN-System von der zuverlässigen und wirksamen Verbindung des PEN-Leiters oder Schutzleiters mit Erde ab.

Erfolgt die Erdung durch ein öffentliches oder anderes Versorgungssystem so sind die notwendigen Bedingungen außerhalb der elektrischen Anlage in der Verantwortlichkeit des Verteilungsnetzbetreibers.

Dieser muss in Deutschland verpflichtend die folgende Bedingung einhalten:

$$\frac{R_B}{R_E} \leq \frac{50\ \text{V}}{U_0 - 50\ \text{V}}$$

Dabei ist

- R_B der Erderwiderstand in Ω aller parallelen Erder;
- R_E der kleinste Widerstand in Ω von fremden leitfähigen Teilen, die sich in Kontakt mit Erde befinden und nicht mit einem Schutzleiter verbunden sind und über die ein Fehler zwischen Außenleiter und Erde auftreten kann;
- U_0 die Nennwechselspannung in V Außenleiter gegen Erde.

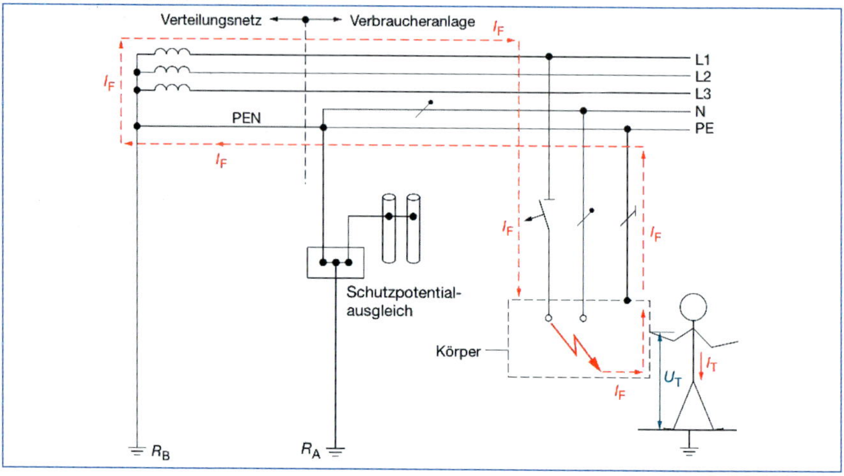

15-14 Fehlerstromkreis im TN-System

Die Abschaltbedingungen im TN-System lauten:

$$Z_s \leq \frac{U_0}{I_a}$$

Dabei bedeuten:

Z_S die Impedanz der Fehlerschleife bestehend aus
- der Stromquelle;
- dem Außenleiter bis zum Fehlerort;
- dem Schutzleiter zwischen dem Fehlerort und der Stromquelle;

I_a der Strom, der das automatische Abschalten der Abschalteinrichtung (Überstrom-Schutzeinrichtung, Fehlerstrom-Schutzeinrichtung) innerhalb der geforderten Zeit bewirkt.

U_0 die Nennwechselspannung oder Nenngleichspannung Außenleiter gegen Erde.

Bei der Verwendung von Leitungsschutzschaltern nach DIN EN 60898-1 wird für die Berechnung in Abhängigkeit des Typs folgender Strom I_a eingesetzt:

- Typ B: $5 \cdot I_n$
- Typ C: $10 \cdot I_n$
- Typ D: $20 \cdot I_n$

Entsprechend der Produktnorm erfolgt die Auslösung bei diesen Strömen innerhalb 100 ms. Damit werden die Abschaltzeiten der Tabelle im TN-System auch für U_0 über 400 V~ erfüllt.

Entscheidend ist, dass die Schleifenimpedanz einen Wert aufweist, der es ermöglicht, dass im Fehlerfall dieser Abschaltstrom zum Fließen kommt. Bei Verwendung von anderen Überstrom-Schutzeinrichtungen, wie Sicherungen oder

Leistungsschaltern, ist der notwendige Abschaltstrom unter Berücksichtigung der maximal zulässigen Abschaltzeit zu ermitteln.

Der Errichter der Anlage muss durch entsprechende Auslegung der Stromkreise, Auswahl der Betriebsmittel und Schutzschaltgeräte sicherstellen, dass die Abschaltbedingungen zuverlässig eingehalten werden.

Der Fehlerstrom und damit der für das automatische Abschalten maßgebliche Strom I_a wird im TN-System sehr hohe Werte annehmen (siehe auch Tabelle 15-12) und liegt damit sicher über dem 5-fachen Bemessungsfehlerstrom der Fehlerstrom-Schutzeinrichtungen (RCDs). Damit liegen die Abschaltzeiten von Fehlerstrom-Schutzeinrichtungen (RCDs) auch in der selektiven Ausführung immer unter der maximal zulässigen Abschaltzeit von 0,4 s für U_0 bis 230 V~ und von 0,2 s für U_0 bis 400 V~. Für Spannungen U_0 über 400 V~ sind selektive Fehlerstrom-Schutzeinrichtungen (RCDs) nicht für den Fehlerschutz geeignet.

In TN-Systemen sind die folgenden Schutzeinrichtungen für den Fehlerschutz zugelassen:

- Überstrom-Schutzeinrichtungen
- Fehlerstrom-Schutzeinrichtungen (RCDs)

Bezüglich der Verwendung von Fehlerstrom-Schutzeinrichtung (RCD) sind zu beachten:

- Der Einsatz in TN-C-Systemen ist nicht zugelassen.
- Bei Verwendung in TN-C-S-Systemen darf auf der Lastseite der Fehlerstrom-Schutzeinrichtung (RCD) kein PEN-Leiter verwendet werden. Die Verbindung des Schutzleiters mit dem PEN-Leiter muss auf der Versorgungsseite der Fehlerstrom-Schutzeinrichtung (RCD) hergestellt werden.
- Zeitverzögerte Fehlerstrom-Schutzeinrichtungen (z. B. der selektiven Bauart S) können in Reihe mit Fehlerstrom-Schutzeinrichtungen allgemeiner Bauart eingesetzt werden, um Selektivität zu erreichen.

Wenn die Abschaltbedingungen bei Verwendung von Überstrom-Schutzeinrichtungen nicht erfüllt und alternativ Fehlerstrom-Schutzeinrichtungen nicht einsetzbar sind, ist ein zusätzlicher Schutzpotentialausgleich erforderlich.

TT-Systeme

In TT-Systemen müssen alle Körper, die durch die gleiche Schutzeinrichtung geschützt werden, durch Schutzleiter an einen gemeinsamen Erder angeschlossen werden.

Fehlerstrom	**Abschaltzeit t_a[1]**	
	Standard-RCD	selektive RCD
$I_{\Delta n}$	$\leq$ 300 ms	130 ms $\leq t_a \leq$ 500 ms
2-facher $I_{\Delta n}$	$\leq$ 150 ms	60 ms $\leq t_a \leq$ 200 ms
5-facher $I_{\Delta n}$	$\leq$ 40 ms	50 ms $\leq t_a \leq$ 150 ms

[1] entsprechend der Produktnormen DIN EN 61008-1, DIN EN 61009-1

15-15 Abschaltzeiten von Fehlerstrom-Schutzeinrichtungen

Der Neutralpunkt oder der Mittelpunkt des Versorgungssystems muss geerdet werden. Wenn dieser nicht verfügbar oder nicht zugänglich ist, muss ein Außenleiter geerdet werden.

Der Fehlerstromkreis schließt sich hier über Erde zur Stromquelle und stellt damit keinen rein leitungsgebundenen Kurzschluss wie im TN-System dar. Der Fehlerstrom und damit der für das automatische Abschalten maßgebliche Strom I_a wird im TT-System auf Grund der in der Fehlerschleife liegenden Anlagenerde R_A deutlich geringere Werte als im TN-System annehmen (siehe Bild 15-16). Der Fehlerstrom kann unter bestimmten Bedingungen bis in Bereiche von unter 10 A sinken (siehe auch Tabelle 15-12).

Auf Grund dieser Gegebenheiten sind in TT-Systemen im Allgemeinen Fehlerstrom-Schutzeinrichtungen (RCDs) für den Fehlerschutz (Schutz bei indirektem Berühren) zu verwenden. Überstrom-Schutzeinrichtungen sind nur unter der Voraussetzung zugelassen, dass der erforderliche Wert für Z_S dauerhaft und zuverlässig sichergestellt werden kann.

Bei der Verwendung einer Fehlerstrom-Schutzeinrichtung (RCD) zum Fehlerschutz müssen folgende Bedingungen erfüllt sein:

- Die maximal zulässige Abschaltzeit muss eingehalten werden.
- $R_A \leq \frac{50\ \text{V}}{I_{\Delta n}}$

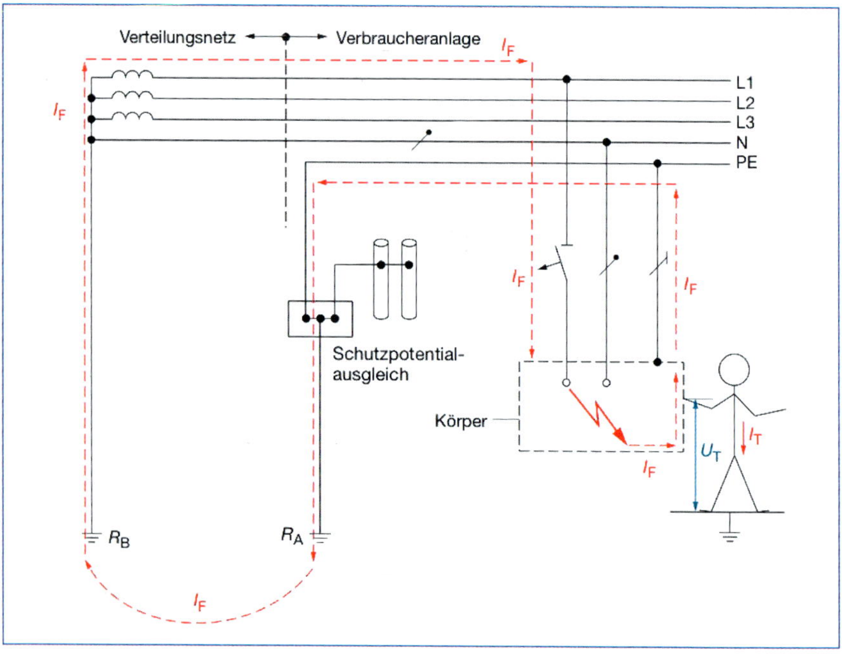

15-16 Fehlerstromkreis im TT-System

Dabei sind:

R_A die Summe der Widerstände in Ω des Erders und des Schutzleiters der Körper (wenn R_A nicht bekannt ist, darf Z_S eingesetzt werden).

$I_{\Delta n}$ der Bemessungsdifferenzstrom in A der Fehlerstrom-Schutzeinrichtung (RCD).

Um die geforderten maximalen Abschaltzeiten mit Fehlerstrom-Schutzeinrichtungen (RCDs) einzuhalten sind die im Fehlerfall zu erwartenden Fehlerströme zu betrachten. Dabei ist die im Fehlerfall anstehende Leiter-Erde-Spannung U_0 im Vergleich zu der für die Berechnung des Anlagenerdungswiderstandes R_A berücksichtigten 50 V zu sehen.

Bei einer Leiter-Erde-Spannung $U_0 = 230$ V würde im Fehlerfall ein Fehlerstrom fließen von

$$\frac{230\,\text{V}}{50\,\text{V}} \cdot I_{\Delta n} = 4{,}6 \cdot I_{\Delta n}$$

Damit werden bei Spannungen U_0 bis 230 V die geforderten Abschaltzeiten eingehalten. Auch für eine Fehlerstrom-Schutzeinrichtung (RCD) des selektiven Typ S wäre bei $U_0 \leq 230$ V schon ein Fehlerstrom $2 \cdot I_{\Delta n}$ ausreichend, um die maximal zulässige Abschaltzeit von 200 ms einzuhalten.
Bei höheren Spannungen bis $U_0 = 400$ V oder höher gilt:

$$\frac{230\,\text{V}}{50\,\text{V}} \cdot I_{\Delta n} = 4{,}6 \cdot I_{\Delta n}$$

Mit Fehlerströmen über $5 \cdot I_{\Delta n}$ werden auch bei Spannungen U_0 über 400 V die geforderten Abschaltzeiten von maximal 40 ms von Standard Fehlerstrom-Schutzeinrichtungen eingehalten. Mit zeitverzögerten Fehlerstrom-Schutzeinrichtung (RCD) des selektiven Typ S lassen sich diese Abschaltzeiten allerdings nicht erreichen, sie sind deshalb für Spannungen U_0 über 230 V nicht für den Fehlerschutz einsetzbar.

Sollen Überstrom-Schutzeinrichtungen für den Fehlerschutz (Schutz bei indirektem Berühren) verwendet werden, ist folgende Bedingung zu erfüllen:

$$Z_S \leq \frac{U_0}{I_a}$$

Dabei bedeuten:

Z_s die Impedanz der Fehlerschleife bestehend aus
- der Stromquelle;
- dem Außenleiter bis zum Fehlerort;
- dem Schutzleiter der Körper,
- dem Erdungsleiter,
- dem Anlagenerder und
- dem Erder der Stromquelle;

I_a der Strom, der das automatische Abschalten der Abschalteinrichtung innerhalb der geforderten Zeit bewirkt.

U_0 die Nennwechselspannung oder Nenngleichspannung Außenleiter gegen Erde.

Es wird hierbei nochmals darauf hingewiesen, dass bei Verwendung von Überstrom-Schutzeinrichtungen zum Fehlerschutz sichergestellt sein muss, dass die Impedanz der Fehlerschleife zuverlässig und dauerhaft unterhalb des zulässigen Maximalwertes liegt. Wenn dies nicht sichergestellt werden kann sind Fehlerstrom-Schutzeinrichtungen zu verwenden.

IT-Systeme

In IT-Systemen müssen die aktiven Teile entweder gegen Erde isoliert sein oder über eine ausreichend hohe Impedanz geerdet werden. Diese Impedanz darf entweder zwischen Erde und dem Neutralpunkt bzw. Mittelpunkt des Systems oder einem künstlichen Neutralpunkt liegen. Wenn kein Neutralpunkt oder Mittelpunkt ausgeführt ist, darf ein Außenleiter über eine hohe Impedanz mit Erde verbunden werden.

Bei Auftreten nur eines Körper- oder Erdschlusses ist der Fehlerstrom niedrig und eine Abschaltung ist nicht gefordert, wenn die Körper einzeln, gruppenweise oder in ihrer Gesamtheit geerdet werden.

Dieser erste Fehler muss unter Einhaltung bestimmter Bedingungen nicht automatisch abgeschaltet werden. Es muss lediglich eine Meldung des Fehlers erfolgen. Wenn dieser erste Fehler vor dem Auftreten eines zweiten Fehlers beseitigt wird, ist keine Abschaltung erforderlich und der Betrieb der Anlage ist unterbrechungsfrei möglich. Dies ist ein wesentlicher Vorteil des IT-Systems.

Um bei Auftreten eines zweiten Fehlers das Risiko gefährlicher physiologischer Einwirkungen auf Personen, die in Verbindung mit gleichzeitig berührbaren leitfähigen Teilen stehen, zu vermeiden, sind entsprechende Maßnahmen zu treffen.

Im IT-System müssen die Körper einzeln, gruppenweise oder gemeinsam geerdet sein. Im fehlerfreien Zustand muss die folgende Bedingung erfüllt sein:

- In Wechselstromsystemen $R_A \cdot I_d \leq 50$ V
- In Gleichstromsystemen $R_A \cdot I_d \leq 120$ V

Dabei ist

R_A die Summe der Widerstände in Ω des Erders und des Schutzleiters zum jeweiligen Körper;

I_d der Fehlerstrom in A beim ersten Fehler mit vernachlässigbarer Impedanz zwischen einem Außenleiter und einem Körper. Der Wert von I_d berücksichtigt die Ableitströme und die Gesamtimpedanz der elektrischen Anlage gegen Erde.

Als Überwachungs- und Schutzeinrichtungen dürfen im IT-System verwendet werden:

- Isolationsüberwachungseinrichtungen (IMDs);
- Differenzstrom-Überwachungseinrichtungen (RCMs);
- Isolationsfehler-Sucheinrichtungen;
- Überstrom-Schutzeinrichtungen;
- Fehlerstrom-Schutzeinrichtungen (RCDs).

In Deutschland muss eine Isolationsüberwachungseinrichtung (IMD) vorgesehen sein um bei einem ersten Fehler ein akustisches und/oder optisches Signal zu geben. Somit soll es ermöglicht werden diesen Fehler möglichst umgehend, bevor ein zweiter Fehler auftritt, zu beheben.

Für den Schutz durch automatische Abschaltung im zweiten Fehler sind aber nur die Überstrom-Schutzeinrichtungen und Fehlerstrom-Schutzeinrichtungen (RCDs) zu verwenden.

Überwiegend, insbesondere wenn sich nach dem ersten Fehler ein TN-System gebildet hat, finden dazu Überstrom-Schutzeinrichtungen Anwendung. Bei Verwendung von Fehlerstrom-Schutzeinrichtung ist es notwendig für jeden Verbraucher eine eigene Fehlerstrom-Schutzeinrichtung (RCD) einzusetzen, nur so ist sichergestellt, dass bei zwei Fehlern in verschiedenen Verbrauchern in unterschiedlichen Außenleitern eine Abschaltung erfolgt.

Folgende Bedingungen für die Abschaltung der Stromversorgung müssen nach dem Auftreten eines ersten Fehlers im Falle eines zweiten Fehlers in einem anderen Außenleiter erfüllt werden:

- wenn die Körper untereinander über einen Schutzleiter gemeinsam über die selbe Erdungsanlage geerdet sind, gelten für den Schutz die Bedingungen wie für das TN-System.

  Folgende Bedingungen sind zu erfüllen in Wechsel- oder Gleichstromsystemen
  - ohne Mittelleiter:

  $$Z_S \leq \frac{U}{2 \cdot I_a}$$

  - mit verteiltem Neutral- oder Mittelleiter:

  $$Z'_S \leq \frac{U_0}{2 \cdot I_a}$$

  Dabei sind:

  U_0 die Nennwechselspannung oder Nenngleichspannung zwischen Außenleiter und Neutralleiter oder Mittelleiter,

  U die Nennwechselspannung oder Nenngleichspannung zwischen Außenleitern,

  Z_S die Impedanz der Fehlerschleife, bestehend aus dem Außenleiter und dem Schutzleiter des Stromkreises,

  Z'_S die Impedanz der Fehlerschleife, bestehend aus dem Neutralleiter und dem Schutzleiter des Stromkreises,

- wenn die Körper in Gruppen oder einzeln geerdet sind, gilt für den Schutz folgende Bedingung wie im TT-System:

$$R_a \leq \frac{50\ V}{I_a}$$

Dabei sind:

R_A die Summe der Widerstände in Ω des Erders und des Schutzleiters für die Körper;

I_a der Strom in A, der die Funktion der Schutzeinrichtung für TT-Systeme geforderten Zeit bewirkt.

FELV

Functional **E**xtra **L**ow **V**oltage bedeutet: Funktionale besonders kleine Spannung. FELV ist eine besondere Form der Schutzmaßnahme „Schutz durch automatische Abschaltung der Stromversorgung". Sie kommt zur Anwendung wenn aus Funktionsgründen eine Nennspannung kleiner gleich 50 Volt Wechselspannung oder 120 Volt Gleichspannung benötigt wird.

Obwohl die Spannung auf diese kleinen Werte begrenzt ist, muss der Basisschutz durch entsprechende Isolierung sichergestellt werden. Der Fehlerschutz erfolgt im Fehlerfall durch die Abschaltung der Stromversorgung auf der Primärseite der Kleinspannungsstromquelle.

Die verwendeten Stromquellen müssen mindestens einfache Trennung zum Versorgungssystem besitzen. Die Stecker und Steckdosen für FELV dürfen nicht mit denen aus anderen Spannungsbereichen kompatibel sein. Der Schutzkontakt der Steckdosen muss mit dem Schutzleiter des Primärstromkreises verbunden sein, wobei dieser die Bedingungen des Schutzes durch automatische Abschaltung der Stromversorgung erfüllen muss.

Schutz durch doppelte oder verstärkte Isolierung

Für diese Schutzmaßnahme wird für die Basisschutzvorkehrung der Schutz durch Isolierung aktiver Teile angewendet. Die Fehlerschutzvorkehrung wird durch eine zusätzliche Isolierung erreicht.

Alternativ kann eine verstärkte Isolierung, die durch eine entsprechend höherwertige Isolierung den Basisschutz und den Fehlerschutz gleichermaßen erfüllt, angewendet werden.

Diese Schutzmaßnahme darf als alleinige Schutzmaßnahme nur angewendet werden, wenn sichergestellt ist, dass der Anlagenteil im Normalbetrieb so überwacht ist, dass keine Änderungen durchgeführt werden können, die die Wirksamkeit der Schutzmaßnahme beeinträchtigen.

Als alleinige Schutzmaßnahme darf diese Schutzmaßnahme auch nicht eingestetzt werden wenn in einem Stromkreis Steckdosen eingebaut sind oder wenn vom Anwender ohne Berechtigung Betriebsmittel oder Teile davon ausgetauscht werden können.

Mit den Anforderungen an eine wirksame Überwachung (auch wenn diese nicht näher beschrieben ist) der Anlage vor unberechtigten Änderungen ist der Einsatz dieser Schutzmaßnahme in Hausinstallationen in der Praxis nicht anwendbar.

Die für diese Schutzmaßnahme zulässigen elektrischen Betriebsmittel müssen mit doppelter oder verstärkter Isolierung (Betriebsmittel der Schutzklasse II) oder in einer relevanten Produktnorm als mit Schutzklasse II gleichwertig deklariert sein. Diese Betriebsmittel sind durch das Symbol ⧈ gekennzeichnet.

Beim Errichten einer elektrischen Anlage kann durch das Anbringen einer zusätzlichen Isolierung an elektrischen Betriebsmitteln, die nur Basisisolierung haben, der Schutz ebenfalls erreicht werden. Es muss aber ein Grad an Sicherheit erreicht werden, der dem der vorgenannten (schutzisolierten) Betriebsmittel gleichwertig ist. Zur Kennzeichnung dieser Betriebsmittel ist an der Außen- und Innenseite des Gehäuses das folgende Symbol an sichtbarer Stelle fest anzubringen: ⏚

Eine weitere Möglichkeit stellt das Anbringen einer verstärkten Isolierung an nichtisolierten, aktiven Teilen beim Errichten einer elektrischen Anlage dar. Auch hier muss ein Grad an Sicherheit erreicht werden, der den schutzisolierten Betriebsmitteln entspricht. Diese Isolationsform der Isolierung ist nur zulässig wenn die Konstruktionsmerkmale die Anbringung einer doppelten Isolierung nicht ermöglichen. Auch bei diesen Betriebsmitteln ist zur Kennzeichnung an der Außen- und Innenseite des Gehäuses das folgende Symbol an sichtbarer Stelle fest anzubringen: ⏚

Alle leitfähigen Teile sind von einer isolierenden Umhüllung zu umgeben, die den mechanischen, elektrischen und thermischen Beanspruchungen standhalten muss, die üblicher Weise auftreten können.

Die aktiven Teile eines betriebsfertigen elektrischen Betriebsmittels, die nur durch Basisisolierung von leitfähigen Teilen getrennt sind, müssen von einer isolierenden Umhüllung mit einer Schutzart von mindestens IPXXB oder IP2X umschlossen sein. An die isolierende Umhüllung sind folgende Anforderungen gestellt:

- Es dürfen keine leitfähigen Teile hindurchgeführt werden, durch die ein Potential übertragen werden könnte,
- Durch das Auswechseln von Schrauben oder anderen Befestigungsmitteln, die während der Errichtung oder Instandhaltung notwendigerweise entfernt werden müssen oder könnten darf der Schutz der isolierenden Umhüllung nicht durch deren Ersatz durch Metallschrauben oder andere Befestigungsmittel beeinträchtigt werden.

Wenn Deckel oder Türen in der isolierenden Umhüllung ohne Werkzeug oder Schlüssel geöffnet werden können, müssen alle leitfähigen Teile, die dann berührbar sind, hinter einer entsprechenden isolierenden Abdeckung (mindestens mit Schutzgrad IPXXB oder IP2X) sein, die selbst wiederum nur mit Werkzeug oder Schlüssel entfernt werden kann.

Innerhalb der isolierenden Umhüllung dürfen Schutzleiter nicht an berührbare leitfähige Teile, z. B. Tragkonstruktionen, angeschlossen werden. Damit wird aber nicht ausgeschlossen, dass Anschlussmöglichkeiten für Schutzleiter vorgesehen sind, die durch die Umhüllung geführt werden, weil sie für andere Betriebsmittel benötigt werden. Diese Schutzleiter und ihre Anschlussklemmen müssen innerhalb der Umhüllung wie aktive Teile isoliert sein. Die Anschlussklemmen müssen als Schutzleiter-Anschlussklemmen gekennzeichnet sein.

Körper und dazwischen liegende Teile dürfen nicht an einen Schutzleiter angeschlossen werden, es sei denn eine besondere Vorkehrung in der betreffenden Betriebsmittelnorm sieht dies vor.

Zur Versorgung von Stromkreisen, an denen der Anschluss von Betriebsmitteln der Schutzklasse II vorgesehen ist, muss der Schutzleiter mitgeführt werden. Damit wird die Möglichkeit berücksichtigt, dass ein Schutzklasse II Betriebsmittel später durch ein Betriebsmittel der Schutzklasse I ersetzt werden kann. Es wird hier nochmals darauf hingewiesen, dass sich dieser Stromkreis unter wirksamer Überwachung befinden muss, damit keine unbefugte Änderung daran vorgenommen werden kann.

Schutz durch Schutztrennung für die Versorgung eines Verbrauchsmittels

Als Basisschutz ist hier vorgesehen die Basisisolierung aktiver Teile die Anwendung von Abdeckungen oder Umhüllungen. Die Fehlerschutzvorkehrung beinhaltet die Anwendung einer Stromquelle mit mindestens einfacher elektrischer Trennung und einer maximalen Spannung von 500 V.

An die Stromkreise mit Schutztrennung werden folgende Anforderungen gestellt:

- Die aktiven Teile dürfen an keinem Punkt mit einem anderen Stromkreis, mit Erde oder mit einem Schutzleiter verbunden werden.
- Die Körper dürfen nicht mit dem Schutzleiter oder mit Körpern anderer Stromkreise oder mit Erde verbunden werden.

Für die allgemeine Verwendung ist diese Schutzmaßnahme nur für den Betrieb eines elektrischen Verbrauchsmittels zugelassen.

Schutz durch Kleinspannung mittels SELV oder PELV

SELV und PELV stehen als Abkürzung aus dem Englischen für:

Safety: Sicherheit
Protective: Schutz
Extra **L**ow **V**oltage: besonders kleine Spannung.

Die Tabelle 15-17 zeigt die unterschiedlichen Kleinspannungen bezüglich der sicheren Trennung und deren Beziehung zur Erde.

SELV und PELV sind als Schutzmaßnahme anwendbar, wenn die Nennspannung von 50 Volt Wechselspannung oder 120 Volt Gleichspannung nicht überschritten wird und der zu schützende Stromkreis aus einer Sicherheitsstromquelle versorgt wird.

Bezeichnung	Art der Trennung	Beziehung zur Erde oder einem Schutzleiter
SELV	Stromquelle mit sicherer Trennung z. B. Sicherheitstransformator und Stromkreise mit sicherer Trennung	ungeerdete Stromkreise; Körper dürfen nicht absichtlich mit Erde oder einem Schutzleiter verbunden sein
PELV		geerdete und ungeerdete Stromkreise erlaubt; Körper dürfen geerdet oder mit einem Schutzleiter verbunden sein
FELV	Stromquelle ohne sichere Trennung, d. h. nur Basistrennung oder Stromkreise ohne sichere Trennung	geerdete Stromkreise erlaubt; Körper müssen mit dem Schutzleiter auf der Primärseite der Stromversorgung verbunden sein

15-17 Kleinspannungen bezüglich der sicheren Trennung und der Beziehung zur Erde

SELV- und PELV-Systeme müssen gegenüber anderen nicht SELV- und PELV-Stromkreisen sichere Trennung aufweisen. Zwischen SELV- und PELV-Systemen untereinander ist Basisisolierung ausreichend.

SELV-Systeme erfordern im Gegensatz zu PELV-Systemen gegenüber Erde eine Basisisolierung. PELV-Stromkreise und Körper der versorgten Betriebsmittel dürfen geerdet werden.

An Stecker und Steckdosen für SELV- oder PELV-Systeme sind besondere Anforderungen gestellt:

- Stecker dürfen nicht in Steckdosen für andere Spannungssysteme eingeführt werden können;
- in Steckdosen dürfen keine Stecker für andere Spannungssysteme eingeführt werden können;
- in SELV-Systemen dürfen Stecker und Steckdosen keinen Schutzleiterkontakt haben.

Unter 12 V AC/30 V DC ist Basisschutz nur im Wasser gefordert.

Je nach Spannungshöhe kann auf den Basisschutz unter folgenden Bedingungen verzichtet werden:

a) bis 12 V AC/30 V DC bei normaler trockener Umgebung: In SELV- und PELV-Systemen

b) bis 25 V AC/60 V DC bei normaler trockener Umgebung: In SELV-Systemen. In PELV-Systemen, wenn die Körper und/oder aktiven Teile durch einen Schutzleiter mit der Haupterdungsschiene verbunden sind

Über 25 V AC/60 V DC ist Basisschutz immer gefordert.

Die Schutzmaßnahme mittels SELV oder PELV gilt als sehr sichere Schutzmaßnahme die allgemein anwendbar und unter Normalbedingungen immer zulässig ist.

Zusätzlicher Schutz

Zusätzlicher Schutz kann zusammen mit einer anderen Schutzmaßnahme unter bestimmten äußeren Einflüssen und in speziellen Bereichen gefordert werden. Entsprechende Festlegungen enthalten z. B. die Errichtungsbestimmungen für Anlagen und Räume besonderer Art nach DIN VDE 0100 Gruppe 700.

Zusätzlicher Schutz mit Fehlerstrom-Schutzeinrichtungen (RCDs)
Die Anwendung von Fehlerstrom-Schutzeinrichtungen mit einem Bemessungsdifferenzstrom ≤ 30 mA hat sich als zusätzlicher Schutz gegen elektrischen Schlag beim Versagen der Basisschutzvorkehrung und/oder Fehlerschutzvorkehrung, sowie bei Sorglosigkeit des Benutzers bewährt.

Die Anwendung dieser Fehlerstrom-Schutzeinrichtungen ist nur als Zusatz zu anderen Schutzmaßnahmen zum Schutz gegen elektrischen Schlag vorgesehen und wird nicht als alleiniges Mittel des Schutzes anerkannt.

Um den geforderten Schutz mit Fehlerstrom-Schutzeinrichtungen gewährleisten zu können, muss auch der geeignete Typ ausgewählt werden. In DIN VDE 0100-530 ist abhängig vom elektrischen Betriebsmittel und des dadurch möglichen Fehlerstromes der geeignete Typ der Fehlerstrom-Schutzeinrichtung zugeordnet (siehe Bild 15-19).

Zur Realisierung der Schutzmaßnahme automatische Abschaltung der Stromversorgung ist in Deutschland der Typ AC nicht zugelassen.

Zusätzlicher Schutz durch zusätzlichen Schutzpotentialausgleich
Anders als der zusätzliche, Schutz durch Fehlerstrom-Schutzeinrichtungen mit einem Bemessungsdifferenzstrom ≤ 30 mA ist der zusätzliche Schutz durch den zusätzlichen Schutzpotentialausgleich nur als Maßnahme für den Fehlerschutz wirksam. Insbesondere ersetzt er keinen fehlerhaften Basisschutz.

Die Abschaltung des Stromkreises kann aber auch bei Verwendung des zusätzlichen Schutzpotentialausgleiches notwendig werden, z. B. aus Gründen des Brandschutzes oder thermischer Überlastung des Stromkreises.

Alle gleichzeitig berührbaren Körper fest angebrachter Betriebsmittel und fremde leitfähige Teile sowie die metallenen Hauptbewehrungen von Stahlbeton, soweit praktikabel, sind in den zusätzlichen Schutzpotentialausgleich einzuschließen. Die Schutzpotentialausgleichsanlage ist mit den Schutzleitern aller Betriebsmittel und den Schutzleitern der Steckdosen zu verbinden.

Für einen wirksamen zusätzlichen Schutzpotentialausgleichs muss der Widerstand R zwischen gleichzeitig berührbaren Körpern und fremden leitfähigen Teilen die folgende Bedingung erfüllen:

- in Wechselspannungssystemen

$$R \leq \frac{50\ \mathrm{V}}{I_a}$$

- in Gleichspannungssystemen

$$R \leq \frac{120\ \text{V}}{I_a}$$

Dabei ist

I_a der Strom in A, der das Abschalten der Schutzeinrichtung bewirkt:

- für Fehlerstrom- Schutzeinrichtungen (RCDs): $I_{\Delta n}$,
- für Überstrom-Schutzeinrichtungen der Strom, der eine Abschaltung innerhalb von 5 s bewirkt.

Der zusätzliche Schutz durch Schutzpotentialausgleich sollte nur dann angewendet werden, wenn die geforderten Abschaltzeiten für den Fehlerschutz nicht eingehalten werden können und der Einsatz einer Fehlerstrom-Schutzeinrichtung nicht möglich ist.

Schutzklassen

Im Zusammenhang mit dem Schutz gegen elektrischen Schlag unter Fehlerbedingungen besteht auch der Begriff Schutzklassen (Bild 15-18).

Symbol	Beschreibung
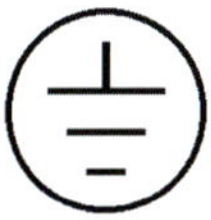	**Schutzklasse I:** Anschluss für den Schutzleiter
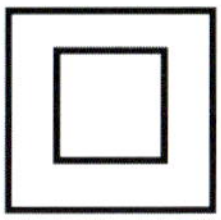	**Schutzklasse II:** Schutzisolierung für elektrische Betriebsmittel
	**Schutzklasse III:** für elektrische Betriebsmittel zum Anschluss an Kleinspannung

15-18 Kennzeichen der Schutzklassen

Schutzklasse I:

Die aktiven Teile des Verbrauchsgerätes sind durch die Basisisolierung gegen direktes Berühren geschützt. Zusätzlich besteht eine äußere Umhüllung aus leitfähigem Material, die an einen Schutzleiter angeschlossen wird, damit bei Versagen der Basisisolierung der Schutz gegen elektrischen Schlag unter Fehlerbedingungen (auch Schutz bei indirektem Berühren oder Fehlerschutz genannt) wirksam werden kann.

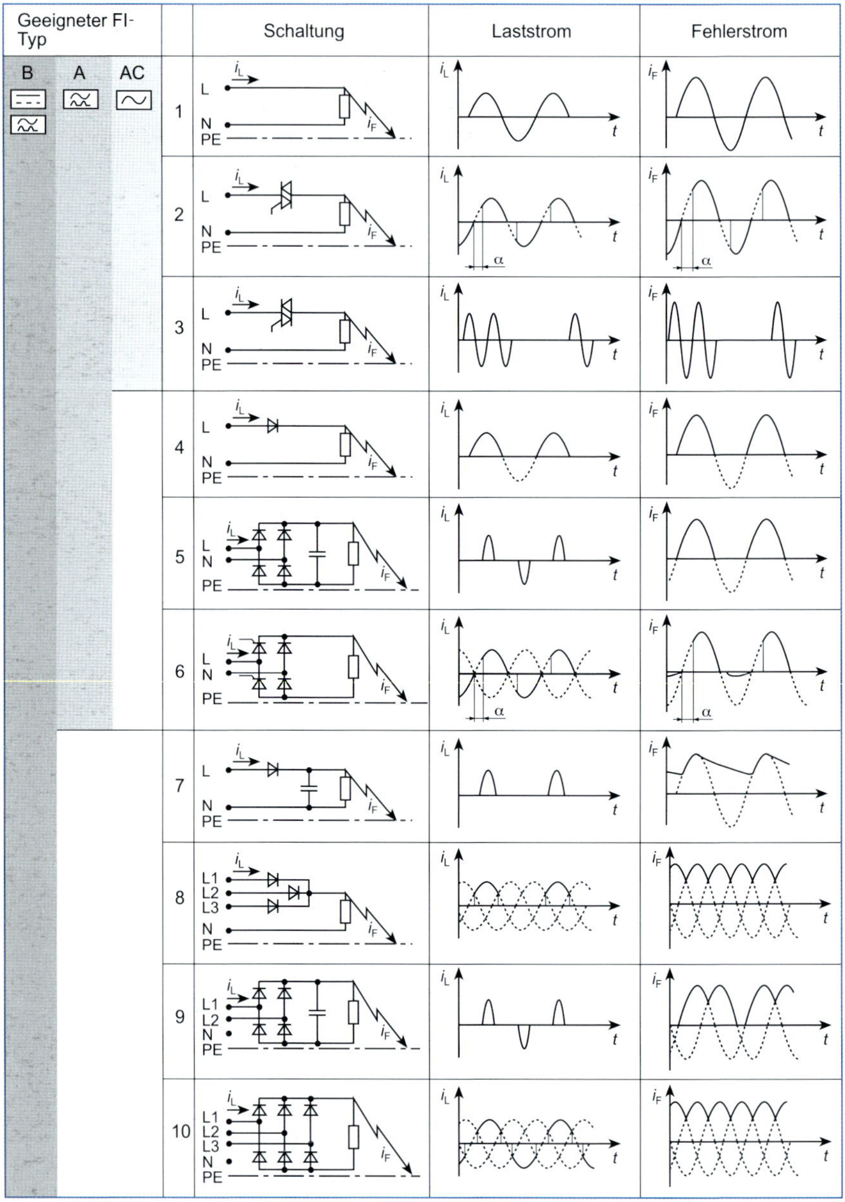

15-19 Mögliche Fehlerstromformen und geeigneter Typ der Fehlerstrom-Schutzeinrichtung

Schutzklasse II:
Die aktiven Teile des Verbrauchsgerätes sind durch die Basisisolierung gegen direktes Berühren geschützt. Zusätzlich besteht eine doppelte (zweite) oder verstärkte Isolierung, die bei Versagen der Basisisolierung den Schutz gegen elektrischen Schlag unter Fehlerbedingungen (Schutz bei indirektem Berühren oder Fehlerschutz) übernimmt. Die Gehäuse dieser Verbrauchsgeräte besitzen keinen Schutzleiteranschluss und dürfen mit diesem auch nicht verbunden werden.

Schutzklasse III:
Ein Schutz sowohl im normalen Betrieb als auch im Fehlerfall wird dadurch sichergestellt, dass diese Verbrauchsgeräte mit einer maximalen Spannung, die der vereinbarten Berührungsspannung entspricht (z. B. 50 V), betrieben werden. Man spricht in diesen Fällen von Schutz durch Kleinspannung.

Im Anhang C der DIN VDE 0100-410 sind Schutzmaßnahmen beschrieben, die nur anwendbar sind, wenn die Anlage unter der Überwachung durch Elektrofachkräfte oder elektrotechnisch unterwiesene Personen steht.

Schutz durch „nicht leitende Umgebung“

Voraussetzung ist, dass alle Betriebsmittel mit einer Basisschutzvorkehrung (Basisisolierung aktiver Teile; Abdeckungen oder Umhüllungen) versehen sind.

Diese Schutzmaßnahme ist vorgesehen, um zu vermeiden, dass Teile, die auf Grund des Versagens der Basisisolierung aktiver Teile unterschiedliches Potential haben können, gleichzeitig berührt werden. Dazu müssen die Körper so angeordnet sein, dass es unter üblichen Umständen ausgeschlossen ist, dass Personen gleichzeitig in Berührung kommen mit

- zwei Körpern oder
- einem Körper und einem fremden leitfähigen Teil,

wenn diese auf Grund des Versagens der Basisisolierung aktiver Teile unterschiedliches Potential haben können. Deshalb darf in einem nichtleitenden Raum auch kein Schutzleiter vorhanden sein.

Diese Forderungen gelten als erfüllt wenn Fußboden und Wände aus Isoliermaterial sind und mindestens eine der folgenden Ausführungen umgesetzt ist:

- Abstand zwischen den Körpern und fremden leitfähigen Teilen sowie zwischen zwei Körpern mindestens 2,50 m. Außerhalb des Handbereiches genügen 1,25 m.
- Wirksame Hindernisse zwischen Körpern und fremden leitfähigen Teilen. Dazu müssen die überbrückbaren Entfernungen die vorgenannten Werte einhalten. Sie dürfen nicht mit Erde oder Körpern verbunden werden uns so weit wie möglich aus elektrisch nicht leitendem Material bestehen.
- Isolierung oder isolierte Anordnung fremder leitfähiger Teile. Die Isolierung muss dazu eine ausreichende mechanische Festigkeit haben und einer Prüfspannung von mindestens 2 000 V standhalten können. Unter normalen Bedingungen darf dabei der Ableitstrom 1 mA nicht überschreiten.

Der Widerstand von isolierenden Fußböden und Wänden darf an keiner Stelle, an der gemessen wird, folgende Werte unterschreiten:

- 50 kΩ wenn die Nennspannung der Anlage 500 V nicht überschreitet,
- 100 kΩ wenn die Nennspannung der Anlage 500 V überschreitet.

Der Schutz durch nichtleitende Räume muss dauerhaft sein. Vor allem darf er nicht unwirksam gemacht werden können. Das gilt vor allem wenn die Verwendung beweglicher und ortsveränderlicher Betriebsmittel beabsichtigt ist. Besonders problematisch ist die Aufrechterhaltung des Schutzes durch nichtleitende Räume in Anlagen, die nicht unter wirksamer Kontrolle, d. h. Überwachung stehen, weil zu einem späteren Zeitpunkt leitfähige Teile z. B. mittels beweglicher oder ortsveränderlicher Betriebsmittel der Schutzklasse I (mit Schutzleiter) eingeführt werden können.

Zudem müssen Vorkehrungen getroffen werden, die sicherstellen, dass durch fremde leitfähige Teile keine Spannungen aus dem Raum nach außen verschleppt werden können.

Schutz durch erdfreien örtlichen Schutzpotentialausgleich

Voraussetzung ist, dass alle Betriebsmittel mit einer Basisschutzvorkehrung (Basisisolierung aktiver Teile, Abdeckungen oder Umhüllungen) versehen sind. Der erdfreie örtliche Schutzpotentialausgleich soll das Auftreten einer gefährlichen Berührungsspannung verhindern. Bei einem Fehler nehmen alle gleichzeitig berührbaren Körper elektrischer Betriebsmittel gleiches Potential an. Es kann also zwischen den mit dem erdfreien örtlichen Schutzpotentialausgleichsleiter verbundenen Körper kein Potentialunterschied abgegriffen werden.

Für die Schutzmaßnahme des erdfreien örtliche Schutzpotentialausgleichs sind alle gleichzeitig berührbaren Körper und fremden leitfähigen Teile durch Schutzpotentialausgleichsleiter zu verbinden. Das örtliche Schutzpotentialausgleichssystem darf weder direkt noch über Körper oder fremde leitfähige Teile mit geerdeten Teilen in Berührung stehen. Kann diese Anforderung nicht erfüllt werden, ist der Schutz durch automatische Abschaltung der Stromversorgung anzuwenden.

Durch Vorkehrungen ist sicherzustellen, dass Personen die den potentialgleichen Raum betreten, keinem gefährlichen Potentialunterschied ausgesetzt werden. Dies gilt vor allem, wenn ein leitfähiger Boden gegen Erde isoliert ist, aber mit dem erdfreien örtlichen Schutzpotentialausgleichssystem verbunden ist.

Schutz durch Schutztrennung für die Versorgung von mehr als einem Verbrauchsmittel

Voraussetzung ist, dass alle Betriebsmittel mit einer Basisschutzvorkehrung (Basisisolierung aktiver Teile, Abdeckungen oder Umhüllungen) versehen sind.

Die Schutztrennung eines einzelnen Stromkreises ist vorgesehen, um Gefahren beim Berühren von Körpern zu verhindern, die durch einen Fehler in der Basisisolierung des Stromkreises unter Spannung gesetzt werden können.

Für den Schutz durch Schutztrennung mit mehr als einem Verbrauchsmittel gilt:

- Es sind die Anforderungen für den Schutz durch Schutztrennung für die Versorgung eines Verbrauchsmittels zu erfüllen.
- Vorsichtsmaßnahmen, um den getrennten Stromkreis vor Beschädigung und Isolationsfehler zu schützen, sind vorzusehen.
- Bei Verbinden der Körper des getrennten Stromkreises miteinander durch isolierte, nicht geerdete Schutzpotentialausgleichsleiter: Diese Leiter dürfen nicht mit den Schutzleitern, Körpern anderer Stromkreise oder mit fremden leitfähigen Teilen verbunden werden.
- Steckdosen müssen mit Schutzkontakten ausgestattet sein, die mit dem Schutzpotentialausgleichssystem verbunden werden müssen.
- Flexible Anschlussleitungen müssen einen Schutzleiter enthalten, der als Schutzpotentialausgleichsleiter verwendet wird. Ausgenommen sind nur Anschlussleitungen, die Betriebsmittel mit „Doppelter oder verstärkter Isolierung“ versorgen.
- Bei je einem Fehler in zwei verschiedenen Betriebsmitteln in unterschiedlichen Außenleitern ist sicherzustellen, dass eine Schutzeinrichtung die Stromversorgung in festgelegter Zeit abschaltet.

Als Empfehlung wird genannt, dass das Produkt aus der Nennspannung des Stromkreises in Volt und der Länge der Kabel- und Leitungsanlage in Meter den Wert 100 000 nicht überschreitet. Die Länge der Kabel- und Leitungsanlage sollte dabei 500 m nicht überschreiten.

Schutzmaßnahmen in Anlagen besonderer Art

DIN VDE 0100-410 beschreibt alle Maßnahmen, die zum Schutz gegen elektrischen Schlag angewendet werden dürfen. Der Errichter einer elektrischen Anlage kann unter diesen Maßnahmen prinzipiell diejenige auswählen, die er für seine Anlage am geeignetsten hält. In dieser Auswahl ist er nur dort beschränkt, wo aufgrund besonderer Bedingungen ein erhöhtes Gefährdungspotential besteht und DIN VDE 0100 die mögliche Auswahl der Schutzmaßnahmen einschränkt. Solche Anlagen und Bereiche sind u.a. in der Gruppe 700 der DIN VDE 0100 beschrieben. Vor Auswahl der Schutzmaßnahme hat sich der Errichter also zu vergewissern, ob für die von ihm zu errichtende Anlage oder Teile derselben eine oder mehrere Bedingungen zutreffen, die die allgemeine Auswahl der Schutzmaßnahmen auf Grund besonderer Anforderungen einschränkt, ergänzt oder ändert.

Nachfolgend werden die besonderen Bedingungen in Bezug auf die Anwendung der Schutzmaßnahmen für Anlagen und Bereiche besonderer Art kurz dargestellt:

Räume mit Badewanne oder Dusche (DIN VDE 0100-701)
Die besonderen Anforderungen dieses Teiles gelten für Räume mit den genannten Einrichtungen und die umgebenden Bereiche. Es werden 3 Bereiche festgelegt:

Bereich 0
entspricht dem Inneren der Bade- oder Duschwanne, bei Duschen ohne Wanne entfällt der Bereich 0.

Bereich 1
ist begrenzt
einerseits durch den Fertigfußboden und die waagerechte Fläche

- in 225 cm Höhe über dem Fertigfußboden oder
- in Höhe des höchsten fest angebrachten Brausekopfes oder fest angebrachten Wasserauslasses,

wobei der höhere Wert einzuhalten ist,

andererseits durch die senkrechte Fläche

- an den Außenkanten der Bade- oder Duschwanne,
- bei Duschen ohne Wanne mit einem Abstand von 120 cm vom Mittelpunkt der festen Wasseraustrittsstelle oder des festangebrachten Brausekopfes an der Wand oder Decke.

Der Bereich 0 gehört nicht zum Bereich 1. Zum Bereich 1 gehört auch der Bereich unter der Bade- oder Duschwanne bis zu deren Aufstellfläche, unabhängig, ob der Bereich zugänglich ist oder nicht.

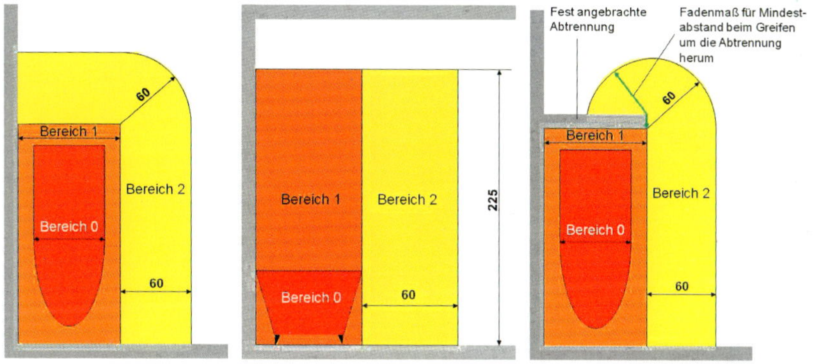

Draufsicht, Bad

Seitenansicht, Bad

Draufsicht (mit fest angebrachter Abtrennung und Radius für Mindestabstand beim Greifen um die Abtrennung herum

15-20 Bereiche in Räumen mit Badewanne

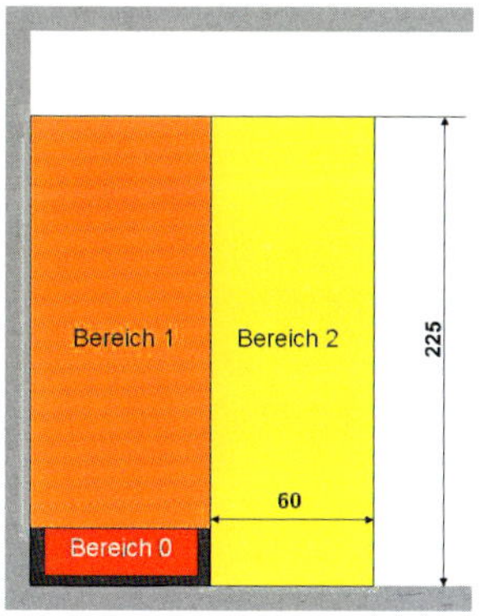

15-21 Bereiche in Räumen mit Duschwanne

Bereich 2
ist begrenzt
einerseits durch den Fertigfußboden und die waagerechte Fläche

- in 225 cm Höhe über dem Fertigfußboden oder
- in Höhe des höchsten fest angebrachten Brausekopfes oder fest angebrachten Wasserauslasses,

wobei der höhere Wert einzuhalten ist,
andererseits durch die senkrechte Fläche an der Grenze des Bereichs 1 und die dazu parallele Fläche in 60 cm Abstand.

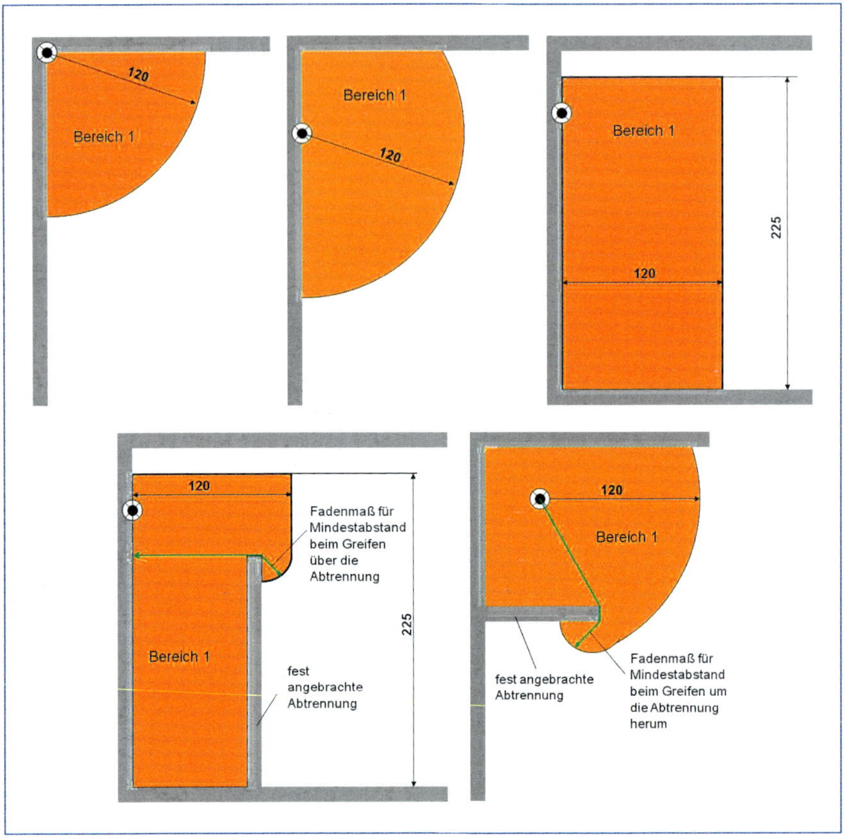

15-22 Bereich 1 in Räumen mit Dusche ohne Wanne

Bei Duschen ohne Wanne entfällt der Bereich 2. Dazu wird der Bereich 1 in seiner waagerechten Abmessung auf 120 cm vergrößert.

Für den Schutz gegen elektrischen Schlag ist zu beachten:

- Als Schutzvorkehrungen für den Basisschutz sind nicht erlaubt
  - Hindernisse und
  - Anordnung außerhalb des Handbereichs.
- Als Schutzvorkehrungen für den Fehlerschutz sind nicht erlaubt:
  - Nicht leitende Umgebung und
  - Schutz durch erdfreien örtlichen Schutzpotentialausgleich.

Bei der Anwendung der einzelnen Schutzmaßnahmen sind gegebenenfalls Abweichungen gegenüber deren allgemeiner Verwendung zu beachten.

Schutztrennung
Nur anwendbar für Stromkreise, die lediglich *ein* elektrisches Verbrauchsmittel oder *eine* Steckdose versorgen.

Schutzkleinspannung SELV, PELV
In den Bereichen 0, 1, 2 ist auch bei Schutzkleinspannung (SELV, PELV) für alle Betriebsmittel ein Basisschutz gefordert durch:

- Abdeckungen oder Umhüllungen mit mindestens der Schutzart IPXXB oder IP2X oder
- Isolierung, die einer Prüfwechselspannung von 500 V Effektivwert mindestens 1 Minute lang standhält.

Zusätzlicher Schutz durch Fehlerstrom-Schutzeinrichtungen
Es sind für die Stromkreise eine oder mehrere Fehlerstrom-Schutzeinrichtungen (RCDs) mit einem Bemessungsfehlerstrom $I_{\Delta n} \leq 30$ mA vorzusehen, außer für Stromkreise:

- mit Schutzmaßnahme „Schutztrennung", die ein einzelnes Verbrauchsmittel oder eine Steckdose versorgen;
- mit Schutzmaßnahme „Schutz durch Kleinspannung",
- die ausschließlich der Versorgung von fest angebrachten und elektrisch fest angeschlossenen Wassererwärmern dienen.

Zusätzlicher Schutz durch zusätzlichen Schutzpotentialausgleich
In Gebäuden mit einem „Schutzpotentialausgleich über die Haupterdungsschiene" für die gesamte elektrische Anlage ist ein zusätzlicher Schutzpotentialausgleich nicht notwendig.

Ist kein „Schutzpotentialausgleich über die Haupterdungsschiene" durchgeführt, ist ein zusätzlicher Schutzpotentialausgleich für fremde leitfähige Teile wie Leitungen für Frisch- und Abwasser, Heizung und Klima, Gas erforderlich. Kunststoffummantelte metallene Rohre müssen nicht in den zusätzlichen Schutzpotentialausgleich einbezogen werden, wenn sie

- in Räumen mit Badewanne oder Dusche nicht berührt werden können und
- nicht mit berührbaren, leitfähigen Teilen verbunden sind (sofern diese nicht in den zusätzlichen Schutzpotentialausgleich einbezogen sind).

Die Schutzleiter zu den Körpern und den fremden leitfähigen Teile müssen miteinander elektrisch verbunden werden.

Der Mindestquerschnitt für diesen zusätzlichen Schutzpotentialausgleichsleiter muss 2,5 mm^2 Cu bei geschützter und 4 mm^2 Cu bei ungeschützter Verlegung betragen.

Für elektrische Betriebsmittel gelten mindestens folgende Schutzarten:

- Bereich 0: IPX7
- Bereich 1 und 2: IPX4

Sind elektrische Betriebsmittel Strahlwasser ausgesetzt, z. B. zu Reinigungszwecken, müssen diese im Bereich 1 und 2 mindestens IPX5 entsprechen.

Die besonderen Festlegungen zum Schutz von Kabel- und Leitungsanlagen für Räume mit Badewanne oder Dusche sind im Kapitel 5 beschrieben.

Becken von Schwimmbädern und andere Becken (DIN VDE 0100-702)
Diese Norm gilt für das Errichten elektrischer Anlagen in festgelegten Bereichen der Becken von Schwimmbädern und anderen Becken. Dort ist auf Grund der Verringerung des elektrischen Widerstands des menschlichen Körpers und seiner Verbindung mit Erdpotential üblicherweise die Wirkung eines elektrischen Schlags größer als außerhalb der Bereiche.

Die Norm enthält Festlegungen für Becken von Schwimmbädern, aber auch für andere Becken, z. B. für Springbrunnen, künstlich angelegte Gartenteiche. Bei anderen Becken wird unterschieden, ob sie begehbar sind oder nicht.

Die Tabelle in Bild 15-23 zeigt die Begrenzung der Bereiche 0, 1 und 2.

In den Bereichen 0, 1 und 2 müssen alle fremden leitfähigen Teile über den Schutzpotentialausgleichsleiter miteinander und mit dem Schutzleiter der Körper der Betriebsmittel verbunden werden.Nicht erlaubt ist der Schutz durch erdfreien örtlichen Potentialausgleich.

Die Tabellen 15-24 bis 15-26 geben die Anforderungen von DIN VDE 0100-702 wieder.

Die Norm enthält darüber hinaus weitere Festlegungen für die Errichtung von Kabel- und Leitungsanlagen und sonstigen Betriebsmitteln, z. B. im Fußboden eingebettete elektrische Heizungen, Unterwasserleuchten.

Bereich	**Begrenzung festgelegt durch**
Bereich 0	– Innere des Beckens – Volumen unter Wasserfontänen oder -fällen
Bereich 1	– Bereich 0 – Senkrechte Fläche in 2 m Abstand vom Innenrand des Beckens – Fußboden oder Fläche, wenn das Betreten von Personen zu erwarten ist – Waagrechte Fläche 2,5 m über Fußboden, wenn das Betreten von Personen zu erwarten ist Bei Sprungtürmen oder -brettern, Startblöcken, Rutschbahnen oder anderen Komponenten gelten als Grenzen: – ein allseitiger Abstand von 1,5 m von senkrechten Flächen – eine waagrechte Fläche von 2,5 m über der höchstgelegenen von Personen betretbaren Fläche
Bereich 2 (Für nicht begehbare Becken entfällt der Bereich 2)	– durch seitlich begrenzende senkrechte Fläche zu Bereich 1 und parallele Fläche im Abstand von 1,5 m – Fußboden oder Fläche, wenn das Betreten von Personen zu erwarten ist – Waagrechte Fläche 2,5 m über dem Fußboden, wenn das Betreten von Personen zu erwarten ist

15-23 Einteilung der Bereiche von Schwimmbädern

Bereich und Anforderung	Schutzmaßnahme
Bereich 0 und 1 Allgemein	SELV (Basisschutz für alle elektrischen Betriebsmittel gefordert), Nennspannung ≤ 12 V AC, oder ≤ 30 V DC, Spannungsquelle für SELV außerhalb der Bereiche 0, 1, 2
Bereich 0 und 1 Stromkreise für Betriebsmittel, die im Inneren des Beckens nur betrieben werden dürfen, wenn sich keine Personen im Becken befinden (Steckdosen und Steuereinrichtungen müssen den Hinweis haben, dass das Betriebsmittel nur verwendet werden darf, wenn keine Personen im Schwimmbecken sind)	SELV (Basisschutz für alle elektrischen Betriebsmittel gefordert), Spannungsquelle für SELV außerhalb der Bereiche 0, 1, 2[1]
	automatische Abschaltung der Stromversorgung mittels Fehlerstrom-Schutzeinrichtung mit $I_{\Delta n} \leq 30$ mA
	Schutztrennung für jeweils nur ein einziges Verbrauchsmittel, Spannungsquelle außerhalb der Bereiche 0, 1, 2[1]
Bereich 0 und 1 Schalt- und Steuergeräte, inklusive Steckdosen, dürfen im Bereich 0 und 1 nicht errichtet werden. **Ausnahme:** In Schwimmbäder mit kleinem Umgebungsbereich, wenn es nicht möglich ist, Steckdosen und Schalter (vorzugsweise mit nicht leitfähiger Oberfläche) außerhalb des Bereichs 1 zu errichten. Anordnung außerhalb des Handbereichs (1,25 m) von der Grenze des Bereichs 0 und mindestens 0,3 m über dem Fußboden mit mindestens einer der Schutzmaßnahmen.	SELV, (Basisschutz für alle elektrischen Betriebsmittel gefordert), Spannungsquelle für SELV (≤ 25 AC; ≤ 60 DC), außerhalb der Bereiche 0, 1
	automatische Abschaltung der Stromversorgung mittels Fehlerstrom-Schutzeinrichtung mit $I_{\Delta n} \leq 30$ mA
	Schutztrennung für jeweils nur ein einziges Verbrauchsmittel, Spannungsquelle außerhalb der Bereiche 0, 1
Bereich 2 Allgemein sowie für Schalter oder Steckdosen, wenn deren Stromkreise mit mindestens einer der nebenstehenden Schutzmaßnahmen geschützt sind.	SELV (Basisschutz für alle elektrischen Betriebsmittel gefordert), Spannungsquelle für SELV außerhalb der Bereiche 0, 1, 2[1]
	automatische Abschaltung der Stromversorgung mittels Fehlerstrom-Schutzeinrichtung mit $I_{\Delta n} \leq 30$ mA
	Schutztrennung für jeweils nur ein einziges Verbrauchsmittel, Spannungsquelle außerhalb der Bereiche 0, 1, 2[1]

[1] Wenn der Stromkreis mit Fehlerstrom-Schutzeinrichtung mit $I_{\Delta n} \leq 30$ mA geschützt ist, kann die Spannungsquelle innerhalb des Bereichs 2 sein

15-24 Schutzmaßnahmen für Becken von Schwimmbädern und andere begehbare Becken

Bereich	Schutzmaßnahme
Bereich 0 und 1	SELV (Basisschutz für alle elektrischen Betriebsmittel gefordert), Spannungsquelle für SELV außerhalb der Bereiche 0, 1
	automatische Abschaltung der Stromversorgung mittels Fehlerstrom-Schutzeinrichtung mit $I_{\Delta n} \leq 30$ mA
	Schutztrennung für jeweils nur ein einziges Verbrauchsmittel, Spannungsquelle außerhalb der Bereiche 0, 1
Bereich 2	nicht vorhanden

15-25 Schutzmaßnahmen für nicht begehbare Becken

Bereich	Schutzart	
0	IPX8	
1	IPX4	für Innenräume und Außenbereiche
	IPX5	in Fällen, bei denen das Reinigen mit Strahlwasser zu erwarten ist
2	IPX2	für Innenräume
	IPX4	für Außenbereiche
	IPX5	in Fällen, bei denen das Reinigen mit Strahlwasser zu erwarten ist

15-26 Schutzarten von Betriebsmitteln in den verschiedenen Bereichen von Schwimmbädern und anderen Becken

Räume mit elektrischen Saunaheizgeräten (DIN VDE 0100-703)
Für den Anwendungsbereich dieser Norm werden drei Bereiche definiert.

Bereich 1
Volumen der Saunaheizung, das durch den Fußboden, die kalte Seite der Wärmeisolierung der Decke und der senkrechten Fläche um die Saunaheizung im

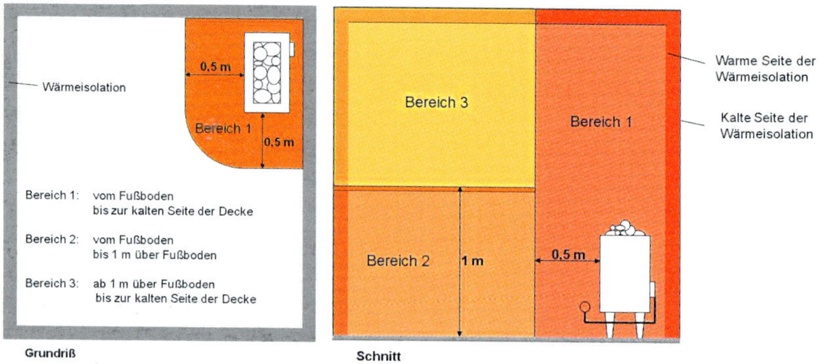

15-27 Die Bereiche in Heißluft-Saunaräumen

Abstand von 0,5 m um die Oberfläche der Saunaheizung begrenzt wird. Ist die Saunaheizung näher an der Wand errichtet, erfolgt die Begrenzung des Bereichs 1 durch die kalte Seite der Wärmeisolierung der Wand.

Bereich 2
Volumen außerhalb des Bereichs 1, das begrenzt wird durch Fußboden, die kalte Seite der Wandwärmeisolierung und durch die waagerechte Fläche 1 m über dem Fußboden.

Bereich 3
Volumen außerhalb des Bereichs 1, das begrenzt wird durch die kalte Seite der Wärmeisolierung der Decke und den Wänden, sowie durch die waagerechte Fläche 1 m über dem Fußboden.

Bei der Anwendung der Schutzmaßnahmen sind einige Punkte zu beachten:

- Bei Anwendung von SELV oder PELV muss der Basisschutz (Schutz gegen direktes Berühren) unter Verwendung von Abdeckungen oder Umhüllungen (mindestens IP2X) oder durch Isolierung (Isolierung muss einer Prüfspannung von 500 V 1 Minute standhalten) sichergestellt sein.
- Alle Stromkreise der Sauna müssen durch einen oder mehrere Fehlerstrom-Schutzeinrichtungen (RCDs) mit einem Bemessungsdifferenzstrom von maximal 30 mA für den zusätzlichen Schutz versehen werden (ausgenommen sind Saunaheizungen).
- Die eingesetzten Betriebsmittel müssen mindestens die Schutzart IP24 erfüllen.
- Im Bereich 1 dürfen nur elektrische Betriebsmittel eingesetzt werden, die zu den Sauna-Heizgeräten gehören.
- Im Bereich 2 bestehen keine besonderen Beanspruchungen bzgl. Wärmefestigkeit des elektrischen Betriebsmittels.
- Im Bereich 3 müssen elektrische Betriebsmittel einer Umgebungstemperatur von 125 °C unbeschadet standhalten. Die Isolierung von Kabeln und Leitungen muss einer Temperatur von mind. 170 °C standhalten.

Baustellen (DIN VDE 0100-704)
Für den Schutz gegen elektrischen Schlag werden einige grundlegende besonderen Anforderungen für diesen Anwendungsbereich gestellt.

Für Stromkreise mit Steckdosen und fest angeschlossenen in der Hand gehaltenen elektrischen Verbrauchsmittel mit einem Bemessungsstrom $I_N \leq 32$ A sind in allen Netzsystemen folgende Maßnahmen anzuwenden:

- Fehlerstrom-Schutzeinrichtungen (RCDs) mit $I_{\Delta n} \leq 30$ mA, oder
- Kleinspannung mittels SELV oder PELV, oder
- Schutztrennung mit jeweils einem der einzelnen Steckdose oder einzelnen fest angeschlossenen in der Hand gehaltenen Verbrauchsmittel zugeordnetem Transformator mit einfacher Trennung oder mit getrennter Wicklung eines Transformators mit einfacher Trennung.

Bei Anwendung der Schutzmaßnahme „Automatische Abschaltung der Stromversorgung“ wird für Stromkreise, die zur Versorgung von Steckdosen mit Bemessungsströmen über 32 A dienen, der Einsatz von Fehlerstrom-Schutzeinrichtungen (RCDs) mit einem Bemessungsdifferenzstrom von $I_{\Delta n} \leq 500$ mA als Abschalteinrichtung gefordert.

Im IT-System können für ortsveränderliche (tragbare) Stromerzeugungsanlagen die Isolationsüberwachungseinrichtungen entfallen.

Bei Anwendung von SELV oder PELV muss der Basisschutz unabhängig von der Höhe der Nennspannung vorgesehen werden.

Die Berufsgenossenschaft weist in BGI 608 besonders darauf hin, dass für frequenzgesteuerte Betriebsmittel besondere Festlegungen gelten und ggf. allstromsensitive Fehlerstrom-Schutzeinrichtungen (Typ B) einzusetzen sind.

Landwirtschaftliche und gartenbauliche Betriebsstätten
(DIN VDE 0100-705)
Teile dieser Anforderungen gelten auch für zugehörige Wohnungen und Nebenräume.

Gegenüber früheren Vorgaben wurde die Reduzierung der dauernd zulässigen Berührungsspannung auf U_L = AC 25 V oder DC 60 V aufgehoben.

Bei Anwendung der Schutzmaßnahme „Automatische Abschaltung der Stromversorgung“ müssen unabhängig vom Netzsystem als Abschalteinrichtungen vorgesehen sein:

- Fehlerstrom-Schutzeinrichtungen (RCDs) mit $I_{\Delta n} \leq 30$ mA in Endstromkreisen mit Steckdosen,
- Fehlerstrom-Schutzeinrichtungen (RCDs) mit $I_{\Delta n} \leq 300$ mA in allen anderen Stromkreisen (ausgenommen zur Speisung von Verteilern).

Bei Anwendung von SELV oder PELV muss unabhängig von der Nennspannung der Basisschutz (Schutz gegen direktes Berühren) unter Verwendung von Abdeckungen oder Umhüllungen (mindestens IP2X) oder durch Isolierung (Isolierung muss einer Prüfspannung von 500 V 1 Minute standhalten) sichergestellt sein.

In Bereichen für Nutztiere ist ein zusätzlicher Schutzpotentialausgleich durchzuführen, bei dem alle fremden leitfähigen Teile zu verbinden sind, die von Nutztieren berührt werden können. Sofern im Fußboden ein Metallgitter verlegt ist, muss dieses einbezogen werden.

Für den Brandschutz sind grundsätzlich Fehlerstrom-Schutzeinrichtungen (RCDs) mit $I_{\Delta n} \leq 300$ mA gefordert.

Leitfähige Bereiche mit begrenzter Bewegungsfreiheit (DIN VDE 0100-706)
Für den Schutz gegen elektrischen Schlag werden einige grundlegende besonderen Festlegungen bezüglich unterschiedlicher elektrischer Verbrauchsmittel getroffen.

Als Schutzmaßnahme darf angewendet werden für

- handgehaltene Werkzeuge und tragbare Betriebsmittel
  - SELV oder
  - Schutztrennung (zur Versorgung nur eines elektrischen Verbrauchsmittels)

- handgehaltene Leuchten:
  - SELV
- fest angebrachte Betriebsmittel:
  - automatische Abschaltung der Stromversorgung mit zusätzlichem Schutzpotentialausgleich, unter Einbeziehung der Körper der fest angebrachten Betriebsmittel und der leitfähigen Teile des Bereichs mit begrenzter Bewegungsfreiheit, oder
  - SELV, oder
  - PELV, mit Potentialausgleich unter Einbeziehung aller Körper, allen leitfähigen Teilen des Bereiches und der Verbindung des PELV-Systems mit Erde, oder
  - Schutztrennung (zur Versorgung nur eines elektrischen Verbrauchsmittels), oder
  - Verwendung von Betriebsmitteln der Schutzklasse II oder Verwendung von Betriebsmitteln mit einer gleichwertigen Isolierung, unter der Voraussetzung, dass ein zusätzlicher Schutz durch Fehlerstrom-Schutzeinrichtungen (RCDs) mit $I_{\Delta n} \leq 30$ mA zur Versorgung des Stromkreises errichtet ist.

Die Stromquelle für die Schutzmaßnahme „Schutztrennung" oder für „SELV" oder „PELV" muss außerhalb des Bereichs der begrenzten Bewegungsfreiheit angeordnet sein. Ausnahme dazu ist erlaubt, wenn die Stromquelle Teil der fest errichteten Anlage innerhalb des leitfähigen Bereichs mit begrenzter Bewegungsfreiheit ist.

Bei Anwendung von SELV oder PELV muss der Basisschutz unabhängig von der Höhe der Nennspannung vorgesehen werden.

Elektrische Anlagen von Campingplätzen (DIN VDE 0100-708)
Bisher enthielt DIN VDE 0100-708 Anforderungen für „Elektrische Anlagen auf Campingplätzen und in Caravans". Die Anforderungen wurden getrennt in DIN VDE 0100-708 für „Elektrische Anlage von Campingplätzen" und in DIN VDE 0100-754, die Anforderungen an Caravans beinhaltet.

Bei der Auswahl der geeigneten Schutzmaßnahme gegen elektrischen Schlag sind Einschränkungen zu beachten, z.B. ist der erdfreie örtliche Potentialausgleich nicht zugelassen. Die elektrischen Betriebsmittel müssen für den Einsatz entsprechend ausgelegt sein:

- Schutz bei Auftreten von Wasser IPX4 – Schutz bei Auftreten von festen Fremdkörpern: IP3X
- Schutz gegen mechanische Beanspruchung

Wird die Anlage aus einem TN-System versorgt wird, darf nur ein TN-S-System angewendet werden. Jede Steckdose muss mit einem eigenen Überstromschutz versehen werden und einzeln durch eine eigene Fehlerstrom-Schutzeinrichtung (RCD) mit $I_{\Delta n} \leq 30$ mA geschützt sein.

Elektrische Anlagen von Caravans und Motorcaravans (DIN VDE 0100-754)
Die Kabel- und Leitungsanlage muss einen Schutzleiter enthalten, der mit dem Schutzkontakt der Anschlussdose (Gerätestecker) und mit allen Körpern der elektrischen Betriebsmittel sowie den Schutzkontakten der Steckdosen im Caravan verbunden ist.

Berührbare leitfähige Teile des Caravans müssen mit dem Schutzleiter der elektrischen Anlage verbunden sein. Der Potentialausgleichsleiter für diese Verbindungen muss mindestens 4 mm^2 betragen. Besteht der Caravan im Wesentlichen aus Isolierstoff, müssen isoliert angebrachte Metallteile – bei denen das Auftreten einer Fehlerspannung unwahrscheinlich ist – nicht an den Potentialausgleichsleiter angeschlossen werden.

Schutz durch nicht leitende Räume darf nicht angewendet werden.

Dem Wetter ausgesetzte Steckdosen oder andere Installationsgeräte müssen so ausgeführt oder untergebracht sein, dass mindestens Schutzart IP55 gegeben ist.

Die Leiterquerschnitte müssen nach der Leistung der im Caravan zu versorgenden Betriebsmittel bemessen sein, wobei der Mindestquerschnitt von 1,5 mm^2 Cu nicht unterschritten werden darf. Bei der Leitungsdimensionierung ist ggf. eine Reduzierung der Belastbarkeitswerte infolge Wärmestaus zu berücksichtigen, was zur Verwendung größerer Leitungsquerschnitte führen kann.

Die gesamte elektrische Anlage im Inneren des Caravans muss durch einen Hauptschalter, der alle aktiven Leiter (d. h. ggf. auch den Neutralleiter) unterbricht, abgeschaltet werden können. Dieser Hauptschalter ist an einer leicht zugänglichen Stelle im Caravan unterzubringen. An gut sichtbarer Stelle ist in der Nähe des Hauptschalters ein entsprechendes Hinweisschild anzubringen, das mindestens folgende Informationen enthält:

- Anschluss- und Abtrennvorgang nach der Ankunft oder vor dem Verlassen des Platzes,
- Maßnahmen für den Fehlerfall,
- wenn anwendbar: Anweisung für das Wechseln von Sicherungen,
- Empfehlung einer regelmäßigen Prüfung.

An Verlängerungsleitungen bestehen folgende Anforderungen:

- CEE-Stecker;
- flexible Leitung der Bauart H07RN-F oder gleichwertig mit einem Schutzleiter und mit folgenden Merkmalen:
  - Länge: maximal 25 m;
  - für Bemessungsströme 16 A: Mindestquerschnitt 2,5 mm^2 Kupfer oder gleichwertig;
  - für höhere Bemessungsströme muss der Querschnitt so ausgewählt werden, dass ein sicheres Auslösen der Überstrom-Schutzeinrichtung durch den niedrigsten Kurzschlussstrom, der am Ende der Verlängerung errechnet wurde, erreicht werden kann;
- Leiterfarben müssen DIN VDE 0293-308 entsprechen;
- CEE-Kupplungsdose.

Medizinisch genutzte Bereiche (DIN VDE 0100-710)
Die Anforderungen gelten in elektrischen Anlagen für medizinisch genutzte Bereiche in Krankenhäusern, Kliniken, Sanatorien, Kurkliniken, Senioren- und Pflegeheimen, Ärztehäusern, Polikliniken, Ambulatorien, Arztpraxen, Dentalpraxen und sonstigen ambulanten Einrichtungen (Betriebs-, Sport- und u. a. Ärzte).

Für diese Bereiche gelten eine Vielzahl von besonderen Anforderungen an die Netzsysteme, Schutzmaßnahmen und Auswahl und Errichtung von Betriebsmitteln.

Ausstellungen, Shows und Stände (DIN VDE 0100-711)
TN-Systeme müssen als TN-S-Systeme errichtet werden.

Die fremden leitfähigen Teile eines Fahrzeuges, Wagens, Caravans oder Containers müssen mit dem Schutzleiter der Anlage verbunden werden. Kann die Schutzleiterverbindung während der Nutzungszeit nicht dauerhaft sichergestellt werden, muss die Schutzleiterverbindung an mehr als einer Stelle erfolgen. Der Nennquerschnitt dieser Leiter darf nicht geringer als 4 mm^2 Kupfer sein.

Wenn das Fahrzeug, der Wagen, Caravan oder Container hauptsächlich aus isolierendem Material hergestellt ist, müssen Metallteile, bei denen es unwahrscheinlich ist, dass sie im Fehlerfall unter Spannung stehen, nicht mit dem Schutzleiter der Anlage verbunden werden.

Wegen des erhöhten Risikos durch Beschädigung von Kabeln/Leitungen, die zur Versorgung von vorübergehenden Aufbauten vorgesehen sind, sollten diese an ihrem Speisepunkt durch Fehlerstrom-Schutzeinrichtungen (RCDs) mit einem Bemessungsdifferenzstrom $I_{\Delta n} \leq 300$ mA geschützt werden. Wegen der Selektivität mit Fehlerstrom-Schutzeinrichtungen (RCDs), die Endstromkreise schützen, müssen sie verzögert sein. Dies kann durch Verwendung eines S-Typ nach VDE 0664-10 oder -20 erreicht werden.

Alle Steckdosenstromkreise bis 32 A und alle Endstromkreise, außer solchen für Notbeleuchtung, müssen mit einer Fehlerstrom-Schutzeinrichtung (RCD) mit einem Bemessungsdifferenzstrom $I_{\Delta n} \leq 30$ mA geschützt werden.

Solar-Photovoltaik-(PV)-Stromversorgungssysteme (DIN VDE 0100-712)
Für den Schutz gegen elektrischen Schlag müssen PV-Betriebsmittel auf der Gleichspannungsseite als unter Spannung stehend betrachtet werden, auch wenn das System von der Wechselspannungsseite getrennt ist.

Weist ein PV-Stromversorgungssystem nicht mindestens einfache Trennung zwischen der Wechsel- und der Gleichspannungsseite auf und ist der PV-Wechselrichter konstruktiv nicht so ausgeführt, dass Gleichfehlerströme in der elektrischen Anlage nicht auftreten können, muss auf der Wechselspannungsseite eine Fehlerstrom-Schutzeinrichtung (RCD), die für den Fehlerschutz durch automatische Abschaltung der Stromversorgung vorgesehen ist, vom Typ B, allstromsensitiv sein.

Besondere Maßnahmen sind zum Schutz durch automatische Abschaltung der Stromversorgung auf der Gleichspannungsseite erforderlich. Die Beratungen dazu sind noch nicht abgeschlossen.

Beleuchtungsanlagen im Freien (DIN VDE 01 00-714)
Diese Norm gilt für feste Beleuchtungsanlagen im Freien z. B. für Straßen, Parks, Gärten, Plätze mit öffentlichem Zugang, Sportplätze, Beleuchtung von Denkmälern und Flutlicht sowie Einrichtungen mit integrierter Beleuchtung, z. B. Telefonzellen, Autobuswartehäuschen, Hinweistafeln, Stadtpläne und Verkehrszeichen.

Für Einrichtungen mit integrierter Beleuchtung wird empfohlen, diese durch Fehlerstrom-Schutzeinrichtungen (RCDs) mit einem Bemessungsfehlerstrom $I_{\Delta n} \leq 30$ mA zu schützen.

Bauliche Anlagen für Menschenansammlungen (DIN VDE 0100-718)
Darunter werden beispielsweise verstanden: Versammlungsstätten, Ausstellungshallen, Theater, Kinos, Sportarenen, Verkaufsstätten, Restaurants, Beherbergungsstätten, Schulen, Parkhäuser, Schwimmbäder, Flughäfen, Bahnhöfe, Hochhäuser, Arbeitsstätten.

Besondere Anforderungen werden hier an Sicherheitseinrichtungen/Sicherheitsbeleuchtungen und Brandschutz gestellt. Vorgaben für die Errichtungen der Kabel- und Leitungsanlagen und der elektrischen Betriebsmittel unter Berücksichtigung der äußeren Einflüsse werden gemacht.

Elektrische Anlagen in Booten und Jachten sowie ihre Stromversorgung an Liegeplätzen (DIN VDE 0100-721)
In Steckdosen-Stromkreisen sind Fehlerstrom-Schutzeinrichtungen (RCDs) mit $I_{\Delta n} \leq 30$ mA vorzusehen. Maximal 6 Steckdosen sind durch eine Fehlerstrom-Schutzeinrichtung zu schützen, es wird empfohlen, jede Steckdose über eine eigene Fehlerstrom-Schutzeinrichtung zu schützen. Ein örtlicher Potentialausgleich ist erforderlich.

Fliegende Bauten, Wagen und Wohnwagen nach Schaustellerart (DIN VDE 0100-722)
Fliegende Bauten, Wagen und Wohnwagen nach Schaustellerart dürfen nur aus TN- und TTSystemen versorgt werden. Es sind CEE-Steckdosen gefordert, die durch Fehlerstrom-Schutzeinrichtungen (RCDs) mit $I_{\Delta n} \leq 500$ mA im TN- oder TT-System und Leitungsschutzschalter mit maximal 16 A geschützt sein müssen. Es wird empfohlen, jeder Steckdose eine Fehlerstrom-Schutzeinrichtungen (RCDs) und einen Leitungsschutzschalter vorzuschalten.

Bei Anwendung des TT-Systems gilt ein Erdungswiderstand von $R_A \leq 30\ \Omega$.

Unterrichtsräume mit Experimentierständen (DIN VDE 0100-723)
Dieser Teil gilt nicht, wenn nur elektrische Betriebsmittel mit vollständigem Schutz gegen direktes Berühren verwendet werden und ein Schutz bei indirektem Berühren wirksam ist oder wenn nur eine Versorgung aus SELV- oder PELV-Stromkreisen erfolgt.

Erfolgt die Versorgung der Experimentiereinrichtungen über ein TN- oder TT-System, müssen zu Realisierung des zusätzlichen Schutzes in den Stromkreisen eine oder mehrere Fehlerstrom-Schutzeinrichtungen (RCDs) des Typs B mit $I_{\Delta n} \leq 30mA$ vorgesehen werden.

In IT-Systemen muss die Isolationsüberwachungseinrichtung (Ansprechwerteinstellung $\geq 50k\Omega$) beim ersten Fehler abschalten. Auf eine Fehlerstrom-Schutzeinrichtung (RCD) darf dabei verzichtet werden.

Es ist ein zusätzlicher Potentialausgleich gefordert bei dem alle berührbaren fremden leitfähigen Teile mit Potentialausgleichsleitern (Mindestquerschnitt 4 mm^2 Cu) untereinander und mit dem Schutzleiter der Stromversorgung verbunden werden müssen.

Für das Ausschalten im Notfall muss jede Experimentiereinrichtung mit einer Einrichtung ausgerüstet sein, die alle Experimentiereinrichtungen von der Stromversorgung trennt.

Aufstellen und Anschließen von Schaltanlagen und Verteilern
(DIN VDE 0100-729)
Die Auswahl und Aufstellung muss so erfolgen, dass Gefährdungen von Personen vermieden werden und ein hohes Maß an Betriebssicherheit erreicht wird. Dazu sind insbesondere die Betriebs- und Umgebungsbedingungen am Aufstellungsort zu berücksichtigen.

Schaltanlagen und Verteiler mit einem geringeren Berührungsschutzgrad als IP2X sind nur in elektrischen oder abgeschlossenen elektrischen Betriebsstätten zulässig.

Elektrische Betriebsstätten und abgeschlossene elektrische Betriebsstätten (DIN VDE 0100-731)
Schutzmaßnahmen zum Schutz gegen elektrischen Schlag, Basisschutz (Schutz gegen direktes Berühren) und Fehlerschutz (Schutz bei indirektem Berühren) sind erforderlich bei Nennspannungen über 50 V Wechselspannung bzw. 120 V Gleichspannung.

Für den Basisschutz (Schutz gegen direktes Berühren) ist Schutz durch Hindernisse oder Abstand ausreichend, wenn entsprechende Anforderungen (z.B. zuverlässige Befestigung, Größe des Abstandes) erfüllt werden.

Der Fehlerschutz (Schutz bei indirektem Berühren) kann für Betriebsmittel entfallen, die nur im spannungsfreien Zustand zugänglich sind.

Feuchte und nasse Bereiche und Räume und Anlagen im Freien
(DIN VDE 0100-737)

In feuchten und nassen Bereichen und Räumen müssen elektrische Betriebsmittel mindestens Schutzarten nach Tabelle 15-28 aufweisen.

In geschützten Anlagen im Freien müssen Betriebsmittel mindestens tropfwassergeschützt sein (IPX1).

In ungeschützten Anlagen im Freien müssen Betriebsmittel mindestens sprühwassergeschützt sein (IPX3).

Die Anforderungen zum Schutz durch automatische Abschaltung der Stromversorgung für

- Steckdosen im Freien und
- Steckdosen, deren gelegentliche Versorgung von tragbaren Betriebsmitteln im Freien erwartet werden darf,

sind in DIN VDE 0100-470 enthalten. Dementsprechend sind Fehlerstrom-Schutzeinrichtungen (RCDs) mit $I_{\Delta n} \leq 30$ mA vorzusehen.

Für Beleuchtungsanlagen im Freien gilt DIN VDE 0100-714.

Beanspruchung	**Schutzart**
allgemein	tropfwassergeschützt, IPX1
bei Umgang mit Strahlwasser, die elektrischen Betriebsmittel werden üblicherweise nicht zu Reinigungszwecken direkt angestrahlt	spritzwassergeschützt, IPX4
Betriebsmittel, die unmittelbar dem Wasserstrahl ausgesetzt sind	Schutzart entsprechend der Beanspruchung durch den Wasserstrahl oder geeigneter zusätzlicher Schutz, der den einwandfreien Betrieb des so geschützten Betriebsmittels nicht beeinträchtigt; IPX5 reicht bei Reinigung der Betriebsmittel mit Druckwasser, z. B. Abspritzen mit dem Wasserschlauch oder mit Hochdruckreinigern nicht aus

15-28 Schutzarten für feuchte und nasse Bereiche und Räume

Zusätzlicher Schutz bei direktem Berühren in Wohnungen durch Schutzeinrichtungen mit $I_{\Delta n} \leq 30$ mA in TN- und TT-Systemen (DIN VDE 0100-739)
Der zusätzliche Schutz soll bei Versagen des Basis- und/oder Fehlerschutzes oder bei Fehlern auf Grund von Unachtsamkeit des Benutzers im Umgang mit elektrischem Strom oder bei besonderer Personengefährdung durch spezielle Einflüsse greifen.

Aus den Zeit-Stromstärke-Bereichen (Bild 15-2) kann man entnehmen, dass der Mensch bei Körperströmen unterhalb von 40 mA normalerweise nicht geschädigt wird. Überbrückt der Mensch mit einem Körperwiderstand von etwa 1000 Ω durch Berühren eines aktiven Teiles, z. B. eine Spannung von 230 V, so fließt ein Körperstrom von etwa 230 mA. Es besteht keine unmittelbare Gefahr, wenn dieser Strom innerhalb von 200 ms abgeschaltet wird. Eine vorgeschaltete Fehlerstrom-Schutzeinrichtung (RCD) mit $I_{\Delta n} \leq 30$ mA schaltet diesen Körperstrom innerhalb von längstens 40 ms ab.

Dieser zusätzliche Schutz durch Einsatz hochempfindlicher Fehlerstrom-Schutzeinrichtungen (RCDs) wirkt auch dann, wenn die elektrische Anlage entsprechend früher geltender Errichtungsnormen keinen besonderen Schutzleiter besitzt, also zweiadrig ausgeführt ist (TN-C-System).

DIN VDE 0100-739 empfiehlt deshalb den Einsatz von Fehlerstrom-Schutzeinrichtungen (RCDs) mit $I_{\Delta n} \leq 30$ mA in TN- oder TT-Systemen von Wohnungen als zusätzlichen Schutz, um bestehende Unfallrisiken zu verringern:

- für Stromkreise mit Steckdosen ($I_N \leq 32$ A) in Räumen wie Küchen, Hobbyräumen, Hausarbeitsräumen und Werkstatträumen, in denen üblicherweise handgeführte elektrische Verbrauchsgeräte verwendet werden.
- in alten Anlagen, in denen nach früheren Normen kein Schutz durch Abschaltung bei indirektem Berühren erforderlich war, z. B. in Räumen mit Holzfußböden, in denen keine fremden leitfähigen Teile (z. B. Heizungsrohre) eingebaut wurden.
- für die Nachrüstung in bestehenden Anlagen für Stromkreise mit Steckdosen, in denen nach den jetzigen Normen Fehlerstrom-Schutzeinrichtungen mit $I_{\Delta n} \leq 30$ mA zwingend gefordert sind.

Durch DIN VDE 0100-410 wird inzwischen grundsätzlich für alle Steckdosen bis 20 A mit Laienzugang und für Endstromkreise im Außenbereich zur Verwendung tragbarer Betriebsmittel mit einem Bemessungsstrom bis einschließlich 32 A der zusätzliche Schutz durch Fehlerstrom-Schutzeinrichtungen (RCDs) mit $I_{\Delta n} \leq 30$ mA gefordert.

Fußboden- und Decken-Flächenheizungen (DIN VDE 0100-753)
Für den Schutz durch automatische Abschaltung der Stromversorgung müssen Fehlerstrom-Schutzeinrichtungen mit $I_{\Delta n} \leq 30$ mA verwendet werden. Dies ist nur bei Betriebsmitteln der Schutzklasse I (mit metallischer Umhüllung als Körper) zugelassen.

Bei Heizelementen ohne metallische Umhüllung darf während der Montage über dem Flächenheizelement eine leitfähige Abdeckung oder ein leitfähiges Gitter mit einer Maschenweite ≤ 12,5 mm angebracht werden. Die Körper sind mit dem Schutzleiter zu verbinden. Leitfähige Mäntel oder Gitter sind über Potentialausgleichsleiter mit dem Schutzleiter der Anlage zu verbinden.

16 Umfang der Elektroinstallation

Das Bundesministerium für Raumordnung, Bauwesen und Städtebau hatte das Institut für Bauforschung (IfB) um Erarbeitung von „Beurteilungsmerkmale für Wohnungen als Entscheidungshilfe für die Planung und Bewertung von Wohnungsbauten“ beauftragt. Die HEA ließ ein detailliertes Anschlussgutachten erstellen. Beide enthielten drei Ausstattungswerte für die Elektroinstallation von Wohnungen.

Um diese Ausstattungswerte auch bei Bauherren, Käufern und Mietern einer Wohnung, eines Hauses bekannt zu machen, führte die HEA zusätzlich die Sternekennzeichnung ein:

★ = Ausstattungswert 1
★★ = Ausstattungswert 2
★★★ = Ausstattungswert 3

Bei der Überarbeitung der DIN 18015 wurde versucht, die in der Praxis sehr unterschiedlichen Ausstattungen einerseits im sozialen Wohnungsbau, andererseits in Eigentumswohnungen, Reihenhäusern und Einfamilienhäusern in die DIN einfließen zu lassen. In die Diskussion war auch das IfB-Gutachten einbezogen. Die DIN 18015-2:1980-12 enthielt zwei Ausstattungsumfänge, A und B genannt. Damit war das Ziel Markttransparenz erreicht. Durch ein Schiedsverfahren wurden die zwei Ausstattungsumfänge jedoch wieder rückgängig gemacht. In DIN 18015-2:1996-08 wurde ein Ausstattungsumfang festgeschrieben, der etwa dem alten Ausstattungsumfang A entsprach.

In RAL wurden die bisher unterschiedlichen Zählweisen gegenüber DIN angepasst. Somit liegen in Deutschland einheitliche Beurteilungskriterien von Elektroinstallationen in Wohngebäuden vor.

DIN 18015-2:2004-08 wurde auf der Grundlage der bisherigen Norm den heutigen Erfordernissen angepasst.

Ausstattung nach DIN 18015-2

Die Anzahl der Stromkreise für Steckdosen und Beleuchtung, bezogen auf die Wohnfläche der Wohnung, ist in Tabelle 1 der DIN 18015-2 (Tabelle 16-1) angegeben. Die erforderliche Anzahl an Steckdosen, Auslässen und Anschlüssen für Verbrauchsmittel richtet sich nach Tabelle 2 der DIN 18015-2 (Tabelle 16-2). Sofern dort nichts anderes angegeben ist, sind die Auslässe für den Anschluss von Leuch-

Wohnfläche der Wohnung in m²	Mindestanzahl der		
	Stromkreise für Steckdosen und Beleuchtung	**Antennensteckdosen**	**weiteren TAE[1]**
bis 50	3	2	1
über 50 bis 75	4	3	2
über 75 bis 100	5	4	3
über 100 bis 125	6	4	3
über 125	7	5	4

[1] In der Wohnung oder dem Einfamilienwohnhaus ist ein Telekommunikationsanschlusspunkt (1. TAE) vorzusehen; die Tabelle enthält die Anzahl der weiteren TAE.

16-1 Mindestanzahl der Stromkreise für Steckdosen und Beleuchtung, der Antennensteckdosen und der Telekommunikationsanschlusseinrichtungen nach DIN 18015-2:2004-08

ten bestimmt (Beleuchtungsauslässe). Um eine Beurteilung der raumbezogenen Daten vornehmen zu können, müssen die Fußnoten beachtet werden.

Die in der Tabelle nicht aufgeführten Gemeinschaftsräume von Mehrfamilien-Wohnhäusern, z. B. Treppenräume, sind nach den Erfordernissen der Zweckmäßigkeit auszustatten. Neben den Aussagen über die Installation von Steckdosen, Auslässen und Anschlüssen für besondere Verbrauchsmittel mit eigenem Stromkreis, sind auch Aussagen über die Schaltbarkeit gemacht. Bei den Auslässen ist festzulegen, ob sie schaltbar eingerichtet werden sollen (z. B. für Deckenleuchten) oder nicht (z. B. für Wandleuchten mit eingebautem Schalter). Wird ein Schalter vorgesehen, so muss auch die Lage des Schalters festgelegt werden. Bei Räumen mit mehr als einer Tür und bei internen Geschosstreppen soll mindestens ein Beleuchtungsauslass in der Regel von mindestens zwei Stellen aus geschaltet werden. Im Freien zugängliche Anlagen, vor allem Steckdosen, sollen gegen unbefugte Benutzung gesichert sein (z. B. von innen schaltbar).

DIN 18015-2 enthält auch Festlegungen über Telekommunikationsanlagen und über Empfangsanlagen für Radio und Fernsehen. Für jede Wohnung ist eine Klingelanlage, für Gebäude mit mehr als zwei Wohnungen ferner eine Türöffneranlage in Verbindung mit einer Türsprechanlage vorzusehen. Jede Wohnung erhält einen Telekommunikationsabschlusspunkt, die Anzahl der weiteren Telekommunikationsanschlüsse und die Anzahl der entsprechend der Wohnfläche notwendigen Antennensteckdosen enthält Tabelle 16-1.

Ausstattungswerte nach HEA bzw. RAL-RG 678

Die Anforderungen nach HEA bzw. RAL-RG 678 enthalten nach wie vor drei Ausstattungswerte, denn DIN 18015 enthält nur eine Mindestausstattung. Es ist sicher unbestritten, dass es darüber hinausgehende Festlegungen geben muss, damit umrissen ist, was z. B. gehobene Ausstattung ist.

Während die Mindestausstattung nach der Verdingungsordnung für Bauleistungen (VOB) eingehalten werden muss, soll niemand gezwungen werden, mehr als diese Mindestausstattung zu installieren. Eine Bevormundung ist nicht das Ziel, der aufgeklärte Bauherr oder Käufer soll selbst entscheiden. Der Mieter kann sich ggf. zwischen Wohnungen verschiedener Ausstattung entscheiden. Andererseits soll ihm aber auch nicht eine einfache Installation als gehobene Ausstattung oder gar „Luxus"-Ausstattung angeboten werden. Die Tabellen und Schaltbilder entsprechen RAL-RG 678 „Elektrische Anlagen in Wohngebäuden", Ausgabe September 2004. Wie bereits erwähnt, entspricht der Ausstattungswert 1 (★) der Mindestaustattung nach DIN 18015-2 (Bild 16-3).

Der Ausstattungswert 2 (★★) entspricht einer gehobenen Ausstattung, die es erlaubt, die heute üblichen Verbrauchsmittel (Elektrogeräte) ohne zeitliche oder räumliche Einschränkung anzuschließen und zu nutzen (Bild 16-4). Teure Nachinstallationen bleiben so erspart.

Der Ausstattungswert 3 (★★★) enthält einen Umfang (Bild 16-5), der naturgemäß über den des Ausstattungswertes 2 hinausgeht. Die Experten des Instituts für Bauforschung haben hier eine Forderung aufgestellt, die den Wünschen nach neuen Ausstattungstechniken (Kommunikation, Sicherheit usw.) gerecht wird. Der Ausstattungswert 3 (★★★) ist gedacht für Komfortwohnungen bzw. -häuser.

Der Nachweis des Ausstattungsumfanges erfolgt durch Sicht- und Zählkontrollen und ist vom Elektroinstallateur im Stromkreisverteiler, auf der Rechnung, dem „Übergabebericht + Prüfprotokoll" des ZVEH (siehe Kapitel „Prüfen elektrischer Anlagen") bzw. auf einem gesonderten Beleg zu bestätigen.

Kostenvergleich

Empfehlungen über Auswahl bestimmter Ausstattungsumfänge sollten aber nicht nur emotionell geschehen. Der Bauherr hat sicher ein Recht darauf, zu erfahren, welche Kosten zu den einzelnen Ausstattungswerten gehören. Betrachtet man die Elektroinstallation in der Wohnung, einschließlich der Verbindungsleitung zur Wohnung, dem jeweiligen Anteil an der Zähleranlage und der Hauptleitung, ergeben sich folgende Werte*):

Ausstattungswert 1	★	100 %
Ausstattungswert 2	★ ★	125 %
Ausstattungswert 3	★ ★ ★	150 %

Dabei darf man nicht vergessen, dass der Kostenanteil der Elektroinstallation (Mindestausstattung) an den Gesamtbaukosten nur etwa 4 % beträgt.

*) Die Werte basieren auf Untersuchungen des IfB, die von der BEWAG, heute Vattenfall aktualisiert wurden.

Art des Verbrauchsmittels	Mindest-Anzahl der Steckdosen [1]	Auslässe	Anschlüsse für besondere Verbrauchsmittel mit eigenem Stromkreis [13]
Wohn [2]-/Schlafraum			
Steckdosen, Beleuchtung			
bei Fläche bis 12 m^2	3 [3]	1	
über 12 bis 20 m^2	4 [3]	1	
über 20 m^2	5 [3]	2	
Küche [2], Kochnische			
Steckdosen, Beleuchtung			
– für Kochnischen	3 [3]	2	
Kühl-/Gefriergerät	1		
– für Küchen	5 [3]	2	
Kühlgerät	1		
Gefriergerät	1		
Dunstabzug	1		
Elektroherd			1
Mikrowellengerät			1
Geschirrspülmaschine			1
Warmwassergerät			1 [5]
Bad			
Steckdosen, Beleuchtung	2 [6]	2 [7]	
Lüfter		1 [4,8]	
Waschmaschine [9]			1 [10]
Wäschetrockner [9]			1 [10]
Heizgerät	1		
Warmwassergerät			1 [9]
WC-Raum			
Steckdosen, Beleuchtung	1	1	
Lüfter		1 [4,8]	
Hausarbeitsraum			
Steckdosen, Beleuchtung	3 [3]	1 [3]	
Lüfter		1 [4]	
Waschmaschine [9]			1 [11]
Wäschetrockner [9]			1 [11]
Bügelmaschine			1
Flur			
Steckdosen, Beleuchtung			
bei Flurlänge bis 3 m	1	1	
über 3 m	1	2 [12]	
Freisitz			
Steckdosen, Beleuchtung	1	1	
Abstellraum ab 3 m^2			
Steckdosen, Beleuchtung	1	1	
Hobbyraum			
Steckdosen, Beleuchtung	3	1	

Art des Verbrauchsmittels	Mindestanzahl der Steckdosen [1]	Auslässe	Anschlüsse für besondere Verbrauchsmittel mit eigenem Stromkreis [13]
Zur Wohnung gehörender Keller-, Bodenraum Steckdosen, Beleuchtung	1	1	
Gemeinschaftlich genutzter Keller-, Bodenraum Steckdosen, Beleuchtung bei Nutzfläche bis 20 m² über 20 m²	 1 1	 1 2	
Keller-, Bodengang Steckdosen, Beleuchtung je 6 m Ganglänge	1	1	
Telekommunikationsanlagen Steckdosen	1 je TAE [14]		
Empfangs- und Verteilanlagen für Radio und Fernsehen Steckdosen Steckdosen für WÜP, Verstärker etc.	1 je Antennensteckdose [15] 1 je Antennenanlage		

1 Bzw. Anschlussdosen für Verbrauchsmittel.
2 In Räumen mit Essecke ist die Anzahl der Auslässe und Steckdosen um jeweils 1 zu erhöhen.
3 Die den Bettplätzen und den Arbeitsflächen von Küchen und Kochnischen zugeordneten Steckdosen sind mindestens als Zweifach-Steckdosen, die neben den Antennensteckdosen angeordneten Steckdosen sind als Dreifach-Steckdosen vorzusehen. Sie zählen jedoch nur als eine Steckdose.
4 Sofern eine Einzellüftung vorgesehen ist.
5 Sofern die Warmwasserversorgung nicht auf andere Weise erfolgt.
6 Davon ist eine Steckdose in Kombination mit der Waschtischleuchte zulässig.
7 Bei Bädern bis 4 m² Nutzfläche genügt ein Auslass über dem Waschtisch.
8 Bei fensterlosen Bädern oder WC-Räumen ist die Schaltung über die Allgemeinbeleuchtung mit Nachlauf vorzusehen.
9 In einer Wohnung nur einmal erforderlich.
10 Sofern kein Hausarbeitsraum vorhanden ist oder die Geräte nicht in einem anderen geeigneten Raum untergebracht werden können.
11 Sofern nicht im Bad oder in einem anderen geeigneten Raum vorgesehen.
12 Von mindestens zwei Stellen schaltbar.
13 Für alle in der Planung vorgesehenen besonderen Verbrauchsmittel ist gemäß Tabelle 2 der DIN 18015-2 ein eigener Stromkreis anzuordnen, auch wenn sie über Steckdosen angeschlossen werden.
14 Entsprechend den Festlegungen der DIN 18015-2 ist der 1. TAE und den weiteren TAE je eine Steckdose für Starkstrom zuzuordnen.
15 Entsprechend den Festlegungen der DIN 18015-2 ist den Antennensteckdosen je eine Dreifach-Steckdose für Starkstrom zuzuordnen, die jeweils als nur eine Steckdose zählt.

16-2 Mindest-Anzahl der Steckdosen, Auslässe und Anschlüsse für besondere Verbrauchsmittel mit eigenem Stromkreis nach DIN 18015-2:2004-08

Ausstattungswert 1 ★ für den Raum – raumbezogene Anzahl der Steckdosen und Auslässe		
Raum	Steckdosen [1]	Beleuchtungsauslässe
Wohn [2]-/ Schlafraum bis 12 m^2 über 12 bis 20 m^2 über 20 m^2	3 4 5	1 1 2
Küche [2] Kochnische	5 3	2 2
Bad	2	2
WC	1	1
Hausarbeitsraum	3	1
Flur/Diele, Länge bis 3 m über 3 m	1 1	1 2
Freisitz	1	1
Abstellraum	1	1
Hobbyraum	3	1
Zur Wohnung gehörender Keller-, Bodenraum	1	1
Ausstattungswert 1 ★ für eine Wohnung oder ein Einfamilienwohnhaus		
Beleuchtungs- und Steckdosenstromkreise	Wohnfläche in m^2	Mindest-Anzahl Stromkreise
	bis 50 über 50 bis 75 über 75 bis 100 über 100 bis 125 über 125	3 4 5 6 7
Gerätestromkreise inkl. Anschlusseinrichtung	Elektroherd, Geschirrspülmaschine, Waschmaschine, Wäschetrockner, Warmwassergerät [3], Bügelmaschine, Mikrowellengerät	
Stromkreisverteiler	Mindestens zweireihiger Verteiler (im Belastungsschwerpunkt der Wohnung)	
Empfangs- und Verteilanlagen für Radio und Fernsehen	Wohnfläche in m^2	Anzahl Antennensteckdosen [5]
	bis 50 über 50 bis 75 über 75 bis 125 über 125	2 3 4 5
Telekommunikationsanlagen [4]	Wohnfläche in m^2	Anzahl der weiteren TAE [5]
Leitungsführung von der 1. TAE zu den weiteren TAE erfolgt sternförmig mit mindestens 4 Doppeladern	bis 50 über 50 bis 75 über 75 bis 125 über 125	1 2 3 4
Hauskommunikationsanlagen	Klingel oder Gong, Türöffner und Gegensprechanlage [5]	

16-3a Anforderungen für den Ausstattungswert 1 ★

Ausstattungswert 1 ★ für die Wohnung – Beispiel für die Aufteilung der Stromkreise

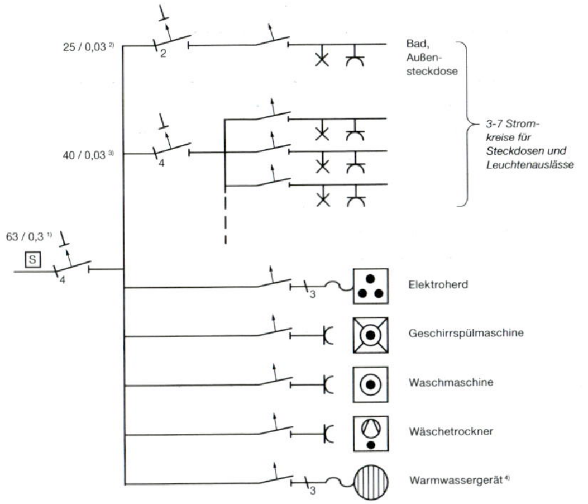

1) Selektiver Fehlerstrom-Schutzschalter als zentraler Fehlerstrom-Schutzschalter zum Fehlerschutz und zum Brandschutz empfohlen

2) Fehlerstrom-Schutzschalter zum Fehlerschutz und zusätzlichen Schutz nach VDE 0100 erforderlich

3) Fehlerstrom-Schutzschalter zum Fehlerschutz und zusätzlichen Schutz empfohlen

4) Wenn keine andere Warmwasserversorgung vorhanden ist

1 Die den Bettplätzen, den Arbeitsflächen von Küchen, Kochnischen und Hausarbeitsräumen sowie den TAE zugeordneten Steckdosen sind mindestens als Zweifach-Steckdosenkombination, die neben den Antennensteckdosen angeordneten Steckdosen sind mindestens als Dreifach-Steckdosenkombination vorzusehen. Sie zählen jedoch nach der Tabelle als jeweils nur eine Steckdose.

2 In Räumen mit Essecke ist die Anzahl der Auslässe und Steckdosen um jeweils 1 zu erhöhen.

3 Wenn keine andere Warmwasserversorgung vorhanden ist.

4 In der Wohnung oder dem Einfamilienwohnhaus ist ein Telekommunikationsanschlusspunkt (1. TAE) vorzusehen; die weiteren TAE ergeben sich aus der Tabelle.

5 Im Einfamilienhaus unter Berücksichtigung der örtlichen Erfordernisse wählen.

16-3b Anforderungen für den Ausstattungswert 1 ★
– Beispiel für die Aufteilung der Stromkreise

Ausstattungswert 2 ★★ für den Raum – raumbezogene Anzahl der Steckdosen und Auslässe

Raum	Steckdosen [1]	Beleuchtungsauslässe	TAE [2]	Antennensteckdosen [2]
Wohn [3]-/Schlafraum bis 12 m^2 über 12 bis 20 m^2 über 20 m^2	6 8 11	2 2 3	1 1 2	1 1 2
Küche [3] Kochnische	10 7	3 2	1	1
Bad	4	3		
WC	2	1		
Hausarbeitsraum	8	2	1	
Flur/Diele, Länge bis 3 m über 3 m	2 3	2 2	1 1	
Freisitz, Länge bis 3 m über 3 m	1 2	1 2		
Abstellraum	2	1		
Hobbyraum	6	2	1	1
Zur Wohnung gehörender Keller-, Bodenraum	2	1		

Ausstattungswert 2 ★★ für eine Wohnung oder ein Einfamilienwohnhaus

Beleuchtungs- und Steckdosenstromkreise Den Räumen sind jeweils eigene Stromkreise zuzuordnen. Stromkreise für kleine Räume wie WC, Flur können zusammengefasst werden.	Wohnfläche in m^2 bis 50 über 50 bis 75 über 75 bis 100 über 100 bis 125 über 125	Mindest-Anzahl Stromkreise 4 5 6 7 8
Gerätestromkreise inkl. Anschlussseinrichtung	Elektroherd/Kochfeld, Backofen, Geschirrspülmaschine, Waschmaschine, Wäschetrockner, Warmwassergerät [4], Dampfbügelstation/Bügelmaschine, Mikrowellengerät	
Stromkreisverteiler	Mindestens dreireihiger Verteiler (im Belastungsschwerpunkt der Wohnung)	
Empfangs- und Verteilanlagen für Radio und Fernsehen	Wohnfläche in m^2 bis 50 über 50 bis 75 über 75 bis 125 über 125	Anzahl Antennensteckdosen [6] 3 4 5 6
Telekommunikationsanlagen [5] Leitungsführung von der 1. TAE zu den weiteren TAE erfolgt sternförmig mit mindestens 4 Doppeladern	Wohnfläche in m^2 bis 50 über 50 bis 75 über 75 bis 125 über 125	Anzahl der weiteren TAE [6] 2 3 4 5
Hauskommunikationsanlagen	Klingel oder Gong, Türöffner und Gegensprechanlage mit mehreren Wohnungssprechstellen [6]	

16-4a Anforderungen für den Ausstattungswert 2 ★★

Ausstattungswert 2 ★★ für die Wohnung – Beispiel für die Aufteilung der Stromkreise

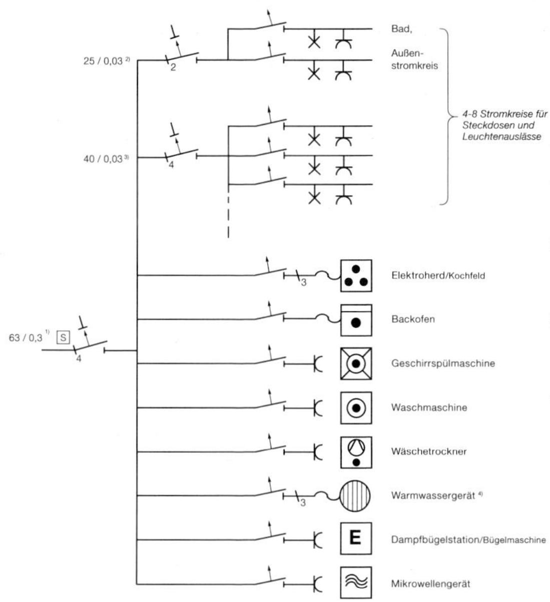

1) Selektiver Fehlerstrom-Schutzschalter als zentraler Fehlerstrom-Schutzschalter zum Fehlerschutz und zum Brandschutz empfohlen

2) Fehlerstrom-Schutzschalter zum Fehlerschutz und zusätzlichen Schutz nach VDE 0100 erforderlich

3) Fehlerstrom-Schutzschalter zum Fehlerschutz und zusätzlichen Schutz empfohlen

4) Wenn keine andere Warmwasserversorgung vorhanden ist

1 Die den Bettplätzen, den Arbeitsflächen von Küchen und Kochnischen sowie den TAE zugeordneten Steckdosen sind mindestens als Zweifach-Steckdosenkombination, die neben den Antennensteckdosen angeordneten Steckdosen sind mindestens als Dreifach-Steckdosenkombination vorzusehen. Sie zählen jedoch nach der Tabelle als jeweils nur eine Steckdose.

2 Die Zuordnung der TAE und der Antennensteckdosen zu den Räumen hat beispielhaften Charakter. Die Anzahl der Anschlusseinrichtungen für Empfangs- und Verteilanlagen für Radio und Fernsehen und Telekommunikationsanlagen ist in Abhängigkeit von der Gesamtfläche der Wohnung festgelegt.

3 In Räumen mit Essecke ist die Anzahl der Auslässe und Steckdosen um jeweils 1 zu erhöhen.

4 Wenn keine andere Warmwasserversorgung vorhanden ist.

5 In der Wohnung oder dem Einfamilienwohnhaus ist ein Telekommunikationsanschlusspunkt (1. TAE) vorzusehen; die weiteren TAE ergeben sich aus der Tabelle.

6 Im Einfamilienhaus unter Berücksichtigung der örtlichen Erfordernisse wählen.

16-4b Anforderungen für den Ausstattungswert 2 ★★ – Beispiel für die Aufteilung der Stromkreise

Ausstattungswert 3 ★★★ für den Raum – raumbezogene Anzahl der Steckdosen und Auslässe				
Raum	Steckdosen [1]	Beleuchtungs-auslässe	TAE [2]	Antennen-steckdosen [2]
Wohn [3]-/Schlafraum bis 12 m^2	8	3	1	1
über 12 bis 20 m^2	10	3	1	2
über 20 m^2	13	4	2	3
Küche [3]	12	3	1	1
Kochnische	8	2		
Bad	5	3		1
WC	2	2		
Hausarbeitsraum	10	3	1	1
Flur/Diele, Länge bis 3 m	3	2	1	
über 3 m	4	2	1	
Freisitz, Länge bis 3 m	2	1		
über 3 m	3	2		1
Abstellraum	2	1		
Hobbyraum	8	2	1	1
Zur Wohnung gehörender Keller-, Bodenraum	2	1		

Ausstattungswert 3 ★★★ für eine Wohnung oder ein Einfamilienwohnhaus		
Beleuchtungs- und Steckdosenstromkreise Den Räumen sind jeweils eigene Stromkreise zuzuordnen. Stromkreise für kleine Räume wie WC, Flur können zusammengelegt werden.	Wohnfläche in m^2	Mindest-Anzahl Stromkreise
	bis 50	5
	über 50 bis 75	6
	über 75 bis 100	7
	über 100 bis 125	8
	über 125	9
Gerätestromkreise inkl. Anschlusseinrichtung	Elektroherd/Kochfeld, Backofen, Geschirrspülmaschine, Waschmaschine, Wäschetrockner, Warmwassergerät [4)], Dampfbügelstation/Bügelmaschine, Mikrowellengerät, Dampfgarer, Heizungsanlage, Jalousie-/Rollladenantriebe, Sauna/Whirl Pool	
Stromkreisverteiler	Mindestens vierreihiger Verteiler (im Belastungsschwerpunkt der Wohnung)	
Empfangs- und Verteilanlagen für Radio und Fernsehen sowie für interaktive Dienste	Wohnfläche in m^2	Anzahl Antennensteckdosen [6]
	bis 50	4
	über 50 bis 75	5
	über 75 bis 125	6
	über 125	7
Telekommunikationsanlagen [5] Leitungsführung von der 1. TAE zu den weiteren TAE erfolgt sternförmig mit mindestens 4 Doppeladern	Wohnfläche in m^2	Anzahl der weiteren TAE [6]
	bis 50	3
	über 50 bis 75	4
	über 75 bis 125	5
	über 125	6
Hauskommunikationsanlagen	Klingel oder Gong, Türöffner und Gegensprechanlage mit mehreren Wohnungssprechstellen [6], Videoanlagen und Gefahrenmeldeanlagen	

16-5a Anforderungen für den Ausstattungswert 3 ★★★

Ausstattungswert 3 ★★★ für die Wohnung – Beispiel für die Aufteilung der Stromkreise

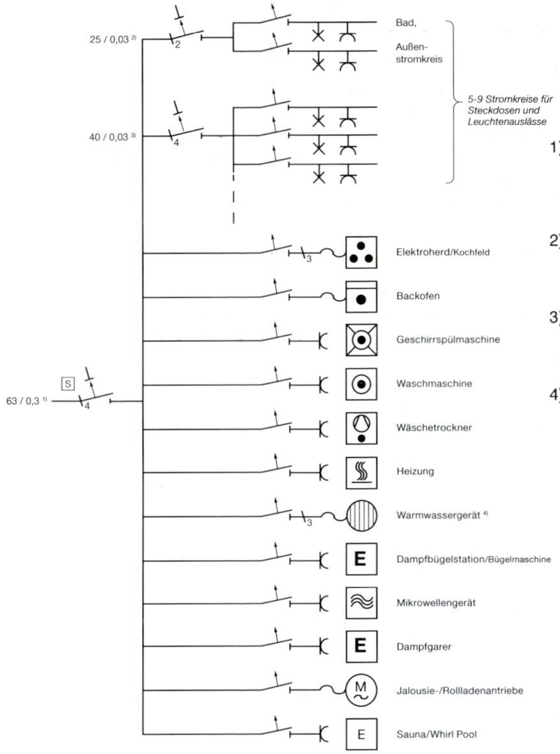

1) Selektiver Fehlerstrom-Schutzschalter als zentraler Fehlerstrom-Schutzschalter zum Fehlerschutz und zum Brandschutz empfohlen

2) Fehlerstrom-Schutzschalter zum Fehlerschutz und zusätzlichen Schutz nach VDE 0100 erforderlich

3) Fehlerstrom-Schutzschalter zum Fehlerschutz und zusätzlichen Schutz empfohlen

4) Wenn keine andere Warmwasserversorgung vorhanden ist

1 Die den Bettplätzen, den Arbeitsflächen von Küchen und Kochnischen sowie den TAE zugeordneten Steckdosen sind mindestens als Zweifach-Steckdosenkombination, die neben den Antennensteckdosen angeordneten Steckdosen sind mindestens als Dreifach-Steckdosenkombination vorzusehen. Sie zählen jedoch nach der Tabelle als jeweils nur eine Steckdose.

2 Die Zuordnung der TAE und der Antennensteckdosen zu den Räumen hat beispielhaften Charakter. Die Anzahl der Anschlusseinrichtungen für Empfangs- und Verteilanlagen für Radio und Fernsehen und Telekommunikationsanlagen ist in Abhängigkeit von der Gesamtfläche der Wohnung festgelegt.

3 In Räumen mit Essecke ist die Anzahl der Auslässe und Steckdosen um jeweils 1 zu erhöhen.

4 Wenn keine andere Warmwasserversorgung vorhanden ist.

5 In der Wohnung oder dem Einfamilienwohnhaus ist ein Telekommunikationsanschlusspunkt (1. TAE) vorzusehen; die weiteren TAE ergeben sich aus der Tabelle.

6 Im Einfamilienhaus unter Berücksichtigung der örtlichen Erfordernisse wählen.

16-5b Anforderungen für den Ausstattungswert 3 ★★★
– Beispiel für die Aufteilung der Stromkreise

17 Beleuchtung

Der Beleuchtung wird im Wohnungsbau oftmals eine sehr geringe Aufmerksamkeit gewidmet. Im Gegensatz zu Büro- und Verwaltungsbauten, Schulen, Gewerbebetrieben u. ä. wird hier die Beleuchtungsanlage meist nicht geplant. Häufig ist nur ein Deckenauslass in der Mitte des Raums anzutreffen.

In DIN 18015-2 und den HEA-Ausstattungswerten ist die Anzahl der Beleuchtungsauslässe festgelegt. Es soll aber auch etwas auf die Art der verwendeten Leuchten eingegangen und einige Hinweise, die bei der Planung der Beleuchtung berücksichtigt werden sollen, gegeben werden. Eine gute Beleuchtung (Bild 17-1 bis 17-4) im Wohnungsbau zeichnet sich vor allem aus durch:

- ausreichende Beleuchtungsstärke
- gleichmäßige Verteilung der Helligkeit
- geringe Blendung
- richtige Lichtfarbe und gute Farbwiedergabeeigenschaft

Beleuchtungsstärke

Die Aufgaben der Beleuchtung einer Wohnung sind unterschiedlich. In Arbeitsräumen (z. B. Küche, Hausarbeitsraum) ist eine gute Beleuchtung Voraussetzung für die Erledigung der Arbeiten (Kochen, Bügeln, Nähen usw.). Eine gute Beleuchtung lässt weniger schnell ermüden. In den Wohn- und Schlafräumen soll mit der Beleuchtung Behaglichkeit erreicht werden, hohe allgemeine Beleuchtungsstärken wären hier fehl am Platz, für den Leseplatz z. B. aber ebenfalls notwendig.

Eine besondere Bedeutung kommt der Beleuchtung von Heimarbeitsplätzen zu. Im Bürobereich ist mit der DIN 5035 die Art der Beleuchtung sowie die Beleuchtungsstärke vorgegeben. Um hier effizient arbeiten zu können, ist die DIN 5035 für den Beleuchtungsplan anzuwenden.

Blendung

Blendung entsteht, wenn zur Beleuchtung eines Raums Leuchten mit zu hoher Leuchtdichte verwendet werden und die Leuchten auch noch im Blickfeld angeordnet sind. Mehrere Leuchten mit geringerer Leuchtdichte bringen eine Verbesserung. Aus den genannten Gründen können freistrahlende Leuchtstofflampen nicht verwendet werden, Rasterleuchten parallel zur Hauptblickrichtung sind eine Lösung des Problems.

Reflexblendung entsteht durch Spiegelung auf blanken Oberflächen, z. B. der Kücheneinrichtung.

17-1 Beleuchtung in einem Wohnraum

17-2 Beleuchtung eines Essplatzes

17-3 Beleuchtung eines Arbeitsplatzes im Wohnraum

17-4 Spiegelleuchten in einem Bad

Lichtrichtung und Schattenwirkung

Oft wird geglaubt, dass schattenfreies Licht sehr gut sei, aber damit ist räumliches Sehen kaum möglich. Erst durch Schattenbildung erkennen wir z. B. die Oberflächenbeschaffenheit und Formen von Gegenständen. Die gewünschte Schattigkeit wird erreicht, wenn das Licht aus einer Richtung kommt. Zu bevorzugen ist die Richtung, aus der auch das natürliche Licht kommt.

Lichtfarbe und Farbwiedergabeeigenschaft

Die spektrale Zusammensetzung des Lichts verschiedener Lampentypen ist unterschiedlich. Sie bestimmt die Lichtfarbe der Lampen. Jede Lichtfarbe hat bestimmte Farbwiedergabeeigenschaften. Bei niedrigen Beleuchtungsstärken wählt man warme, gelblichweiße Lichtfarben, für höhere Beleuchtungsstärken weiße oder tageslichtweiße Lichtfarben (siehe Tabelle 17-5).

Die Farbwiedergabeeigenschaften sind in Stufen eingeteilt. Stufe 1 für hohe Ansprüche, Stufe 4 für sehr geringe Ansprüche (siehe auch Tabelle 17-6).

Gruppe	Lichtfarben	Farbtemperatur
ww	warm-weiß	< 3300 K
nw	neutral-weiß	3300 bis 5000 K
tw	tageslicht-weiß	> 5000 K

17-5 Lichtfarben und Farbtemperatur

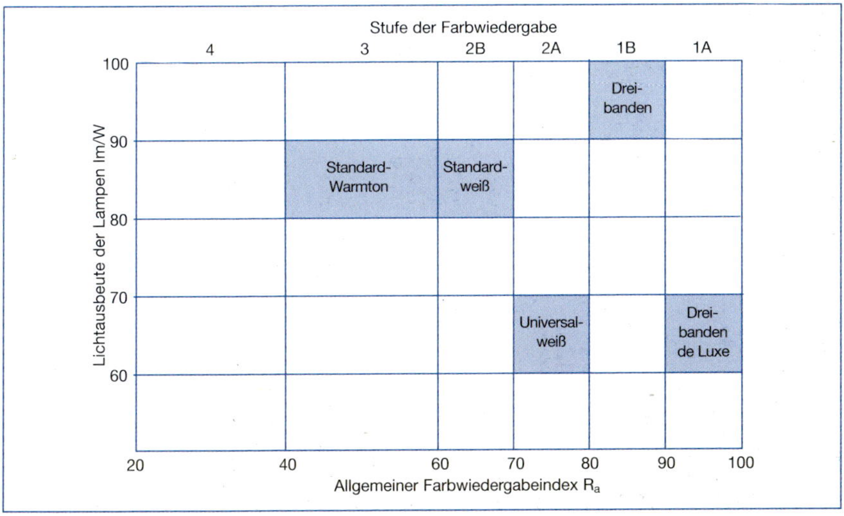

17-6 Farbwiedergabe und Lichtausbeute von Leuchtstofflampen

Glühlampen

Hierzu gehören die bekannten Allgebrauchslampen (oft Birnen genannt), aber auch Reflektorglühlampen mit innenverspiegeltem Glaskolben. Reflektorlampen werden aus Normalglas (auch Weichglas genannt) und Pressglas hergestellt. Je nach Aufgabe können breit- oder eng-strahlende Lampen eingesetzt werden.

Eigenschaften der Glühlampen

- warme Lichtfarbe
- gute Farbwiedergabe (weniger blau, mehr rot)
- geringe Lichtausbeute
- geringe Lebensdauer (Allgebrauchslampe: etwa 1000 Stunden)
- Lebensdauer spannungsabhängig (bei hoher Netzspannung niedrigere Lebensdauer)
- hoher Anteil an Wärmestrahlung
- für große Schalthäufigkeit geeignet
- viele Sonderformen
- viele Leistungsstufen
- einfache Lichtstromsteuerung (Helligkeitssteuerung)

Halogenlampen für Netzspannung oder in Niedervoltausführung (üblich: 6 V, 12 V, 24 V) sind eine Bauform der Glühlampen. Die bei Glühlampen auftretende Schwärzung des Glases durch die mit der Zeit verdampfende Wolframheizwendel wird durch Beigabe von Halogengas vermieden. Die Farbwiedergabeeigenschaften sind hervorragend. Da Halogenlampen sehr klein gebaut werden können, ist durch Einsatz entsprechender Spiegel eine Lichtlenkung möglich. Am Markt sind Ausstrahlwinkel von 6° (Spot) bis 60° (Flood) erhältlich.

Allgemeiner Farbwiedergabeindex R_a	**Stufen nach DIN 5035**	**R_a-Bereich**	**Beispiele typischer Lampen**
100	1 A	90 und höher	Leuchtstofflampen und Kompakt-Leuchtstofflampen, Glühlampen, Metall-Halogendampflampen „de Luxe“
90	1 B	80 bis 90	Dreibanden- und Kompakt-Leuchtstofflampen
80	2 A	70 bis 80	Standard-Leuchtstofflampen Universalweiß
70	2 B	60 bis 70	Standard-Leuchtstofflampen Hellweiß, Halogen-Metalldampflampen
60	3	40 bis 60	Standard-Leuchtstofflampen Warmton, Quecksilberdampf-Hochdrucklampen
40	4	20 bis 40	Natriumdampf-Hochdrucklampen
20	nicht definiert	unter 20 in Arbeitsstätten nicht zulässig	Natriumdampf-Niederdrucklampen

17-7 Stufen der Farbwiedergabe und Beispiele typischer Lampen

Halogenlampen sind wie normale Glühlampen dimmbar, allerdings besteht dann wieder die Problematik der Schwärzung des Glases. Die Hersteller haben durch Schutzgläser bzw. niedrigerem Lampeninnendruck Vorsorge getroffen, dass beim Zerplatzen der Kolben keine Schäden an Personen, Tieren und Sachen entstehen.

Beim Einsatz von Niedervolt-Halogenlampen muss bei der Dimensionierung der Zuleitungen auf die entsprechend der kleinen Spannung hohen Ströme geachtet werden. Tabelle 17-8 gibt Anhaltswerte für die Dimensionierung.

Lampennennleistung (W)	20	35	50	65	100	150	200	250	300
Lampennennstrom (A)	1,7	2,9	4,2	5,4	8,3	12,5	16,7	20,8	25,0
Nennquerschnitt (mm^2 Cu)	**Maximale Leitungslänge (m) bei 12 V, 1 % Spannungsfall**								
1,5	3,0	1,7	1,2	0,9	0,6	0,4	–	–	–
2,5	5,0	2,9	2,0	1,6	1,0	0,7	0,5	–	–
4	8,1	4,6	3,2	2,5	1,6	1,1	0,8	0,6	0,5
6	12,1	6,9	4,8	3,7	2,4	1,6	1,2	1,0	0,8
10	20,2	11,5	8,1	6,2	4,0	2,7	2,0	1,6	1,3
16	32,3	18,4	12,9	9,9	6,5	4,3	3,2	2,6	2,2

17-8 Spannungsfall bei Niedervolt-Halogenlampen (12 V, 1 %)

Lampenleistung W	**Leistung Lampe und Vorschaltgerät W**	**Rohrdurchmesser mm**	**Länge bzw. Durchmesser mm**
Stabform			
65	78	38	1500
58	71	26	1500
40	50	38	1200
36	46	26	1200
20	30	38	590
18	38	26	590
Sonderform			
40 (Ring)	50	32	413 Ø
32 (Ring)	42	32	311 Ø
40 (U)	50	38	607 (570)

17-9 Leuchtstofflampen, Leistung und Abmessungen

Leuchtstofflampen

Die Entwicklung der Leuchtstofflampen verlief vom Rohrdurchmesser 38 mm über den Durchmesser 26 mm bis zum aktuellen Stand 16 mm. Während die 38 mm Röhre nur noch in Sonderfällen (Einsatz im Freien, Tiefkühllager) verwendet wird, hat die Lampe mit 26 mm die derzeit stärkste Marktdurchdringung. Wegen ihrer gesteigerten Wirtschaftlichkeit kommt die 16 mm Lampe vor allem in Neubauten und Sanierungsobjekten immer stärker zum Einsatz.

Normale Leuchtstofflampen haben bei 20 bis 25 °C Umgebungstemperatur die maximale Lichtleistung, in unbeheizten Räumen und bei höheren Umgebungstemperaturen (z. B. bei geschlossenen Einbauleuchten) sinkt der Lichtstrom deutlich ab.

Leuchtstofflampen werden überwiegend in Stabform hergestellt. Sonderformen als Ring bzw. U sind ebenfalls auf dem Markt.

Eigenschaften von Leuchtstofflampen

- große Auswahl bezüglich Lichtfarbe und Farbwiedergabeeigenschaften
- hohe Lichtausbeute
- hohe Lebensdauer (bis 20000 Stunden)
- Lebensdauer abhängig von der Schalthäufigkeit
- Lichtleistung wenig spannungsabhängig
- Lichtleistung temperaturabhängig

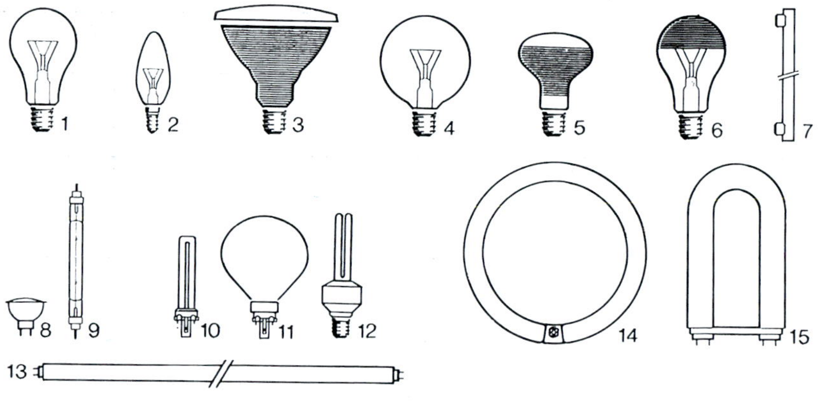

1 Standardlampe
2 Kerzenlampe
3 Hartglas-Reflektorlampe (PAR)
4 Großkolbenlampe
5 Weichglas-Reflektorlampe
6 kuppenverspiegelte Lampe
7 Linienlampe
8 Niedervolt-Halogen-Glühlampe
9 Halogen-Glühlampe für Netzspannung, zweiseitig gesockelt
10 Kompakt-Leuchtstofflampe
11 dto. mit Großkolben
12 dto. mit elektronischem Vorschaltgerät
13 Leuchtstofflampe
14 dto. in Ringform 15 dto. in U-Form

17-10 Verschiedene Lampenbauformen

- Lichtleistung nimmt mit der Brennzeit wenig ab
- Vorschaltgeräte, Blindstromkompensation notwendig

Verstärkt kommen Kompaktleuchtstofflampen mit Lampenleistungen von 5 bis 55 W auf den Markt. Sie sind als Ersatz für Glühlampen gedacht. Ihr Vorteil: deutlich höhere Lichtausbeute und eine mehrfache Lebensdauer. Die Lebensdauer von Leuchtstofflampen ist abhängig von der Schalthäufigkeit, deshalb sollten Kompakt-Leuchtstofflampen nur dort eingesetzt werden, wo die Lampe länger in Betrieb ist.

Kompaktleuchtstofflampen haben Stecksockel. Es gibt hierzu Adapter mit Schraubgewinde wie bei Glühlampen, die das notwendige Vorschaltgerät enthalten.

Raumart	**Merkmale**	**Symbol**	**IP-Kennzeichnung (etwa)**
Küche, Hausarbeitsraum, Wohn-, Schlaf- und Kinderzimmer, Flur in der Wohnung, Treppenraum, WC, trockener Keller	trockener Raum		IP 20
Bad, Dusche in der Wohnung	abhängig vom Schutzbereich		IPX7 (Bereich 0) IPX4 (Bereich 1,2); siehe auch Kapitel 5
feuchter Keller, Waschküche	feuchter Raum		IP 21
Waschküche, in der abgespritzt wird	feuchter, nasser Raum		IP 25
Dachboden	trockener Raum, mechanische Beanspruchung		IP21
Heißluft-Saunaraum (nicht Dampfsauna)	trockener Raum		IP 24
Schwimmhalle	feuchter, nasser Raum		IP 12/IP 25
Einzelgarage	feuchter Raum, mechanische Beanspruchung		IP 21
Sammelgarage	feuchter Raum, mechanische Beanspruchung		IP 54
Werkstatt	Staub, mechanische Beanspruchung		IP 54
Anlage im Freien	Feuchtigkeit, mechanische Beanspruchung		IP 23

17-11 Beispiele für die Zuordnung der Schutzarten von Leuchten zu den einzelnen Räumen

Eine Variante sind Kompaktleuchtstofflampen mit festmontierten elektronischen Vorschaltgeräten und Schraubgewinden, die schnelles Zünden und bessere Betriebsbedingungen bei niedrigen Temperaturen auszeichnet. Da diese Lampen nicht viel größer sind als normale Glühlampen, passen sie in fast jede Leuchte. Sie eignen sich besonders dort, wo wirtschaftliche Dauerbeleuchtung gewünscht wird.

Kompaktleuchstofflampen

Kompaktleuchtstofflampen sind besonders kleine Leuchtstofflampen und werden häufig als Energiesparlampen bezeichnet. Kompaktleuchtstofflampen werden auch mit integriertem elektronischen Vorschaltgerät (EVG) und Edison-Schraubsockel E27 bzw. E14 hergestellt.

Der Vorteil dieser Lampen liegt in ihrer hohe Lichtausbeute von ca. 60 lm/W im Vergleich zu normale Glühlampen mit nur 12 bis 15 lm/W.

Wegen der geringeren Wärmeentwicklung kann eine Leuchte trotz begrenzter Lampenleistung mehr Licht abgeben, wenn Kompaktleuchtstofflampen eingesetzt werden. Auf ausreichende Kühlung der Lampe ist zu achten. Leuchten mit einer Leistungsbegrenzung auf 25 Watt können beispielsweise mit einer 20-Watt-Kompaktleuchtstofflampe auf die Helligkeit einer 100-Watt-Glühlampe aufgerüstet werden.

Kompaktleuchtstofflampen sind in verschiedenen Farbtemperaturen erhältlich. Damit kann die Lichtfarbe optimal auf die Beleuchtungssituation angepasst werden. Sowohl gemütliches, gelbliches Licht ähnlich Glühlampenlicht (warmweiß, extra-warmweiß) als auch eher sachliches Licht (neutralweiß, tageslichtweiß) ist erhältlich.

Eine andere Bauform sind Kompaktleuchtstofflampen mit Stecksockel und integriertem Starter zum Betrieb an externen Vorschaltgeräten.

Nachteil vieler Energiesparlampen ist ihre temperaturabhängige Helligkeit. Erst nach ein bis zwei Minuten entfalten sie ihre volle Helligkeit – kurz nach dem Einschalten erreichen sie nur zwischen 50 und 80 % der Endhelligkeit. Dies ist bei Lampen, die nur kurz benötigt werden, ungünstig. Deshalb sollten sie nicht eingesetzt werden in kurzzeitig geschalteten Fluren, Treppenhäusern und mit Bewegungsmelder gesteuerten Zufahrtsbeleuchtungen. Zudem haben die Lampen in der Startphase – aufgrund der Temperatur der Leuchtstoffes – oft eine andere Lichtfarbe.

LED

Eine Leuchtdiode (auch Lumineszenz-Diode, kurz LED für *Light Emitting Diode* beziehungsweise lichtemittierende Diode) ist ein elektronisches Halbleiter-Bauelement. Fließt durch die Diode Strom in Durchlassrichtung, strahlt sie Licht mit einer vom Halbleitermaterial abhängigen Wellenlänge ab.

Eigenschaften von LED

- höhere Lichtausbeute als Glühlampen
- hohe Zuverlässigkeit
- sehr lange Lebensdauer
- hohe Stoß- und Schockbelastbarkeit
- schnelle Schalt- und Modulierbarkeit, kein Schaltverschleiß
- Lichtstrom proportional dem elektrischen Strom, Dimmbarkeit ohne Effizienzverlust (Vorteil gegenüber Glühlampen)
- monochrome Lichterzeugung (bei farbigen LEDs)
- Lichtbündelung ist oft bereits Bestandteil der LED

Mit ihren herausragenden Eigenschaften erlauben LED völlig neue Anwendungsmöglichkeiten. Hinzu kommen ihr niedriger Stromverbrauch, eine lange Lebensdauer und ihre enorme Farbenvielfalt. LED gelten als Lichttechnik der Zukunft.

Moderne LED-Leuchten, -Lampen und -Module erlauben in Kombination mit intelligenter Lichtsteuerung bereits heute in vielen Anwendungsbereichen einen wirkungsvollen und effizienten Einsatz der LED-Technologie.

LED werden im Wohnbereich eingesetzt für Effektbeleuchtung mit Farbinszenierungen, als Hintergrundbeleuchtung und indirekte Beleuchtung sowie für Möbeleinbauleuchten.

Darüber hinaus eignen sich LED in der Allgemeinbeleuchtung, Spotbeleuchtung und in der linearen Beleuchtung.

LED werden eingesetzt in Orientierungsleuchten für Wand- und Bodeneinbau, zum Einsatz im Gebäude und außerhalb.

Leuchten

Sowohl Glühlampen als auch Leuchtstofflampen werden in Leuchten eingesetzt. Die ggf. erforderlichen Vorschaltgeräte und Kondensatoren zur Blindstromkompensation sind ebenfalls in der Leuchte untergebracht.

Aufgabe der Leuchte ist es, das Lampenlicht zu lenken und die Blendung zu begrenzen. Leuchten müssen leicht und zeitsparend montiert werden können.

Auf entflammbaren Unterlagen (z. B. Holzdecken) können Leuchten für Leuchtstofflampen mit dem Feuerschutzzeichen ▽F angebracht werden, für Glühlampen-Leuchten ist das Zeichen nicht erforderlich.

Leuchten für Leuchtstofflampen zum Einbau in Möbel aus nicht brennbarem und aus leicht entflammbarem Material müssen das Zeichen tragen ▽M. Ist das

Brandverhalten der Einrichtungsgegenstände nicht bekannt, sind Leuchten mit ▽M verwenden. Glühlampen-Leuchten zum Einbau in Möbel müssen immer mit ▽M▽M gekennzeichnet sein.

Leuchten, die mit dem Zeichen ▽D gekennzeichnet sind, haben eine begrenzte Oberflächentemperatur. Ein Schutz gegen Ablagerungen von Staub und anderen Fremdkörpern muss für die gesamte Leuchte gegeben sein (auch im Innern der Leuchte). Das kann erreicht werden, z. B. wenn die Leuchte in Strahlungsrichtung mit einer Schutzscheibe der Wanne mit einem Schutzgrad IP5X abgedeckt ist. Die Richtlinien zur Schadenverhütung VdS 2499 „Leuchten mit begrenzter Oberflächentemperatur" enthalten weitere Empfehlungen.

Die Schutzarten für Leuchten sind in DIN VDE 0710 und DIN VDE 0470-1 aufgeführt (siehe auch Tabelle 17-11).

Ein Vorschlag für die Beleuchtung wird – bezogen auf den jeweiligen Raum – im Kapitel „Aufbau der Installationsbausteine" gemacht.

18 Aufbau der Installationsbausteine

In diesem Kapitel soll am Beispiel eines Wohnungsgrundrisses (Bild 18-1) die Elektroinstallation funktionell entwickelt und nach dem Baukastenprinzip dargestellt werden.

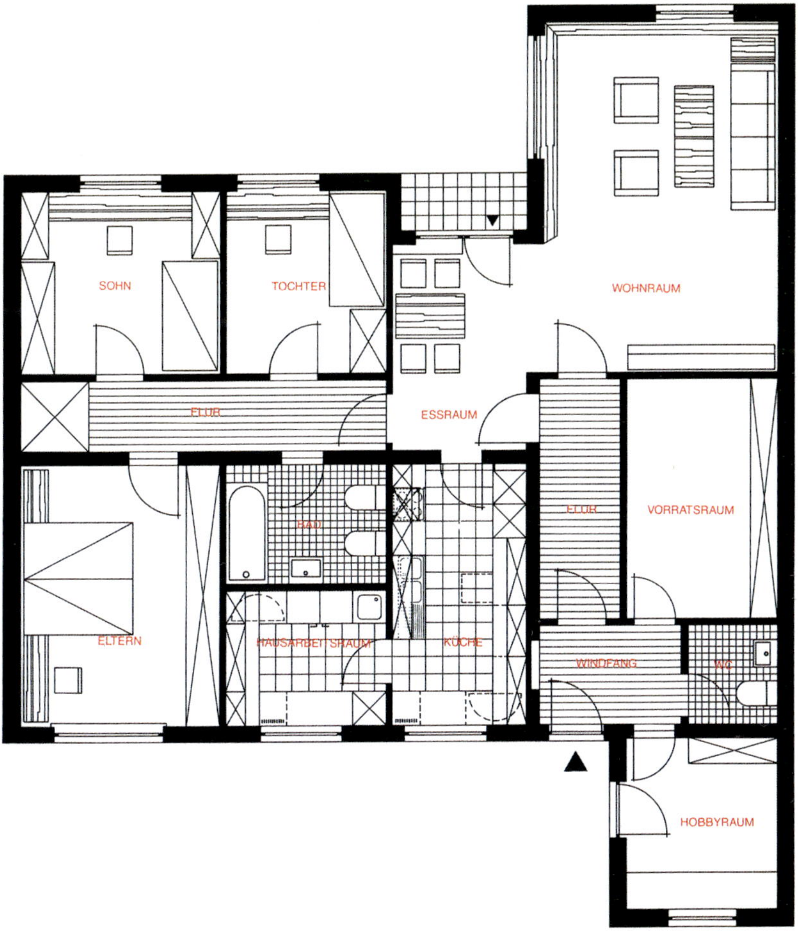

18-1 Grundriss der Beispielwohnung

Aus den bekannten Wohnvorgängen, die in Nutzungsbereichen innerhalb der Stell- und Bewegungsflächen stattfinden, ergeben sich die Elemente der Elektroinstallation.

Planen einer Elektroinstallation bedeutet mehr als gleichmäßiges Verteilen von Steckdosen und Auslässen im Raum. Der Planer muss entscheiden, wo – den verschiedenen Vorgängen entsprechend – Steckdosen und Auslässe benötigt werden. Wird dieser Weg nicht eingehalten, sind die Erwartungen der Bewohner nicht zu erfüllen.

An einem Beispiel wird die Elektroinstallation für den Ausstattungswert 2 dargestellt. In einer Tabelle am Ende dieses Kapitels werden dann dem Ausstattungswert 2 die Ausstattungswerte 1 und 3 gegenübergestellt.

Die Elektroheizung und die elektrische Warmwasserversorgung sind nicht bei der allgemeinen Versorgung, sondern in eigenen Kapiteln behandelt, damit eine klare Übersicht erhalten bleibt.

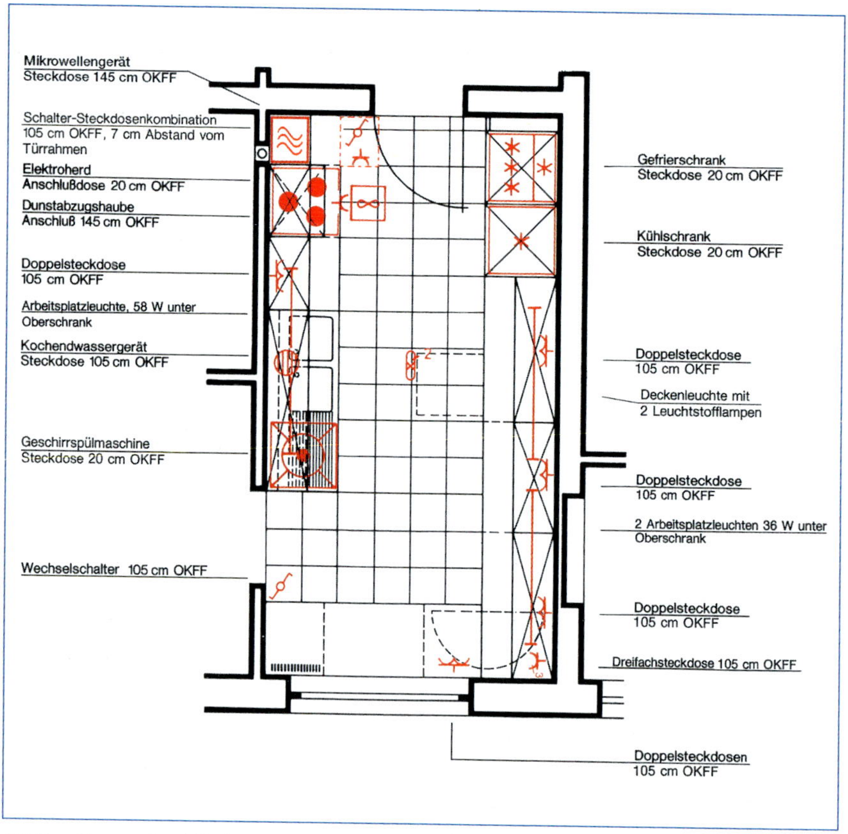

18-2 Grundriss Küche

Küche

Hier spielen sich die Wohnfunktionen Nahrungsbereitung und Geschirrspülen ab. Bevor die Elektroinstallation eingeplant werden kann, ist unter Berücksichtigung der Arbeitsabläufe die Einrichtung entsprechend DIN 18022 zu planen. Nur so können die für die Elektrogeräte notwendigen Anschlüsse (Steckdosen bzw. Geräteanschlussdosen) bedarfsgerecht angeordnet werden. Die Beleuchtungsanlage besteht aus einer Allgemeinleuchte, bestückt mit 2 x 36 W Leuchtstofflampen und drei schaltbaren Arbeitsplatzleuchten, bestückt mit 36 W bzw. 58 W Leuchtstofflampen. Außer den Steckdosen für Kühlschrank, Gefrierschrank und den Lüfter der Dunstabzugshaube sind sieben Ein-, Zwei- bzw. Dreifach-Steckdosen für Kleingeräte vorgesehen (Bild 18-2). Alle diese Auslässe werden aus einem Stromkreis versorgt. Die übrigen Geräte, allgemein als Großgeräte bezeichnet, erhalten jeweils einen gesonderten Stromkreis; im Beispiel für Elektroherd, Backofen, Mikrowellengerät, Geschirrspülmaschine und Kochendwassergerät (Bild 18-3).

Da die Küche zwei Türen aufweist, wird für die Allgemeinleuchte eine Wechselschaltung vorgesehen.

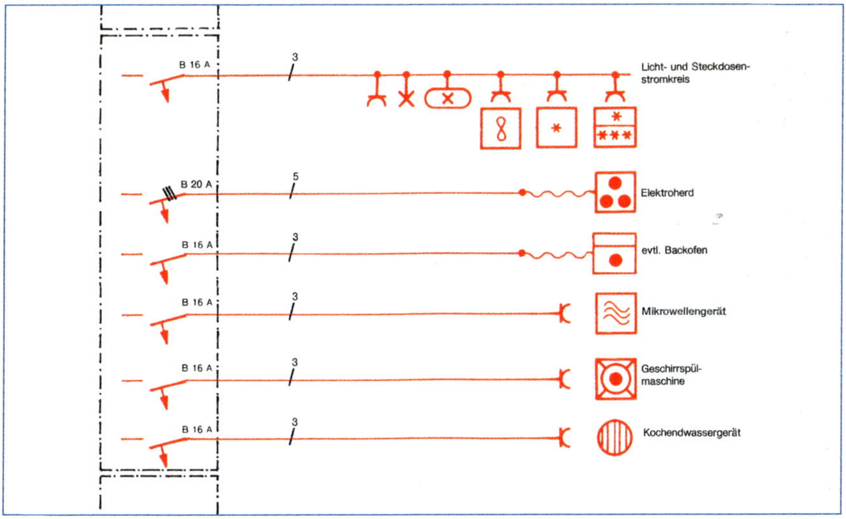

18-3 Stromkreise für die Küche

Elektroinstallations-Baustein „Küche“
1 **Licht- und Steckdosenstromkreis** mit 10 Steckdosen 1 Auslass für Allgemeinbeleuchtung 2 Auslässen für Arbeitsplatzbeleuchtung 1 **Gerätestromkreis** für Elektroherd (Kochmulde) 1 **Gerätestromkreis** für Backofen 1 **Gerätestromkreis** für Mikrowellengerät 1 **Gerätestromkreis** für Geschirrspülmaschine 1 **Gerätestromkreis** für Kochendwassergerät

Hausarbeitsraum

Im Hausarbeitsraum, meist – wie auch im Beispielgrundriss – neben der Küche gelegen, können Waschmaschine und Wäschetrockner sowie die Bügelmaschine bzw. Dampfbügelstation untergebracht werden. Ist kein Hausarbeitsraum vorhanden, werden diese Geräte meist im Bad untergebracht.

Da auch für den Hausarbeitsraum eine Wasserinstallation notwendig ist, bietet sich der Raum neben der Küche an, damit nur eine Installationswand für das Wasser notwendig wird. Dazu müssen schon bei der Grundrissplanung entsprechende Überlegungen angestellt werden und die Grundrissplanung darauf abgestellt sein.

Wie in der Küche ist auch hier eine gute Ausleuchtung des Raums notwendig. Durch eine Deckenleuchte, bestückt mit 2 x 58 W Leuchtstofflampen und eine

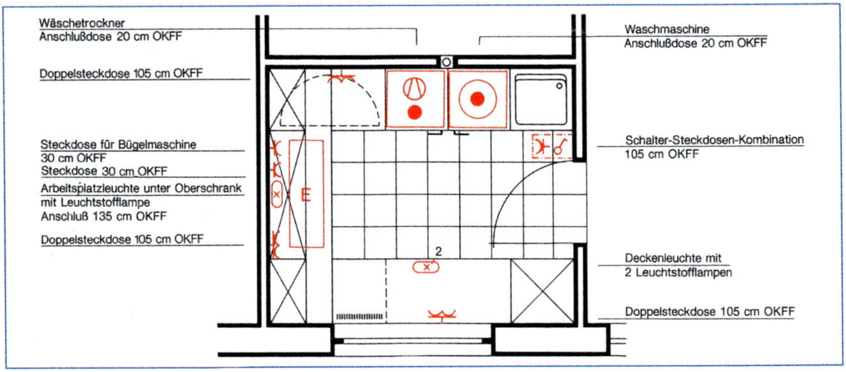

18-4 Grundriss Hausarbeitsraum

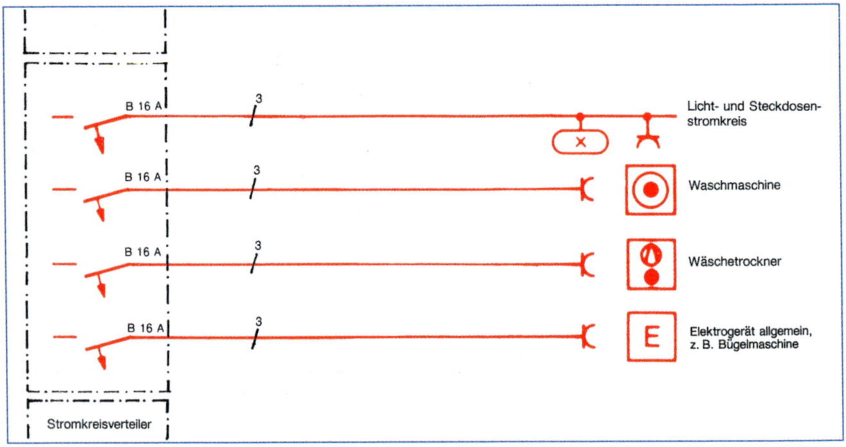

18-5 Stromkreise für den Hausarbeitsraum

getrennt schaltbare Arbeitsplatzleuchte (für Leuchtstofflampe 1 x 36 W) über der Bügelmaschine wird dies erreicht (Bild 18-4). Die Steckdosen sind den Arbeitsflächen zugeordnet, die Anbringungshöhen entsprechen denen im Bild 18-2.

Die neben der Tür befindliche Schalterkombination für die Allgemeinleuchte enthält eine Steckdose, die in erster Linie für Raumpflegegeräte dient. Die Steckdose für die Bügelmaschine/Dampfbügelmaschine befindet sich unter der Arbeitsfläche, so dass bei eingeführtem Stecker das Gerät nach dem Hervorziehen sofort betriebsbereit ist. Gerätestromkreise sind jeweils für Waschmaschine, Wäschetrockner und Bügelmaschine/Dampfbügelmaschine vorgesehen (Bild 18-5).

Elektroinstallations-Baustein „Hausarbeitsraum“

1 **Licht- und Steckdosenstromkreis** mit
8 Steckdosen
1 Auslass für Allgemeinbeleuchtung
1 Auslass für Arbeitsplatzbeleuchtung
1 **Gerätestromkreis** für Waschmaschine
1 **Gerätestromkreis** für Wäschetrockner
1 **Gerätestromkreis** für Bügelmaschine/Dampfbügelmaschine

Bad, WC

In DIN VDE 0100-701 sind für Räume mit Badewanne oder Dusche Bereiche festgelegt, in denen an die Elektroinstallation besondere Anforderungen gestellt werden. Im Kapitel 5 sind im Abschnitt „Verlegen der Leitungen“ hierzu Ausführungen enthalten.

Im Beispielgrundriss liegt das Bad innerhalb der Wohnung im Individualbereich, also nahe bei den Schlafzimmern. Ergänzt wird das Bad durch einen zusätzlichen WC-Raum, der im Gemeinschaftsbereich zu finden ist, um ihn für Gäste zugänglich zu machen. Zunächst der für die Körperpflege wichtigste Raum, das Bad. Die Allgemeinbeleuchtung wird durch einen außerhalb des Bades neben der Tür angebrachten Ausschalter (mit Kontrollleuchte) bedient. Der Schalter kann selbstverständlich auch innerhalb des Raumes angeordnet werden, wenn die Festlegungen über die Schutzbereiche (Bilder 5-32 bis 5-34) eingehalten werden können. Um die wegen Blendung und Reflexion gerade im Bad schwierige Beleuchtung zu lösen, wurden zwei Spiegelleuchten eingeplant (Bild 18-6). Die Beleuchtungsauslässe und die vier Steckdosen werden aus einem Stromkreis versorgt. Ist ein WC-Absauglüfter vorgesehen, lässt sich auch dieser über eine Steckdose anschließen (Bild 18-7).

Der WC-Raum wird als gesonderter Baustein behandelt, auch wenn kein eigener Stromkreis vorgesehen wird. Die Spiegelleuchte ist in diesem Fall Allgemeinbe-

Elektroinstallations-Baustein „Bad“

1 **Licht- und Steckdosenstromkreis** (gemeinsam für Essraum, Flur, Bad) mit
4 Steckdosen
1 Auslass für Allgemeinbeleuchtung
2 Auslässen für Spiegelleuchten

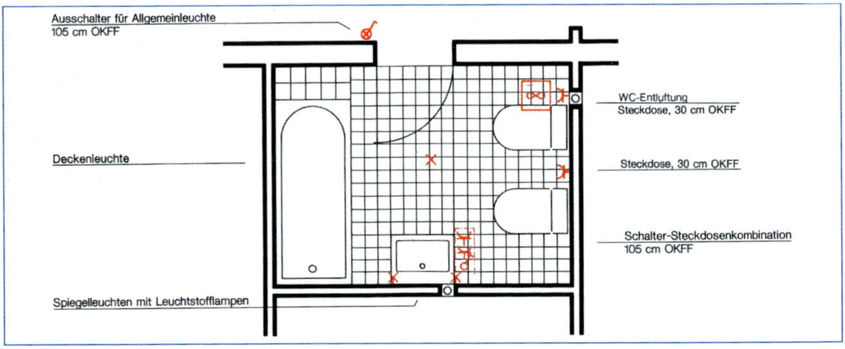

18-6 *Grundriss Bad*

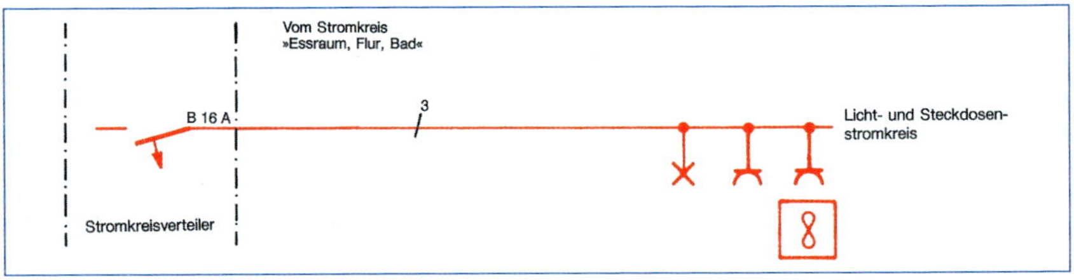

18-7 *Stromkreis für Bad, Essraum, Flur*

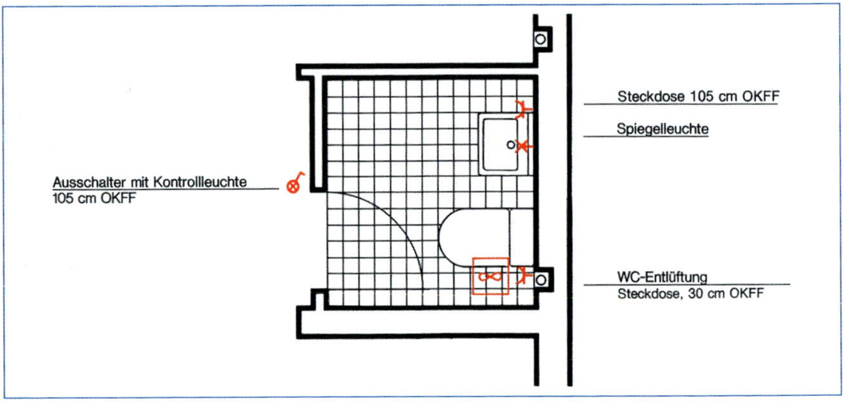

18-8 *Grundriss WC*

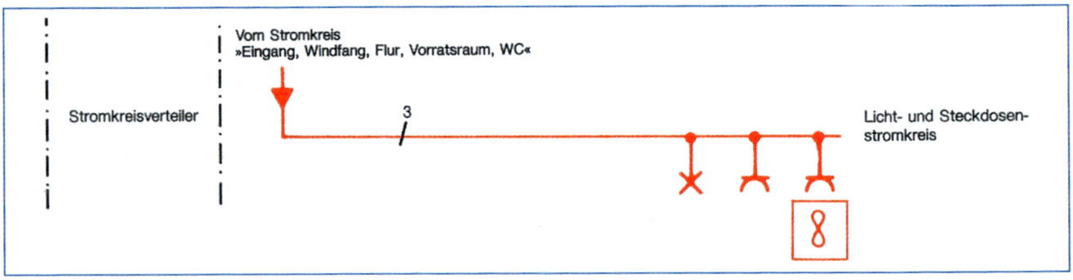

18-9 *Stromkreis für das WC*

leuchtung, sie wird mit einem Ausschalter mit Kontrollleuchte außen neben der Tür bedient. Zwei Steckdosen (eine für den WC-Absauglüfter) sind außerdem vorhanden (Bild 18-8). Der Licht- und Steckdosenstromkreis ist zusammengefasst für Eingang, Windfang, Flur, Vorratsraum und WC (Bild 18-9).

Elektroinstallations-Baustein „WC"
1 **Licht- und Steckdosenstromkreis** (gemeinsam für Eingang, Windfang, Flur, Vorratsraum, WC) mit 2 Steckdosen 1 Auslass für Spiegelleuchte

Sauna, Sauna-Ruheraum

Zum Bereich Körper- und Gesundheitspflege gehört auch die Sauna. Das Hausschwimmbad wird wegen der nicht unerheblichen Betriebskosten fast ausschließlich in Häusern mit Komfortausstattung anzutreffen sein, es soll an dieser Stelle nicht näher darauf eingegangen werden. Es sei lediglich der Hinweis gegeben, dass an die Elektroinstallation nach DIN VDE 0100-702 besondere Anforderungen gestellt werden (Schutzmaßnahmen, Potentialausgleich). Da das Schwimmbad meist etwas abseits des sonstigen Belastungsschwerpunkts liegt, bietet sich auch wegen der Leistung der Verbrauchsmittel ein separater Stromkreisverteiler an.

Die Kosten für eine Sauna liegen so, dass sie auch in einem Haus mit „normaler Ausstattung" angetroffen wird. Oft erfolgt der Einbau auch nachträglich.

Im Beispiel wird – außerhalb des Beispielgrundrisses gemäß Bild 18-1 – eine Sauna mit Ruhe-/Fitnessraum als Elektroinstallations-Baustein aufgearbeitet (Bild 18-10). Für die Saunakabine selbst sind nach DIN VDE 0100-703 einige Dinge zu beachten (siehe auch Kapitel 15): Auch bei Schutzkleinspannung muss der Schutz gegen direktes Berühren sichergestellt sein: entweder durch Abdeckungen oder Umhüllungen mindestens IP 2X oder einer Isolation, die 500 V Prüfspannung 1 Minute standhält; Betriebsmittel müssen mindestens IP 24 entsprechen. Kabel und Leitungen müssen schutzisoliert sein, dürfen keine Metallmäntel haben und dürfen nicht in metallenen Rohren verlegt sein (Verbrennungsgefahr). In Heißluft-Saunaräumen sind keine Steckdosen zulässig.

Schaltgeräte, die nicht in die Sauna-Heizgeräte eingebaut sind, müssen außerhalb des Heißluft-Saunaraumes angebracht werden. In der Sauna-Schalttafel, neben der Kabinentür, befinden sich der Sauna-Regler und die zugehörigen Schaltschütze, ggf. eine Schaltuhr zum Vorwählen der Einschaltzeit und der Schalter für die Leuchte im Saunaraum. Die Zuleitung zur Sauna-Schalttafel richtet sich nach dem Anschlusswert der Sauna, der im Durchschnitt 1 kW je m^3 Saunakabine beträgt. Sauna-Öfen mit 12 kW sind somit keine Seltenheit.

Der FI/LS-Schalter wurde – obwohl nicht zwingend vorgeschrieben – aus Gründen des Schutzes gegen elektrischen Schlag gewählt.

Festgelegt sind 3 Bereiche (Tabelle 18-11).

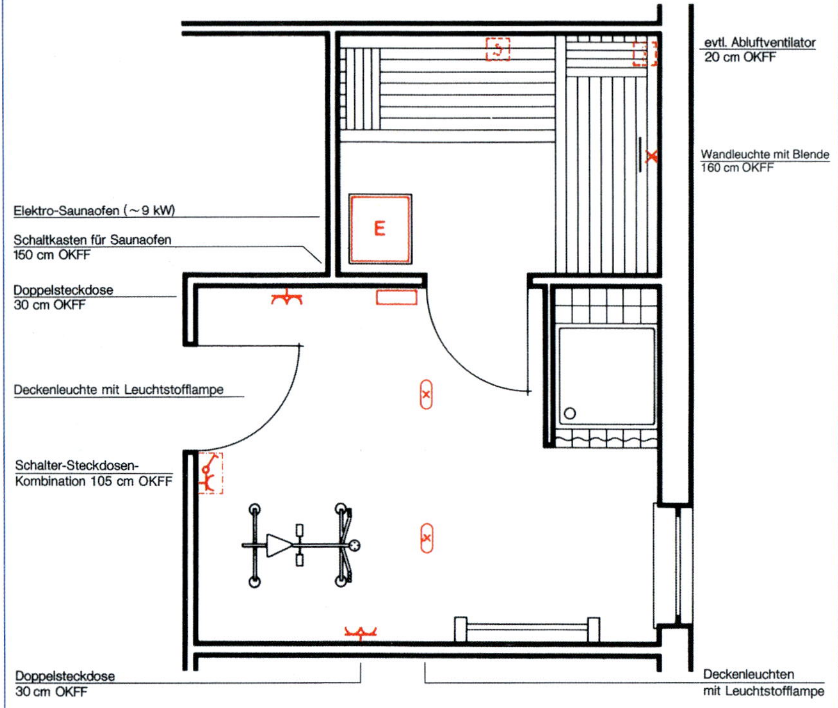

18-10 Grundriss Sauna und Fitnessraum

Bereich 1	nur elektrische Betriebsmittel, die zu den Sauna-Heizgeräten gehören
Bereich 2	keine besonderen Beanspruchungen bzgl. Wärmefestigkeit des elektrischen Betriebsmittels
Bereich 3	elektrische Betriebsmittel müssen einer Umgebungstemperatur von 125 °C unbeschadet standhalten die Isolierung von Kabeln und Leistungen muss einer Temperatur von mind. 170° C standhalten

18-11 Schutzbereiche in Sauna-Heißlufträumen (siehe auch Bild 15-27)

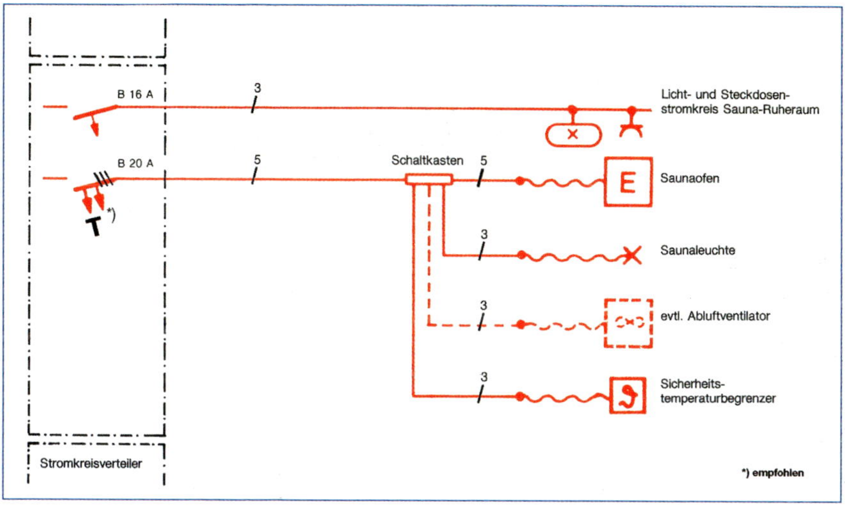

18-12 Stromkreise für Sauna und Fitnessraum

Im Ruheraum, der ebenfalls als trockener Raum angesehen werden kann, befinden sich überwiegend Geräte, die keinen Elektroanschluss benötigen: Rudertrainer, Fahrradergometer, Sprossenwand u. a. Ist kein Tauchbecken vorhanden, muss wenigstens eine Dusche vorgesehen werden. Für das Solarium ist eine Steckdose vorzusehen. Zur Beleuchtung des Ruheraums dienen zwei Leuchtstoffleuchten, bestückt mit jeweils 36 Watt. Kleingeräte können über fünf Steckdosen angeschlossen werden.

Elektroinstallations-Baustein „Sauna“
1 **Licht- und Steckdosenstromkreis** für Ruheraum mit 5 Steckdosen 2 Auslässen für Allgemeinbeleuchtung 1 **Gerätestromkreis** für Saunakabine

Gemeinschaftsbereiche Wohnraum

Die Elektroinstallation ist in Bild 18-13 eingezeichnet. Die Allgemeinbeleuchtung umfasst einen Deckenauslass und drei zusätzliche Deckendosen (UP), um einer Veränderung der Einrichtung Rechnung tragen zu können. Die Auslässe werden über Fernschalter, die im Stromkreisverteiler untergebracht sind und über Taster angesteuert werden, geschaltet. Diese Taster sind neben den Türen, aber auch in der Nähe der Sitzgruppen vorhanden.

Besondere Lichteffekte lassen sich durch eine Stromschiene mit variabel montierten Strahlern bzw. Pendelleuchten erzielen. Die Bedienung erfolgt über einen

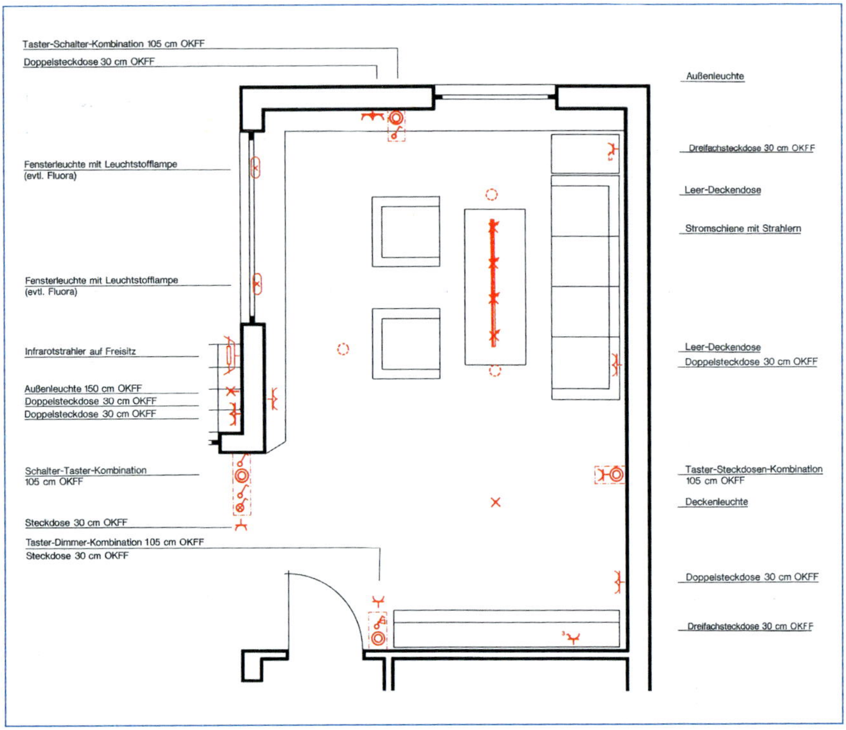

18-13 Grundriss Wohnraum

sog. Dimmer, mit dem die Helligkeit stufenlos zu verändern ist. Stehleuchten neben den Sitzgruppen ermöglichen eine Anpassung der Beleuchtung an die jeweiligen Wünsche (z. B. Lesen).

Im Fenster zur Terrasse sind von der Sitzgruppe aus schaltbare Leuchtstofflampen 2 x 36 W eingesetzt. Bei Benutzung des Fensters als Blumenfenster sind wachstumsfördernde Lampen zu empfehlen. Diese sind in den Abmessungen der Leuchtstofflampen, z. B. unter der Bezeichnung „Fluora" im Handel. Das Schalten kann auch über Dämmerungsschalter bzw. über eine Schaltuhr erfolgen.

Die Steckdosen sind überwiegend im Zug einer Ringleitung angeordnet. Durch die Anordnung der Steckdosen ist eine optimale Anpassung an alle sich in diesem Raum abspielenden Wohnvorgänge möglich. Insgesamt sind elf Steckdosen vorhanden. In einer Steckdose oder Leerdose muss die Ringleitung unterbrochen werden. Auf eine gleichmäßige Belastung der beiden dadurch entstehenden Stromkreise ist zu achten (Bild 18-14).

Aus leitungstechnischen Gründen sind an den Licht- und Steckdosenstromkreisen für den Wohnraum auch die Außenleuchte auf der Terrasse und eine zugehörige, von innen schaltbare Doppelsteckdose sowie ein Infrarotstrahler angeschlossen.

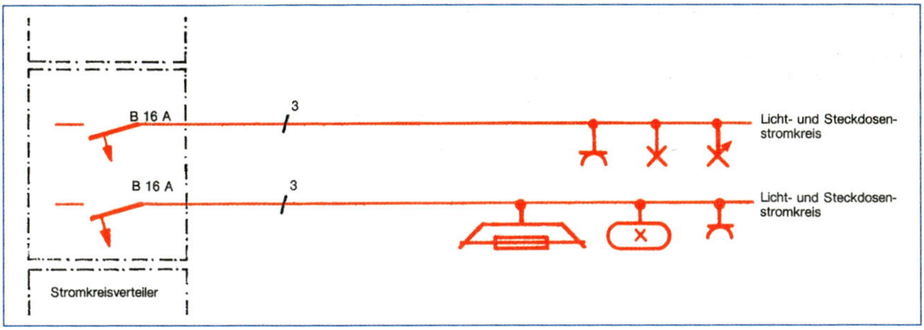

18-14 Stromkreise für den Wohnraum

Elektroinstallations-Baustein „Wohnraum, Terrasse"
2 **Licht- und Steckdosenstromkreise** mit 11 Steckdosen 1 Stromschiene 2 m, einschließlich 4 Strahlern bzw. Pendelleuchten 1 Auslass für Fensterleuchten 1 Auslass für Deckenleuchte 3 Leerdosen für Deckenleuchtenauslässe **auf der Terrasse:** 2 allpolig abschaltbare Steckdosen 1 Auslass für Außenleuchte 1 Auslass für Infrarotstrahler

Essraum, Flur

Im Beispielgrundriss ist der Essraum zwischen Küche und Wohnraum im Flurbereich vorgesehen. In Bild 18-15 sind die Installationselemente eingetragen. Da im Essraum keine Geräte mit großer Leistung über Steckdosen angeschlossen werden, wird – wie bereits erwähnt – kein eigener Stromkreis vorgesehen, sondern die Beleuchtungsauslässe und die Steckdosen werden an einem gemeinsamen Stromkreis für Essraum, Flur und Bad angeschlossen (Bild 18-16). Über dem Tisch ist eine Deckenleuchte vorgesehen, die mit Wechselschaltern am Eingang und neben dem Tisch geschaltet wird. Steckdosen für Warmhalteplatte, Fondue-Gerät u. ä. befinden sich an der Wand über dem Tisch. Der durch eine Tür abgeschlossene Flur des Individualbereichs wird durch Wandleuchten erhellt. Genügend Taster, teilweise in Kombination mit Steckdosen für Raumpflegegeräte, gewährleisten eine Bedienung von allen Zugängen.

Elektroinstallations-Baustein „Essraum, Flur"
1 **Licht- und Steckdosenstromkreis** (gemeinsam für Essraum, Flur, Bad) **im Essraum mit:** 6 Steckdosen 1 Auslass für Essplatzleuchten 1 Auslass für Wandleuchte **im Flur (Schlafbereich) mit:** 3 Steckdosen 2 Auslässen für Wandleuchten

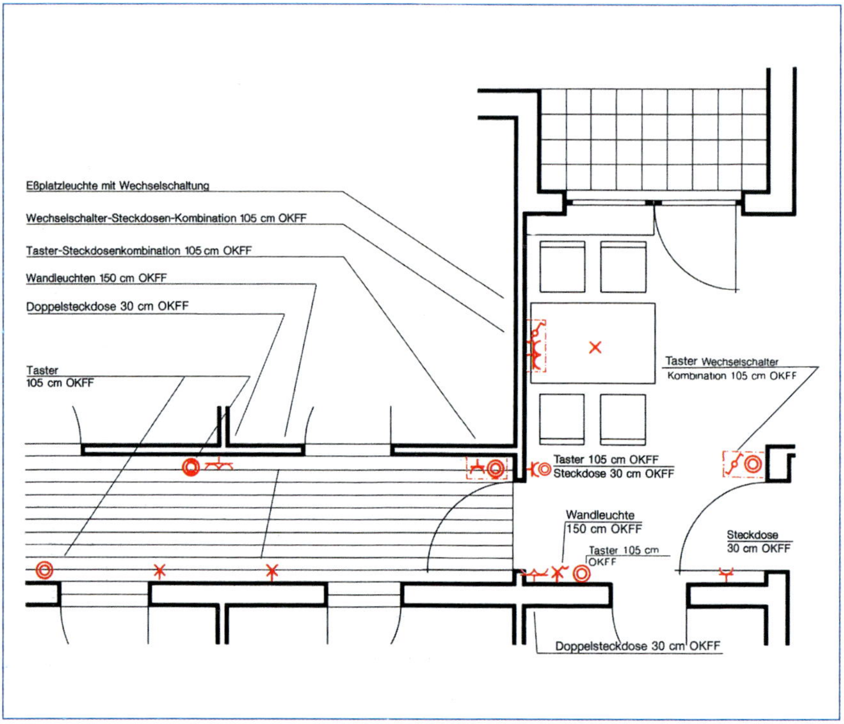

18-15 Grundriss Essraum und Flur

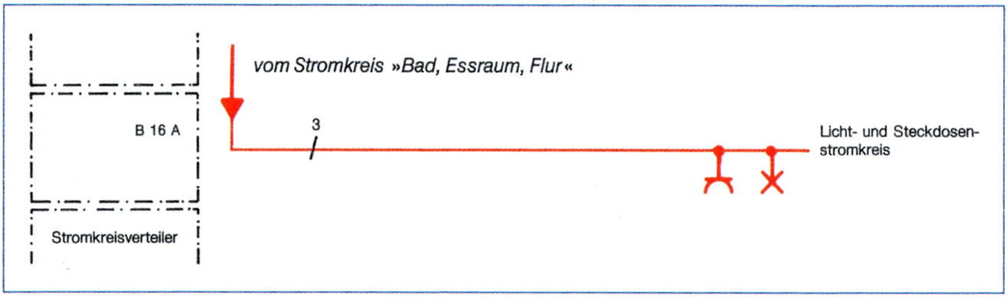

18-16 Stromkreis für Essraum und Flur

Eingang, Windfang, Flur, Vorratsraum

Wegen der geringen Belastung wurde ein Licht- und Steckdosenstromkreis für Eingang, Windfang, Flur, Vorratsraum und WC gewählt (Bild 18-18).

Zur Beleuchtung des Eingangsbereichs dient eine neben der Eingangstür angebrachte Außenleuchte, die auch als Hausnummernleuchte ausgebildet sein kann. Der zugehörige Taster befindet sich in der Kombination neben der Haustür. Alle Außenleuchten sind außerdem als „Sicherheitsbeleuchtung“ von verschiedenen

Stellen der Wohnung aus zu schalten. Ein Taster für diese Sicherheitsbeleuchtung befindet sich links hinter der Tür (Bild 18-17).

Der Windfang selbst wird durch zwei Deckenleuchten beleuchtet.

Der Stromkreisverteiler für die gesamte Wohnung ist in der Wand zur Küche eingelassen.

Der zum Essraum führende Verbindungsflur bekommt neben den Türen Taster, mit denen über Fernschalter im Stromkreisverteiler die Beleuchtung geschaltet wird. Zur Beleuchtung werden drei Leuchten, ähnlich denen im Windfang, vorgesehen.

Der Vorratsraum ist mit einer Deckenleuchte und zwei Steckdosen bestückt. Sollen Kühl- und Gefriergeräte aufgestellt werden, sind die entsprechenden Steckdosen zusätzlich vorzusehen. In diesem Fall ist auf eine entsprechende Belüftung, z. B. durch Ventilatoren, zu achten.

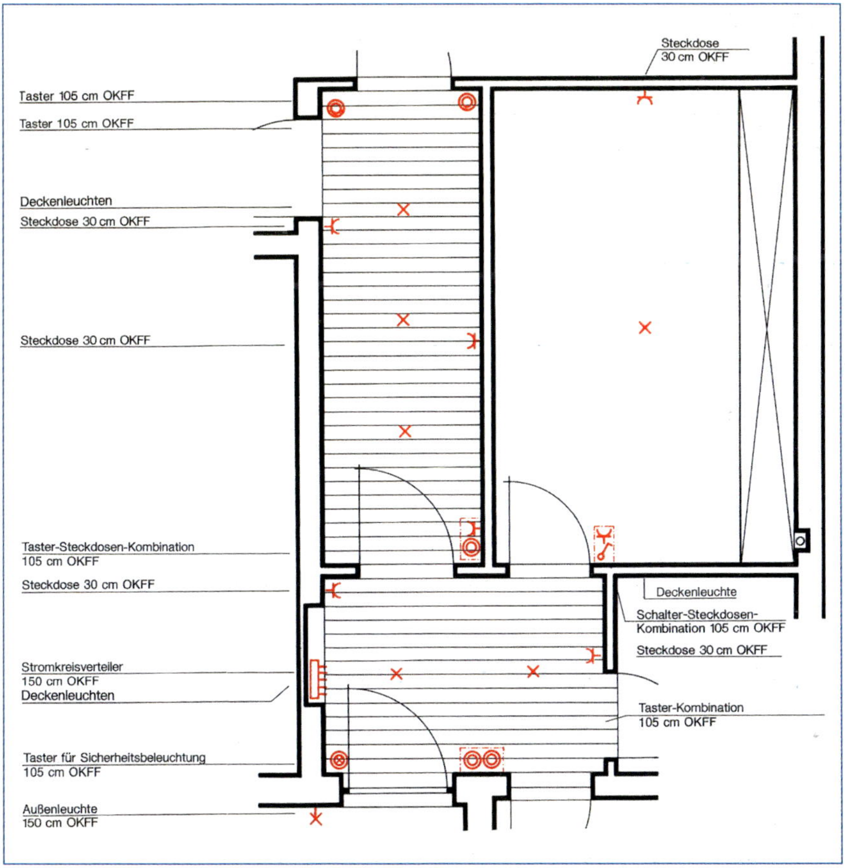

18-17 Grundriss Eingang, Windfang, Flur und Vorratsraum

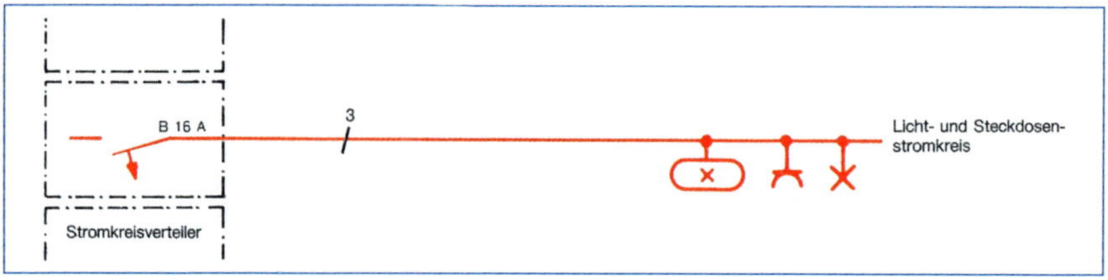

18-18 Stromkreis für Eingang und Vorratsraum

Elektroinstallations-Baustein „Eingang, Windfang, Flur, Vorratsraum"
1 **Licht- und Steckdosenstromkreis** (gemeinsam für Eingang, Windfang, Flur, Vorratsraum, WC) **am Eingang mit:** 1 Auslass für Außenleuchte, ggf. als Hausnummernleuchte **im Windfang mit:** 2 Steckdosen 2 Auslässen für Deckenleuchten **im Flur (Wohnbereich) mit:** 3 Steckdosen 3 Auslässen für Deckenleuchten **im Vorratsraum mit:** 2 Steckdosen 1 Auslass für Deckenleuchte

Hobbyraum

Dieser – im Beispielgrundriss – praktisch außerhalb des Hauses liegende Raum wird einmal zum Abstellen von Gartengeräten, aber auch als Hobbyraum benutzt. Bastelarbeiten und kleinere Reparaturen müssen also durchzuführen sein (Bild 18-19).

Eine Trennung von Licht- und Steckdosenstromkreis ist in diesem Fall sinnvoll. Die Beleuchtung und die Steckdose neben der Tür werden an den Stromkreis für Eingang, Windfang, Flur und Vorratsraum angeschlossen, es werden zwei Deckenleuchten mit Leuchtstofflampen 1 x 58 W vorgesehen, sie werden über Wechselschalter an den beiden Türen geschaltet.

Die über der Werkbank befindlichen zwei Doppelsteckdosen werden über einen gesonderten Steckdosenstromkreis betrieben, dem ein LS-Schalter mit Auslösecharakteristik K bzw. C vorgeschaltet ist. Diese Auslösecharakteristik ist wegen der häufig hier verwendeten Geräte mit höheren Anlaufströmen sinnvoll (Bild 18-20).

Elektroinstallations-Baustein „Hobbyraum"
Licht- und Steckdosenstromkreise (gemeinsam mit Eingang, Windfang, Flur, Vorratsraum, WC) mit: 2 Steckdosen 2 Auslässen für Deckenleuchten 1 **Steckdosenstromkreis** mit Sicherungsautomat C oder K 2 Doppelsteckdosen oberhalb der Werkbank

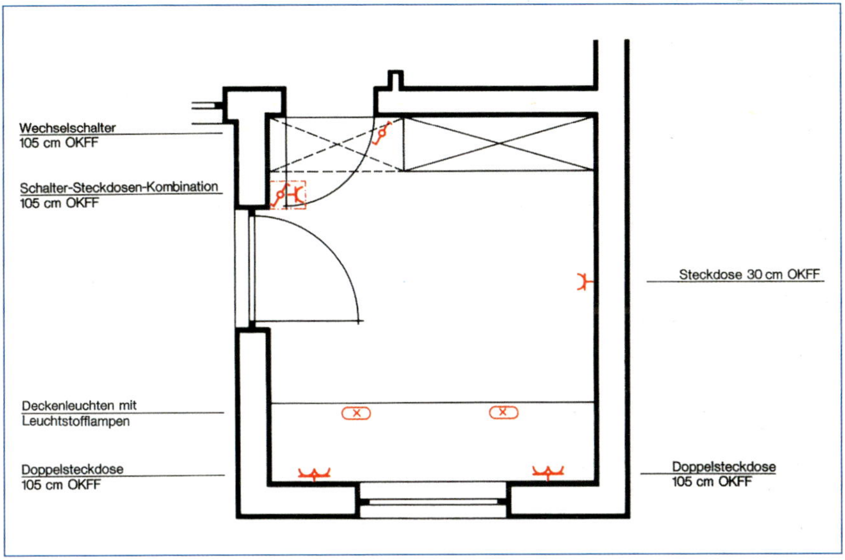

18-19 Grundriss Hobbyraum

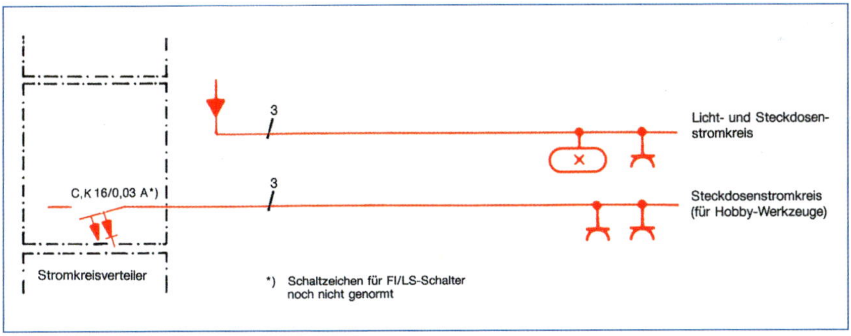

18-20 Stromkreis für den Hobbyraum

Schlafraum „Eltern“

Über den Licht- und Steckdosenstromkreis „Eltern“ (Bild 18-22) sind eine Stromschiene vor dem Einbauschrank, die Deckenleuchten sowie sieben Steckdosen versorgt (Bild 18-21). Ein Teil der in der Stromschiene montierten Strahler dient auch als Allgemeinbeleuchtung. Über einen neben der Tür angebrachten Dimmer ist die Helligkeit steuerbar. Komfortabel ist die Ansteuerung des Dimmers von zwei Tastern neben den Betten. Neben den Betten befinden sich auch die Taster für die Außenleuchten (Sicherheitsbeleuchtung). Die Taster neben den Betten sind in Kombination mit jeweils zwei Steckdosen montiert. Als Leseleuchten bieten sich Strahler oder Lichtleisten an. Die Steckdosen bzw. Leerdosen im Schrankbereich sind wegen einer späteren Ummöblierung vorgesehen, über die Steckdose können im Schrank eingebaute Leuchten angeschlossen werden.

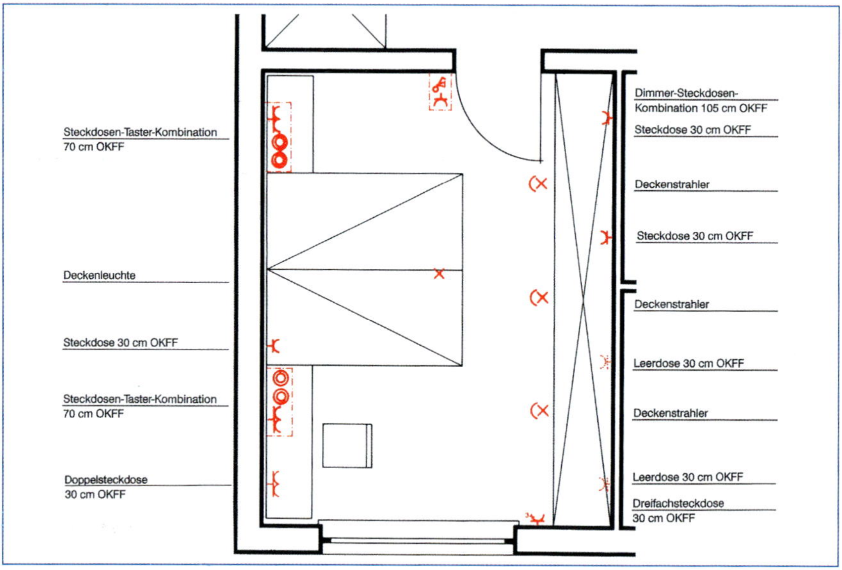

18-21 Grundriss Schlafraum „Eltern“

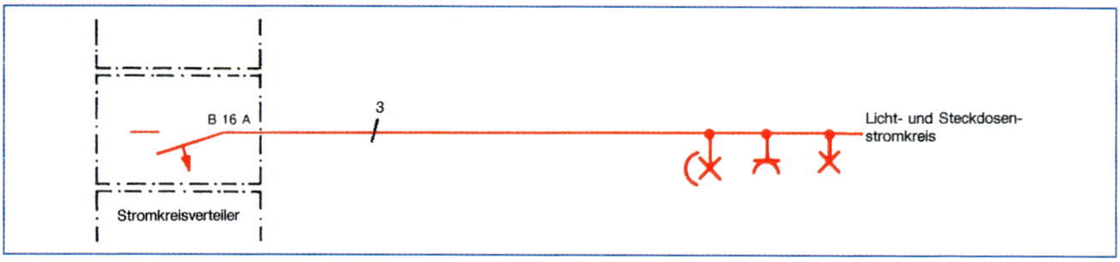

18-22 Stromkreis für den Schlafraum „Eltern“

Elektroinstallations-Baustein „Schlafraum Eltern“
1 **Licht- und Steckdosenstromkreis** mit: 8 Steckdosen 2 Leerdosen für Steckdosen 1 Auslass für Deckenleuchte 1 Stromschiene mit Strahlern

Wohn- und Schlafraum „Sohn"

Dieses Zimmer gilt stellvertretend für alle Einbettzimmer innerhalb der Wohnung. Eine spätere Nutzung als Gäste- oder Arbeitszimmer ist möglich.

Für den Raum ist ebenfalls ein Licht- und Steckdosenstromkreis erforderlich (Bild 18-24). Die Allgemeinbeleuchtung erfolgt durch eine Deckenleuchte. Zwei Decken-Leerdosen geben die Möglichkeit einer individuellen Anpassung an die Einrichtung. Mehrere Taster, z. B. neben der Tür und an der Liege, steuern den Fernschalter im Stromkreisverteiler an. Im Bereich der Liege ist ein Auslass für eine schaltbare Leseleuchte vorgesehen. Insgesamt sechs Steckdosen stehen für den Anschluss der zahlreichen Elektrogeräte wie z. B. Stereoanlage, Fernsehgerät, PC, Multimedia zur Verfügung.

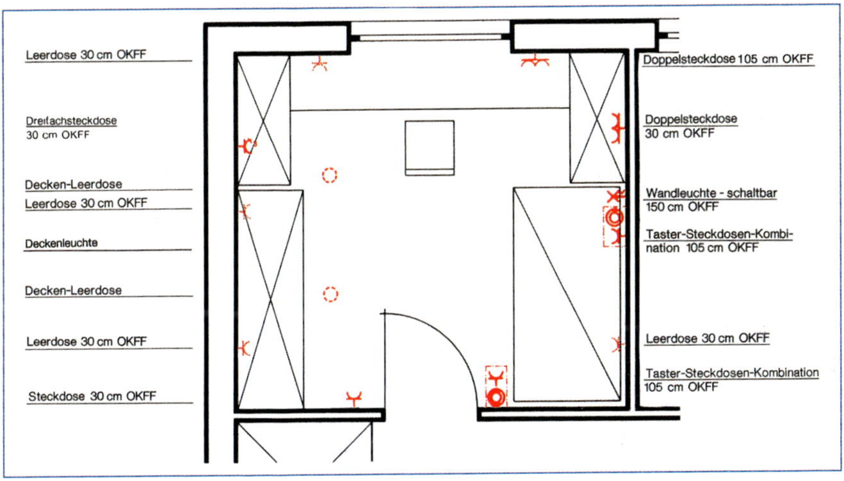

18-23 Grundriss Wohn- und Schlafraum „Sohn"

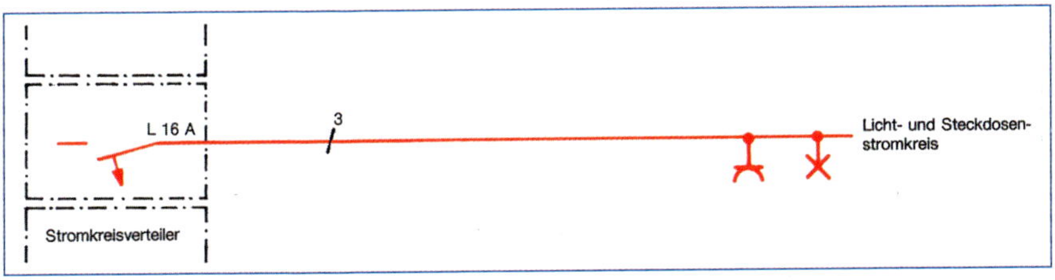

18-24 Stromkreis für den Wohn- und Schlafraum „Sohn"

Elektroinstallations-Baustein „Schlafraum Sohn"
1 **Licht- und Steckdosenstromkreis** mit: 6 Steckdosen 1 Auslass für Deckenleuchte 2 Leerdosen für Deckenleuchten 1 Auslass für Wandleuchte

Wohn- und Schlafraum „Tochter“

Die Ausstattung erfolgt wie für den Wohn- und Schlafraum „Sohn“.

Zusammenfassung

Damit ist für den gesamten Wohnbereich einschließlich Sauna der Umfang der Elektroinstallation bausteinmäßig geordnet dargestellt. In Bild 18-25 ist der gesamte Stromkreisverteiler für den Beispielgrundriss wiedergegeben.

Mit Tabelle 18-26 werden die Ausstattungswerte 1, 2 und 3 für den Beispielgrundriss gegenübergestellt.

Die Installationen für Telefon, Hauskommunikation, Gefahrenmeldung und die Verteilanlagen für Radio und Fernsehen werden in eigenen Kapiteln beschrieben.

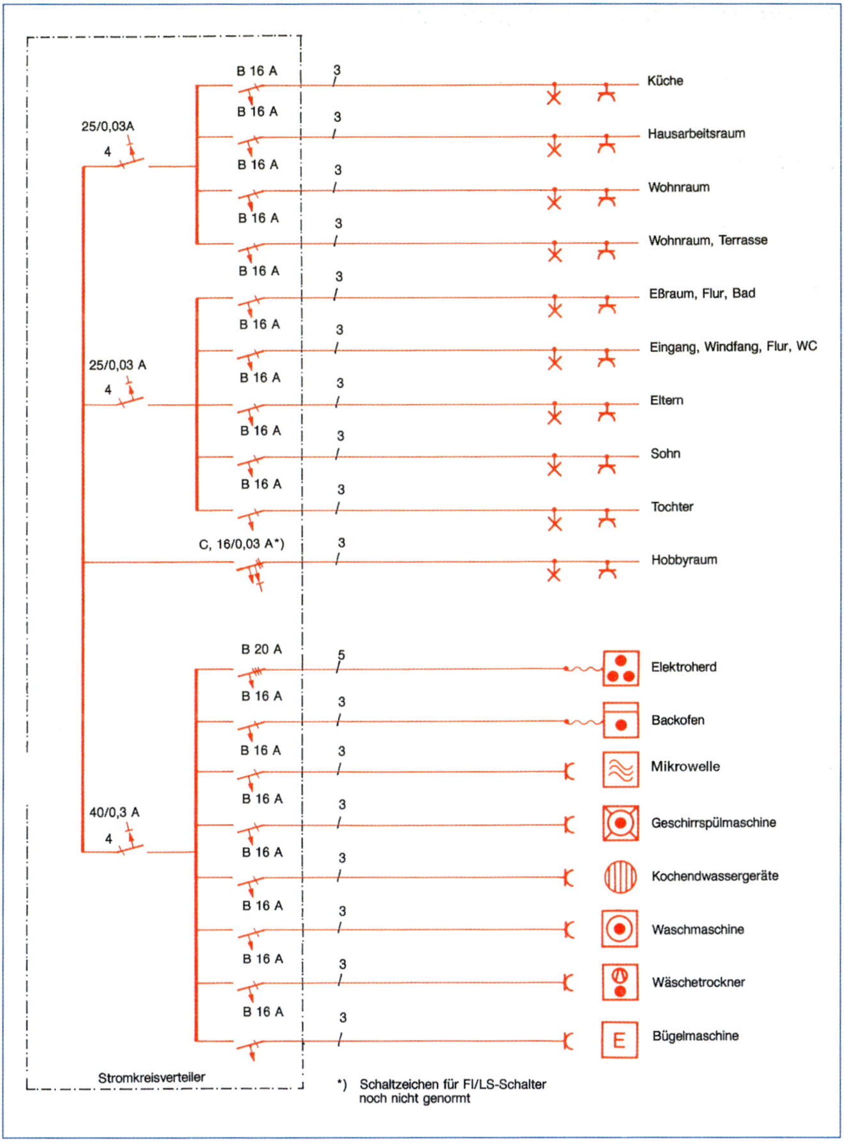

18-25 Elektroinstallation für Beispielgrundriss, Ausstattungswert 2 (★★)

Anforderung für Ausstattungswert		★		★★		★★★	
Raum	**m²**	⊥[1]	×	⊥[1]	×	⊥[1]	×
Küche	11,2	5/8	2	10/15	3	12/18	3
Hausarbeitsraum	6,8	3/5	1	8	2	10	3
Bad	6,1	2	2	4	3	5	3
WC	2,9	1	1	2	1	2	2
Essraum	8,8	3	1	6	2	8	3
Flur (Schlafbereich)	7,9	1	2	3	2	4	3
Wohnraum	26,8	5/8	2	11/16	3	13/19	4
Terrasse		1	1	2	1	3	2
Flur (Wohnbereich)	6,2	1	2	3	2	4	3
Windfang	4,5	1	1	2	2	2	3
Vorratsraum	11,8	1	1	2	1	2	1
Hobbyraum	8,5	3	1	6	2	8	2
Eltern	16,7	4/7	1	8/13	2	10/17	3
Sohn	11,9	3/6	1	6/10	2	8/12	3
Tochter	9,4	3/6	1	6/10	2	8/12	3
Gesamt	139,5	37/54	20	79/102	30	99/126	41
Licht- und Steckdosenstromkreise (ohne Sauna)		7		9		10	
Gerätestromkreise		E-Herd Mikrowellengerät Geschirrspülmaschine Waschmaschine Bügelmaschine		E-Herd/Kochmulde Backofen Mikrowellengerät Geschirrspülmaschine Kochendwassergerät Waschmaschine Wäschetrockner Bügelmaschine/ Dampfbügelmaschine		E-Herd/Kochmulde Backofen Mikrowellengerät Dampfgarer Geschirrspülmaschine Kochendwassergerät Waschmaschine Wäschetrockner Bügelmaschine/ Dampfbügelmaschine Jalousie-/ Rollladenantriebe Sauna/Whirlpool	
Stromkreisverteiler		2-reihig		3-reihig		4-reihig	

[1] Die Zahl hinter dem Schrägstrich ergibt sich unter Berücksichtigung der Zweifach- und Dreifachsteckdosen sowie der Steckdosen neben den TAE-Dosen

18-26 Umfang der Installation bei den verschiedenen Ausstattungswerten anhand des Beispielgrundrisses

19 Leistungsverzeichnis, Standardleistungsbuch

Nach der Planung und mengenmäßigen Darstellung der Elektroinstallation in der Bauzeichnung gilt es, den Auftrag zu vergeben. Zwar kann der Auftraggeber mit seinem Auftragnehmer „freihändig“ einen Preis für die Installation aushandeln, doch führt diese Art der Vergabe oft nach Ausführung des Auftrags zu Meinungsverschiedenheiten. Deshalb sollte die Vergabe anhand einer „Ausschreibung“ erfolgen. Hierzu wird ein Leistungsverzeichnis erstellt und verschiedenen Bietern zur kostenmäßigen Vervollständigung zum Angebot überlassen. Das Leistungsverzeichnis enthält alle für das Objekt benötigten Materialien mit den zugehörigen Massen (z. B. Länge Leitung, Anzahl Steckdosen und Schalter).

Standardleistungsbuch

Das Standardleistungsbuch ist nach Leistungsbereichen in Einzelheften getrennt. Für die elektrischen Anlagen im Wohnungsbau sind folgende Leistungsbereiche (LB) von Interesse:

050 Blitzschutz-/Erdungsanlagen, Überspannungsschutz
051 Bauleistungen für Kabelanlagen
053 Niederspannungsanlagen; Kabel, Verlegesysteme
054 Niederspannungsanlagen; Verteilersysteme, Einbaugeräte
055 Ersatzstromversorgungsanlagen
057 Gebäudesystemtechnik
058 Leuchten und Lampen
059 Sicherheitsbeleuchtungsanlagen
060 Elektroakustische Anlagen, Sprech-, Personenrufanlagen
061 Kommunikationsnetze
062 Kommunikationsanlagen
063 Gefahrenmeldeanlagen
064 Zutrittskontroll-, Zeiterfassungssysteme
069 Aufzüge

Neben den Teilen A (Anwendungsbestimmungen) und B (Anwendungsbeispiele) enthält jeder Leistungsbereich den Teil C mit den Standardbeschreibungen und Standardleistungsbeschreibungen. Aus Textteilen (Textbausteinen) lassen sich vollständige Standardtexte zusammensetzen. Diese Textteile sind mit Schlüsselnummern versehen.

Das StLB liegt inzwischen auf CD-ROM vor.

Kalkulationshilfe für die elektro- und informationstechnischen Handwerke

Der Zentralverband der Deutschen Elektro- und Informationstechnischen Handwerke (ZVEH) gibt die Kalkulationshilfe[1] jährlich neu heraus als:

- Buchausgabe mit über 1.000 Seiten Inhalt und
- EDV-Versionen auf CD-ROM oder Disketten, mit und ohne Stücklisten-Organisation, auch im GAEB-Format

Die Kalkulationshilfe des ZVEH ist das Nachschlagewerk für den Elektrohandwerker und den Planer elektrotechnischer Anlagen. Sie ermöglicht eine wesentliche Vereinfachung der Angebotskalkulation und Fakturierung.

Als technisches Hilfsmittel bietet die Kalkulationshilfe:

- ca. 11.000 Leistungsdaten, d.h. Datenverknüpfungen „Material + Verlege-/ Verarbeitungsart“ für die Installation im Neubau und darüber hinaus für die Informationstechnik und den Elektromaschinenbau
- Bauzeit-Angaben für nahezu jede denkbare Leistung eines Elektrotechnikers
- durchschnittliche Netto-Einkaufspreise (bei Abnahme üblicher Mengen und unter Zugrundelegung branchenüblicher Rabattkonditionen) für alle „gängigen“ Materialien, aber auch – sicherlich besonders wertvoll – für jenes Material, das weniger häufig ausgeschrieben wird und Einkaufspreise deshalb hierfür erst erfragt bzw. in Preislisten gesucht werden müssen
- einen betriebswirtschaftlichen Anhang mit Informationen und Berechnungsbeispielen zu Lehrlingskosten, Stundenverrechnungssätzen u.a.m.

---

[1] WFE mbH, Lilienthalallee 4, 60487 Frankfurt a.M.; Fax: 069 / 24 77 47-49 e-mail: wfe@zveh.de; Internet: www.wfe-shop.de

20 Elektroinstallation außerhalb von Wohnungen

Sowohl im Ein- als auch im Mehrfamilienhaus gibt es Bereiche außerhalb der Wohnung. Im Mehrfamilienhaus hat sich hierfür der Begriff „Gemeinschaftsanlagen“ eingebürgert. Im Zählerschrank ist für die Gemeinschaftsanlagen ein gesonderter Zählerplatz vorzusehen. Die Lage des zugehörigen Stromkreisverteilers richtet sich nach dem Belastungsschwerpunkt. Nachfolgend wird die Installation im Mehrfamilien-Wohnhaus beschrieben. Die Aussagen gelten aber sinngemäß auch für das Einfamilienhaus.

Treppenhaus

Aus Gründen der Sicherheit darf die Beleuchtungsanlage im Treppenhaus nicht zu kurz kommen; es müssen Leuchten, die ausreichend Helligkeit bringen, verwendet werden. Alle Leuchten werden gemeinsam über einen so genannten Treppenhausautomaten geschaltet. Die Taster sind so anzuordnen, dass sie von den Wohnungen und auch von der Treppe her auf kurzem Weg zu erreichen sind. Noch besser ist, aus Sicherheitsgründen einen Taster für das Treppenhauslicht in der Wohnung, neben der Eingangstür bzw. bei der Wohnungssprechanlage zu installieren. Im Zugangsbereich von Keller und Dachraum sollten ebenfalls Taster berücksichtigt werden (Bild 20-1). Auch außen neben die Eingangstür gehört ein Taster. Aus Sicherheitsgründen sollten alle Taster mit einer Glimmlampe versehen sein, um sie auch im Dunkeln finden zu können.

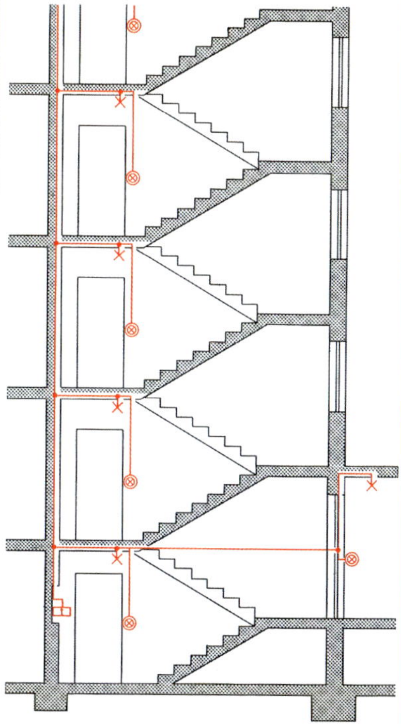

20-1 Beleuchtungsanlage in einem Treppenhaus

Eine komfortable Lösung ist, statt oder zusätzlich zu den konventionellen

Tastern Bewegungsmelder zu installieren. Sind die Treppenräume bzw. Flure der Allgemeinheit zugänglich, empfiehlt sich, die Bewegungsmelder nicht in Tasterhöhe sondern in der oberen Installationszone (bei Raumhöhe von 2,50 m ist das bei ca. 2,20 m) zu installieren.

Eine andere Möglichkeit ist besonders bei großen Treppenhäusern interessant. Durch den Einsatz von energiesparenden Kompaktleuchtstofflampen ist es auch wirtschaftlich vertretbar, die Beleuchtung über einen Dämmerungsschalter bei Einbruch der Dunkelheit ein- und bei Tageslicht wieder auszuschalten. Dadurch entfällt das häufige, die Lebensdauer beeinträchtigende Einschalten und das bei zu kurzen Einschaltzeiten von Treppenhausautomaten unangenehme „im Dunkeln stehen“. Ungeachtet der gewählten Lösung für die Schaltung des Treppenhauslichtes ist aus Sicherheitsgründen darauf zu achten, dass die Beleuchtung nicht plötzlich ausgeht, wenn sich Personen im Treppenraum befinden.

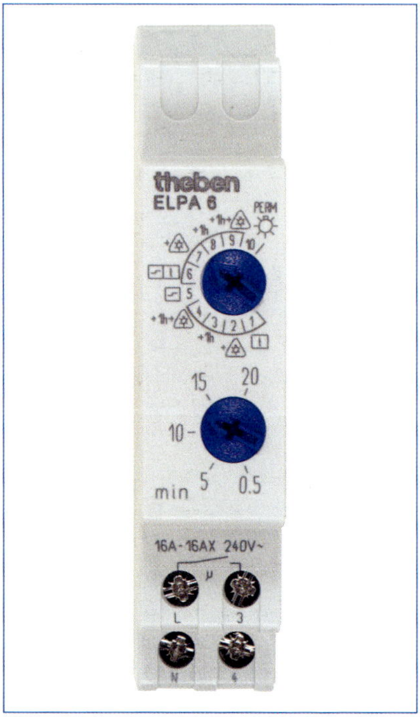

20-2 Treppenhausautomat mit Ausschaltvorwarnung

Da im Treppenhaus auch elektrische Raumpflegegeräte eingesetzt werden, sind Steckdosen, die nicht allgemein für Kinder zugänglich sein sollten, einzuplanen. Diese Steckdosen sollen zweipolig abschaltbar sein, damit Missbrauch weitgehend verhindert wird.

Keller

Die Installation in Kellerräumen wird im Wesentlichen bestimmt durch den Kellergang als Gemeinschaftsanlage und die einzelnen Kellerräume. Die Installation wird überwiegend als Aufputzinstallation mit Mantelleitungen NYM ausgeführt. Im Kellergang sind an den jeweiligen Eingängen Schalter oder Taster anzubringen. Bei mehr als einem Eingang muss mindestens eine Wechselschaltung installiert sein. Es ist mindestens ein Beleuchtungsauslass einzuplanen; ist der Gang länger als 6 m, ist je angefangene 6 m Ganglänge ein weiterer Auslass vorzusehen.

Auch die gemeinschaftliche genutzten Räume, wie Fahrradkeller u. ä., bekommen mindestens einen Beleuchtungsauslass und eine Steckdose. Auch diese Steckdosen sollen zweipolig abschaltbar sein, damit Missbrauch weitgehend verhindert wird, wenn der Keller der Allgemeinheit zugänglich ist.

Für den Anschluss an Verteilanlagen für Radio und Fernsehen über Kabel ist in der Nähe des Übergabepunktes eine Steckdose für den Verstärker vorzusehen. Der Platz für die Verstärkeranlagen sollte erschütterungsfrei und trocken sowie allgemein zugänglich sein. Aus Gründen der Betriebssicherheit ist ein eigener Stromkreis hierfür vorzusehen.

Für die so genannten Wohnungskeller sollte die Versorgung über den zugehörigen Wohnungszähler erfolgen. Die gemeinschaftliche Versorgung und die Abrechnung führen häufig zu Schwierigkeiten, da der Stromverbrauch in den einzelnen Wohnungskellern wegen Gefriergeräten und Heimwerkermaschinen sehr unterschiedlich sein kann. Erfolgt die Erfassung des Stromverbrauchs über den zugehörigen Wohnungszähler, kann jeder Benutzer in seinem Keller freizügig Strom nutzen. Durch die zentrale Zähleranordnung, die meist im Keller erfolgt, hält sich der Leitungsaufwand in Grenzen.

Dachraum

Begehbare Dachräume erfordern eine Beleuchtungsanlage. Sofern der zugehörige Schalter sich außerhalb des Raums befindet, ist eine Glimmlampe als Betriebsanzeige zweckmäßig. Wenn Antennen (terrestrische oder/und Satellitenantennen) vorgesehen sind, muss für den Verstärker eine Steckdose vorgesehen werden. Aus Gründen der Betriebssicherheit ist ein gesonderter Stromkreis vorzusehen.

Als Leitungsmaterial bietet sich die Mantelleitung NYM an. Stegleitung scheidet meist aus, da ein Teil der Leitung mit dem Holz des Dachstuhls in Berührung kommt.

Gemeinschaftsanlagen

Ist im Mehrfamilienhaus eine Sauna zur gemeinsamen Nutzung vorhanden, zählt diese zu den Gemeinschaftsanlagen. Die Installation entspricht der im Kapitel „Aufbau der Installationsbausteine“ beschriebenen.

Häufig ist ein Wäschepflegeraum vorhanden. In ihm sollten neben der Waschmaschine auch der Wäschetrockner und eine Bügelmaschine Platz finden. Eine zusätzliche Schleuder hat sich als vorteilhaft erwiesen. Die Verrechnung des Stromverbrauchs über Münzzähler bzw. die Aufstellung von Maschinen mit an- bzw. eingebauten Münzeinrichtungen ist zweckmäßig. Wegen der Leistung der elektrischen Verbrauchsgeräte empfiehlt es sich, den Stromkreisverteiler – soweit möglich – in der Nähe dieses Raums unterzubringen.

Eigene Stromkreise für die Waschmaschine, den Wäschetrockner und die Bügelmaschine sind selbstverständlich (Bild 20-3).

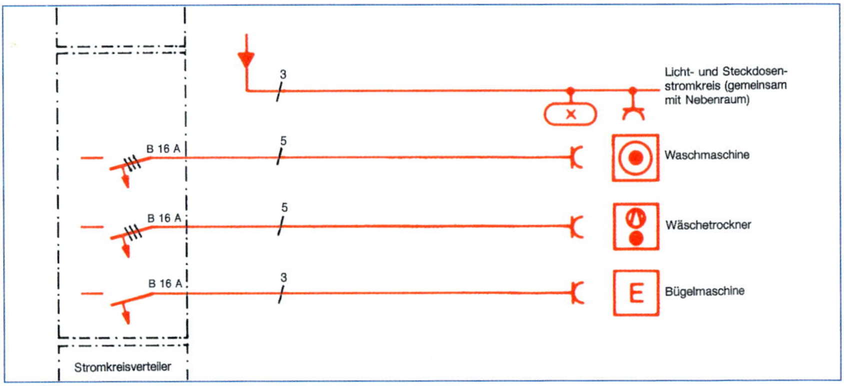

20-3 *Prinzipschaltbild eines Gemeinschafts-Wäschepflegeraums (Gemeinschafts-Waschküche)*

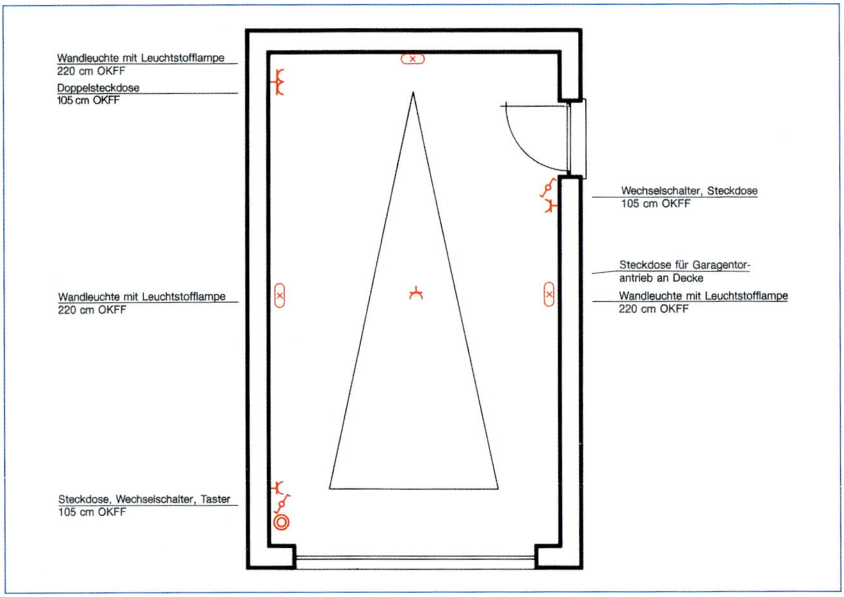

20-4 *Grundriss Garage*

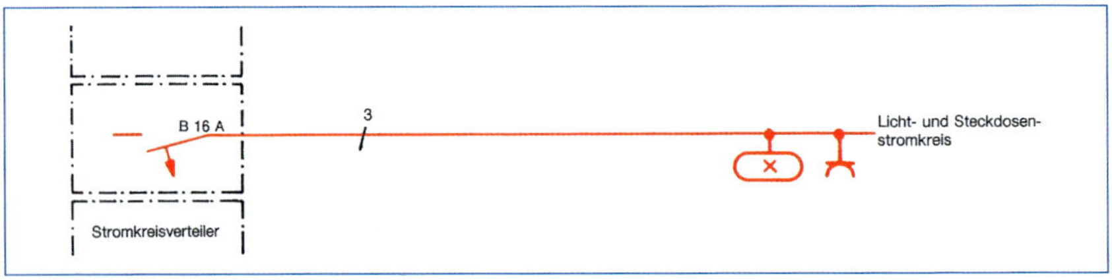

20-5 *Stromkreis für die Garage*

Garage

Für Sammelgaragen von Mehrfamilien-Wohnhäusern gelten besondere Festlegungen, die in der Baugenehmigung aufgeführt sind. Einzelgaragen (auch mehrere nebeneinander) sind hiervon nicht betroffen.

Eine ausreichende Beleuchtung ist auch in der Garage wichtig. Leuchtstoffleuchten an den Seitenwänden und evtl. zusätzlich an der Rückwand bieten eine ausreichende Beleuchtung auch für Pflege- und Reparaturarbeiten. Steckdosen für den Anschluss von Handleuchten, Ladegerät usw. dürfen ebenfalls nicht fehlen.

Ein Anschluss für eine elektrische Garagentorbetätigung ermöglicht mit dem entsprechenden Handsender ein Öffnen vom Auto aus. Über die Lage der einzelnen Installationselemente – in Feuchtraumausführung – gibt Bild 20-4 Auskunft. Ein zusätzlicher Taster innerhalb der Garage für die Außenleuchten ist zweckmäßig.

Es empfiehlt sich, für die Beleuchtung und die Steckdosen einen eigenen Stromkreis zu installieren (Bild 20-5). Steckdosen sind mit Fehlerstrom-Schutzeinrichtungen $I_{\Delta n} \leq 0{,}03$ A zu schützen.

Sonstige

Hierunter fallen alle Räume bzw. Einrichtungen, die nicht in der Regel Bestandteil eines Hauses sind.

Im Einfamilienhaus sind Partykeller oder die Hausbar zu erwähnen. Die Installation dieser Räume erfolgt in Anlehnung an die bereits besprochenen Installationsbausteine. Ausreichend Steckdosen ermöglichen den Anschluss aller vorgesehenen Geräte.

Außenanlagen

Nicht nur für die Beleuchtung, sondern auch für immer mehr Geräte und Einrichtungen wird Strom um das Haus herum benötigt. Hier nur einige Elektrogeräte zur Auswahl: Rasenmäher, Heckenschere, Pumpe für Springbrunnen oder Regenwasserzisterne und andere mehr.

Elektro-Gartengeräte können über Steckdosensäulen (Bild 20-6) angeschlossen werden.

Neben einer notwendigen Beleuchtung für die Verkehrswege auf dem Grundstück (bei Mehrfamilien-Wohnhäusern über einen Dämmerungsschalter), einer guten Beleuchtung der Hausnummer, am Besten durch eine sog. Hausnummernleuchte mit Energiesparlampe, wird oft auch eine effektvolle Beleuchtung des Gartens gewählt (Bild 20-7). Fest aufgestellte und bewegliche Strahler – über Anschlussboxen versorgt – gestatten es, einzelne Bäume oder Sträucher hervorzuheben.

20-6 Steckdosensäule zum Anschluss der Gartengeräte

20-7 Gartenbeleuchtung

Für die Beleuchtung im Garten und auf der Terrasse eignen sich zum Schalten Bewegungsmelder.

Eine astronomische Schaltuhr (Bild 20-8) schaltet das Licht automatisch bei Sonnenuntergang ein und bei Sonnenaufgang wieder aus. Von Vorteil ist, dass die Schaltzeiten gegenüber einer normalen Zeitschaltuhr jahreszeitlich (astronomisch) nachgeführt werden. Sie eignet sich für Eingangsbereich, Gehwegbeleuchtung u. ä. Die astronomische Schaltuhr benötigt keinen Lichtsensor an der Fassade, was ein Vorteil bei nachträglicher Installation sein kann.

Eine weitere Möglichkeit stellt der Dämmerungsschalter dar (Bild 20-9). Er eignet sich zur Steuerung von Beleuchtungsanlagen für Gehwege, Außentreppen, Eingänge usw. Je nach Höhe des eingestellten Lux-Wertes erfolgt über den Dämmerungsschalter automatische Ein- und Ausschaltung.

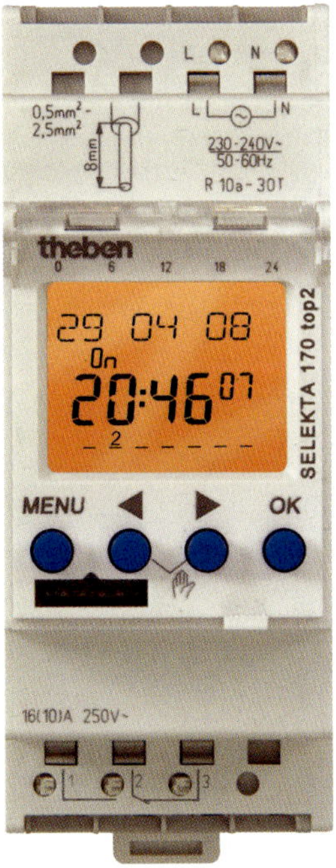

20-8 Astronomische Wochenschaltuhr

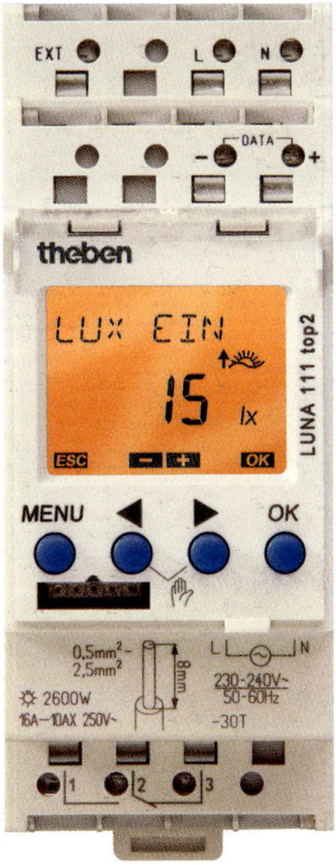

20-9 Dämmerungsschalter z. B. für Wege- und Eingangsbeleuchtung mit zeitgesteuerter Nachtabschaltung

Die Betriebsmittel (Geräte, Leuchten, Schalter, Steckdosen u. a.) müssen bei geschützten Anlagen im Freien mindestens IP X1, bei ungeschützten Anlagen mindestens IP X3 entsprechen. Betriebsmittel, die nicht schon durch ihre Bauweise für die äußeren Einflüsse geeignet sind, dürfen dennoch verwendet werden, wenn beim Errichten der Anlage ein geeigneter zusätzlicher Schutz, z. B. Abdeckungen, vorgesehen wird. Durch diesen zusätzlichen Schutz darf der Betrieb der Betriebsmittel nicht beeinträchtigt werden.

Die Anschlussboxen, von denen auch die Gartenpflegegeräte versorgt werden, sind über ein Erdkabel versorgt.

Der Stromkreis für die Außenanlagen ist nach DIN VDE 0100-410 mit einem empfindlichen Fehlerstrom-Schutzschalter ($I_{\Delta n} \leq 0{,}03$ A) zu schützen. Diese Außensteckdosen sollen zweipolig abschaltbar sein, damit Missbrauch weitgehend verhindert ist.

Das Kunststoffkabel NYY wird, um zufällige Beschädigungen zu vermeiden, in etwa 60 cm Tiefe verlegt. Das Einbetten des Kabels in Sand und das Abdecken, z. B. mit Kunststoffplatten, geben einen weiteren Schutz.

Es ist vorteilhaft, alle Leuchten der Außenanlage in die „Sicherheitsbeleuchtung“, die vom Eingang und dem Schlafraum „Eltern“ geschaltet werden können, einzubeziehen. Gartengeräte können über entsprechende Steckdosensäulen (Bild 20-6) angeschlossen werden. Für Springbrunnen sind in DIN VDE 0100-702 Schutzbereiche festgelegt. Im allgemeinen sind die Unterwasserpumpen und -leuchten über empfindliche Fehlerstrom-Schutzeinrichtungen ($I_{\Delta n} \leq 0{,}03$ A) zu schützen, bei begehbaren Springbrunnen sind zusätzliche Bedingungen gestellt.

21 Installation für Heizungen und Wärmepumpen-Heizungsanlagen

Energieeinsparverordnung (EnEV)

In der Energieeinsparverordnung (EnEV), die ein Teil des deutschen Baurechts ist, werden den Bauherren bautechnische Standardanforderungen zum effizienten Betriebsenergieverbrauch ihres Gebäudes oder Bauprojektes vorgeschrieben. Rechtliche Grundlage ist das Energieeinspargesetz (EnEG). Die EnEV gilt für Wohngebäude, Bürogebäude und gewisse Betriebsgebäude.

Durch die Zusammenführung von Heizungsanlagenverordnung und Wärmeschutzverordnung zu einer gemeinsamen Verordnung wurde einerseits die Anlagentechnik, andererseits die bei der Erzeugung, Verteilung, Speicherung und Übergabe der Wärme entstehenden Verluste in der Energiebilanz berücksichtigt. Dadurch ist nicht nur die zur Verfügung gestellte Nutzenergie, sondern die an der Gebäudegrenze übergebene Endenergie ausschlaggebend. Andererseits wird der Energiebedarf primärenergetisch bewertet, der Primärenergiefaktor geht in der Energiebilanz des Gebäudes mit ein. Dadurch ist es möglich, in der Gesamtbilanz eines Gebäudes den Faktor Anlagentechnik und den Faktor baulichen Wärmeschutz in gewissem Maße miteinander zu verrechnen. Eine schlechte Wärmedämmung kann mit einer effizienten Heizanlage ausgeglichen werden und umgekehrt. In der EnEV sind erstmals auch Anforderungen an den sommerlichen Wärmeschutz enthalten, dadurch können solare Wärmegewinne berücksichtigt werden.

Da die EnEV bezüglich der anzuwendenden Regeln der Technik viele datierte Verweise auf bestehende Normen enthält, wird sichergestellt, dass es durch die Veränderung einer Norm nicht zwangsläufig auch zu einer Änderung am Anforderungsniveau der EnEV kommt.

Im Folgenden werden die notwendigen elektrischen Installationen für die unterschiedlichen Heizungssysteme beschrieben. Aussagen über deren Einsatz entsprechend EnEV können nicht daraus abgeleitet werden.

Allgemeines

Die Elektroheizung, betrieben als Speicherheizung, erfordert entsprechende Steuer- und Regeleinrichtungen. Diese bestehen aus einer Aufladesteuerung mit Witterungsfühler, ggf. mit Zeitglied und einer Entladesteuerung. Die Aufladesteuerung sorgt für eine außentemperaturabhängige Aufladung der Speicherheizung während der Schwachlastzeit. Die Entladesteuerung dient der bedarfsgerechten Entladung der Elektroheizung am Tag. Für die Elektroheizung sind eigene Stromkreise notwendig. Im Verteiler sind dafür die benötigten Installationselemente untergebracht, z. B. LS-Schalter, Sicherungen, Fehlerstrom-Schutzschalter, geräuscharme Schaltschütze, Aufladesteuerung, Relais, Einbauschalter, Kontrollleuchten. Bei der Elektroheizung sind verschiedene Systeme bekannt:

- Einzel-Speicherheizung
- Fußboden-Teilspeicherheizung
- Fußboden-Direktheizung
- Feststoff- bzw. Wasserspeicher
- Direktheizungen
- Wärmepumpenheizungen
- Wohnungslüftung mit Wärmerückgewinnung

Einzel-Speicherheizung

Hier steht das Speicherheizgerät im zu beheizenden Wohnraum.

Neben der Aufladeleitung sind Entladeleitung und Steuerleitung notwendig. Die Entladeleitung wird üblicherweise nicht vom Stromkreisverteiler direkt zum Speicherheizgerät, sondern erst zum Raumtemperaturregler geführt.

Die Leitungen vom Stromkreisverteiler enden nicht direkt in den Speicherheizgeräten, sondern an Geräteanschlussdosen (häufig Doppel- bzw. Dreifach-Geräteanschlussdosen). Von dort führen bewegliche Anschlussleitungen in die Geräte. Je nachdem, welche Temperaturen im Anschlussraum des Speicherheizgeräts bestehen, müssen wärmebeständige Leitungen verwendet werden. Bei den neuen, an der Wand befestigten Geräten ist häufig ein direktes Anschließen der Geräte – ohne Geräteanschlussdosen und flexible Anschlussleitungen – möglich.

Fußboden-Teilspeicherheizung

Bei diesem System wird im Fußboden die Wärme erzeugt. Heizleiter werden im Nass- oder Trockenverfahren in den Fußboden der Räume eingelegt (Bild 21-1). Um die regelungstechnische Trägheit dieses Systems auszugleichen, wird zur Ausregelung von Wärmeverlusten oder -gewinnen zusätzlich in jedem Raum ein Direktheizgerät oder eine Fußbodendirektheizung (z. B. als Randzonenheizung) angeschlossen. Die bedarfsgerechte Einschaltung dieses Direktheizanteils erfolgt über einen Raumtemperaturregler. Die bei der Einzelspeicherheizung übliche Aufladesteuerung mit Steuerspannung kann hier nicht verwendet werden. Die Aufladeregler sitzen im Stromkreisverteiler. Im Fußboden selbst befindet sich ein temperaturabhängiger Widerstand. Ein hydraulischer Regler kann als Sicherheits-Temperaturbegrenzer eingebaut werden.

Wenn durch die Möblierung feststeht, dass es zu keinem großflächigen Wärmestau kommt, kann der Sicherheits-Temperaturbegrenzer entfallen. Das Prinzipschaltbild der Fußboden-Teilspeicherheizung für einen Raum zeigt Bild 21-2.

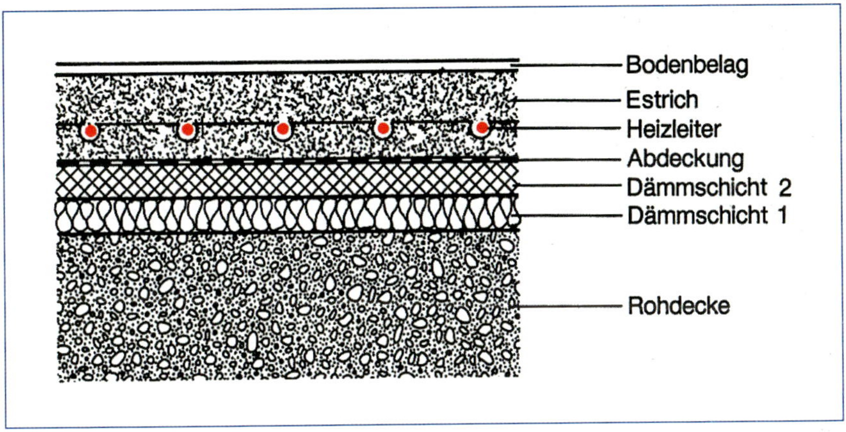

21-1 Aufbau einer Fußbodenheizung

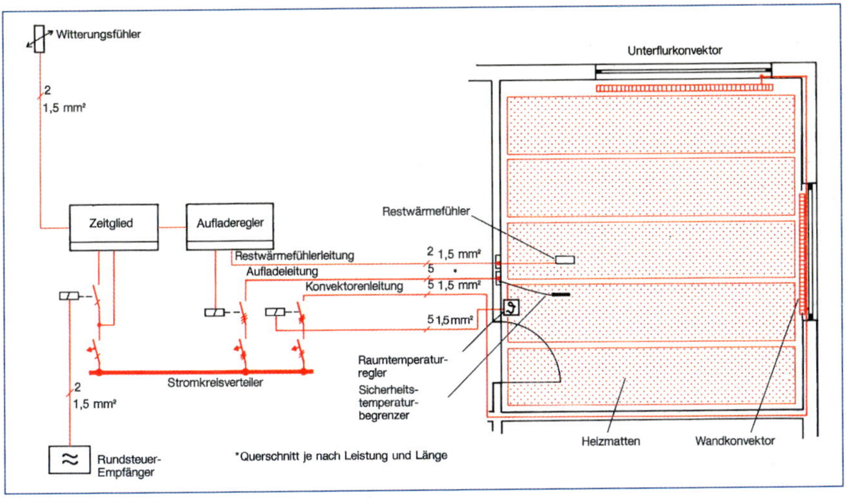

21-2 Prinzipschaltbild für die Elektroinstallation einer Fußboden-Teilspeicherheizung

Fußbodenheizungen bieten durch ihre unsichtbare, platzsparende Anordnung hohen Wohnkomfort.

Fußboden-Direktheizung

Auch hier wird die Wärme im Fußboden erzeugt. Heizleiter werden im Nass- oder Trockenverfahren dicht unter der Estrichoberfläche eingelegt. Bewährt haben sich auch Systeme, bei denen die Heizmatten direkt auf dem Estrich im Klebemörtel der Bodenfliesen eingebracht werden. Gerade für Bäder bieten diese Systeme wegen der angenehmen Fußbodentemperatur eine Komfortlösung. Eine Steuerung kann über (elektronische) Temperaturregler erfolgen.

Zentralspeicherheizung mit Feststoff- bzw. Wasserspeicher

Anstelle des herkömmlichen brennstoffbefeuerten Kessels tritt ein elektrisches Heizsystem. Die Wärme wird an zentraler Stelle erzeugt und über ein Verteilungssystem (z. B. Warmwasser-Zentralheizung) an die Räume abgegeben. Für dieses elektrische Heizsystem gibt es verschiedene Varianten:

- beim **Feststoffspeicher** gleicht das verwendete Speichermaterial dem bei der Einzelspeicherheizung. Es wird während der Schwachlastzeit auf etwa 650 °C aufgeheizt. Im Feststoffspeicher ist ein Luft-Wasser-Wärmetauscher eingebaut. Ein regelbarer Ventilator drückt die erwärmte Luft des Blockspeichers über diesen Wärmetauscher.
- beim **Wasserspeicher** dient Wasser als Speichermedium. Die nutzbare Speicherkapazität liegt bei Temperaturen zwischen etwa 100 °C und 35 °C, deshalb ist dieses System für Anlagen mit hoher Vorlauftemperatur (z. B. 70 °C) nicht geeignet.

Direktheizungen

Hier kommen dann vor allem Konvektoren und für Bäder Fußboden-Direktheizungen zum Einsatz. Bei entsprechenden Strompreisen können Direktheizungen in Form von Konvektoren, Fußbodenheizungen und auch Deckenstrahlungsheizungen sowie Marmorheizungen für die komplette Wohnung installiert werden.

Direktheizungen bedürfen immer der vorherigen Zustimmung durch den NB. Meist wird die Zustimmung von der Beeinflussungsmöglichkeit durch die Rundsteueranlage (z. B. für Sperrzeiten) abhängig gemacht. Im Stromkreisverteiler müssen hierzu die entsprechenden Schütze und Relais vorgesehen werden. Der Installationsaufwand ist relativ gering. Die Wärmeerzeugung wird mit Raumtemperaturreglern bedarfsgerecht beeinflusst.

Wärmepumpenheizung

Wärmepumpen nutzen die in Grundwasser, Oberflächenwasser, Erdreich und Luft vorhandene Wärme, die unter Einsatz elektrischer Energie auf ein höheres Temperaturniveau gebracht wird. Die Verteilung der Wärme erfolgt über ein Niedertemperaturheizsystem (Fußboden- oder Wandheizung). Auch hier verlangen die NB meist eine Beeinflussungsmöglichkeit durch die Rundsteueranlage, vor allem, wenn Wärmepumpen während belastungsstarker Zeiten des Netzes nicht betrieben werden dürfen (Sperrzeiten). Die Installationsanlage umfasst deshalb zwei Stromkreise, den Drehstromhauptkreis für die Wärmepumpe und einen Stromkreis für die Steuer- und Regeleinrichtungen, Umwälzpumpe o. ä. Wärmepumpenheizungen können monovalent (die Wärmepumpe erzeugt die benötigte Wärme allein), bivalent alternativ (die Wärme wird entweder über die Wärmepumpe oder über ein zweites Heizungssystem, z. B. Ölkessel oder Festbrennstoffkessel erzeugt) oder bivalent parallel (bei maximalem Wärmebedarf müssen beide Heizsysteme Wärme erzeugen) betrieben werden. Die monoenergetische Betriebsweise ist eine Form der bivalenten Betriebsweise, bei der die zusätzlich benötigte Wärme über eine elektrische Heizung erzeugt wird.

Auch Wärmepumpen-Heizungsanlagen werden außentemperaturabhängig gesteuert. Da bei Wärmepumpen-Heizungsanlagen vom Verdichter her auch induktive Last anfällt, muss das Freigabeschütz für AC-3-Betrieb geeignet sein.

Bei der Planung ist der Musterwortlaut der TAB, hier „Bedingungen für den Anschluss an Wärmepumpen“, zu beachten. Der prinzipielle Aufbau der Wärmepumpen-Heizungsanlagen erfolgt nach Bild 21-3.

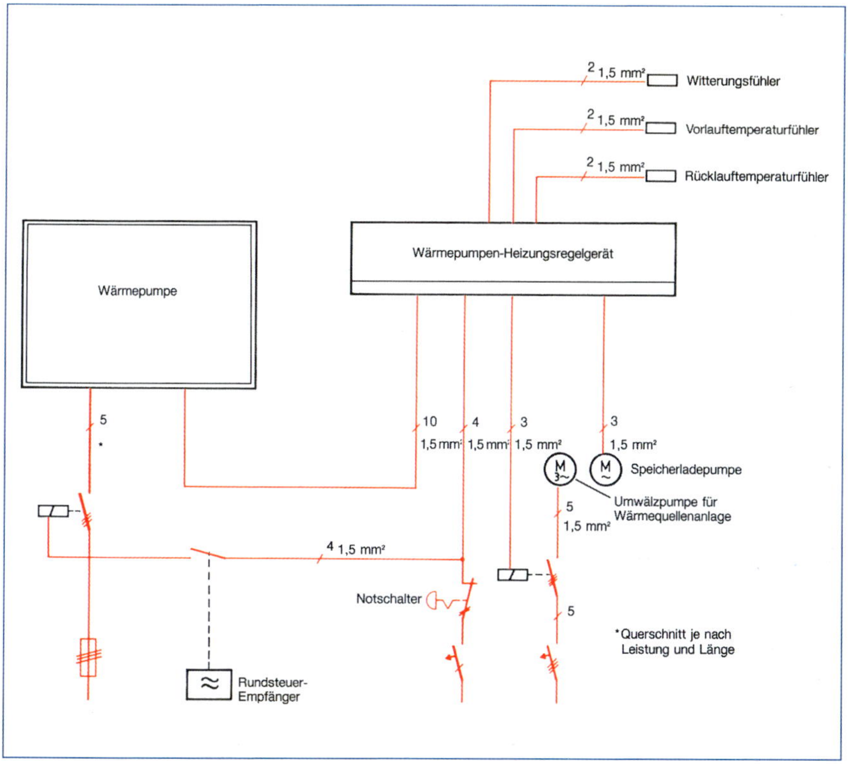

21-3 Prinzipschaltbild für die Elektroinstallation einer monovalent betriebenen Wärmepumpe mit Pufferspeicher

Wohnungslüftung mit Wärmerückgewinnung

Durch die Wärmeschutzverordnungen wurde der Transmissionswärmebedarf deutlich gesenkt. Die Energieeinsparverordnung (EnEV) erfasst neben der Energie für die Trinkwasserbereitung auch die Energieverluste bei Regelung, Heizungsverteilung, Speicherung und den Wirkungsgrad des Wärmeerzeugers. Weitere Einsparungen ergeben sich durch die Reduzierung des Lüftungswärmebedarfs. Dabei muss berücksichtigt werden, dass für den Menschen ein ständiger 0,5 bis 1-facher Austausch von belasteter Innenraumluft gegen frische Außenluft je Stunde notwendig ist. Zum anderen ist zur Vermeidung von Bauschäden ebenfalls ein derartiger Luftwechsel erforderlich. Bei zunehmend luftdichter Bauweise kann dies entweder durch Fensterlüftung oder eine mechanische Lüftungsanlage erfolgen.

Bei Einsatz einer Anlage zur Wohnungslüftung mit Wärmerückgewinnung wird in allen Räumen ständig die Luft erneuert. Verbrauchter Sauerstoff wird ersetzt, der CO_2-Anteil im Raum bleibt gering, Geruchs- und Schadstoffe werden abgeführt, hohe Raumluftfeuchte und dadurch ggf. Feuchtebildung an Wänden und Decken mit Schimmelpilzbildung in Folge wird vermieden.

Durch Filterung kann die zugeführte Luft von Staub und Pollen gereinigt werden, und die Möglichkeit geschlossener Fenster senkt die Belästigung durch Straßenlärm. Durch den Wärmeübertrager wird ein großer Teil der in der Abluft enthaltenen Wärme vom Zuluftvolumenstrom aufgenommen, wodurch die Lüftungswärmeverluste deutlich reduziert werden.

Die Anschlusswerte für derartige Anlagen liegen in der Regel deutlich unter 2000 W, so dass im allgemeinen ein Wechselstromanschluss mit 16 A ausreichend ist.

Elektroinstallation für konventionelle Heizungen

Zur Steigerung der Energieeffizienz werden vielfach elektrische Installationen notwendig, die entsprechend geplant und ausgeführt werden müssen.

Durch Einzelraumtemperaturregelung ist es möglich, die Temperatur jedes Raumes an die individuelle Nutzung anzupassen. Für elektrisch betätigte Ventilstellantriebe ist zwischen dem Raumtemperaturregler und den Ventilstellantrieben sowie den Fensterkontakten eine Leitungsinstallation vorzusehen. Damit wird den Räumen nur die wirklich benötigte Heizenergie, abhängig von Raumbelegung und Tageszeit, zugeführt.

Auch bestehende Heizsysteme können mittels Funksteuerung nachträglich ausgestattet werden. Für das Regelgerät müssen im Wohnraum keinerlei Anschlussleitungen verlegt werden. Das System besteht aus jeweils einem Uhrenthermostat pro Raum mit integriertem Funksender sowie einem Empfänger für den Heizraum oder als Zwischenstecker an beliebiger Stelle.

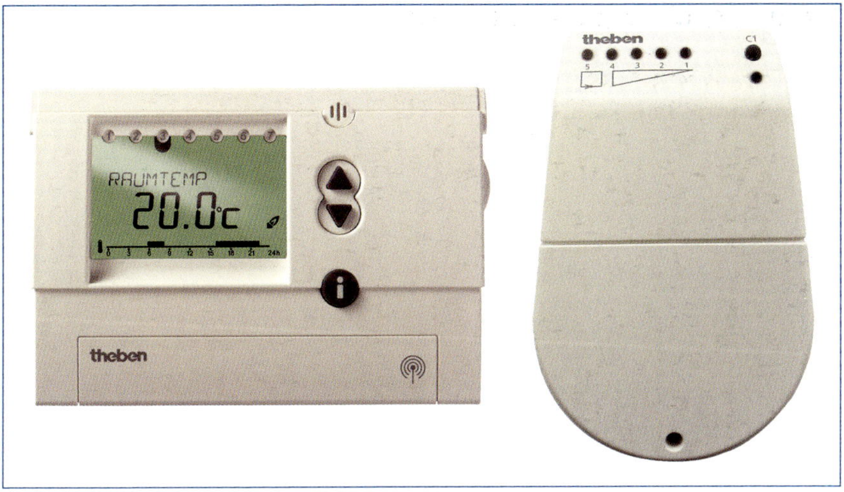

21-4 *Raumtemperaturregelung auch für den Modernisierungsfall, links Uhrenthermostat, rechts Funkempfänger*

22 Elektroinstallation für Warmwasserbereitung

Elektrowasserwärmer gibt es in den verschiedensten Bauarten, mit den unterschiedlichsten Anschlusswerten. Für die Warmwasserversorgung in Wohnungen werden heute ausschließlich Geräte mit festem Wasseranschluss eingesetzt.

Man unterscheidet Boiler, Speicher und Durchlauferhitzer.

Da der Boiler keine Wärmedämmung hat, dient das in ihm erwärmte Wasser zum möglichst schnellen Verbrauch. Kochendwassergeräte zählen zu den Boilern.

Warmwasserspeicher

Das im Speicher erwärmte Wasser kann wegen der um den Behälter angebrachten Wärmedämmung längere Zeit warmgehalten werden. Die Güte der Wärmedämmung ist maßgeblich für die Wärmeverluste und damit für einen wirtschaftlichen Betrieb. Warmwasserspeicher gibt es in offener und geschlossener Bauweise.

Beim **offenen** Gerät sitzt das Warmwasserventil in der Kaltwasserleitung vor dem Warmwasserspeicher, das einströmende kalte Wasser drückt das warme Wasser aus dem Speicher. Deshalb ist das im Speicher befindliche Wasser ohne Überdruck. Die Armaturen für diese drucklosen Geräte werden direkt am Kaltwasser-Eckventil und am Speicher angeschlossen. Für die Innenbehälter dieser Geräte hat sich Kunststoffmaterial inzwischen auf dem Markt durchgesetzt.

Beim **geschlossenen** Warmwasserspeicher liegt das Entleerventil für das Warmwasser in Wasserfließrichtung nach dem Warmwasserspeicher, so dass der volle Leitungsdruck bzw. der Druck nach dem Druckminderer auch im Warmwasserspeicher besteht.

Konstruktionsbedingt eignen sich geschlossene (Druck-) Speicher im Gegensatz zu offenen (drucklosen) Speichern für die Versorgung mehrerer Entnahmestellen.

Warmwasserspeicher werden als Einkreis- oder Zweikreisspeicher hergestellt. Während Einkreisspeicher nur eine Heizleistung haben, besitzen Zweikreisspeicher eine Grundheizung und eine Starkheizung. Beim Zweikreisspeicher wird normalerweise das Wasser mit der Grundheizung, die während der NT-Zeit ggf. über eine Schaltuhr oder einen Rundsteuer-Empfänger (RE) automatisch geschaltet wird, erwärmt. Die Starkheizung kann vom Benutzer durch Betätigen eines Tasters für eine einmalige Aufheizung eingeschaltet werden. Bei der Leistungsangabe für den Zweikreisspeicher steht die Zahl vor dem Schrägstrich für den Anschlusswert der Grundheizung, die Zahl hinter dem Schrägstrich für den Anschlusswert der Starkheizung. Die Freigabedauer für die Grundheizung ist unterschiedlich, dementsprechend ist der Anschlusswert der Grundheizung festzulegen.

Geräte für Wandbefestigung werden als Übertischspeicher bezeichnet, Geräte bis 15 Liter mit Wasseranschlüssen nach oben als Untertischspeicher. Letztere können direkt an der Entnahmestelle, z. B. unter dem Waschbecken oder unter der Spüle, installiert werden. Die Armaturen für diese drucklosen Geräte werden direkt an den Speicher angeschlossen. Für die Innenbehälter hat sich Kunststoffmaterial inzwischen auf dem Markt durchgesetzt.

Wandgeräte werden im allgemeinen bis 150 Liter Inhalt gefertigt. Wegen des Gewichts werden Speicher ab 200 Liter Inhalt als Standspeicher gebaut. Als Material für die Behälter wird Kupfer oder spezialemailliertes Stahlblech verwendet. Diese geschlossenen Wand- und Standspeicher können mehrere Zapfstellen versorgen.

Durchlauferhitzer

Wie der Name sagt, wird in diesen Geräten das Wasser während des Durchfließens erwärmt. Dadurch steht jederzeit warmes Wasser zur Verfügung. Die Temperatur des warmen Wassers ist abhängig von der durchfließenden Wassermenge und der Heizleistung. Wünscht man 40-grädiges Wasser, ergeben sich für die bei Durchlauferhitzern gebräuchlichen Heizleistungen in etwa folgende Wassermengen:

bei 18 kW Heizleistung ca. 9,0 l/min
bei 21 kW Heizleistung ca. 10,5 l/min
bei 24 kW Heizleistung ca. 12,0 l/min
bei 27 kW Heizleistung ca. 13,5 l/min

Versorgen hydraulisch gesteuerte Durchlauferhitzer mehrere Entnahmestellen, kann es zu Veränderungen der Durchflussmenge und damit zu Veränderungen der Wassertemperatur kommen, was nicht unproblematisch sein kann. Hydraulisch gesteuerte Durchlauferhitzer haben einen sehr kleinen Wasserinhalt (weniger als 1 Liter), die Heizung wird über einen Druckdifferenzschalter eingeschaltet, dabei wird bei kleinem Wasserdurchfluss meist nur ein Teil der Heizleistung eingeschaltet.

Thermisch geregelte Durchlauferhitzer mit einem Wasserinhalt von 2,5 bis 15 Litern bieten gegenüber den hydraulisch gesteuerten mehr Komfort. Dem thermisch geregelten Durchlauferhitzer ist ein Sicherheitsventil mit Überlauf vorgeschaltet.

Eine Weiterentwicklung stellen elektronisch geregelte Durchlauferhitzer dar. Durch den Einsatz von Leistungselektronik ist es möglich, die Heizleistung des Durchlauferhitzers der augenblicklichen Wasserentnahme bei konstanter Auslauftemperatur schnell und genau anzupassen. Elektronisch geregelte Durchlauferhitzer benötigen auch kein Sicherheitsventil mit Überlauf.

Durchlauferhitzer mit sog. Blankwiderstandsheizelementen sind regelungstechnisch und bezüglich der Verkalkung besonders günstig.

Werden Durchlauferhitzer, die für eine Netz-Nennspannung von 380 V gebaut sind, am 400-V-Netz betrieben, ist die tatsächliche Leistung etwa 10 % höher als die auf dem Typenschild angegebene Leistung. Dadurch ist auch die abgegebene Warmwasserleistung um etwa 10 % höher. Damit bei einem Geräteaustausch keine Minderung der Warmwasserleistung entsteht, wird empfohlen, ein Gerät der nächsthöheren Bemessungsleistung einzusetzen (Tabelle 22-1).

Altes Gerät (Bemessungsspannung 380 V) (kW)	**neues Gerät (Bemessungsspannung 400 V) (kW)**
18	21
21	24
24	27

22-1 Leistung von Durchlauferhitzern

Die bisher in der Praxis aufgetretenen maximalen Stromstärken in den Leitungen werden hierbei nicht überschritten. Trotzdem sollten in bestehenden Anlagen die Querschnitte und die Überstrom-Schutzeinrichtungen überprüft werden. Die Neuinstallation erfolgt nach Tabelle 22-2.

Mit der Energieeinsparverordnung 2009 (siehe auch Kapitel „Heizungen und Wärmepumpen-Heizungsanlagen") wurde die Berechnungsweise auf ein Referenzgebäudeverfahren umgestellt. Dies hat auch Auswirkungen auf die Trinkwassererwärmung. Im Standardreferenzgebäude wird das Wasser durch einen Brennwertkessel und eine thermische Solaranlage erwärmt, für die dezentrale elektrische Trinkwassererwärmung ist ein alternativer Referenzfall vorgesehen. Die Verschärfung gegenüber der Energieeinsparverordnung 2007 beträgt für beide Fälle etwa 30 %.

Durchlauferhitzer		**Querschnitt[2)]**	**Bemessungsstrom der Überstrom-Schutzeinrichtung Charakteristik B, Verlegeart C**
Bemessungsleistung[1)] (kW)	**Bemessungsstrom[1)] (A)**	**(mm² Cu)**	**(A)**
18	26,0	4	32 oder 35
21	30,3	4	32 oder 35
24	34,6	4	32 oder 35[3)]
24	34,6	6	40
27	39,0	6	40

1) bei Netz-Nennspannung 400 V
2) PVC-isolierte Leitung
3) In Grenzfällen kann die Schutzeinrichtung auslösen

22-2 Zuordnung von Überstrom-Schutzeinrichtungen bei Durchlauferhitzern

Elektro-Wärmepumpen zur Wassererwärmung

Diese Geräte, in Kompaktbauweise oder als Splittgeräte, bestehen aus einer elektrisch betriebenen Wärmepumpe und einem Speicherbehälter. Mit Hilfe der Wärmepumpe wird der Umgebung Wärme entzogen, die zusammen mit der dem Motor zugeführten elektrischen Energie, den Wasserinhalt erwärmen. Die Speichertemperatur sollte etwa 50 °C nicht überschreiten.

Elektroinstallation

Vor Anschluss der leistungsstarken Geräte ist die Zustimmung beim NB einzuholen.

Übertisch- und Untertischspeicher mit einem Anschlusswert bis 2 kW werden meist über Steckdosen angeschlossen, ebenso Kochendwassergeräte.

Geräte mit einem Anschlusswert über 4,6 kW müssen an Drehstrom angeschlossen werden.

Für Boiler und Einkreisspeicher wird eine fünfadrige Leitung verlegt. Der Querschnitt richtet sich nach dem Anschlusswert der Geräte.

Bei Zweikreisspeichern ist neben der fünfadrigen Leitung für die Heizleistung eine zweiadrige Leitung als Steuerleitung zu verlegen. Bei Geräten mit kleinem Inhalt und damit kleiner Leistung kann ggf. über diese Steuerleitung die Grundheizung direkt geschaltet werden.

Für Durchlauferhitzer und Durchlaufspeicher genügt eine vieradrige Leitung (L1, L2, L3, PE), wenn die Geräte keinen Neutralleiter benötigen. Der Querschnitt der Leitung richtet sich nach der Leistung des Geräts und der Leitungslänge. Werden Durchlauferhitzer in Anlagen mit Elektroheizung betrieben, muss über die Vorrangschaltung mittels Lastabwurfrelais sichergestellt werden, dass die Elektroheizung in der Zeit ausgeschaltet bleibt, in der der Durchlauferhitzer benutzt wird (Bild 22-3). Beim Einbau des Lastabwurfrelais ist darauf zu achten, dass dieses in dem vom Hersteller im Durchlauferhitzer kenntlich gemachten Außenleiter installiert wird.

Mit Nullspannungsauslösern soll nach einem Netzausfall verhindert werden, dass mehrere Geräte sich gleichzeitig wieder einschalten.

Sind Warmwasserbereiter mit Nullspannungsauslöser abseits der Entnahmestellen installiert, empfiehlt sich die Verlegung einer zweiadrigen Steuerleitung vom Gerät in den Raum mit der Entnahmestelle, damit nach einem Netzausfall der Wasserbereiter wieder eingeschaltet werden kann.

Elektro-Wärmepumpen zur Wassererwärmung haben meist einen relativ kleinen Anschlusswert, so dass der Anschluss über Steckdose oder Geräteanschlussdose erfolgen kann.

Werden Warmwasserspeicher überwiegend in der NT-Zeit betrieben (z. B. über die Rundsteueranlage gesteuert), kann der Schwachlasttarif (NT) die Betriebskosten senken. Der Einbau eines Zweittarifzählers und eines Rundsteuer-Empfängers (oder einer Schaltuhr) werden notwendig.

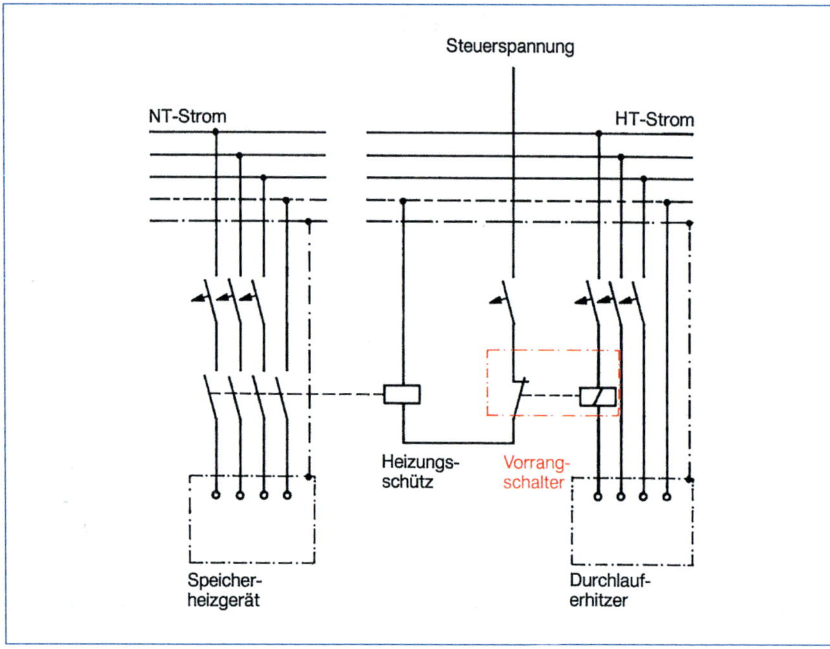

22-3 Lastabwurf

23 Gebäudesystemtechnik

Grenzen der konventionellen Elektroinstallation

Werden in einem Gebäude höhere Anforderungen an Komfort, Sicherheit und automatische Betriebsabläufe gestellt, erfordert dies einen höheren Installationsaufwand, da dann an immer mehr Stellen elektrische Energie benötigt wird. Eine konventionelle Elektroinstallation führt so, in Verbindung mit den zusätzlichen Steuerleitungen für die Mess-, Steuer- und Regeltechnik der Ver- und Entsorgungseinrichtungen in Gebäuden, zu einem regelrechten Leitungsgewirr (Bild 23-1). Bei Nutzungsänderungen aber auch bei Störungsbeseitigung ist deshalb die konventionelle Elektroinstallation unflexibel und schwer überschaubar. Zu dem hohen Platzbedarf und den damit verbundenen Kosten kommen die nicht unerheblichen Folgekosten.

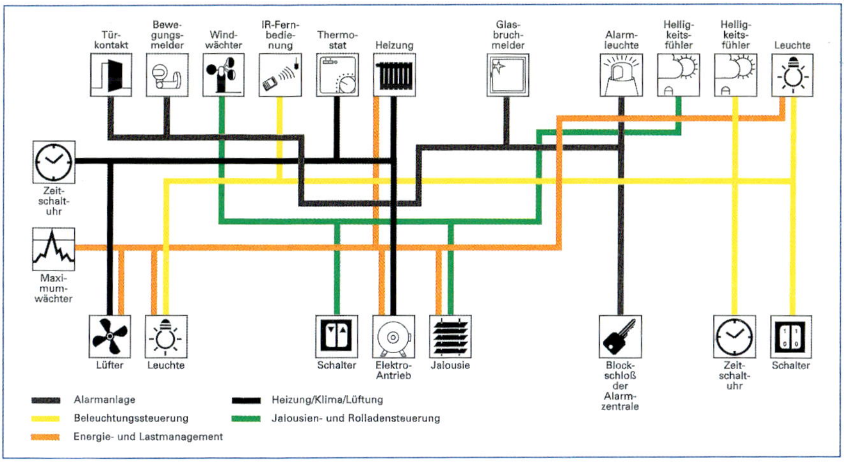

23-1 Konventionelle Elektroinstallation

Elektroinstallation in BUS-Technik

Hier wird die Versorgung mit elektrischer Energie klar von der Übertragung der Informationen getrennt (Bild 23-2). Die Energieleitungen werden ausschließlich über die Schaltgeräte (Aktoren) zu den Verbrauchsmitteln geführt. Darüber hinaus werden alle Steuergeräte (Sensoren) und Schaltgeräte (Aktoren) an den

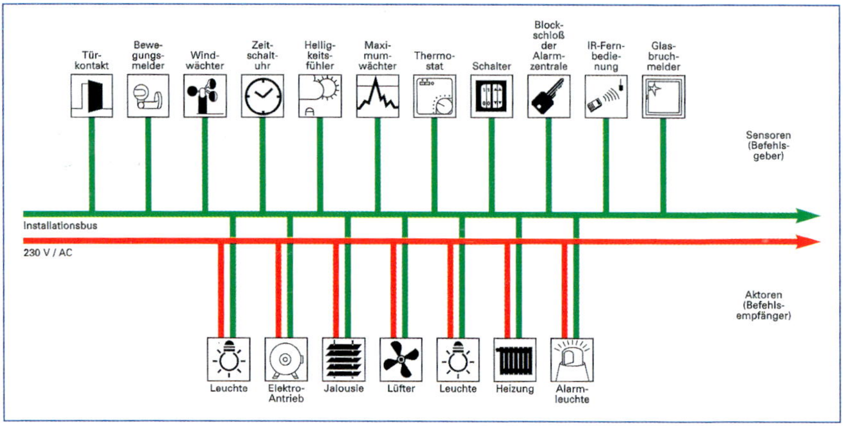

23-2 Getrennte Übertragung von Energie und Information

Installations-BUS angeschlossen und tauschen ereignisgesteuert Informationen miteinander aus.

So werden Leitungen eingespart und die Installation wird überschaubar. Neben der einfacheren Planung und Ausführung der Installation lässt sich die Elektroinstallation in BUS-Technik bei Nutzungsänderungen oder bei Änderungen der Raumaufteilung problemlos anpassen und erweitern. Oft brauchen nicht einmal neue Leitungen verlegt werden, es genügt ein Umparametrieren der Funktionen.

Gebäudesystemtechnik EIB-Grundlagen

Mit der Schaffung eines einheitlichen offenen und aufwärtskompatiblen BUS-Systems, das gewerkübergreifend eingesetzt werden kann, ist der Durchbruch zur Gebäudesystemtechnik geschaffen. Bei der Gebäudesystemtechnik EIB (Europäischer Installations-BUS), die international eingeführt ist, kann eine Vielzahl von Produkten unterschiedlicher Hersteller eingesetzt werden. Dadurch ist diese Technik zukunftssicher und bietet Sicherheit für die Investition.

Damit das problemlose Zusammenwirken bei den Geräten der Gebäudesystemtechnik erfüllt wird, muss jedes neue EIB-Produkt von einem akkreditierten Prüflabor getestet werden; erfüllt es die strengen Anforderungen, wird es zertifiziert und darf das EIB-Warenzeichen führen.

Die BUS-Geräte unterteilen sich in folgende Gerätearten:

- Systemgeräte
  sind im wesentlichen Reiheneinbaugeräte, wie z. B. BUS-Spannungsversorgung, Linien- und Bereichskoppler, RS 232-Schnittstellenumsetzer zum Anschluss eines PC zur Parametrierung und Inbetriebnahme von BUS-Teilnehmern.
- Sensoren
  erfassen Meldungen in Form von Binärinformationen (ja/nein) und Messwerte als Analoginformationen und senden diese als Datentelegramme. Neben Füh-

lern für Temperatur, Helligkeit, Bewegung u. a. m. gehören auch Schalter und Taster zur Gruppe der Sensoren.

- Aktoren
  empfangen Datentelegramme und setzen diese in anwendungsbezogene Aktionen, wie z. B. Schalt- und Dimmbefehle für Leuchten, Steuerbefehle für Rollläden, Jalousien und Markisen oder Stellbefehle für die Heizkörperventile um.
- Kontroller
  bearbeiten komplexe Steuer- und Regelfunktionen, wie z. B. Zeit- und Ereignissteuerungen, Szenensteuerungen, Helligkeitssteuerungen, logische Verknüpfungen.
- Anzeige- und Bediengeräte
  Hierzu gehören z. B. LCD-Displays, Bedien- und Meldetableaus, Touch-Screens und PC mit Visualisierungs-Software.

Die BUS-Geräte bestehen aus einem BUS-Ankoppler (BA) und einem Anwendungsmodul (AM). Der BUS-Ankoppler enthält einen Mikroprozessor zur Speicherung und Bearbeitung des Anwendungsprogramms.

BUS-Geräte gibt es in verschiedenen Bauformen:

- Unterputz
  Der UP-BUS-Ankoppler mit Tragring wird in eine Unterputzdose eingebaut. Als Anwendungsmodule können z. B. Taster, Bewegungsmelder, Anzeigeeinheiten oder die RS 232-Datenschnittstelle aufgesteckt werden.
- Reiheneinbau
  In die Hutschiene des Stromkreisverteilers wird eine Datenschiene eingeklebt, die die BUS-Leitung als gedruckte Leiterbahnen enthält. Die Reiheneinbaugeräte haben an der Unterseite ein Kontaktsystem, das beim Aufschnappen automatisch kontaktiert. Mittels ähnlich aufgebauter Verbinder können die Datenschienen verbunden und die BUS-Leitung angeschlossen werden. Typische Reiheneinbaugeräte sind z. B. BUS-Spannungsversorgungen, Bereichs- und Linienkoppler, Zeitschaltuhren, Aktoren mit Relaisausgängen zum Schalten von 230 V Wechselspannung (AC).
- Aufputz- und Geräteeinbau
  Wie bei den Reiheneinbaugeräten sind BUS-Ankoppler und Anwendungsmodul untrennbar in einem gemeinsamen Gehäuse untergebracht. Schalt-/Dimmaktoren werden häufig direkt in die Leuchten eingebaut. Dadurch, dass der Aktor nahe am Verbrauchsmittel sitzt, kann sowohl die BUS- als auch die Energieleitung weitergeschleift werden. So können Installationsaufwand und Brandlast minimiert werden.

Zur Planung, Projektierung, Inbetriebnahme, Fehlersuche und Dokumentation der Gebäudesystemtechnik wurde eine spezielle Software, die EIB-Tool-Software (ETS) entwickelt. In speziellen Kursen kann sich der Elektroinstallateur im Umgang mit der Gebäudesystemtechnik und zur Software schulen lassen.

Von EIB zu KNX

War mit der Gebäudesystemtechnik EIB schon ein großer Schritt von den vielen konkurrierenden aber häufig nicht kompatiblen BUS-Systemen getan, war die Gründung der KNX Association mit dem KNX-Standard ein weiterer Schritt, eine einheitliche Plattform für die Integration der unterschiedlichen Gewerke in Wohngebäuden, aber auch im Zweckbau zu schaffen. Der KNX-Standard ist als DIN EN 50090 europaweit und als ISO/IEC 14543-3 weltweit für die Gebäudesystemtechnik genormt. Im KNX-Standard sind die Übertragungsmedien Twisted Pair (Installationsbau), Powerline und Funk einbezogen. Darüber hinaus ist die Einbindung weiterer Gewerke wie z. B. die Möglichkeit der Vernetzung von elektrischen Haushaltgeräten problemlos möglich. In der KNX Association sind alle bedeutenden Produkthersteller für Produkte der elektrischen Installationstechnik, der Heizungs-, Lüftungs- und Klimatechnik und für Haushaltsgeräte Mitglied und unterstützen den KNX-Standard. Für die EIB-Produkte gibt es keine technischen Änderungen. Jedes zertifizierte EIB-Produkt entspricht automatisch dem KNX-Standard. Beide Warenzeichen, KNX und EIB gleichzeitig auf den Produkten, unterstreichen die Durchgängigkeit des Systems (Bild 23-3).

23-3 Warenzeichen der KNX Association: EIB und KNX

Die EIB/KNX-Geräte können weiterhin mit der Software (ETS) geplant, projektiert und parametriert werden. Dabei bleibt die Software nicht stehen, sondern wird immer weiterentwickelt. So wird künftig eine erweiterte Funktionalität enthalten sein und noch mehr Wert auf eine einfachere Handhabung gelegt werden.

Darüber hinaus werden neben der bisherigen Konfiguration über den S-Mode (system configuration) auch ein E-Mode (easy configuration) enthalten sein.

Wichtig ist zu wissen, dass die neuen EIB/KNX-Produkte auch in bereits bestehenden EIB-Anlagen verwendet werden können.

Anwendungen und Nutzen der Gebäudesystemtechnik

Zu den Aufgaben, die die Gebäudesystemtechnik in Wohngebäuden und im Zweckbau übernehmen kann, gehören

- Beleuchtungssteuerung
- Rollladen-, Jalousie- und Markisensteuerung (Beschattung)
- Einzelraumregelung, Heizungs-, Klima- und Lüftungssteuerung
- Steuerung und Überwachung von Haushaltsgeräten
- Überwachungs- und Sicherheitsfunktionen
- Zeitsteuerung
- Energie- und Lastmanagement
- Anzeigen, Bedienen, Protokollieren
- Fernservice und Kommunikationen mit anderen Systemen

Die Vorteile einer Elektroinstallation mit Gebäudesystemtechnik (EIB/KNX) sind:

- Einbau einer zeitgemäßen und zukunftssicheren elektrischen Systemtechnik
- vereinfachte Planung und kürzere Montagezeiten
- Reduzierung der Leitungsmengen und des Platzbedarfs für Leitungswege
- Reduzierung von Brandlasten und Rauchmengen im Brandfall
- schnelles und einfaches Nachrüsten zusätzlicher Funktionen
- gewerkeübergreifender Einsatz der Produkte verschiedener Hersteller
- Senkung des Energiebedarfs und der Betriebskosten durch Last- und Energiemanagement, verbunden mit dem Schonen der Energieressourcen
- reduzierte Kosten für Änderungen von Raumaufteilung und -nutzung, da dies meist nur ein Ändern der Parameter und kein Ändern der Elektroinstallation erfordert.

23-4 Anwendungen in einem Wohngebäude

Übertragungsmedien für die Gebäudesystemtechnik

Es gibt verschiedene Möglichkeiten der Datenübertragung (Übertragungsmedium) in der Gebäudesystemtechnik. Die Übertragung kann erfolgen über:

- ein Paar verdrillter Kupferleitungen (TP = Twisted Pair),
- der Netzspannung überlagert, über das 230/400-V-Netz (PL = Powerline),
- Funkwellen (RF = Radio Frequency),
- Datenübertragungsnetze mit dem Internet Protokoll (IP).

Im Folgenden werden die wichtigsten Begriffe, die in der Gebäudesystemtechnik verwendet werden, erläutert.

Die Übertragungsgeschwindigkeit gibt an, wie schnell Daten über das jeweilige Medium übertragen werden können. Die Maßeinheit ist bit/s bzw. kbit/s (Kilobit/s) bzw. Mbit/s (Megabit/s).

Werden mehrere Übertragungsleitungen zusammengeschaltet, spricht man vom Netzwerk. Die Struktur eines Netzwerkes wird Topologie genannt.

Als Protokoll bezeichnet man diejenigen Regeln, die eine bestimmte Art der Datenübertragung für ein bestimmtes Übertragungsmedium beschreiben. Im Telegramm-Aufbau wird festgelegt, wie ein Datenblock – auch Telegramm genannt – immer aufgebaut sein muss, damit ihn alle Teilnehmer korrekt verstehen und bearbeiten können.

Das Zugriffsverfahren legt fest, wann ein Kommunikationsteilnehmer Daten senden darf.

Wichtige Bestandteile eines Telegramms sind die physikalische Adresse und die Gruppenadresse. Die physikalische Adresse dient zur eindeutigen Identifikation der Teilnehmer und beschreibt die Anordnung innerhalb der Topologie.

Die Gruppenadresse definiert eine bestimmte Funktion im gesamten BUS-System, über die die Teilnehmer untereinander kommunizieren.

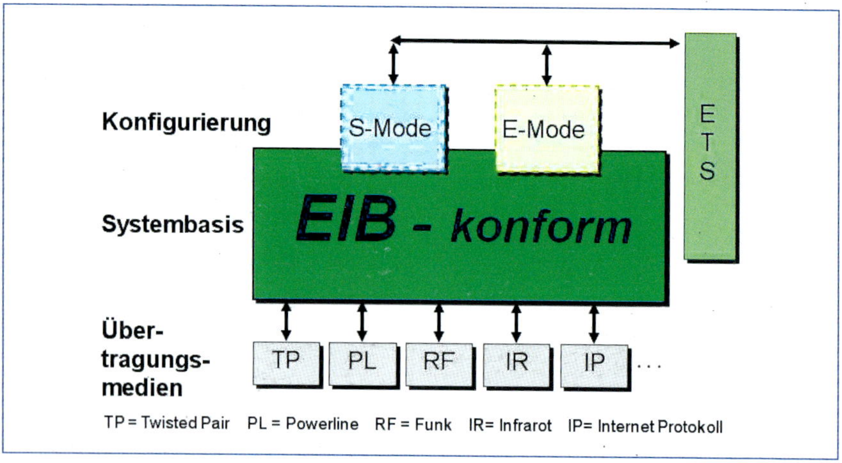

23-5 Systemarchitektur

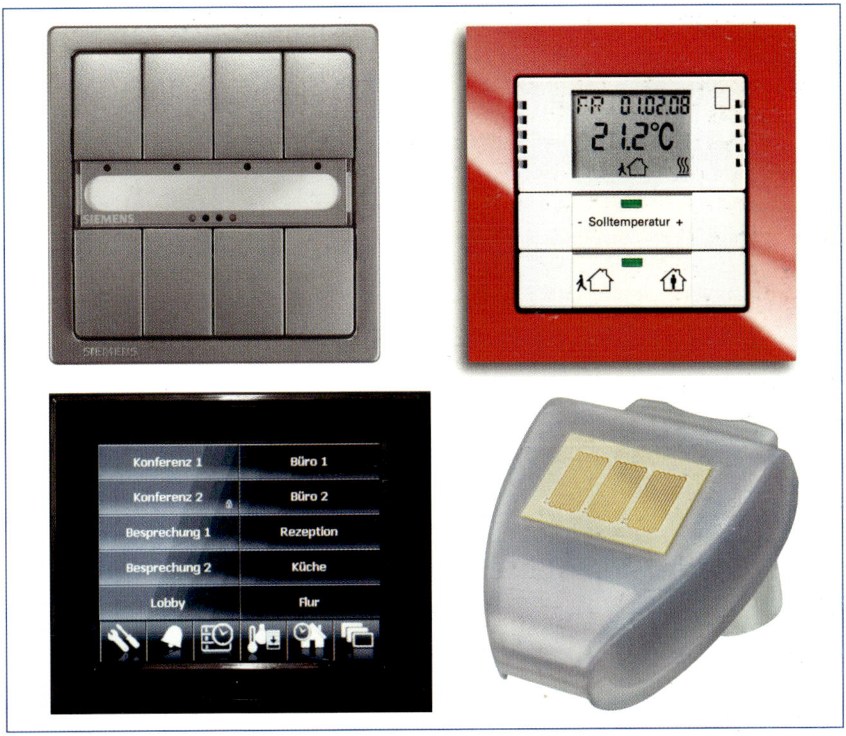

23-6 4fach-Taster, Raumtemperaturregler, Touch-Panel und Wetterzentrale

Installations-BUS (Twisted Pair)

Beim Installations-BUS erfolgt die Datenübertragung über ein verdrilltes Adernpaar (Twisted Pair) einer geschirmten Leitung. Über dieses Adernpaar erfolgt auch die Spannungsversorgung der angeschlossenen Elektronik mit einer Sicherheits-Kleinspannung (SELV) von 24 V Gleichspannung (DC).

Die BUS-Leitung, YCYM 2 x 2 x 0,8 (Bild 23-7) ist besonders für die Verlegung zusammen mit den Netzleitungen für 230/400 V ausgelegt und durch ihre grüne Farbe gut von den grauen Installationsleitungen zu unterscheiden. Von den beiden Aderpaaren wird nur das rot-schwarze Adernpaar genutzt.

Zu der kleinsten Einheit eines Netzwerkes – der Linie – dürfen in beliebiger Baumstruktur maximal 1000 m BUS-Leitung gehören. Jede Linie erhält ihre eigene Spannungsversorgung, die über eine Drossel mit der BUS-Leitung verbunden ist. Bei entsprechendem Leistungsbedarf können auch zwei Spannungsversorgungen mit einem Mindestabstand von 200 m parallel geschaltet werden.

An eine Linie können bis zu 64 Geräte (BUS-Teilnehmer) angeschlossen werden, wobei ein Teilnehmer max. 350 m von der Spannungsversorgung der Linie installiert werden darf. Werden mehr als 64 BUS-Geräte in einem Projekt benötigt,

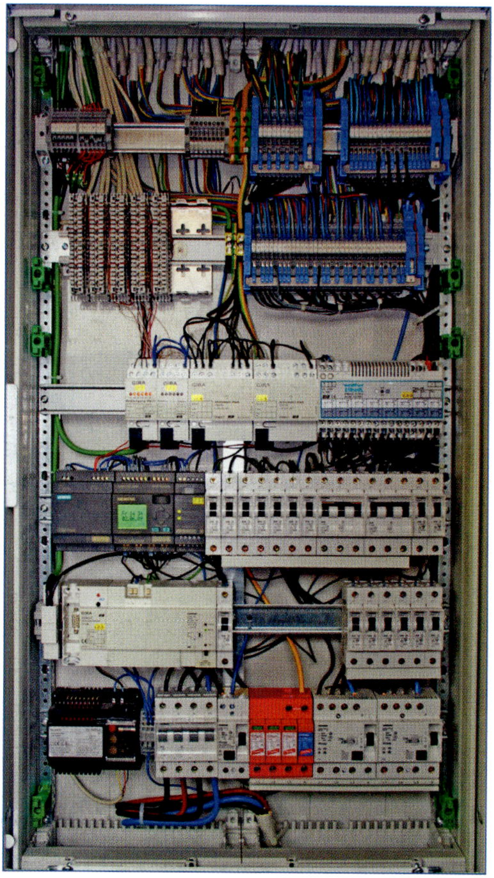

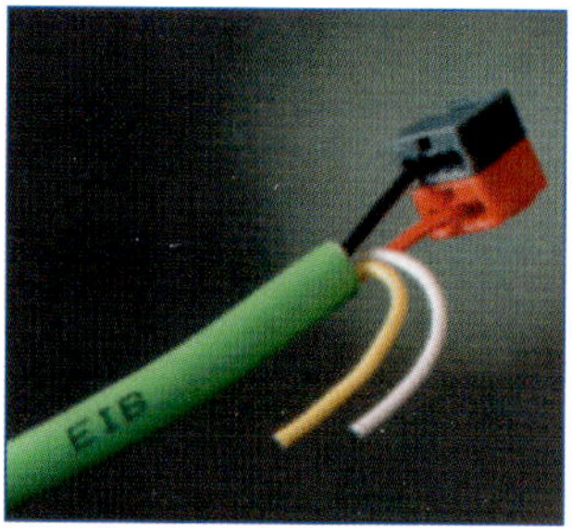

23-7 *BUS-Leitung YCYM mit BUS-Klemme*

23-8 *Stromkreisverteiler (ohne Abdeckung), bestückt mit EIB*

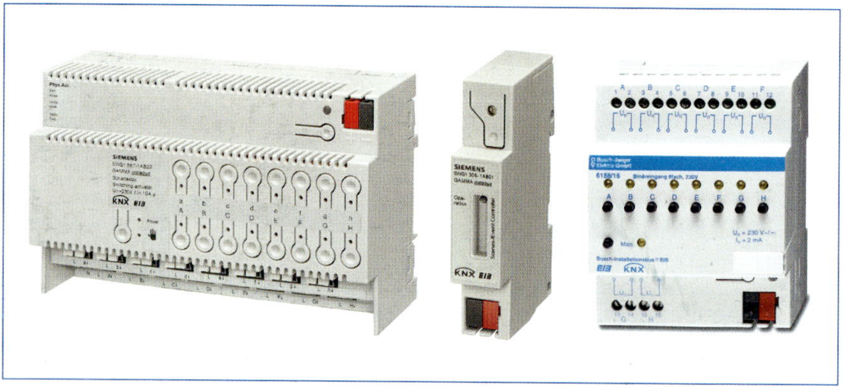

23-9 *Schaltaktor, Ereignisbaustein und Binäreingang als Reiheneinbaugeräte*

können bis zu 15 Linien über Linienkoppler an eine sog. Hauptlinie angeschlossen werden. Noch größere Anlagen können mittels Bereichskopplern bzw. Netzwerkkopplern realisiert werden.

Die Übertragungsgeschwindigkeit beträgt 9600 bit/s. Damit können etwa 40 Telegramme pro Sekunde gesendet werden. Hierbei sind keine Abschlusswiderstände notwendig und die BUS-Leitung kann in beliebiger Baumstruktur verlegt werden.

Powerline EIB-Technik

Bei Powerline EIB wird das vorhandene 230/400 V-Installationsnetz außer zur Energieverteilung auch zur Übertragung von Informationen genutzt. Powerline bietet sich vor allem dort an, wo die nachträgliche Installation einer BUS-Leitung nicht gewünscht oder nicht möglich ist. Aus Sicht der Nachrichtentechnik ist das Installationsnetz ein offenes Netz, dessen Übertragungsverhalten, Impedanzen und aufgeprägte Störungen weitestgehend unbekannt sind. Deshalb müssen bestimmte Installationsregeln eingehalten werden:

- Das für Powerline genutzte Elektroinstallationsnetz ist über Bandsperren gegen das übrige Installationsnetz abzugrenzen, um Überreichweiten der Signale und Störungen in bzw. aus benachbarten Powerline-Netzen zu verhindern. Dieses Absperren muss für alle drei Außenleiter erfolgen, direkt hinter dem VNB-Zähler, um einen abgeschlossenen Signalbereich zu schaffen.
- Zur definierten Phasenkopplung ist ein Phasenkoppler einzusetzen, der alle 3 Außenleiter nachrichtentechnisch verbindet. In umfangreichen Installationsnetzen ist ggf. ein dreiphasiger „Systemkoppler" in der Funktion eines „Repeaters" zur Signalverstärkung zu installieren.

23-10 Powerline-Komponenten: UP-Dimmaktor, Schaltaktor als Zwischenstecker und priOn®-Bedienelement

- Für die Powerline-Datenübertragung sind abgeschirmte Leitungen (mit geerdeter Abschirmung) und Leitungen mit Leiterquerschnitten größer als 25 mm^2 nicht zu verwenden.
- Innerhalb eines Powerline-Installationsnetzes können Leitungsschutzschalter und Fehlerstrom-Schutzschalter mit Nennströmen kleiner als 10 A nicht eingesetzt werden.

In einem Powerline-Installationsnetz können bis zu 32768 Powerlinegeräte eingesetzt werden. Bei großen und komplexen Installationsanlagen wird eine logische Strukturierung empfohlen.

Für die Datenübertragung werden die Signale über zwei getrennte Frequenzen übertragen. Dadurch können über ein besonders Verfahren Störungen durch fehlerhaft empfangene Telegramme automatisch korrigiert werden. Erhält der Sender keine Antwort, wiederholt er sein Telegramm. Die Übertragungsgeschwindigkeit beträgt ca. 1200 bit/s, es können ca. 5 Telegramme pro Sekunde übertragen werden. Die Frequenzen für die Datenübertragung liegen entsprechend EN 50065 bei 105,6 kHz (logisch „0") bzw. 115,2 kHz (logisch „1"). Zugriffskonflikte auf das Powerline-Netz werden durch ein Zeitmanagement vermieden.

Im Telegramm ist zusätzlich eine Anlagenkennung enthalten, damit nur Teilnehmer mit derselben Anlagenkennung miteinander kommunizieren. Eine bestehende Powerline-Anlage kann durch einen Installations-BUS erweitert werden und umgekehrt. Beide Netze werden dann über Systemkoppler verbunden. Die Projektierung und Inbetriebnahme erfolgt für beide Medien (Twisted Pair und Powerline) mit der EIB-Tool-Software (ETS).

Funk KNX-Technik

Hier erfolgt die Übertragung der Informationen über das Medium Funk. Das Verlegen von BUS-Leitungen ist nicht erforderlich. Die Sensoren und auch die Aktoren können batteriegespeist sein oder über das 230 V-Netz versorgt werden. Dadurch ist man nicht gebunden und kann Montageorte wählen, die bei leitungsgebundenen BUS-Systemen nicht oder nur schwer möglich sind wie z. B. Glaswände, Sichtbetonwände oder Sichtmauerwerk. Wegen der besonderen KNX-Funktechnik ist bei geeigneten Anwendungen der Batteriewechsel erst nach fünf Jahren notwendig.

Damit bietet sich der Funk KNX hervorragend für den nachträglichen Einbau in bestehende Gebäude und die leitungsfreie Erweiterung von bestehenden Anlagen an.

Wie bei den anderen KNX-Systemen findet der Informationsaustausch bidirektional statt, da alle KNX-Funkgeräte (Aktoren) mit Sendern und Empfängern ausgestattet sind.

Das KNX-Funksystem arbeitet im Frequenzbereich von 868–870 MHz, der für Kurzstreckenfunk reserviert ist. In diesem Frequenzbereich dürfen weder Amateurfunk, industrielle, wissenschaftliche und medizinische Anwendungen noch Geräte und Funktionen, die ein Senden über längere Zeit erfordern (z. B. drahtlose Kopfhörer), betrieben werden.

Die Reichweite beträgt im Frei-Feld ca. 100 m, in Gebäuden wird sie durch Wände und Decken, je nach baulichen Gegebenheiten, reduziert. Die beim Funk KNX verwendete Übertragungstechnik gewährleistet, dass trotz dieser Bedingungen eine sichere Übertragung in alle Räume bzw. Bereiche von Wohngebäuden erfolgt.

Beim Funk KNX/EIB erfolgt die Übertragung der Informationen mit einer Geschwindigkeit von 16384 bit/s, wobei die zu übertragende Information einer Trägerschwingung aufmoduliert wird.

Zugriffskonflikte werden durch Prioritätsstufen vermieden.

Das ausgesendete Funktelegramm wird von allen Teilnehmern empfangen, aber nur der Teilnehmer, für den das Telegramm bestimmt ist, sendet eine Empfangsbestätigung.

Bei Erweiterungen von Twisted Pair (TP)- oder Powerline (PL)-EIB-Anlagen werden die Funklinien über spezielle Medienkoppler angeschlossen.

Entsprechend den Anforderungen im Nachrüstmarkt, also bei der Wohnungsmodernisierung können die KNX-Funkgeräte im so genannten E-Mode, also ohne spezielles Tool in Betrieb genommen werden.

Bei der Festlegung des KNX-Funk-Standards werden die Funk-Fernablesung von Heizkostenabrechnungssystemen mit berücksichtigt. Hierfür stehen entsprechende Geräte zur Verfügung.

KNXnet/IP, KNX IP

Die durchgängige Verknüpfung lokaler und weltweiter Netze hat auch der Gebäudesystemtechnik neue Wege geöffnet. Selbst global verstreute Liegenschaften lassen sich zentral und von einem frei wählbaren Ort aus kostengünstig rund um die Uhr überwachen und steuern.

Insbesondere gilt dies auch in Verbindung mit dem in der EN 13321-2 genormten KNXnet/IP, das die Möglichkeiten der Gebäudesystemtechnik systemkonform und auf einfache Weise durch Nutzung vorhandener lokaler und weltweiter Datennetze erweitert. Die Kommunikation über vorhandene Netzwerke senkt die Kosten für Errichtung, Betrieb und Wartung der Gebäudesystemtechnik für Zweckbauten und verteilte Liegenschaften. Steuerbefehle und Daten können mit Gebäudemanagementsystemen erheblich schneller und in größerem Umfang ausgetauscht werden, was einerseits die Möglichkeiten für zentrale Überwachung und Betrieb erheblich erweitert, andererseits die Betriebskosten deutlich senkt.

KNXnet/IP ist ein offener Standard aus einem Guss für die Fernkonfiguration, den Fernbetrieb und die schnelle Kommunikation zwischen KNX/EIB-Linien und -Installationen. Der KNXnet/IP-Standard beschreibt im Wesentlichen zwei verschiedene Kommunikationsmöglichkeiten: Routing und Tunneling.

Routing ermöglicht es, ein KNX/EIB-Telegramm von einem KNXnet/IP-Router gleichzeitig an mehrere andere weiterzuleiten (Bild 23-13). Dies ist die Grundlage für die schnelle Kommunikation zwischen Linien, Bereichen oder ganzen Instal-

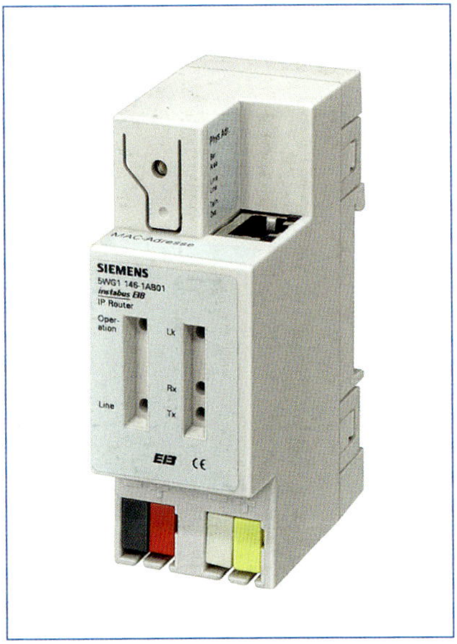

23-11 *IP Router*

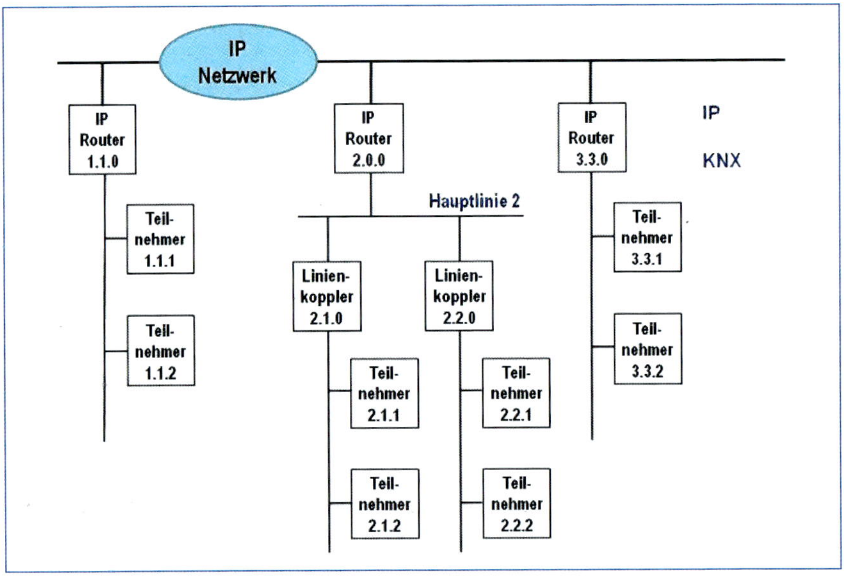

23-12 *IP-Router als Bereichs- und Linienkoppler*

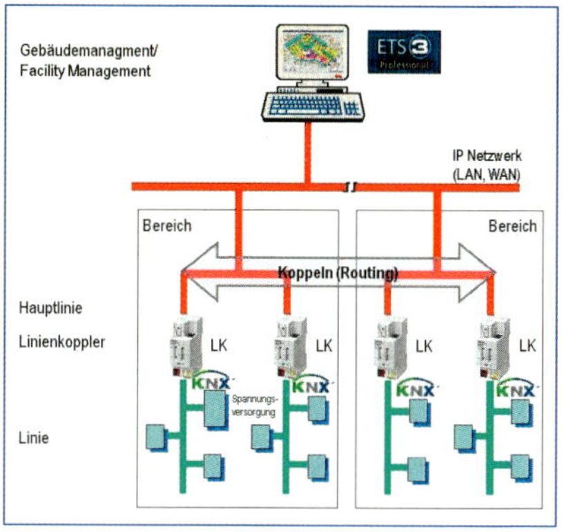

23-13 Anbindung an das Internet über IP-Router mittels Routing

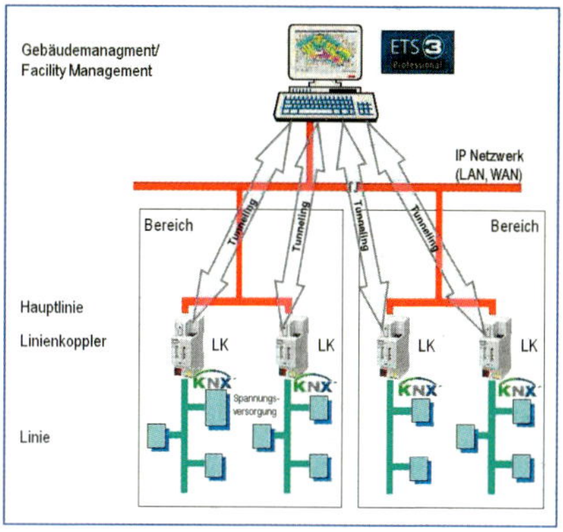

23-14 Anbindung an das Internet über IP-Router mittels Tunneling

lationen. Ein IP-Router (Bild 23-11) entspricht damit funktional einem Linien- oder Bereichskoppler (Bild 23-12).

Tunneling ermöglicht dagegen die Punkt-zu-Punkt-Kommunikation mit KNX-net/IP-Geräten (Bild 23-14). Dies ersetzt nicht nur die Kommunikation über eine serielle Schnittstelle, sondern bietet neben der höheren Geschwindigkeit auch den Vorteil der Ortsunabhängigkeit. Von jedem Punkt im IP-Netzwerk kann auf die KNX/EIB-Installation zugegriffen werden. Mit geringem Aufwand kann jeder Status aus der Gebäudesystemtechnik direkt an ein übergeordnetes Gebäudemanagementsystem übertragen werden.

In Gebäuden oder verteilten Liegenschaften mit sehr hoher Standardisierung der Gebäudesystemtechnik wird häufig die gleiche Lösung in allen Gebäudeebenen oder Liegenschaften verwendet. Das führt zwangsläufig zu einer identischen Konfiguration in den einzelnen, vergleichbaren Einheiten.

Trotzdem sollen diese Installationen zentral verwaltet und fernbetrieben werden. Der KNXnet/IP-Standard sieht einen benutzerfreundlichen Namen vor, der KNXnet/IP-Geräten individuell zugewiesen werden kann. Dieser Gerätename wird dann zur Erkennung und Unterscheidung der Gebäudeebenen oder Liegenschaften verwendet. In Verbindung mit einer auf den neuen KNXnet/IP-Standard vorbereiteten Visualisierungssoftware können diese Liegenschaften und Teilanlagen zentral mit nur einer Applikation betrieben werden. Mit der herstellerübergreifenden Konfigurationssoftware ETS3 ist auch eine Konfiguration dieser Anlagen über eine Netzwerkverbindung möglich.

24 Blitzschutzanlagen, Überspannungsschutz

Die Schadensstatistiken der Sachversicherer weisen seit einigen Jahren eine starke Steigerung der Schäden durch Gewitterüberspannungen aus. Besonders gefährdet sind empfindliche Elektrogeräte und Kommunikationsanlagen (private und die der Telekommunikationsanbieter).

Ein Überspannungsschutz ist also nicht nur für elektronische Mess-, Steuer- und Regelkreise (MSR-Kreise) und Datennetze in Industrie- und Gewerbeanlagen wichtig.

Die bei einem Blitzschlag in ein Gebäude eintretenden Überspannungen können bis zu mehreren 100 kV betragen und liegen damit deutlich über den Durchschlagspannungen der Isolationen von Niederspannungs-Verbraucheranlagen oder elektronischen Einrichtungen.

Blitzschutz

Unter äußerem Blitzschutz versteht man die Gesamtheit aller an und in einer baulichen Anlage installierten und bestehenden Einrichtungen zum Fangen und Ableiten des Blitzstroms an die Erde.

Aufgabe der Fangeinrichtungen ist es, das Eindringen des Blitzes in das Gebäude oder Einrichtungen des Gebäudes zu vermeiden. Die Fangeinrichtungen stellen einen grobmaschigen Faradayschen Käfig dar. Um einen ausreichenden Schutz zu erreichen, darf die Maschenweite der Fangeinrichtungen nicht zu groß sein. Die Planung der Blitzschutzanlage erfolgt nach DIN EN 62305-x (VDE 0185-305-x).

Detaillierte Ausführungen über den Aufbau dieser Einrichtungen würden den vorgegebenen Rahmen sprengen. Deshalb soll hier nur ein Beispiel für die Fangeinrichtungen und die Ableitungen sowie die Anknüpfung des äußeren Blitzschutzes an die Erdungsanlage des Hauses behandelt werden (Bild 24-1).

Die Blitzschutzanlage sollte an den Fundamenterder angeschlossen werden, wenn für die Ableitungen entsprechende Anschlussfahnen am Fundamenterder ausgeführt wurden. Die Anschlussfahnen sind an der Außenwand des Gebäudes bis oberhalb des Erdreichs hochzuführen und mindestens 1,5 m über Erdreich herauszuführen. Bei Kellern aus Beton können die Anschlussfahnen auch in der Wand hochgeführt werden und 30 cm über Erdgleiche herausgeführt werden. Die Anschlussfahnen sollten in Edelstahl, Werkstoffnummer 1.4571 (V4A) ausgeführt werden.

Um die richtige Anzahl und Lage der Anschlussfahnen festlegen zu können, ist eine frühzeitige Planung der Blitzschutzanlage notwendig.

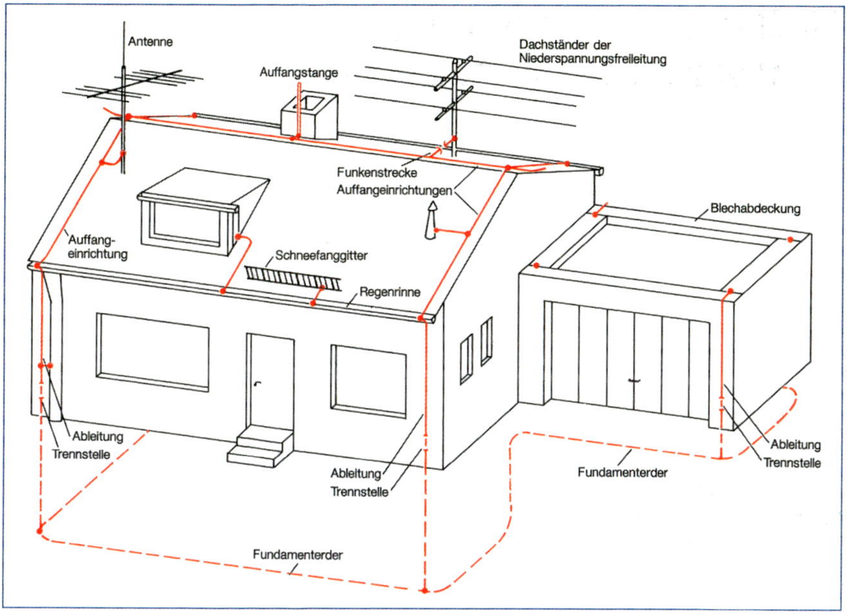

24-1 Blitzschutzanlage für ein Einfamilienhaus (Beispiel)

Wurden bei der Verlegung des Fundamenterders keine Anschlussfahnen für die Blitzschutzanlage eingebracht, muss ein eigener Erder errichtet werden, der über die Haupterdungsschiene mit der Erdungsanlage für das Haus verbunden wird. Für diesen Erder ist grundsätzlich korrosionsfestes Material, z. B. Edelstahl, Werkstoffnummer 1.4571 (V4A), zu verwenden.

Die Gesamtheit aller Maßnahmen zum Begrenzen von Blitzüberspannungen in elektrischen Anlagen und metallenen Installationen in einer baulichen Anlage werden auch innerer Blitzschutz genannt.

Notwendigkeit des Überspannungsschutzes

In modernen Wohngebäuden wird nicht nur auf wirtschaftliche Bauausführung und architektonische Gefälligkeit geachtet, sondern auch in technische Ausrüstung investiert. Je nach Ausstattung wird eine Vielzahl von Verbrauchsmitteln mit elektrischer Energie versorgt. Hinzu kommen vernetzte Systeme der Haustechnik, wie Kommunikationstechnik, BUS-Technik, Gefahrenmeldeanlagen.

Die meisten Haushaltsgeräte enthalten eine Steuerelektronik, dadurch steigt die Empfindlichkeit gegen transiente Überspannungen (kurze Spannungsspitzen im kV-Bereich). Solche Überspannungen entstehen durch betriebsbedingte Schalthandlungen sowohl im Energieversorgungsnetz als auch in der eigenen Anlage sowie durch Blitzeinwirkungen. Neben hohen Reparaturkosten oder gar der Zerstörung von Systemkomponenten moderner Haustechnik ist der Aus-

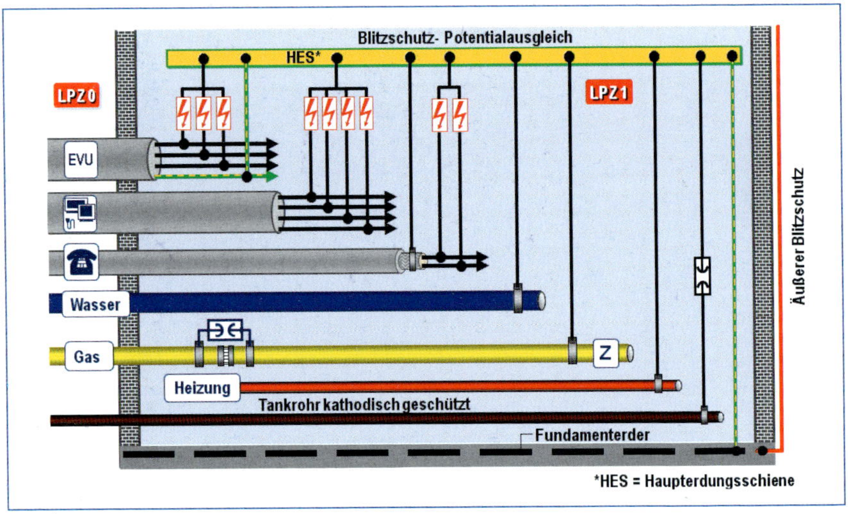

24-2 Blitzschutz-Potentialausgleich für eingeführte Leitungen

fall von Systemfunktionen oder gar der Zusammenbruch ganzer Systeme die Folge.

Schutzmaßnahmen gegen Überspannungen haben primär die Aufgabe, die Verfügbarkeit der technischen Ausrüstung zu optimieren. Darüber hinaus sollen Wartungs- und Reparaturaufwand minimiert werden. Die Installation von Überspannungs-Schutzeinrichtungen (ÜSE) darf die Funktion der zu schützenden Systeme nicht beeinträchtigen.

Schutzkonzept

ÜSE sollen je nach Einsatzort Überspannungen auf Werte unterhalb der Spannungsfestigkeit von Installation und zu schützenden Geräten begrenzen. Deshalb werden ÜSE mit unterschiedlichen Leistungsmerkmalen (Schutzpegel, Ableitvermögen, usw.) eingesetzt. Sind in einem System mehrere ÜSE eingesetzt, so sind diese aufeinander abzustimmen. Während einer Überspannungsbeaufschlagung wirken ÜSE praktisch wie ein Kurzschluss: Die Spannung wird auf Werte unterhalb der geforderten Isolationsfestigkeit bzw. der Spannungsfestigkeit begrenzt. Energiereiche Blitzströme werden an den zu schützenden Komponenten vorbeigeleitet.

In einem solchen umfassenden Überspannungs-Schutzkonzept werden alle gefährdeten aktiven Leitungswege mit geeigneten ÜSE beschaltet und so in den örtlichen Potentialausgleich einbezogen. Somit können keine gefährlichen Potentialunterschiede mehr auftreten. Die zu schützende Anlage bzw. die angeschlossenen Verbrauchsmittel werden nicht überbeansprucht oder gar zerstört. Nach Abklingen der Überspannung stehen alle Funktionen wieder zur Verfügung.

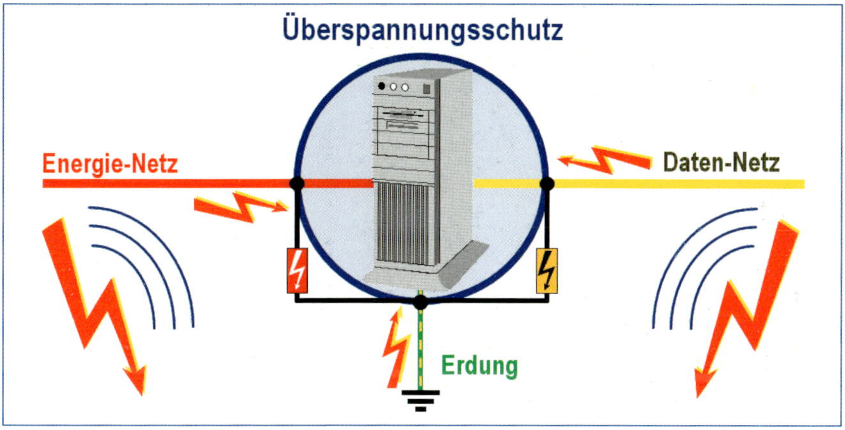

24-3 Gefährdung eines elektronischen Systems

Die ÜSE sind entsprechend den elektrischen und elektromechanischen Anforderungen auszuwählen.

In den Blitzschutz-Potentialausgleich sind zusätzlich zum herkömmlichen Potentialausgleich (Heizungs- und Wasserrohre, Gasleitungen, metallische Konstruktionsteile, Schutzleiter usw.) einzubeziehen:

- alle aktiven Leiter der Niederspannungsverbraucheranlage
- BUS-Leitungen,
- Telefonanlagen,
- Haussprechanlagen,
- Verteilsysteme für TV und Radio,
- Gefahrenmeldesysteme und dergleichen.

Es empfiehlt sich dringend, schon in der Planungsphase, die verschiedenen Gewerke bezüglich des Überspannungsschutzes abzustimmen.

Schutz der Niederspannungsverbraucheranlage

Entsprechend den unterschiedlichen Überspannungskategorien werden ÜSE mit unterschiedlichen Anforderungen eingesetzt.

ÜSE sind eingeteilt in die Typ 1, 2 und 3 (früher Anforderungsklassen B, C und D).

Anwendung der ÜSE Typ 1

Ist ein Gebäude mit einer äußeren Blitzschutzanlage ausgerüstet oder besteht auf Grund anderer örtlicher Gegebenheiten die Gefahr eines Blitzeinschlages

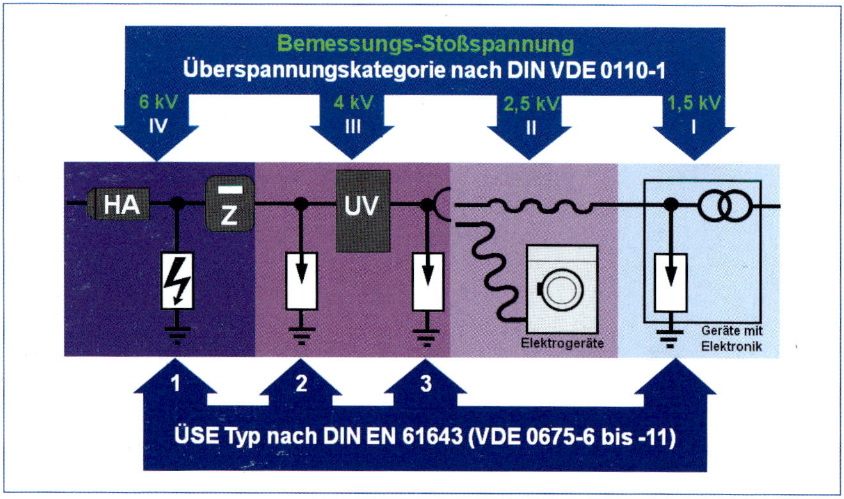

24-4 Bemessungs-Stoßspannungen und Überspannungskategorien, bisherige Anforderungsklassen und jetzige Typen der Überspannungs-Schutzeinrichtungen

in unmittelbarer Nähe, so ist das Hauptstromversorgungssystem mit ÜSE Typ 1 (Blitzstromableiter) in den Blitzschutzpotentialausgleich einzubeziehen.
Gebäude ohne äußeren Blitzschutz sind gleichermaßen gefährdet, wenn z. B.

- eine Außenantenne vorhanden ist,
- für das Gebäude ein Freileitungsanschluss vorhanden ist,
- das Nachbargebäude eine Blitzschutzanlage, Außenantenne, Freileitungsanschluss hat.

Diese ÜSE Typ 1 sind so auszuwählen, dass sie

- den am Einbauort auftretenden Blitzstrom tragen können,
- für die Netznennspannung dimensioniert sind,
- ein Ausschaltvermögen aufweisen, das oberhalb des zu erwartenden maximalen Kurzschlussstroms liegt,
- den einsetzenden Kurzschlussstrom so begrenzen, dass vorgeordnete Überstromschutzeinrichtungen möglichst nicht auslösen.

Absicherung ÜSE Typ 1

Für den Schutz bei Kurzschluss gibt der Hersteller der ÜSE maximale Werte an. Wenn die Hausanschlusssicherung gleich oder kleiner dieser Werte ist, kann auf den zusätzlichen Kurzschlussschutz der ÜSE verzichtet werden.

Der Anschluss der ÜSE kann über eine Stichleitung oder V-förmig erfolgen (Bild 24-5). Querschnittsbereiche und Betriebsströme für V-förmige Verdrahtung sind herstellerabhängig. Der V-förmige Anschluss hat bezüglich Schutzpegel und Montage Vorteile.

Werden hohe Anforderungen an die Verfügbarkeit der Verbraucheranlage gestellt, darf auch bei Arbeiten an den ÜSE die Stromversorgung nicht unterbrochen werden. Für diese Fälle können die Blitzstromableiter über eine Stichleitung an das Hauptstromversorgungssystem angeschlossen werden. Es können auch steckbare ÜSE eingesetzt werden.

Stichleitungssicherungen sind selektiv zu den Sicherungen im Hausanschlusskasten (HAK) zu wählen. Wenn der Bemessungsstrom die Hausanschlusssicherung gleich oder kleiner der vom Hersteller angegebenen Maximalwerte ist, können Trennmesser eingesetzt werden.

Bei sehr energiereichen Blitzströmen, kann es vorkommen, dass die im HAK eingesetzten Sicherungen auslösen. Nach dem Auslösen der Sicherungen fließt der Blitzstrom aber über einen Lichtbogen über diese Sicherungen weiter. Während einer solchen Extrembeanspruchung bleibt die Verbraucheranlage weiterhin gegen Zerstörung geschützt.

Werden für den Kurzschlussschutz NH-Sicherungen verwendet, ist zu bedenken dass diese ausschließlich durch Elektrofachkräfte bedient werden dürfen.

Ausschaltvermögen und Begrenzung des Netzfolgestroms

Ein wichtiger Aspekt für die Verfügbarkeit ist, dass die eingesetzten ÜSE den gezündeten Lichtbogen selbsttätig ohne Zuhilfenahme einer Sicherung begrenzen und löschen können. Nur dann werden die Vorsicherungen nicht nach jedem Zünden des Blitzstromableiters ansprechen und die Energieversorgung unterbrechen bzw. einen Wartungsfall herbeiführen.

Das Ausschaltvermögen der in der Verbraucheranlage eingesetzten ÜSE Typ 1 sollte deshalb immer oberhalb des am Einbauort auftretenden maximalen Kurzschlussstroms (prospektiver Kurzschlussstrom) liegen. Dieser Wert kann beim zuständigen Verteilungsnetzbetreiber (VNB) erfragt oder durch Messung vor Ort ermittelt werden.

Moderne leistungsfähige ÜSE arbeiten auf Funkenstreckenbasis. Sie zünden grundsätzlich spannungsabhängig.

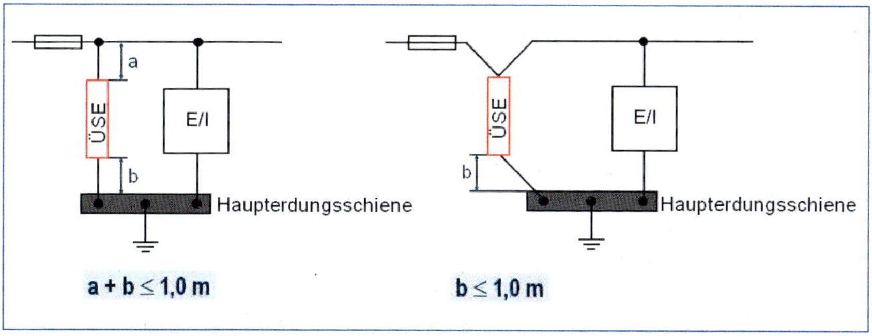

24-5 Anschluss der ÜSE über eine Stichleitung bzw. V-förmig

ÜSE im ungezählten Bereich

Der Einbau der Blitzstromableiter sollte so nahe wie möglich am Gebäudeeintritt erfolgen. Dadurch wird die elektromagnetische Beeinflussung auf gebäudeinterne Installationen vermieden.

Deshalb kann der Einbau der Blitzstromableiter im ungezählten Bereich notwendig sein. In jedem Fall ist „Überspannungs-Schutzeinrichtungen Typ 1 – Richtlinie für den Einsatz von Überspannungs-Schutzeinrichtungen (ÜSE) Typ 1 (bisher Anforderungsklasse B) in Hauptstromversorgungssystemen“ des VDN zu beachten.

Bei der Installation innerhalb des Zählerschrankes gilt es zu berücksichtigen, dass alle blitzstromdurchflossenen Leitungswege kräftige Magnetfelder haben. Hierdurch werden in Verdrahtung und Schaltgeräten innerhalb des Zählerschrankes hohe Spannungen induziert. Zudem treten hohe elektrodynamische Kräfte auf. Dabei können störende Beeinflussungen oder gar Zerstörungen nicht ausgeschlossen werden.

Deshalb sollte die Installation der ÜSE in separaten, geeigneten Gehäusen, vorzugsweise so dicht wie möglich am Hausanschlusskasten erfolgen. Die Gehäuse müssen plombierbar sein.

Überprüfungen der ÜSE

Überprüfungen der ÜSE können mit den beim Elektroinstallateur vorhandenen Isolationsmessgeräten vorgenommen werden.

Die ÜSE sind hierzu vorher spannungsfrei zu schalten. Bei steckbaren Blitzstromableitern wird lediglich der steckbare ÜSE-Einsatz herausgezogen und dieser geprüft. Sollen die mit der Installation fest verbundenen Basiselemente in die Prüfung einbezogen werden, sind diese spannungsfrei zu schalten. Ausführliche Hinweise zur Prüfung werden von den Herstellern in den Montageanleitungen beschrieben.

Daneben gibt es ÜSE mit Betriebsanzeigen.

Anschlussleitungen

Die Anschluss-/Erdungsleitungen der ÜSE sollen so kurz wie möglich (max. 1,0 m) sein. Nur so kann die spannungsbegrenzende Wirkung der ÜSE für das System zum Tragen kommen. Diese Leitungslänge gilt sowohl für die Verbindungsleitungen der einzelnen ÜSE mit den aktiven Leitern als auch für die Verbindungsleitung des Fußpunktes der ÜSE mit dem in die Anlage weiterführenden Schutzleiter. Sind die 1,0 m nicht einzuhalten, wird ein V-förmiger Anschluss empfohlen. Bei ÜSE Typ 1 ist eine zusätzliche Verbindung zur Haupterdungsschiene (mindestens 16 mm^2 Cu), die mit der Erdungsanlage des Gebäudes verbunden ist, herzustellen.

Außenliegende Verbraucherstromkreise schützen

Werden außerhalb von Gebäuden betriebene Verbrauchsmittel (z. B. Beleuchtungsanlagen) versorgt oder werden zu benachbarten Gebäuden Versorgungsleitungen geführt, sind diese mit geeigneten ÜSE zu schützen. Vorzugsweise ist der Einbau unmittelbar nach dem Gebäudeeintritt vorzunehmen.

Anwendung der ÜSE Typ 2

ÜSE Typ 2 begrenzen transiente Überspannungen auf einen für die Verbraucheranlage ungefährlichen Wert (≤ 1,5 kV). Damit werden Beeinflussungen aus fernen Blitzeinschlägen, Schalthandlungen in der eigenen Anlage und im Versorgungsnetz sowie induktive Einkopplungen erfasst.

Schutz nach der Messeinrichtung
Wenn ÜSE Typ 1 eingesetzt werden, die auf Werte unter 4 kV begrenzen (Leiter – Erde), so sind die nachgeschalteten Stromkreisverteiler und die Verbraucherstromkreise wegen deren geringerer Spannungsfestigkeit durch ÜSE Typ 2 zusätzlich zu schützen. ÜSE Typ 2 dürfen ausschließlich nach der Messeinrichtung des VNB installiert werden.

Installation von ÜSE vor Fehlerstrom-Schutzeinrichtungen (RCD)
Sind Fehlerstrom-Schutzeinrichtungen (RCDs) vorhanden, so müssen ÜSE Typ 2 in Energieflussrichtung gesehen immer vor diesen angeordnet werden. Die 3+1 Schaltung ist anzuwenden (siehe Bild 24-7). Hierdurch wird ein Fehlauslösen der Fehlerstrom-Schutzeinrichtungen (RCDs) vermieden und eine hohe Verfügbarkeit der Kundenanlage erreicht.

Steckbare ÜSE
Steckbare ÜSE Typ 2 können im Bedarfsfall ohne Unterbrechung der Energieversorgung gewechselt werden. Nicht steckbare ÜSE Typ 2 können in jedem Fall nur durch Elektrofachkräfte überprüft und gewechselt werden.

Entkopplung
Zwischen ÜSE Typ 1 mit Schutzpegel 4 kV und ÜSE Typ 2 ist als Entkopplungselement eine Mindestleitungslänge einzuhalten. Die Montageanleitungen der Hersteller geben hierzu Installationshinweise.

Sind die notwendigen Mindestleitungslängen nicht einzuhalten, sind koordinierte ÜSE Typ 1 mit niedrigem Schutzpegel zwischen 1,5 – 2,5 kV zu verwenden, die keine Entkopplungslängen oder -spulen mehr benötigen.

Überprüfungen der ÜSE
Da ÜSE Typ 2 (Varistorableiter) über eine interne Abtrennvorrichtung verfügen, ist eine Sichtprüfung der Funktionsanzeige ausreichend.

Bei Isolationsmessungen ist zu beachten, dass ÜSE das Messergebnis verfälschen können, ggf. müssen die ÜSE erdseitig abgetrennt werden (abklemmen, bzw. steckbaren Einsatz entfernen).

Anschlussleitungen
Die Anschlussleitungen – vor allem bei ÜSE Typ 1 – zwischen ÜSE und zu schützendem System (L1, L2, L3, N und PE) sollen so kurz wie möglich (max. 1,0 m) sein. Ist dies nicht zu realisieren, wird ein V-förmiger Anschluss empfohlen.

Direkte Parallelschaltung von ÜSE Typ 1 und ÜSE Typ 2

Seit einigen Jahren sind ÜSE Typ 1 am Markt, die über einen niedrigeren Schutzpegel verfügen. Zu diesen lassen sich ÜSE Typ 2 und manche ÜSE Typ 3 direkt parallel schalten. Entkopplungsimpedanzen sind nicht mehr erforderlich. Diese Konzepte sind unabhängig vom Betriebsbemessungsstrom der Verbraucheranlage zu realisieren.

Mittlerweile sind auch ÜSE erhältlich, die in einem einzigen Gehäuse die Anforderungen der ÜSE Typ 1 und 2 kombinieren. Herstellerangaben informieren über anwendungstechnische Randbedingungen. Bei Einsatz im ungezählten Bereich müssen diese ÜSE den Anforderungen der Typ 1 entsprechen, die VDN-Richtlinie ist zu beachten.

Anwendung ÜSE Typ 3

Empfindliche Geräte werden in unmittelbarer Nähe des Geräteanschlusses mit ÜSE Typ 3 geschützt. Dies kann eine Steckdose mit integriertem Überspannungsschutz oder auch ein Schutzadapter sein. Speziell bei Adaptern oder bei Steckdosenleisten ist darauf zu achten, dass diese eine thermische Abtrennvorrichtung mit einer geeigneten Kontrollmöglichkeit für den Status dieser Abtrennvorrichtung besitzen und dass diese ÜSE schaltungstechnisch wie fest installierte ÜSE Typ 3 aufgebaut sind. Nur dann ist ein wirksamer Überspannungsschutz der Geräte ohne Beeinträchtigung der vorhandenen Schutzmaßnahmen gegen elektrischen Schlag und Brandgefahr gegeben.

Einsatz von ÜSE in verschiedenen Netzsystemen

Sowohl bei Neuinstallation als auch bei Nachrüstung von bestehenden Anlagen mit ÜSE dürfen die Schutzmaßnahmen gegen elektrischen Schlag und Brandgefahr nicht beeinträchtigt werden. Entscheidend ist, welches „System nach Art der Erdverbindung“ (Netzsystem, früher Netzform genannt: TN-C, TN-S, TT) am Einbauort der ÜSE besteht. Hierfür sind bestimmte Anschlussarten gefordert. Die speziellen Schaltungsarten sind sowohl für ÜSE Typ 1 als auch für ÜSE Typ 2 anzuwenden. Dabei ist es unerheblich, ob ÜSE Typ 1 im ungezählten Bereich oder hinter der Messeinrichtung angeordnet sind.

Über das Netzsystem gibt der zuständige VNB in seinen Technischen Anschlussbedingungen (TAB) Auskunft.

In Wohngebäuden sind vor dem Stromkreisverteiler sowohl TN-C-, TN-S- oder TT-Systeme anzutreffen. In Verbraucherstromkreisen sind üblicherweise TN-S- oder TT-Systeme anzutreffen. Nur in alten Anlagen sind hier noch TN-C-Systeme (klassische Nullung) vorhanden.

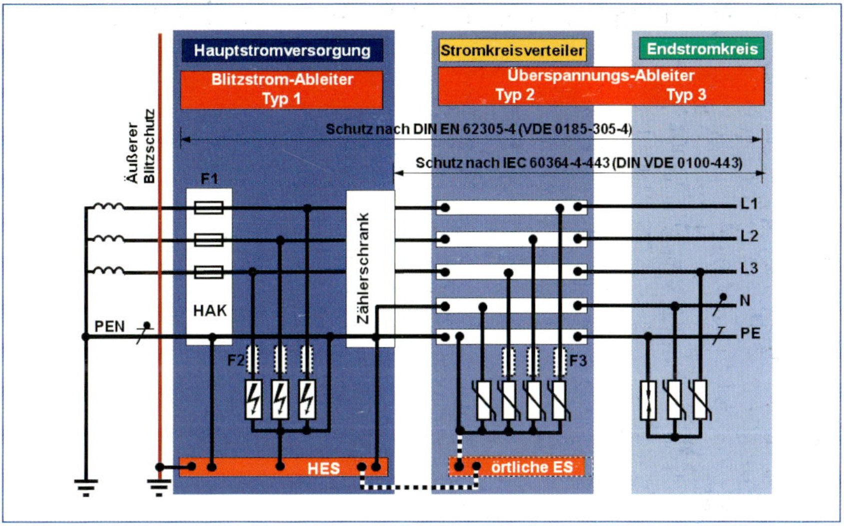

24-6 Errichtung von Überspannungs-Schutzeinrichtungen im TN-C-S-System

TN-C-System

In TN-C-Systemen wird für jeden Außenleiter (L1, L2, L3) eine ÜSE benötigt. Diese werden über eine möglichst kurze Verbindungsleitung (max. 1,0 m) zum PEN-Leiter geschaltet. Bei ÜSE Typ 1 ist zusätzlich eine direkte Verbindung zum separat geerdeten Schutzpotentialausgleich vorzusehen (Bild 24-6).

TN-S-System

Im TN-S-System werden pro Einbauort die aktiven Leiter (L1, L2, L3 und N) über ÜSE mit dem Erdpotential verbunden. Der Fußpunkt der ÜSE muss mit dem in die Anlage führenden Schutzleiter (PE) verbunden werden (Bild 24-6). All diese Verbindungsleitungen müssen möglichst kurz (max. 1,0 m) sein. Nur so ist sichergestellt, dass die mögliche Spannungsbegrenzung der ÜSE wirklich für die nachgeschaltete Verbraucheranlage wirksam werden kann.

TT-System

Im TT-System ist ausschließlich die „3+1“-Schaltung anzuwenden (Bild 24-7). Hierbei wird von den Außenleitern (L1, L2, L3) je eine ÜSE zum N-Leiter geschaltet. Vom N-Leiter wird eine spezielle ÜSE auf Funkenstreckenbasis zum PE bzw. zur Erde geschaltet. Auch hier gilt, dass der Fußpunkt der ÜSE-Anordnung auf möglichst kurzem Weg (max. 1,0 m) mit dem in die Anlage weiterführenden PE-Leiter zu verbinden ist.

Diese „3+1“-Schaltung (Bild 24-8) hat gegenüber der früher üblichen Schaltung gravierende Vorteile bezüglich des Personen- und Brandschutzes. Aus Fachkreisen wird empfohlen, künftig auch für TN-S-Systeme immer die „3+1“-Schaltung zu wählen.

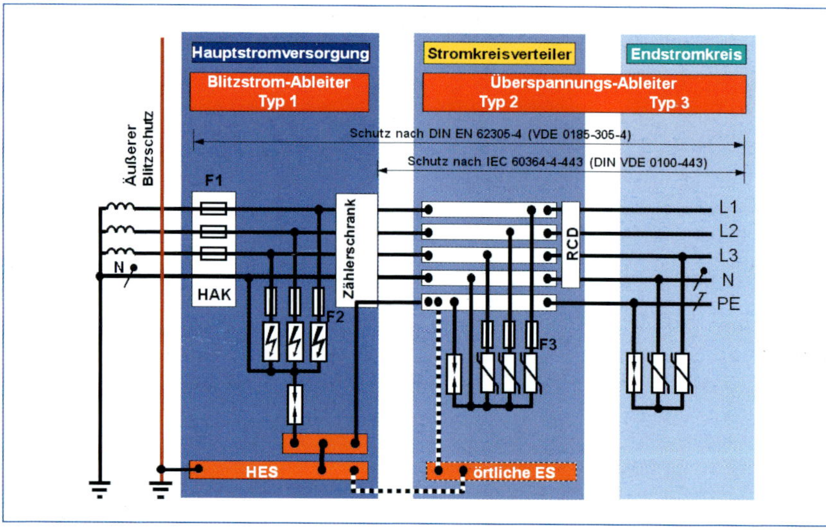

24-7 *Errichtung von Überspannungs-Schutzeinrichtungen im TT-System*

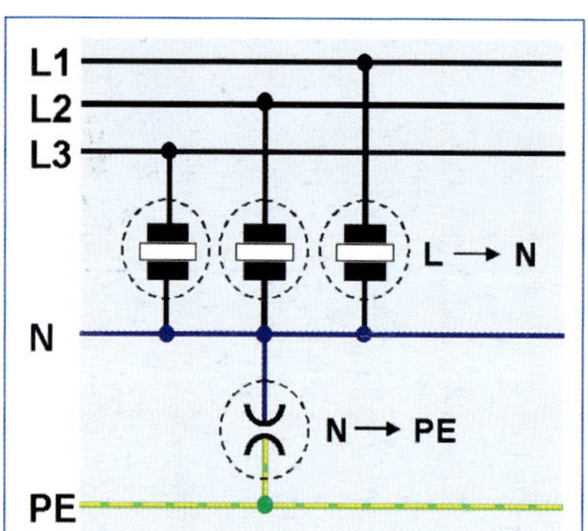

24-8 *Prinzipschaltbild der „3+1"-Schaltung*

Umfassender Überspannungsschutz

Wird ein zu schützendes Gerät nicht nur mit elektrischer Energie versorgt, sondern verfügt dieses auch über eine Anbindung an weitere Leitungssysteme, so sind diese mit in das Schutzkonzept einzubeziehen. Ist z. B. ein Computer über ein ISDN- oder einen DSL-Anschluss direkt mit dem Telefonnetz verbunden, so ist auch die Kommunikationsleitung mit einer schnittstellengerechten ÜSE zu schützen. Vorzugsweise bieten sich hierfür kombinierte ÜSE an, die sowohl die Netzversorgung als auch die Telekommunikationsleitung schützen können. Ein Schutz eines solchen Computers nur auf der 230 V-Seite führt nicht zum gewünschten Ziel. Es kann zu einem Isolationsdurchschlag zur Telefonleitung kommen. Gleiches gilt sinngemäß für alle anderen Gewerke.

Schutzmaßnahmen gegen Überspannungen können nur dann die Verfügbarkeit erhöhen, wenn das Schutzkonzept fachkundig unter Einbeziehung aller Gewerke

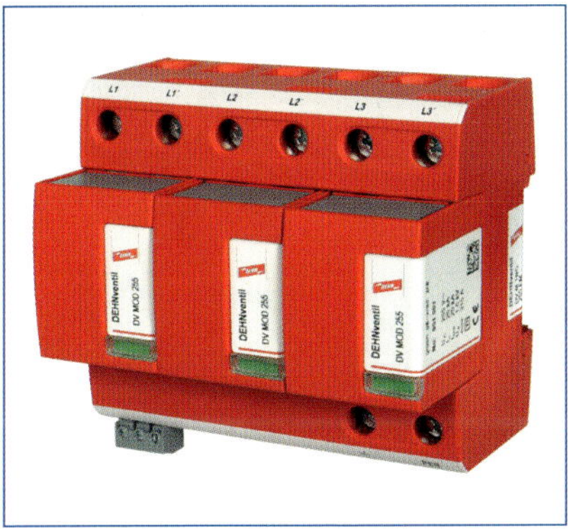

24-9 Blitzstromableiter Typ 1 für das TN-C-System

24-10 ÜSE Typ 2

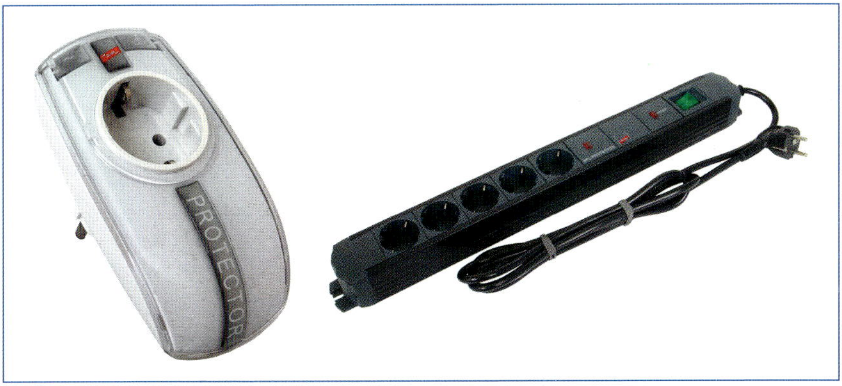

24-11 Überspannungsschutz-Adapter bzw. -Geräte Typ 3

geplant und nach Klärung der Anforderungen des Auftraggebers konsequent realisiert wird.

Kann z.B. aus wirtschaftlichen Gründen ein Gesamtkonzept nicht realisiert werden, ist dem Komplettschutz einzelner Systeme der Vorzug geben.

Die Investition für die Installation eines anlagenorientierten Schutzkonzeptes rentiert sich spätestens nach dem ersten verhinderten Schaden.

Ein Überspannungsschutz ist erforderlich, wenn empfindliche elektronische Geräte genutzt werden und durch ferne Blitzeinschläge (Bild 24-12) und/oder Überspannungen durch Schalthandlungen eine Bedrohung gegeben ist. Durch eine vereinfachte Risikoanalyse nach DIN VDE 0100-443, normativer Anhang B, kann ermittelt werden, ob diese Gefährdung vorliegt. Die Berechnung nach DIN VDE 0100-443 macht bei vielen Gebäuden einen Überspannungsschutz notwendig. Hinzu kommt, dass viele elektronische Endgeräte nur der Überspannungskategorie I nach DIN VDE 0100-443 entsprechen. Deshalb ist es in vielen Fällen notwendig, ÜSE vom Typ 2 bzw. Typ 3 in der Stromversorgung einzubauen.

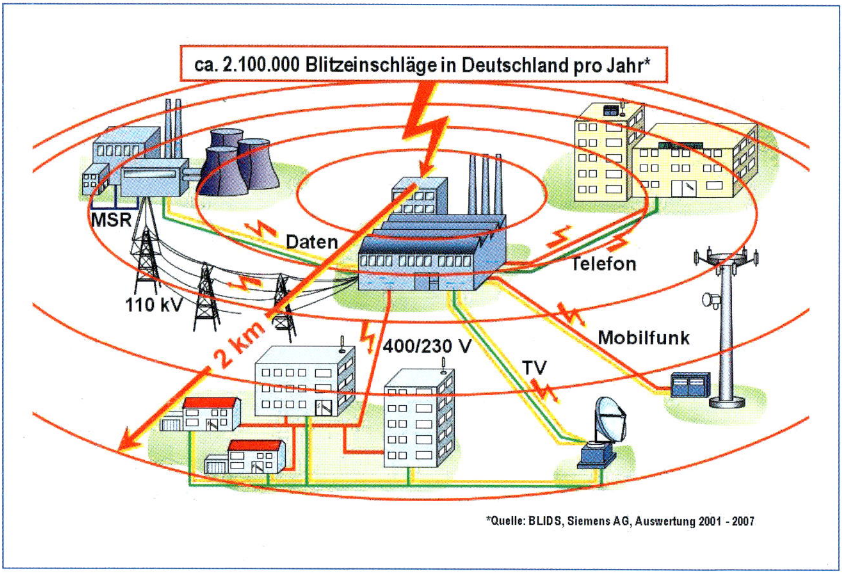

24-12 Gefährdung durch Blitzschlag

25 Empfangs- und Verteilanlagen für Radio und Fernsehen

Radio und Fernsehen analog

Beim analogen Fernsehen werden zumindest die Bilddaten, meist aber auch die Tondaten analog übertragen. Die Herstellung der Sendungen, also Aufnahme und Bearbeitung, können dabei aber sehr wohl mittels digitaler Technik erfolgen. In Deutschland wurde die terrestrische analoge Fernsehübertragung zum Jahresende 2008 eingestellt.

Analoge Übertragung von Radio- und Fernsehsignalen über das Breitbandkabel erfolgt weiterhin. Besondere Receiver oder Set-Top-Boxen sind nicht erforderlich. Die Radio- und Fernsehgeräte können die Signale direkt verarbeiten.

Auch über Satelliten werden analoge Radio- und Fernsehsignale ausgesendet. Hier sind entsprechende Receiver notwendig.

Weiterhin werden analoge Radiosignale (UKW, KW, MW, LW) terrestrisch übertragen. Zum Empfang dieser Radiosender kann jedes handelsübliche Radiogerät genutzt werden.

Radio und Fernsehen digital

In Europa haben sich Programmanbieter, Gerätehersteller, Netzbetreiber und Behörden zusammengeschlossen, um das digitale Fernsehen (DVB = Digital Video Broadcasting) voranzutreiben.

Die Grundvorstellungen für die Einführung digitaler Fernsehtechnik sind:

- Durch Datenkompression kann die Anzahl der Fernsehprogramme pro Kanal vervielfacht werden.
- Verschlüsselungsverfahren für Bezahlfernsehen sind einfacher und sicherer zu implementieren.
- Zusätzliche Verteilung von Rundfunkprogrammen ist möglich.
- Übertragung von (auch interaktiven) Datendiensten im Kontext der angebotenen Programme ist möglich.
- Bild- und Tonqualität können gesteigert werden, so dass Zuschauer, die über ein hochwertiges Fernsehgerät verfügen, auch Sendungen in hochauflösender Qualität auswählen und empfangen können (HDTV). Auch auf normalen Fernsehgeräten kann die Digitaltechnik ein besseres Bild und Raumklang ermöglichen.

DVB-C

Mit DVB-C (Digital Video Broadcasting – Cable) wird eine Variante von DVB bezeichnet, die für die Übertragung von digitalen Mehrwertdiensten (z. B. Multimedia) über Kabelanschluss verwendet wird. In der Regel ist das die digitale Verbreitung von Fernsehsignalen. DVB-C gestattet ebenfalls die zusätzliche digitale Übertragung von Hörfunkprogrammen.

Das Angebot an digitalen Programmen übersteigt mittlerweile deutlich das analoge Angebot. Die überwiegende Zahl bestehender Fernsehgeräte und Videorekorder kann die digitalen Signale nicht direkt verarbeiten, so dass für sie je Empfangsgerät ein Zusatzgerät (Set-Top-Box) notwendig ist, das die Daten empfangen, dekodieren und in ein für die ältere Elektronik verständliches analoges Signal umwandeln muss. Inzwischen gibt es aber auch Fernsehgeräte mit fest eingebauter oder optionaler Empfangstechnik für DVB-C. Selbst bei einigen Flachbildschirmen sind Set-UP-Boxen notwendig.

Bei vielen Anbietern (z. B. private Anbieter) können zahlreiche Programme nur nach Entschlüsselung durch eine SmartCard empfangen werden. Nachdem verschiedene Verschlüsselungsarten bestehen, sollte der Receiver mit einem Common-Interface (CI) ausgestattet sein, um für die unterschiedlichen Verschlüsselungen gerüstet zu sein.

DVB-S

Die Ausstrahlung von DVB per Satellit (Digital Video Broadcasting – Satellite), z. B. Astra, Eutelsat, ist eine vielgenutzte DVB-Variante. Dank der großen Datenübertragungsrate werden über DVB-S die meisten Fernseh- und Hörfunkprogramme sowie Zusatzdienste übertragen. Alleine über die Astra-Satelliten werden mehr als 1500 Radio- und TV-Programme übertragen. Davon sind knapp 300 TV-Programme und etwa 170 Radio-Sender unverschlüsselt. DVB-S benötigt keine Zusatzinfrastruktur (Kabelnetze, terrestrische Senderketten) und bietet somit auch in abgelegenen Gebieten Fernseh- und Rundfunkempfang. Es gibt Satellitenantennen, die durch automatische Nachführung der Antenne den Empfang in Flugzeugen, auf Schiffen oder sogar in Bussen während der Fahrt ermöglichen.

DVB-S kann – außer Pay-TV – ohne laufende Kosten für den Zuschauer angeboten werden. Der Satellitenbetrieb wird von den Sendeanstalten bezahlt. Bei DVB-S wird je Empfangsgerät ein Sat-Receiver benötigt. Nur wenige Fernsehgeräte können das DVB-S-Signal direkt empfangen, deshalb ist in der Regel der Einsatz eines zusätzlichen Digitalreceivers notwendig.

DVB-T

Als DVB-T (Digital Video Broadcasting – Terrestrial) wird die terrestrische (erdgebundene) Verbreitung digitaler Fernsehsignale in der Atmosphäre bezeichnet. Diese Variante des DVB wird vor allem in verschiedenen europäischen Staaten als Standard für die Übertragung von digitalem Fernsehen und Hörfunk per Antenne verwendet. In Deutschland wird die gesetzlich vorgeschriebene Grundversorgung über DVB-T sichergestellt.

Mittels digitaler Modulationsverfahren kombiniert mit Datenreduktion können auf der Bandbreite eines herkömmlichen analogen Kanals drei bis sechs Fernsehprogramme in Standardauflösung ausgestrahlt werden. Die Bildqualität ist bei DVB-T erkennbar schlechter als bei DVB-S und DVB-C. Bei HDTV würde sich die Anzahl auf einen oder zwei Fernsehprogramme reduzieren, weshalb es sich bei uns nicht durchgesetzt hat. Üblicherweise wird bei DVB-T auch eine Set-Top-Box bzw. Receiver je Empfangsgerät benötigt.

In Deutschland sind je nach Region 12 bis 32 verschiedene Fernseh-Programme empfangbar. Damit überträgt DVB-T mehr Sender als über das bisherige analoge Antennenfernsehen. In einigen Regionen werden aus Kostengründen ausschließlich öffentlich-rechtliche Sender über DVB-T übertragen.

Ausstattungsumfang mit Antennensteckdosen

Die Anzahl der Antennensteckdosen ist unabhängig vom gewählten bzw. vorgegeben Übertragungssystem. Dabei ist festzustellen, dass der Bedarf an Antennensteckdosen in den letzten Jahren deutlich gestiegen ist. Darüber hinaus wird eine Antennensteckdose inzwischen auch für weitere Dienste, z. B. Internet, benötigt. Die Anzahl der Antennensteckdosen ergibt sich aus DIN 18015-2 und RAL RG 678 (Tabelle 25-1). Bild 25-2 zeigt die Anordnung der Antennensteckdosen im Beispielgrundriss, wobei durch Sterne die bei den verschiedenen Ausstattungswerten vorzusehenden Antennensteckdosen gekennzeichnet wurden.

ANMERKUNG: DIN 18015-2 wird derzeit überarbeitet. Voraussichtlich wird dann schon in der Mindestausstattung in jedem Wohnraum mindestens eine Antennensteckdose enthalten sein.

Wohnfläche der Wohnung in m²	**Anzahl der Antennensteckdosen**		
	★	★★	★★★
bis 50	2	3	4
über 50 bis 75	3	4	5
über 75 bis 125	4	5	6
über 125	5	6	7

25-1 Anzahl der Antennensteckdosen entsprechend der Wohnfläche und dem Ausstattungswert

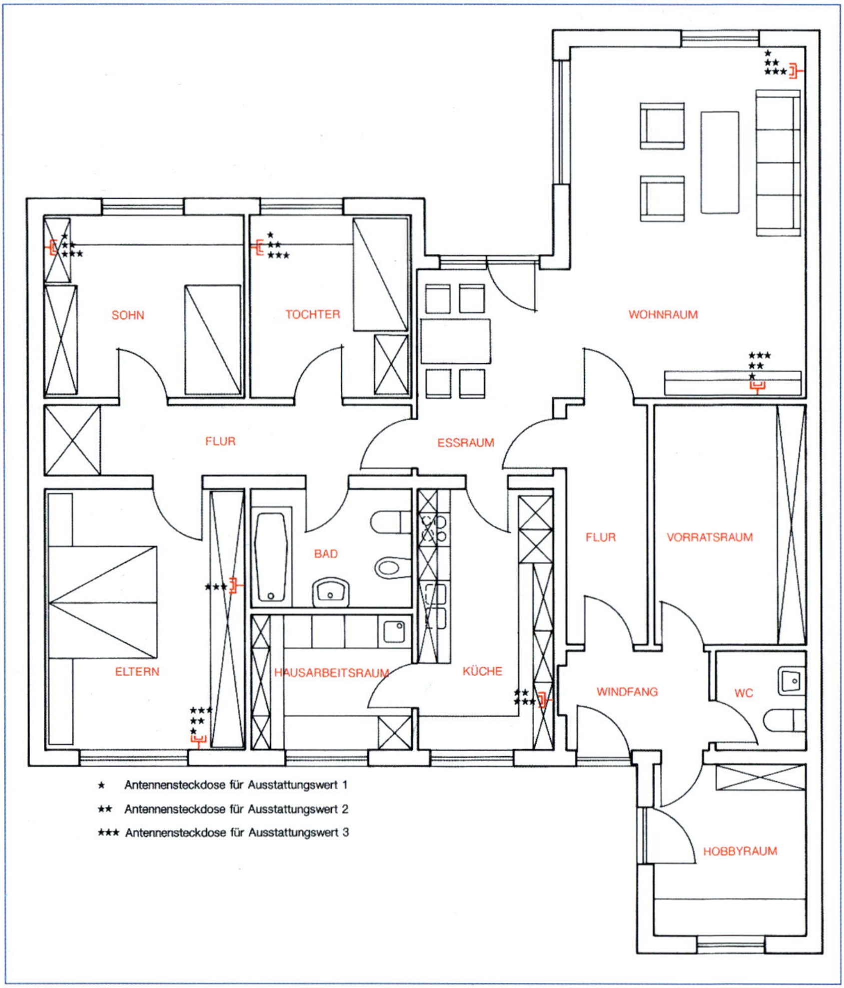

25-2 Installation der Antennensteckdosen für die drei Ausstattungswerte im Beispielgrundriss

Antennensteckdosen

Durch geschickte Auswahl der verschiedenen Antennensteckdosen lässt sich eine gleichmäßige Verteilung der vom Verstärker gelieferten Energie erreichen.

Antennensteckdosen gibt es als Einzel- und Durchgangsdosen für den Einsatz in Einzel-, Gemeinschafts-, BK- und Satellitenanlagen. Sie werden üblich als 2-fach-Antennensteckdosen mit Buchse für Radio und Stecker für Fernsehen gebaut (Bild 25-3). Spezielle 3- und 4-fach-Antennensteckdosen haben zusätzlich einen bzw. zwei F-Connector/en für Satellitenempfang (Bild 25-4). Eine spezielle Multimediasteckdose hat neben den Buchsen für Radio und Fernsehen einen zusätzlichen F-Connector für zusätzliche Dienste (z. B. Internet, Telefon) (Bild 25-4). Zum Anschluss der Geräte (Radio, Fernsehgerät, Receiver, Set-Top-Box) an die Antennensteckdosen gibt es spezielle Anschlussleitungen (Bild 25-5).

25-3 Antennensteckdose für Radio und Fernsehen über Breitbandkabel und terrestrische Übertragung

25-4 Antennensteckdose für Satellitenempfang bzw. als Multimediadose (optisch gleich aussehend)

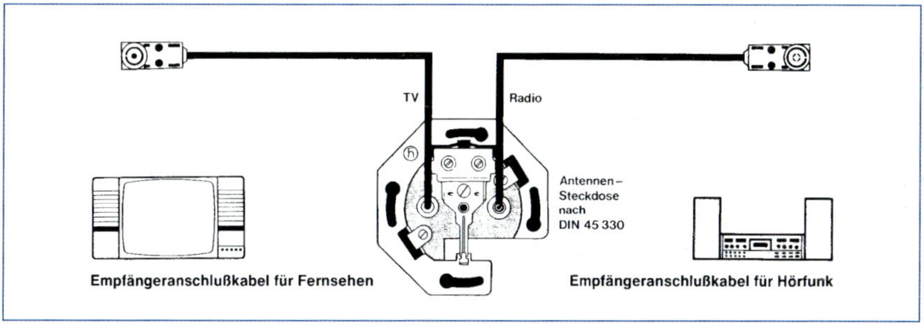

25-5 Anschluss der Geräte an die Antennensteckdose

Antennensteckdosen und Anschlussleitungen mit dem Warenzeichen „Klasse A“ garantieren erhöhte Schirmungsmaße und Qualitätsüberwachung in der Fertigung.

25-6 Warenkennzeichen für Materialien mit hohem Schirmungsmaß

Verteilsysteme

Kabel und Leitungen müssen nach DIN 18015-1 auswechselbar und gegen Beschädigung geschützt verlegt werden. Eine Verlegung direkt im Putz ist nicht zulässig. Zur Ausschöpfung aller Empfangssysteme über

- terrestrische Antenne,
- Satellitenantennen und
- Breitband-Kommunikationseinspeisung

sind mindestens 2 Leerrohre zwischen dem obersten Geschoss (Dachgeschoss) und unterstem Geschoss (Kellergeschoss) mit einem Innendurchmesser von je mindestens 30 mm vorzusehen, für die Wohnungszuführung solche mit mindestens 23 mm.

Für neue Anlagen ist die Sternstruktur anzuwenden. Vom zentralen Verteilpunkt sind Sternnetze zu den Wohnungen (Bild 25-7) bzw. Etagensternnetze (siehe Bild 25-8 und 25-9) auszuführen, die erforderlichen Leerrohre und ggf. Verteiler sind zu installieren. Für Gebäude mit mehr als 8 Wohneinheiten sind Etagensternnetze auszuführen.

Verteiler, Abzweiger und Verstärker des Netzes, die nicht innerhalb der Wohnung liegen, sind in allgemein zugänglichen Räumen, z. B. Fluren, Kellergängen, Treppenräumen (ausgenommen Sicherheitstreppenräume) anzuordnen.

Vom Wohnungsübergabepunkt (WÜP) zu den einzelnen Antennensteckdosen in den Räumen der Wohnung ist vorzugsweise ein Leerrohr in Sternstruktur (Etagenstern) vorzusehen. Für die Montage der Antennensteckdosen sind 60 mm tiefe Unterputz-Geräteverbindungsdosen zu verwenden.

Das Leerrohrsystem nach DIN 18015-1 ist für „Anwendungsneutrale Kommunikationskabelanlagen“ nach DIN EN 50173-5 geeignet.

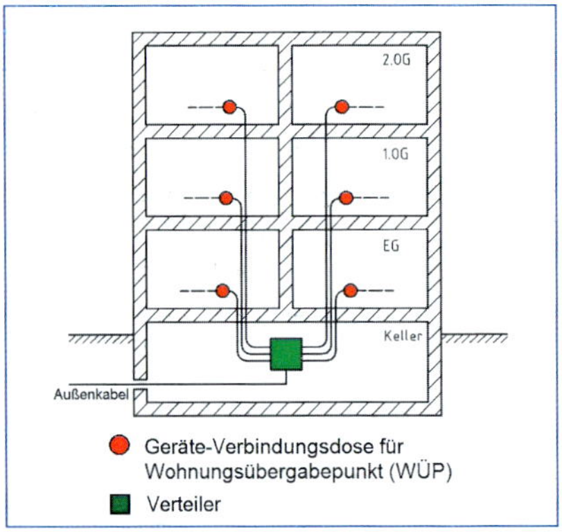

25-7 *Beispiel für ein Sternnetz (sternförmige Rohrführung von einer zentralen Stelle zu den Wohnungen)*

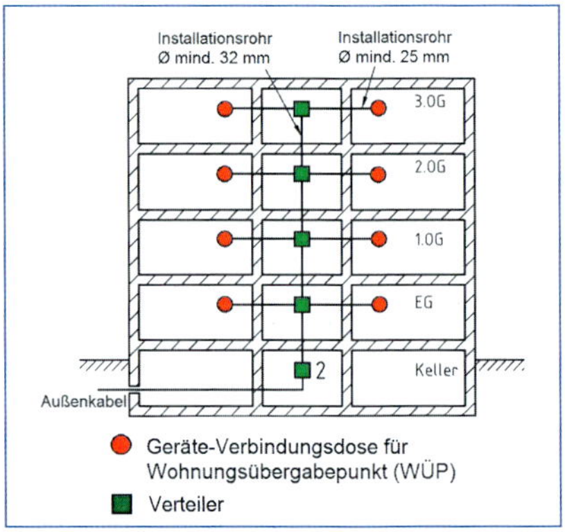

25-8 *Beispiel für ein Etagensternnetz (sternförmige Rohrführung von einer Stammleitung zu den Wohnungen)*

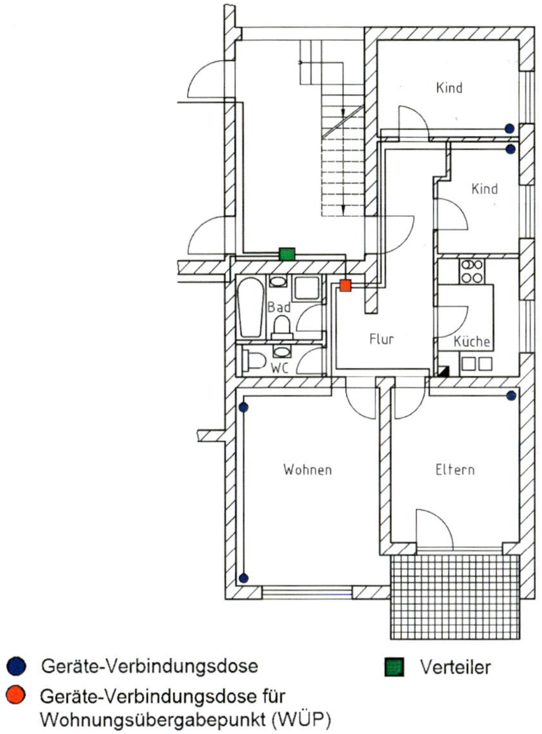

25-9 Beispiel für ein Etagensternnetz innerhalb der Wohnung als Teil der Etage

In die Leerrohre werden Koaxialkabel mit einem Wellenwiderstand von 75 Ω eingezogen (Bild 25-10). Bei der Auswahl ist vor allem auf die frequenzabhängige Kabeldämpfung zu achten. Die Schirmung muss von der Antenne über das Verteilungsnetz bis zu den Antennensteckdosen durchgängig sein. Koaxialkabel mit dem Warenzeichen „Klasse A" garantieren erhöhte Schirmungsmaße und Qualitätsüberwachung in der Fertigung.

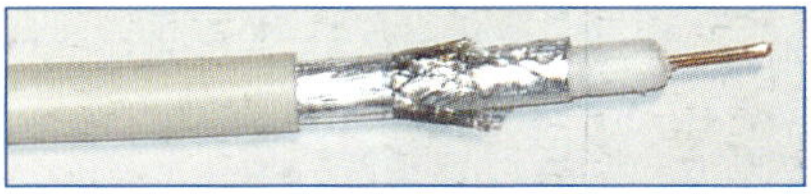

25-10 Koaxialkabel

Antennen und Signalaufbereitung

Breitbandkabelanschluss (DVB-C, Kabelfernsehen analog)

Für den Signalempfang werden naturgemäß keine Antennen benötigt. Bei BK-Anlagen verstärken so genannte Hausanschlussverstärker die am Übergabepunkt anstehenden Radio- und Fernsehsignale. Wird der Breitbandanschluss auch für

Multimediaanwendungen (z. B. Internet, Telefon) genutzt, ist der Datenfluss nicht wie bei Radio und Fernsehen nur in Richtung des Empfangsgeräts sondern auch vom Gerät zurück in Richtung Anbieter (Provider). Deshalb muss der Hausanschlussverstärker rückkanaltauglich sein (Bild 25-11).

Analoger bzw. digitaler (DVB-S) Satellitenempfang

Meist reichen Satellitenempfangsantennen (Parabolantennen) mit 60 bis 120 cm Durchmesser aus (Bild 25-12). Für den Empfang von den Astra-Satelliten sind 60 cm-Reflektoren ausreichend, für die anderen Satelliten sind die größeren Reflektoren notwendig.

Abhängig vom geografischen Aufstellungsort und der jeweiligen Satellitenposition ergeben sich unterschiedliche vertikale und horizontale Einstellwinkel. Der vertikale Erhebungswinkel (Elevation) und der horizontale Winkel (Azimut) sind zu errechnen bzw. können Tabellen entnommen werden.

Bei der Aufstellung der Parabolantennen ist darauf zu achten, dass in Richtung Süden in einem Erhebungswinkel von etwa 12° bis 35° freie Sicht gegeben sein muss.

Sollen auch noch terrestrische Signale (z. B. von lokalen, regionalen Sendern) empfangen werden, sind entsprechend Antennen notwendig.

Die Satellitensignale werden von einem LNB (Low Noice Block-Converter) auch LNC (Low Noice Converter) genannt, aufgefangen, die Parabolantenne hat die Aufgabe, die Signale zu bündeln. Ein LNB kann deshalb nur die Signale von einen Satelliten empfangen. Für Anlagen mit zwei anzuschließenden Receivern können Twin-LNB eingesetzt werden. Darüber hinaus stehen für Anlagen bis 4 Receiver Quattro-Switch-LNB zur Verfügung. Für Anlagen mit Multiswitch wird ein Quattro-LNB benötigt.

Bei der Multiswitch-Anlage werden die Signale sternförmig von dem Multiumschalter (Multiswitch, Bild 25-13) für 4, 8 oder mehr Teilnehmer verteilt. Die meisten Multiswitch haben einen separaten Eingang für terrestrische Signale.

Sollen in einer Anlage die Signale mehrerer Satelliten empfangen werden, können Multifeed-Anlagen verwendet werden, bei denen mehrere LNBs an einer Parabolantenne befestigt werden. Die unterschiedliche Lage der Satelliten am Firmament wird dadurch ausgeglichen, dass die LNB „schielen".

In mittleren und großen Gemeinschafts-Antennenanlagen werden in sog. Kopfstellen die über Parabolantennen empfangenen Signale aufbereitet und in das übliche Verteilungsnetz eingespeist.

DVB-T

Alle DVB-T-Receiver benötigen eine Antenne. In günstigen Fällen genügt eine Zimmerantenne mit oder ohne integrierten Verstärker. Reicht das Eingangssignal nicht aus, muss eine Außenantenne ggf. mit Verstärker verwendet werden. Viele dieser Verstärker haben einen Eingang für das Signal von einer UKW-Antenne.

25-11 Hausanschlussverstärker (rückkanaltauglich)

25-12 Satellitenantenne und Satellitenreceiver

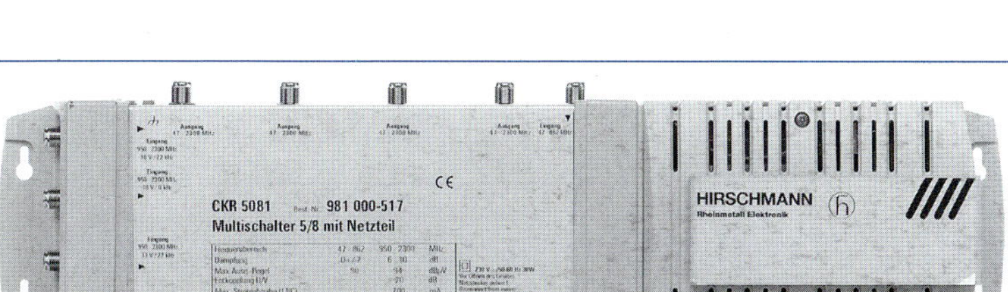

25-13 Multiumschalter (Multiswitch)

Befestigung der Antenne

Standrohre sind am tragenden Bauteil mit zwei Halterungen (Schellen) zu befestigen. Der Abstand der Halterungen (Einspannlänge) muss mindestens ein Sechstel der gesamten Rohrlänge betragen. Bei Standrohren, die durch das Dach geführt sind, soll eine der Halterungen nahe unter dem Dach angebracht sein. Die gesamte Antennenanordnung muss gegen Verdrehung zuverlässig gesichert sein.

Eine Berechnung der Festigkeit des Standrohrs unter Berücksichtigung der zu montierenden Antennen (Windlastberechnung) ist dringend anzuraten.

Die Parabolantenne kann aber auch an anderer Stelle aufgestellt werden (z. B. Wandbefestigung).

Auf entsprechenden Abstand (mindestens 1 m) zu vorhandenen Dachständern für die Elektrizitätsversorgung ist zu achten (Bild 25-14).

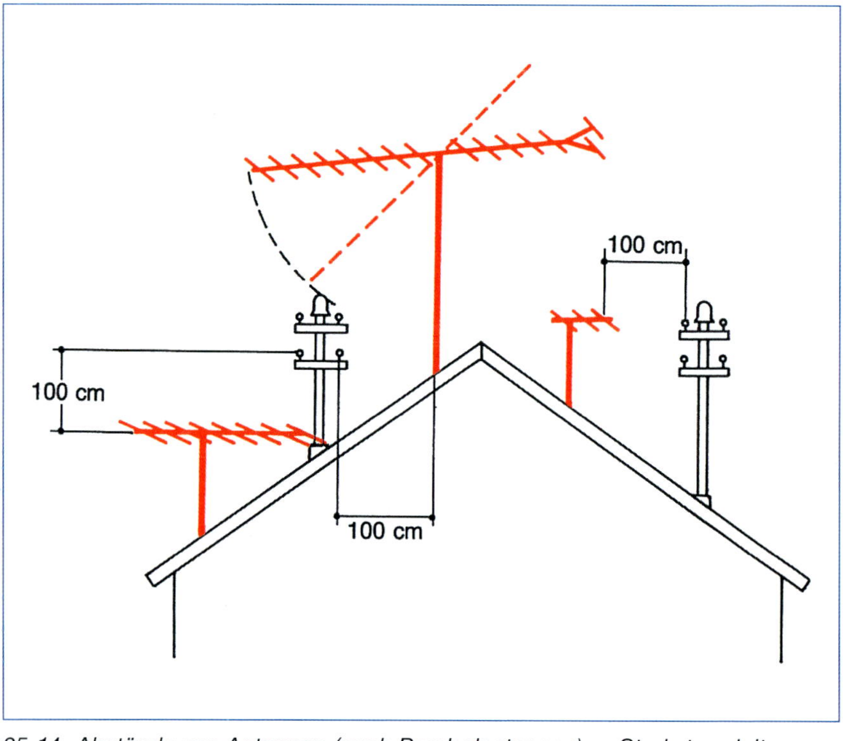

25-14 Abstände von Antennen (auch Parabolantennen) zu Starkstromleitungen

Erdung und Potentialausgleich bei Antennenanlagen

Antennenanlagen müssen geerdet werden. Dies kann durch Anschluss an die bestehende Anlage – an der Haupterdungsschiene – geschehen oder, wenn dies nicht möglich ist, über einen eigenen Erder.

Über jeweils eine Erdungsschiene sind die Schirme der Koaxialkabel vor und nach dem Verstärker untereinander zu verbinden. Mit Potentialausgleichsleitungen – Mindestquerschnitt 4 mm² Cu – ist eine Verbindung zur Erdungsanlage herzustellen. Erdung und Potentialausgleich sind in Bild 25-15 dargestellt.

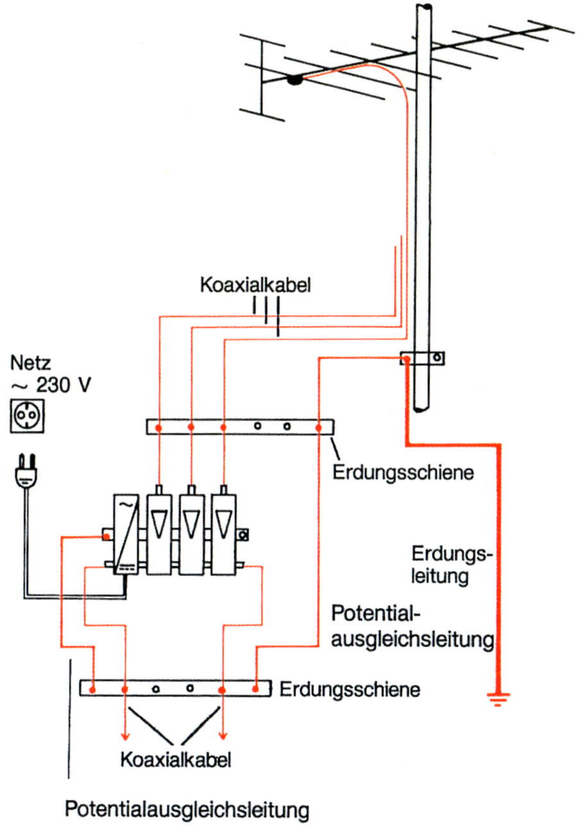

25-15 Erdung und Potentialausgleich einer Antennenanlage

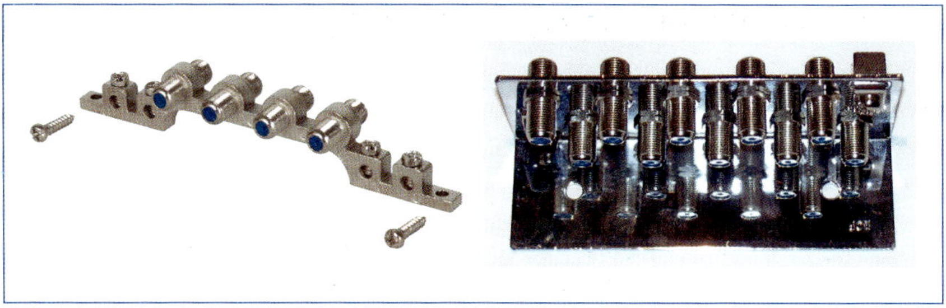

25-16 Spezielle Erdungsblöcke für Koaxialkabel

Erdungsschienen, die das Abmanteln und damit das Freilegen des Kabelschirms erfordern, beeinflussen die elektrischen Eigenschaften wie z. B. das EMV-Verhalten dauerhaft negativ. Zudem kann durch Korrosion der Übergangswiderstand zur Erdungsschiene erhöht werden.

Gut geeignet sind Erdungsblöcke mit mehreren Anschlüssen und F-Buchsen (Bild 25-16) für die ankommenden und abgehenden Koaxialkabel mit F-Connectoren. Hier können auch die Überspannungs-Ableiter angeschlossen werden.

Auch beim Wechsel der Bauteile, z. B. Verstärker oder Verteiler, muss sichergestellt sein, dass der Potentialausgleich bestehen bleibt. Deshalb muss der Kabelschirm am Eingang und Ausgang eines Bauteils mit dem Potentialausgleich verbunden sein.

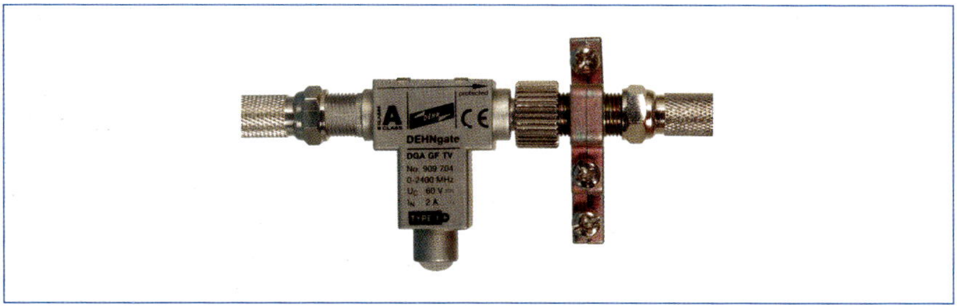

25-17 Überspannungsableiter an einem Erdungsblock

26 Kommunikationsanlagen

Zu den Kommunikationsanlagen im herkömmlichen Sinn gehören

- Hauskommunikationsanlagen (Haussprechanlagen ohne und mit Bildübertragung), Telekommunikationsanlagen,
- Gefahrenmeldeanlagen,
- Einbruchmeldeanlagen.

Hinzu kommen PC-Vernetzung (Netzwerk/LAN), kundenspezifischer Internetzugang und neue Anwendungen wie „Voice over IP“ oder Internettelefonie.

Leerrohrsystem

Die DIN 18015-1 und -2 sind zu beachten. Hiernach sind die Leitungen auswechselbar, z. B. in Rohren oder Kanälen zu führen. Rohre, Kanäle und ggf. direkt verlegte Leitungen dürfen nur waagrecht oder senkrecht und in den Installationszonen nach DIN 18015-3 (siehe Kapitel „Installationsgeräte und -material, Leitungsmaterial“) angeordnet werden. Bei unterirdischer Einführung wird das Erdkabel in den Hausanschlussraum oder, falls nicht vorhanden, in einen allgemein zugänglichen Raum geführt.

Die Leerrohrnetze sind in Gebäuden mit mehr als einer Wohnung bis in die Wohnungen zu verlegen, auch wenn zunächst keine Kommunikationsanschlüsse vorgesehen sind (Bild 26-1 bis 26-3).

Für den Wohnungsanschluss an das öffentliche Telekommunikationsnetz ist in dem Gebäude ein Leerrohrsystem (siehe Bilder 26-1 und 26-2) vom Abschlusspunkt Liniennetz (APL) bis zur 1. TAE jeder Wohnung vorzusehen. Hoch- und niederführende Leerrohre sind entsprechend ihrer Bestückung und ihrer Führung mindestens mit einem Innendurchmesser von 32 mm zu dimensionieren. Bei unterirdischer Hauseinführung ist 1 Rohr vom Kellergeschoss aus bis zum letzten zu versorgenden Geschoss zu führen. Die Hoch- oder Niederführung ist in allgemein zugänglichen Räumen vorzusehen, wobei besonders auf die baurechtlichen Anforderungen zu achten ist.

Bei mehrgeschossigen Gebäuden sind in jedem Geschoss Aussparungen für Installationsdosen nach Bild 26-3 anzuordnen.

In Gebäuden mit bis zu acht Wohnungen darf das Rohrnetz auch sternförmig ausgeführt werden (siehe Bild 26-2). Dabei sind durchgehende Rohre zu den Wohnungen ohne Installationsdosen vorzusehen, sofern sie nicht länger als 15 m sind und in ihrem Verlauf nicht mehr als 2 Bögen aufweisen. Der Innendurchmesser dieser Rohre muss mindestens 25 mm betragen.

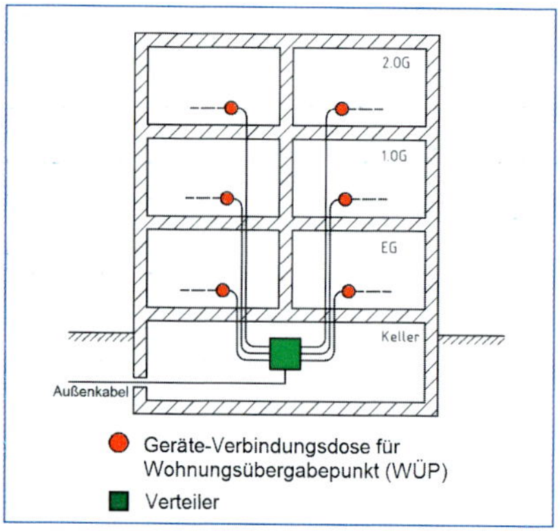

26-1 Beispiel für ein Sternnetz (sternförmige Rohrführung von einer zentralen Stelle zu den Wohnungen)

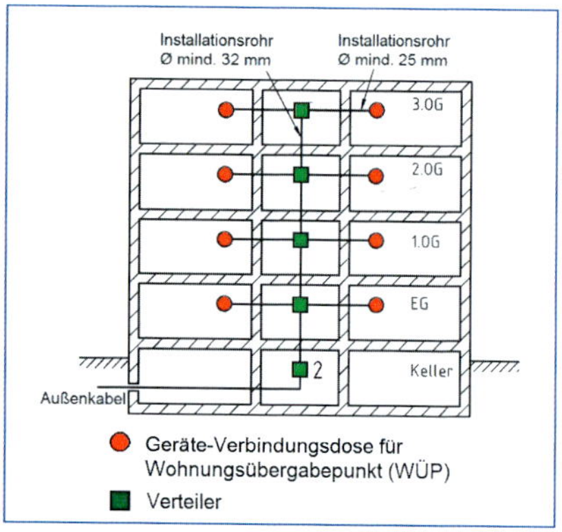

26-2 Beispiel für ein Etagensternnetz (sternförmige Rohrführung von einer Stammleitung zu den Wohnungen)

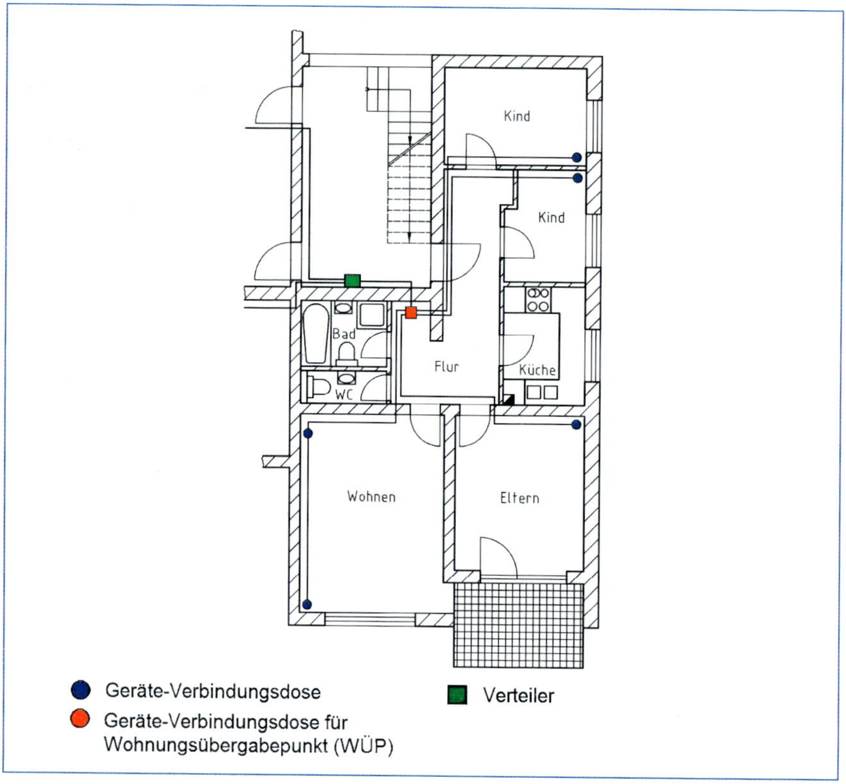

26-3 Beispiel für ein Etagensternnetz innerhalb der Wohnung als Teil der Etage

Wohnfläche der Wohnung in m²	**Anzahl der weiteren TAE**[1) ★]	★★	★★★
bis 50	1	2	3
über 50 bis 75	2	3	4
über 75 bis 125	3	4	5
über 125	4	5	6

1) In der Wohnung oder dem Einfamilienwohnhaus ist ein Telekommunikationsanschlusspunkt (1. TAE) vorzusehen; die Tabelle enthält die Anzahl der weiteren TAE.

26-4 Anzahl der weiteren TAE entsprechend der Wohnfläche und dem Ausstattungswert

Bei kleineren Anlagen ist auch eine Einzelrohrführung zu jeder Wohnung möglich. Innerhalb der Wohnung sind die in der Starkstrominstallationstechnik bekannten Geräte-Verbindungsdosen, Durchmesser 60 mm, 60 mm tief, zu installieren.

Anschlussdosen für Telekommunikation und Starkstromsteckdosen bzw. -schalter dürfen nur dann eine gemeinsame Abdeckung haben, wenn nach Entfernen der Abdeckung der Schutz gegen direktes Berühren beim Starkstromteil sichergestellt ist. Die Dosen dürfen keine Verbindung untereinander haben.

Neben DIN 18015 ist DIN EN 50173 „Anwendungsneutrale Kommunikationsanlagen" und hier im Besonderen der Teil 4 „Wohneinheiten" von Bedeutung. Das Leerrohrsystem nach DIN 18015-1 ist für „Anwendungsneutrale Kommunikationsanlagen" geeignet.

Bei der Bedarfsermittlung sind auch zukünftige Nutzungsmöglichkeiten zu berücksichtigen.

In der Wohnung empfiehlt sich an zentraler Stelle ein Verteiler, von dem aus das Leerrohrsystem verläuft. Grundsätzlich ist der Einsatz von Datenkabeln, mindestens der Category 5, mit einer Bandbreite von 100 MHz, vorzusehen. Anschlussdosen sind nach DIN 18015-2 (siehe Tabelle 26-4) praktisch in jedem Raum einzuplanen.

Die Ausbaumöglichkeiten einer Anlage sind abhängig von den individuellen Anforderungen an die Technologie (analog, ISDN). Für einen Internetzugang, wie auch für Internettelefonie, ist die DSL-Zugangstechnik in die Betrachtung einzubeziehen.

Anschlusstechnik

An der 1. TAE Anschlusseinheit des Teilnehmers endet die Zuständigkeit des Netzbetreibers (Deutsche Telekom oder andere).

So wie die Vielfalt der Anwendungen im Telekommunikationsbereich in den letzten Jahrzehnten gewachsen ist, so hat auch die Vielfalt der Anschlussdosen

Basistechnologie	Übertragungskanäle	Max. Datenrate	Anwendungen/ Anmerkungen	Anschlussmittel
Analog	1	56 kbit/s	Telefonie, Fax und Internet möglich, zwei parallele Anwendungen nicht möglich. Internet nur für Standardanwendungen	 
ISDN	2 B-Kanäle	64 kbit/s, 128 kbit/s bei Kanalbündelung	Telefonie, Fax und Internet möglich, zwei parallele Anwendungen möglich. Internet nur für Standardanwendungen	
xDSL	Zusätzlich zu analog oder ISDN	$\leq$ 28,2 Mbit/s download $\geq$ 52 kbit/s upload je nach Anbieter und Verfahren	Ausschließlich für Internetzugang, gehobene Anwendungen möglich	

26-5 Basistechnologien

(TAE, IAE, UAE, RJ45, Netzwerkdosen) für diesen Bereich zugenommen. Nicht jede Anschlussdose ist für jeden Einsatz geeignet. Um eine optimale Qualität der Verbindung und der Installation sicher zu stellen, sollte auf die nachfolgend beschriebenen Kriterien geachtet werden.

Man unterscheidet im Telekommunikationsbereich Anschlussdosen für die analoge Telefonie, für die digitale Telefonie (ISDN) und für die Datentechnik. In allen drei Bereichen können die Endgeräte in die entsprechenden Anschlussdosen eingesteckt werden.

Analoge Telefonie

Für den Fall, dass ein Telefonanschluss für nur einen Teilnehmer vorgesehen wird, reicht in der Regel der analoge Hauptanschluss aus. Hierbei kommt bei den Endgeräten das TAE-Stecksystem (Telekommunikations-Anschluss-Einheit) zum Einsatz. An einem derartigen Anschluss können z. B. folgende Endgeräte betrieben werden:

- Telefon
- Anrufbeantworter
- Telefax
- Modem
- Telefonwähl- und Fernschaltgeräte

Je nachdem, wie viele Endgeräte an einer Anschlussdose betrieben werden sollen, werden die unterschiedlichen TAE-Anschlussdosen ausgewählt (Bild 26-6). Es können ein bis drei Endgeräte angeschlossen werden. Für die Anschlussdosen stehen Abdeckungen in den Designs aller namhaften Hersteller zur Verfügung.

Die Steckbuchsen und Stecker sind kodiert, so dass entweder Telefone (F-Kodierung), Zusatzgeräte wie Anrufbeantworter, Faxgeräte oder Modems (N-Kodierung) oder beide Typen (F+N-Kodierung oder „U" wie universal) gesteckt werden können.

Die einzelnen Steckbuchsen sind entweder in Reihe oder als getrennte Anschlüsse geschaltet:

- TAE 6 F+N für 1 Endgerät (N- oder F-kodiert);
- TAE 3x6 NFN für 1 Telefon und maximal 2 Zusatzgeräte mit N-kodiertem Stecker (Zusatzgeräte), dem Telefon in der TAE elektrisch vorgeschaltet;
- TAE 2x6/6 NFF für 2 Telefone an zwei separaten Anschlüssen, 1 vorgeschaltetes Zusatzgerät für einen Anschluss.

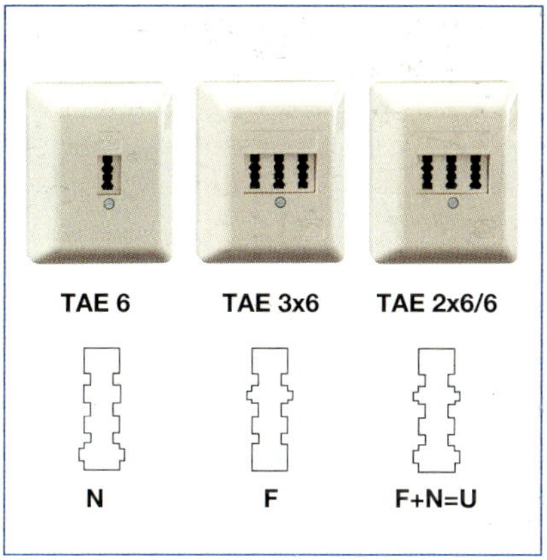

26-6 TAE-Varianten und Kodierungen

Bei gestecktem Endgerät sind die jeweils nachfolgenden Dosen abgeschaltet. Zusatzgeräte müssen deshalb 4-adrig angeschlossen werden, damit im Zusatzgerät die Verbindung weitergeführt wird und ein nachfolgendes Telefon funktioniert.

Endgeräte dürfen nicht parallel geschaltet werden!

Analoge Endgeräte können auch mit anderen Steckern ausgerüstet sein: die sogenannten RJ-Stecker (Registered Jack) mit 4 oder 6 (RJ11 oder RJ12) oder 8 Kontakten (RJ45) werden an einer IAE/UAE-Anschlussdose verwendet.

TK-Anlage

Bei Verwendung einer TK-Anlage werden gezielte Verbindungen zu den angeschlossenen Teilnehmer-Endgeräten ermöglicht. Im Gegensatz zu einem automatischen Mehrfachschalter (AMS) mit Speisung über das TK-Netz benötigt eine TK-Anlage eine eigene Stromversorgung. Neben der unmittelbaren Durchwahlmöglichkeit sind mit TK-Anlagen u. a. folgende Leistungsmerkmale realisierbar:

- Internverbindungen
- Gesprächsweitergabe
- Verbindungsübernahme
- Anklopfen
- Kurzwahl
- Rufumleitung
- Rufweiterschaltung
- Türsprechstellen

Digitale Telekommunikation

Der Übergang von der analogen zur digitalen Telekommunikation führt zum ISDN (Integrated Services Digital Network), dem diensteintegrierenden digitalen Netz – Signalübertragung und Vermittlung erfolgen dabei ausschließlich digital. Bei jedem ISDN-Teilnehmer ist ein Netzabschlussgerät (network termination = NT) erforderlich, das eine eigene 230-V-Stromversorgung benötigt. Der Ausgang des NT ist die S_0-Schnittstelle, an die bis zu acht Geräte mit jeweils vieradrigen Leitungen gleichzeitig anschließbar sind.

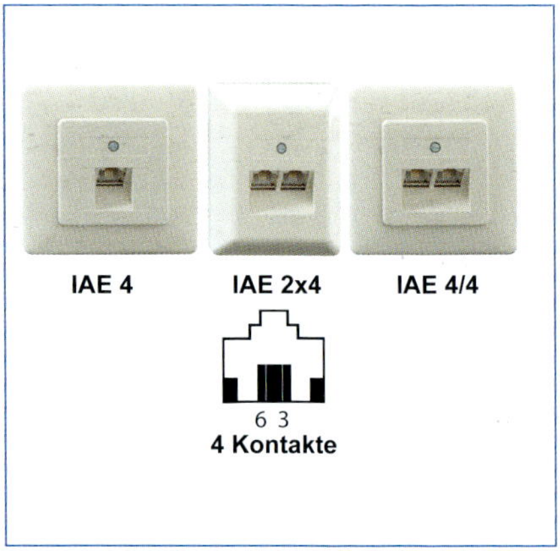

26-7 IAE-Varianten und Kontakte

ISDN erfordert für das Stecken von digitalen Endgeräten am S_0-Bus und für differenzierte Systemanforderungen ein gesondertes Anschluss-System. Alle Endgeräte sind mit identischen Steckern versehen. Die IAE/UAE mit dem RJ45-Stecksystem ist Standard nach DIN EN 60603-7.

In den Dosen sind ein oder zwei Endgeräte steckbar, die entweder parallel geschaltet sind oder über zwei separate Leitungen angeschlossen werden. Eine Kodierung nach Telefon und Zusatzgerät ist nicht vorhanden. In der letzten Dose eines S_0-Busses im ISDN sind Abschluss-Widerstände notwendig. Es gibt aber auch IAE/UAE-Dosen (Bild 26-7) mit eingebauten und abschaltbaren Widerständen.

Bei ISDN handelt es sich schaltungstechnisch um eine Busleitung – als S_0-Bus bezeichnet – an der die Geräte parallel angeschaltet werden.

Der ISDN-Basisanschluss umfasst dabei zwei gleichwertige Nutzkanäle (B1, B2) mit jeweils 64 kbit/s, während die Steuerung, Signalisierung und Überwachung über einen gesonderten D-Kanal mit 16 kbit/s erfolgt. Wegen der beiden Nutzkanäle kann der Anschluss gleichzeitig für zwei Dienste genutzt werden. Bei ISDN sind eine größere Dienstevielfalt sowie umfangreichere Betriebsmöglichkeiten realisierbar. Als typische ISDN-Dienste gelten:

- Telefonie (Fernsprechen)
- Telefax
- Online-Dienste
- Datenübertragung
- Bildtelefonie

Weitere Möglichkeiten sind Abrufdienste, elektronische Post (Telebox) und Speicherdienste. Für ISDN sind andere Endgeräte erforderlich als für die analogen Netze. Die Geräte müssen also ISDN-tauglich sein, eine Kompatibilität zu analogen Geräten ist nicht gegeben.

Mehrere Teilnehmer im ISDN

Die bis zu acht Endgeräte pro S_0-Bus können unmittelbar über unterschiedliche MSN-Rufnummern (Multiple Subscriber Number = Mehrfachnummer) angewählt werden. Über die zwei B-Kanäle können zwei der maximal acht anschaltbaren Teilnehmer gleichzeitig Verbindungen nutzen. Zwischen den an einen S_0-Bus geschalteten Teilnehmeranschlüssen sind alle beschriebenen Leistungsmerkmale von ISDN nutzbar.

Analoge Endgeräte können nur über Terminal Adapter (TA) am ISDN betrieben werden.

ISDN-TK-Anlagen

Mit einer ISDN-TK-Anlage sind mehr als acht Anschlüsse realisierbar. Steht ein ISDN-Basisanschluss zur Verfügung, wird nach dem Netzabschluss NTBA (network termination basic access) der S_0-Bus zu der als Zentrale bezeichneten TK-Anlage geführt. Die Anschaltung der Endgeräte erfolgt durch vieradrige Verbindungen.

Die meisten ISDN-Zentralen bieten die Möglichkeit, eine bestimmte Zahl analoger Endgeräte unmittelbar anschließen zu können. Des weiteren verfügen die ISDN-TK-Anlagen über ein oder mehrere, interne S_0-Busanschlüsse, für den Betrieb von ISDN-Endgeräten. Prinzipiell gelten für den internen S_0-Bus die gleichen Verdrahtungsregeln wie für den externen S_0-Bus. Mit den zwei B-Kanälen kann die ISDN-Zentrale zwei Verbindungen gleichzeitig abwickeln, wobei zusätzlich auch noch interne Verbindungen möglich sind. Jede Nebenstelle einer ISDN-Zentrale kann durch Wahl einer entsprechenden Nebenstellennummer unmittelbar erreicht werden.

Sollen mehr als zwei Verbindungen gleichzeitig über eine ISDN-Zentrale abgewickelt werden können, müssen mehrere ISDN-Anschlüsse genutzt werden. Für sehr große Anlagen steht ein höherwertiger ISDN-Anschluss (Primärmultiplexanschluss) mit 30 B-Kanälen zur Verfügung.

Für die Steuerung und Programmierung der Anlage ist eine PC-Schnittstelle vorhanden. An ISDN-TK-Anlagen kann je nach TK-Anlage eine bestimmte Anzahl analoger Endgeräte angeschlossen werden. Der Anschluss einer Türsprechstelle ist über interne oder externe Schnittstellen möglich. Neben den üblichen TK-Endgeräten können an ISDN-Zentralen auch lokale Datennetze (local area network = LAN) angeschlossen werden.

Datentechnik

Für die Datentechnik bestehen hohe Anforderungen an die Übertragungsqualität und Schirmung. Bei der Verkabelung ist auf normgerechten Aufbau zu achten. Die Verkabelungsstrecken und die Anschlussdosen sind in der Norm DIN EN 50173-1 in Kategorien bzw. Klassen eingeteilt. Die Anschlussdosen für ein oder zwei Endgeräte haben das RJ45-Stecksystem. Die Anschlussdosen für zwei

Endgeräte benötigen zwei Leitungen. Leitungen und Anschlussdosen sind durchgängig geschirmt.
Die passiven Komponenten z. B. Anschlussdosen, Leitungen sind in Kategorien eingestuft.

26-8 UAE-Cat.-Variante, links für Kanaleinbau, Mitte in Universalausführung, rechts mit Abdeckung

Anwendung	Bezeichnung	Datenrate	Übertragungsmedium	einsetzbare Produkte (Category)
10 Base T	Ethernet	10 Mbit/s	Twisted-Pair-Kabel	3, 5, 6, 6a, 7, 7a
100 Base TX	Fast Ethernet	100 Mbit/s	Twisted-Pair-Kabel	5, 6, 6a, 7, 7a
1000 Base T	Gigabit-Ethernet	1000 Mbit/s	Twisted-Pair-Kabel	5, 6, 6a, 7, 7a
10000 Base T	10 Gbit-Ethernet	10000 Mbit/s	Twisted-Pair-Kabel	6a, 7, 7a

26-9 Klassen für passive Komponenten

Klasse	Bandbreite	Anwendungen
Klasse A	≤ 100 kHz	Sprachübertragung
Klasse B	≤ 1 MHz	Geringe Datenrate, z. B. ISDN
Klasse C	≤ 16 MHz	Mittlere Datenrate, z. B. Ethernet
Klasse D	≤ 100 MHz	Hohe Datenrate, bis Gigabit-Ethernet
Klasse E	≤ 250 MHz	Hohe Datenrate, bis Gigabit-Ethernet
Klasse E_A	≤ 500 MHz	Sehr hohe Datenrate, bis 10-Gigabit-Ethernet
Klasse F	≤ 600 MHz	Sehr hohe Datenrate, bis 10-Gigabit-Ethernet
Klasse F_A	≤ 1000 MHz	Sonderanwendungen/Multimedia

26-10 Anwendungen und einsetzbare Produkte

DSL und Netzwerkinstallationen

DSL (Digital Subsciber Line) bietet die Möglichkeit eines „schnellen" Internetzugangs, mit deutlich höheren Datenraten als bei analogem Zugang oder mittels ISDN. Neben sichtlich schnellerem und komfortablem Arbeiten im Internet wird es damit auch möglich, mehrere PCs parallel und gleichzeitig im Internet angemeldet zu haben, da die verfügbaren Datenraten hierfür ausreichen. DSL ist ein eigenständiger Kommunikationskanal für das Internet. Kombinationen mit einem analogen oder ISDN-Anschluss sind nicht zwingend, Telefon und DSL sind gleichzeitig nutzbar.

Varianten	Bedeutung	Reichweite in km	Übertragungsrate downstream	upstream
ADSL	Asymmetrical Digital Subscriber Line	3,1 bis 5,5	< 8,192 kbit/s	< 928 kbit/s
HDSL	High bit-rate Digital Subscriber Line	3,1	< 2048 kbit/s	< 2048 kbit/s
SDSL	Symetric Digital Subscriber Line	3,1	< 2304 kbit/s	< 2304 kbit/s
VDSL	Very high bit-rate Digital Subscriber Line	0,3 bis 1,5	< 28,2 Mbit/s	< 52 Mbit/s

26-11 DSL-Varianten

Mehrere DSL-Varianten sind heute bekannt. Das gebräuchlichste Verfahren ist heute ADSL (im Sprachgebrauch der Deutschen Telekom: T-DSL). DSL ist bis heute noch nicht flächendeckend verfügbar. Bei den heute noch meist verwendeten Kupferleitungen bestehen Längenbegrenzungen, d. h. der Anschlusspunkt darf eine bestimmte Entfernung zur letzten Vermittlungsstelle nicht überschreiten. Vor der Einrichtung sollte die Realisierbarkeit durch den Anbieter überprüft werden.

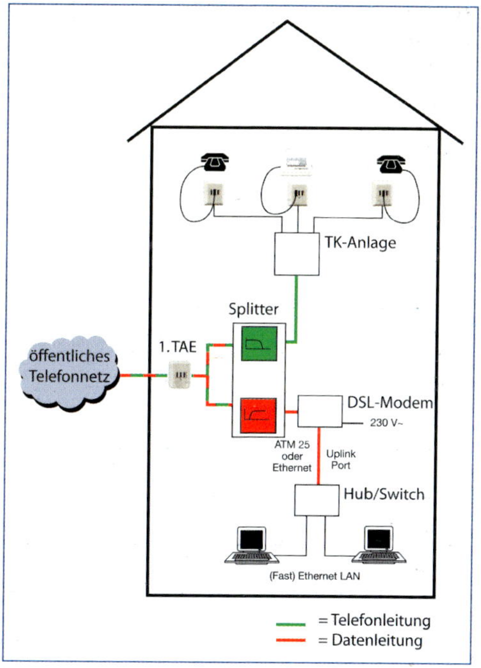

26-12 Anbindung der internen Telefon- und Datenleitungen an das öffentliche Telefonnetz

Benötigt werden ein DSL-Splitter, der vom jeweiligen Anbieter gestellt wird, und ein DSL-Modem, das die Schnittstelle zum PC bildet. Sollen mehrere PCs gleichzeitig im Internet aktiv sein können, muss ein Router bzw. Switch eingesetzt werden. Im PC selbst ist lediglich eine Standard-Netzwerkkarte mit 10/100/1000 Mbit/s erforderlich. Diese wird über handelsübliche Patchkabel mit RJ45-Steckern mit Modem oder Router verbunden.

Werden Splitter und Modem getrennt angeordnet, werden diese über eine zweiadrige Leitung mit einer Länge von maximal 20 m miteinander verbunden.

Ab dem Modem sind Netzwerkkabel und -anschlussdosen (mind. Category 5) zu verwenden. Der Aufbau von Kommunikationsanlagen in sternförmiger Netzwerkstruktur bietet erhebliche Vorteile, wenn sich später die Anforderungen an die Anwendungen verändern. So aufgebaute strukturierte Verkabelungen sind anwendungsneutral und somit auch für alle zukünftigen, neuen Anwendungen problemlos umsetzbar, ohne die Grundinstallation zu verändern. Auf diesen Netzwerken können alternativ DSL-Anwendungen sowie die klassische Telefonie betrieben werden.

Die zentral benötigten Komponenten für die Telefonie, das Internet sowie die Funktion des Netzwerkes werden dabei an einem zentralen Punkt installiert. Für die Installation stehen dabei Installationsverteiler zur Verfügung, die eine normgerechte Installation der unterschiedlichen Geräte zulassen. Die benötigten Datennetzwerkkomponenten stehen für die Montage in diesen Verteilungen auch als Reiheneinbau-Geräte zur Verfügung. Zusätzliche Netzwerkschränke können bei kleinen bis mittleren Installationen somit ganz entfallen.

Im Netzwerk darf die Länge zwischen zentralem Verteiler und Datenanschlusspunkt 90 m nicht überschreiten. Der Mindestabstand von Daten- zu Starkstromleitungen soll 10 mm betragen (DIN VDE 0100-520 sowie DIN EN 800, Teil 4). Glasfaser spielt in der Netzwerkverkabelung in Privathäusern bisher kaum eine Rolle. Vermehrte Bedeutung wird in der Zukunft Polymere-Optischen-Fasern (POF) zugerechnet. Dabei erfolgt die Datenübertragung über Licht, ähnlich wie bei Glasfaser, aber an den Enden werden keine Stecker benötigt. Aufgrund der robusteren Faser im Vergleich zu Glas ergibt sich eine einfache Montage und ein deutlich geringerer Installationsaufwand.

26-13 Zählerschrank mit Verteilerfeld und Netzwerkkomponenten

Voice over IP

Voice over IP (im Folgenden VoIP) ist eine Alternative zu bisher bekannten „klassischen“ Verfahren der Telefonie (analog/ISDN). Dabei wird ein Telefongespräch nicht mehr separat, auf eigens und nur für diesen Zweck genutzten Leitungen übertragen, sondern innerhalb der Datennetzwerkstruktur, die z. B. in einer Anlage auch für die PC-Vernetzung genutzt wird. Das „Gespräch“ wird dabei gleichzeitig/parallel zu Daten übertragen. Endgeräte sind in der Regel Telefone mit Netzwerkanschluss oder es wird ein PC im Netzwerk genutzt, der zum Telefonieren mit einem Hör-/Sprechset nachgerüstet wird. Der Vorteil ist, dass innerhalb einer Anlage nur eine übersichtliche Leitungsstruktur besteht.

Je nach Provider wird dabei das Telefonieren zum Nulltarif ermöglicht, es fallen lediglich die Kosten für den DSL-Zugang und ggf. Kosten aus dem Datennnetz zu einem im analogen oder ISDN-Netz angeschlossenen Teilnehmer an. Es stehen auch Adapter zur Verfügung, die es ermöglichen, mit vorhandenen analogen Telefonen über das Internet zu telefonieren.

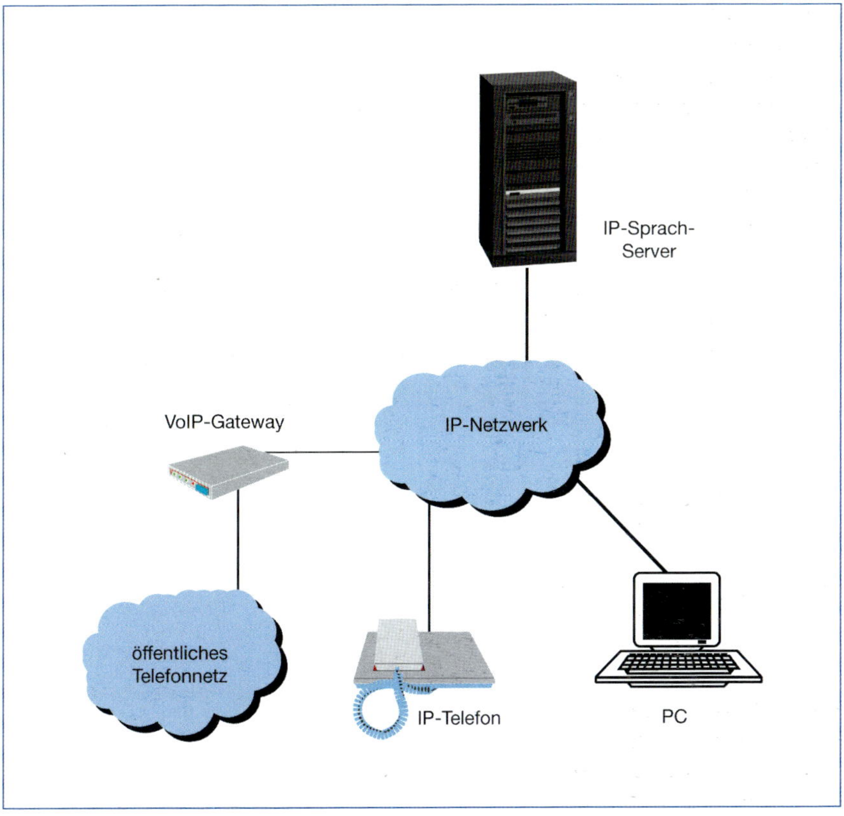

26-14 Prinzipdarstellung VoIP

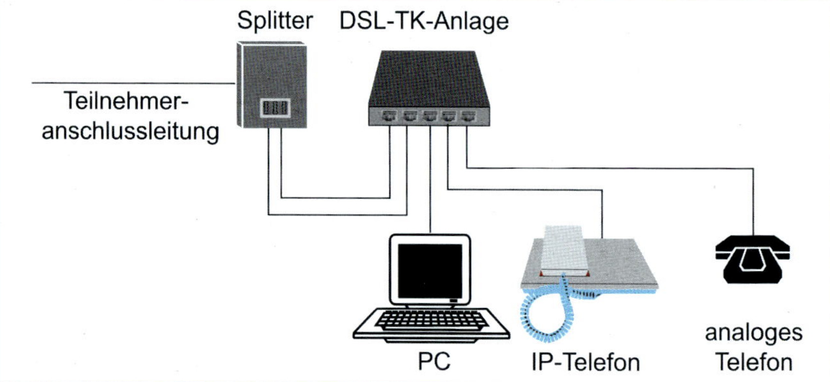

26-15 Beispiel Internettelefonie

Die Installationsstruktur entspricht in allen Fällen der in der Netzwerktechnik üblichen, anwendungsneutralen Sternstruktur. Die verfügbare Bandbreite der verwendeten passiven Anschlusskomponenten muss mindestens 100 MHz betragen (Category 5). Weiterhin ist ein DSL-Zugang erforderlich. Die erforderlichen aktiven Netzwerkkomponenten (Switch, Router usw.) sind an die gewünschten Nutzeranforderungen anzupassen.

Nachrüstlösungen

Für die Nachrüstung von Telefon- und Netzwerkanwendungen stehen verschiedene Technologien zur Verfügung. Diese nutzen bestehende Leitungsnetze (Mehrfachnutzung = Powerline oder line21®) oder übertragen ohne Leitungsanbindung per Funk (WLAN = Wireless LAN).

Wenn möglich sollte immer den leitungsgebundenen Systemen der Vorzug gegeben werden. So können auch zukünftige Anwendungen aus dem Multimedia-

Standard	Frequenzbereich in GHz	Datenrate laut Spezifikation in Mbit/s	Datenrate in der Praxis in Mbit/s	Reichweite in Gebäuden in m	Reichweite im Freien in m
IEEE 802.11	2,4 bis 2,4385	2	0,5 bis 1,2	50 bis 100	100 bis 300
IEEE 802.11a	5	54	15 bis 20	15 bis 20	200 bis 1500
IEEE 802.11b	2,4 bis 2,4385	11	4 bis 6	25 bis 50	100 bis 300
IEEE 802.11b+	2,4 bis 2,4385	22	6 bis 8	25 bis 50	100 bis 300
IEEE 802.11g	2,4 bis 2,4385	54	15 bis 20	25 bis 50	100 bis 300
IEEE 802.11n	2,4/5	248	15 bis 74	25 bis 70	100 bis 250

26-16 Typische Reichweiten für WLAN in Abhängigkeit vom Umfeld bereich (z. B. IP-TV oder VoIP), die heute in Verbindung mit vielen DSL-Angeboten am Markt sind, ohne Einschränkungen genutzt werden. Mischstrukturen der unterschiedlichen Systeme sind dabei denkbar.

Powerline

Bei dieser Variante der Datenübertragung wird das vorhandene 230-V-Leitungsnetz zur Datenübertragung mitgenutzt. Ähnlich der Funktechnologie setzt auch Powerline damit auf ein „offenes“, nicht planbares Übertragungsmedium auf und ist somit nur begrenzt für den Aufbau von Netzwerken geeignet.

line21®

Hier wird eine ggf. vorhandene Telefonleitungsstruktur zusätzlich zur Datenübertragung genutzt. Spezielle Anschlusskomponenten (Anschlussdosen und Panel) erlauben dabei das Ein- und Auskoppeln von Daten parallel zu analogen Telefonsignalen.

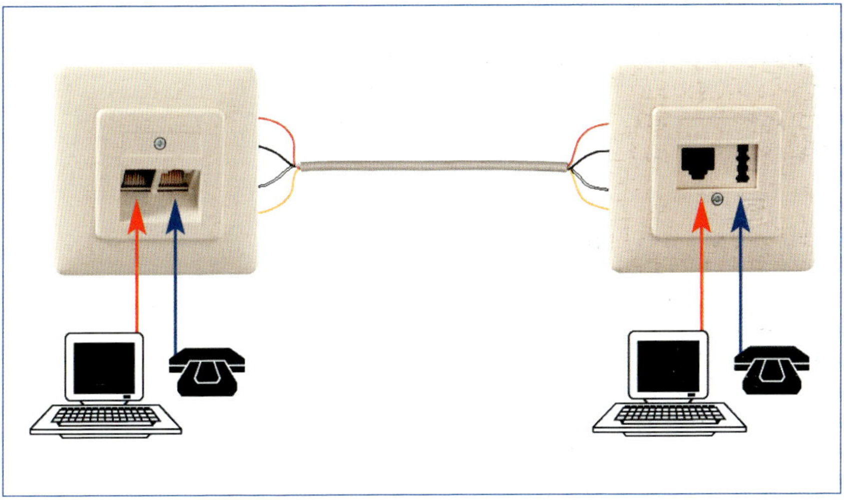

26-17 Prinzip von line21®

POF

POF-Lösungen bieten sich besonders in der Nachinstallation an. Die im Vergleich zu Kupferkabeln dünnen Polymere-Optischen-Fasern (max. 2,2 mm), können auch nachträglich in bestehende Installationsrohre eingezogen werden. Zudem sind Näherungen und Kreuzungen mit 230-V-Leitungen kein Problem, da kein elektrisches Potential übertragen wird.

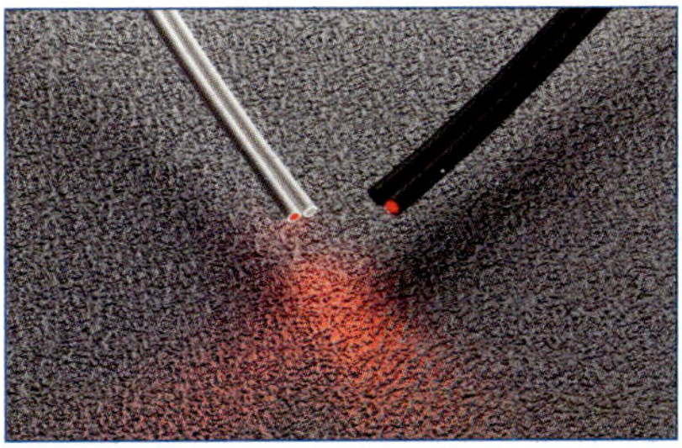

26-18 POF-Leitung

Hauskommunikation

Hierzu gehören Anlagen und Geräte, die der Kommunikation innerhalb der Wohnbereiche dienen: Klingel-, Türöffner-, Türsprech-, Haustelefon-, Video- und Gefahrenmeldeanlagen für Brand, Einbruch und Überfall.

Klingel-, Türöffner-, Türsprechanlagen

Die einfachen Hausklingelanlagen werden den heutigen Ansprüchen nicht mehr gerecht. Die Erweiterung dieser Anlagen nur um einen elektrischen Türöffner reicht nicht aus, da z. B. unerwünschte Personen am Zutritt des Hauses nicht gehindert werden können. Dies ist erst mit einer Sprechanlage möglich.

Wechselsprechanlagen

Bei Wechselsprechanlagen sind die Betätigung der Sprechtaste und einer zweiten Taste für den Türöffner nicht sehr anwenderfreundlich. Häufig wird nach einigen nicht zustande gekommenen Sprechversuchen einfach der Türöffner betätigt. Die Sprechanlage kann damit ihren Zweck nicht erfüllen.

Gegensprechanlagen

Ausreichende Bediensicherheit ist bei Gegensprechanlagen gewährleistet. Die Sprechstellen innerhalb der Wohnung werden wie ein Telefon benutzt. Der Sprechweg ist stets in beiden Richtungen offen. Je nach Anlage befindet sich an der Tür – oder auch am Gartentor – eine Türsprechstelle. Diese besteht aus einem Mikrofon und einem Lautsprecher. Beide sind zusammen mit den Klingeltastern in einer gemeinsamen Frontplatte angeordnet. Kombinationen mit Briefkastenanlagen sind ebenfalls möglich (Bild 26-20). Besitzt das Haus zwei Zugänge, sind selbstverständlich beide mit Türsprechstellen zu versehen.

Im Mehrfamilienhaus wird man sich auf Anlagen beschränken, bei denen zwischen der Wohnungssprechstelle und der bzw. den Türsprechstellen gesprochen werden kann. Eine Mithörsperre sorgt dafür, dass – nachdem ein Wohnungsteilnehmer sich gemeldet hat – kein weiterer das Gespräch mithören kann. Der Aufbau dieser Anlagen erfolgt als Sternnetz.

Ein Maschennetz lässt Sprechmöglichkeiten zwischen allen Haupt-, Neben- und Türsprechstellen zu, so dass diese Anlagen überwiegend im Einfamilienhaus eingesetzt werden. Die Hausstationen lassen sich als Wand- oder Tischgeräte verwenden, mit bis zu zehn Druck- bzw. Wähltastern.

Das Leitungsnetz wird entweder über ein Leerrohrnetz mit Etagenabzweigkästen (200 x 200 mm) oder direkt in bzw. unter Putz verlegte Installationskabel aufgebaut. Die Installationsschemata geben allgemeine Hinweise für die benötigte Zahl der Adern. Für zusätzliche Anforderungen sollten in jedem Fall einige Adern in Reserve bleiben.

Freisprechanlagen

Freisprechanlagen sind erweiterte Sprechanlagen mit automatischer Sprachsteuerung. Ohne Umschalten oder Handhörer lässt sich bequem sogar aus dem Raum heraus kommunizieren. Freisprechanlagen sind vielseitig, da nicht nur Gespräche von Apparat zu Apparat oder zur Türsprechstelle geführt werden können, sondern auch Sammelruf oder Baby- bzw. Krankenüberwachung möglich sind. Gute Anlagen sind außerdem noch lautstärkegeregelt, d. h., selbst wenn man vom Gerät weit entfernt steht, wird man vom Gesprächspartner gut verstanden.

Die Wohnungssprechstellen können ortsfest sowie auch ortsveränderlich als Tischgeräte verwendet werden.

Das Leitungsnetz ist sternförmig und benötigt relativ wenig Adern (Bild 26-19).

Sprechanlagen mit Bildübertragung (Videoanlagen)

Eine weitere Steigerung im Bereich Komfort und Sicherheit stellt die Sprechanlage mit Bildübertragung (Videoanlage) dar. Neben den Sprechwegen über die zuvor beschriebenen Sprechanlagen, ist über ein Koaxialkabel oder ggf. eine zweiadrige Leitung Videoübertragung möglich. Die Kamera sitzt entweder in der

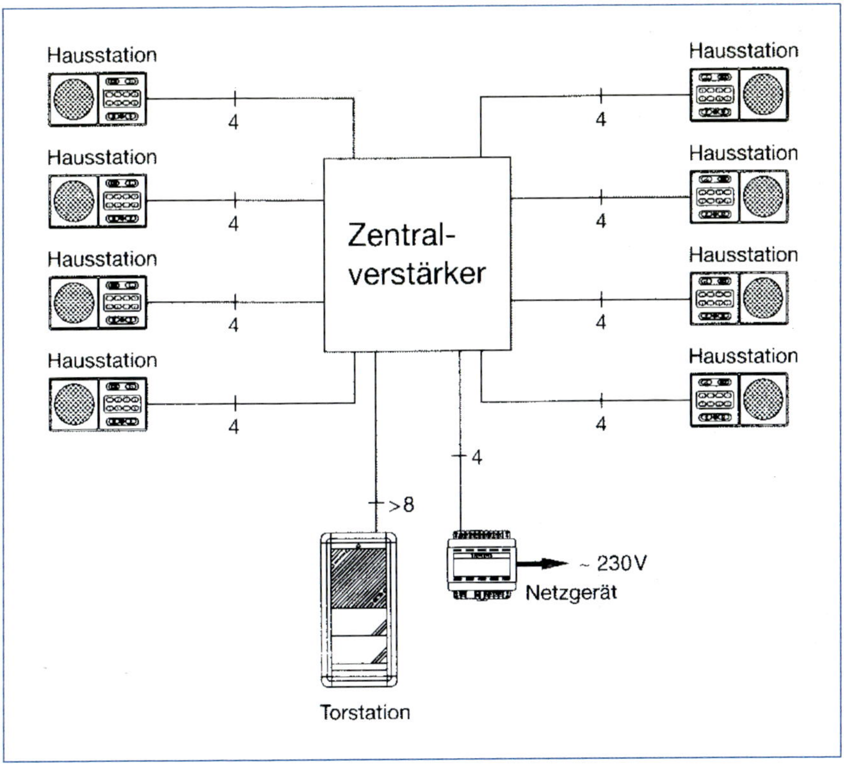

26-19 Freisprechanlage als kombinierte Türsprech- und Haussprechanlage

Türsprechstelle, oder separat angeordnet in der Nähe (Bild 26-20). Der Besucher kann nicht nur gehört, sondern auch gesehen werden. Ausreichend Leerrohre für die aus der Antennentechnik bekannten Koaxialkabel zwischen der Videokamera und den vorgesehenen Monitoren sind einzuplanen.

Bei Einbau in die Türstation ist diese dann in ca. 175 cm Höhe über der Standfläche der Besucher auf der Türschlossseite anzubringen. Eine Anbringung der Videokamera z. B. unter einem Dachvorsprung kann bei starkem Gegenlicht auf die Türstation die bessere Lösung sein.

Haussprechanlagen ohne bzw. mit Bildübertragung in BUS-Technik

Durch die Möglichkeiten der digitalen Technik werden Haussprechanlagen ohne (Audio) und mit Bildübertragung (Video) in BUS-Technik möglich. Durch den übersichtlichen Aufbau und die vielen Möglichkeiten ist eine einfache Planung und Installation möglich.

Für Audio und Video ist jeweils ein 2-adriges BUS-System notwendig. Hinzu kommt ein Adernpaar für die Stromversorgung. Die Verdrahtung der Sprechanlage kann sowohl in Reihen-, Stern- oder Baumstruktur erfolgen, die der Videoanlage in Reihenstruktur. Im Allgemeinen wird die Verwendung von Leitungen bzw. Kabeln des Typs J-Y(St)Y 4 x 2 x 0,8 empfohlen.

Durch den getrennten Aufbau der BUS-Systeme für Audio und Video ist auch ein gemischter Betrieb möglich: an bestimmten Stellen sind Haustelefone mit Monitor, an anderen Stellen reine Haustelefone ohne Monitor angebracht.

Die einzelnen BUS-Geräte (Haustelefone, Ruftaster und Türsprechstellen) werden durch Adressen unterschieden, welche nach der Installation parametriert bzw. eingestellt werden.

Die Ankopplung an die Telekommunikationsanlage ist auch bei diesen Haussprechanlagen ohne bzw. mit Bildübertragung mit BUS-Technik möglich. Darüber hinaus kann über eine Schnittstelle das Videosignal auf dem PC dargestellt werden.

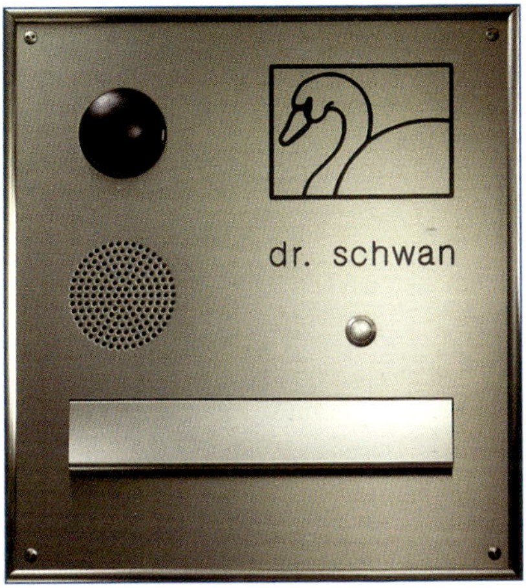

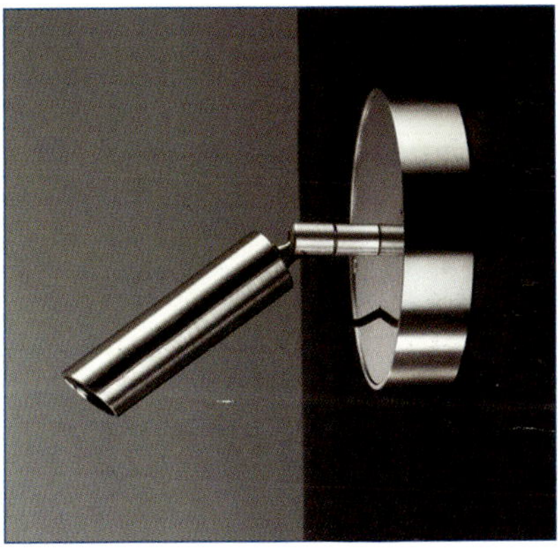

26-20 *Türsprechanlage mit Kamera, oben: kombiniert mit Briefkasten, unten: separat angeordnete Kamera*

26-21 *Monitor in Kombination mit der Haussprechstelle*

Einbruchmeldeanlagen

Immer häufiger wird heute ein Einbruch registriert. Der Wunsch nach Einbruch- und Überfallmeldeanlagen ist daher verständlich.

Eine optimale Hausüberwachung mit einer Einbruchmeldeanlage setzt neben den notwendigen mechanischen Maßnahmen vor allem eine lückenlose und gewissenhafte Projektierung der Alarmanlage voraus. Der Fachhandel bietet eine Vielzahl von Systemen an, die der Laie kaum auf ihre Zweckmäßigkeit überprüfen kann.

Die örtlichen Beratungsstellen der Kriminalpolizei geben Auskunft. Der Aufbau der Anlagen und die Geräte sollten den Bestimmungen DIN VDE 0833 entsprechen. Auch die VdS-Schadenverhütung hat Richtlinien für Einbruchmeldeanlagen herausgegeben, von ihr erhalten die verschiedenen Bauteile auch die so genannten „VdS-Anerkennungsnummern".

Für das Errichten von Einbruchmeldeanlagen fordert die Polizei u. a.:

- zur Projektierung und Montage nur geschulte Elektro-Handwerksbetriebe heranziehen,
- alle Teile einer Einbruchmeldeanlage ortsfest montieren,
- nur VdS-anerkannte Geräte eines Herstellers einsetzen (Systembindung),
- neben der örtlichen Alarmierung über Sirenen/Blitzleuchte auch eine stille Alarmierung mit einem Übertragungsgerät einbauen.

Alarmanlagen kann man nicht „von der Stange kaufen", sie müssen auf das zu schützende Objekt zugeschnitten sein. Will der Bauherr den kompletten Einbau der Einbruch- und Überfallmeldeanlage bei der Errichtung der Anlage noch nicht sofort vornehmen, kann er wenigstens – um den späteren Einbau zu erleichtern – vorsorglich die notwendigen Leitungen oder Leerrohre einbauen lassen.

Aus der Sicht der Anwendung und Montage unterscheidet man zwischen Innenraumüberwachung und Außenhautüberwachung.

Einbruchmeldeanlagen mit Innenraumüberwachung

Die Innenraumüberwachung wird innerhalb geschlossener Räume eingesetzt. Es gibt elektrooptische, elektroakustische und elektromagnetische Bewegungsmelder. Die Melder arbeiten mit Infrarot, Ultraschall und Mikrowellen. Mit der Innenraumüberwachungsanlage werden Stellen überwacht, die erfahrungsgemäß besonders gefährdet sind, wie z. B. Wohnungstür, Fensterfront, Terrassentür. Die Geräte können so platziert werden, dass sich ihre „Wachsamkeit" auf Schwachstellen konzentriert, oder so, dass ein ganzer Raum flächendeckend überwacht wird.

Die Innenraumüberwachung soll nur in Betrieb genommen werden, wenn der überwachte Bereich nicht mehr betreten wird. Bedingt durch den Aufbau der Anlage erfolgt der Alarm erst, wenn der Einbrecher bereits im überwachten Raum ist. Dadurch sind Panikreaktionen des Einbrechers gegenüber dem Benutzer der Wohnung möglich.

26-22 Sensoren für die Innenraum-Überwachung

Einbruchmeldeanlagen mit Außenhautüberwachung

Bei der Außenhautüberwachung erfolgt die Alarmierung bereits, sobald die Außenhaut durchschritten bzw. durchdrungen wird. Der Täter wird durch den sofort einsetzenden Alarm sowohl abgeschreckt als auch gewarnt, so dass Affekthandlungen, die bei plötzlich überraschten Tätern auftreten können, vermieden werden. Die Überwachung eines Einfamilienhauses kann durch folgende Maßnahmen erfolgen:

- Glasbruchmelder an den Fenstern und Terrassentüren
- für große Glasflächen werden akustische Glasbruchmelder wirtschaftlich eingesetzt
- Haus- und Terrassentür, Keller- und Innentüren werden durch Magnetkontakte auf Öffnen und durch Riegelkontakte auf Verschluss überwacht
- im Arbeitszimmer mit dem Dokumentenschrank wird zusätzlich ein Bewegungsmelder installiert
- neben der Haustür und in den wichtigsten Räumen werden Überfall-Druckknopfmelder eingesetzt und zu einer Überfall-Meldelinie zusammengefasst
- die Melderzentrale wird in einem zentralen Raum installiert, eine Überwachung des Hauses durch den Benutzer ist dadurch möglich
- die Scharfschalteinrichtung wird generell von außerhalb des Objekts bedient, entweder durch Schlüssel (Blockschloss, Kontaktschloss) oder berührungslos

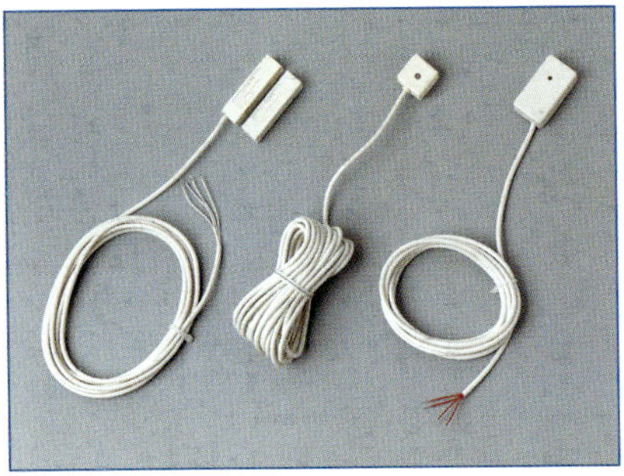

26-23 *Sensoren für die Außenhaut-Überwachung*

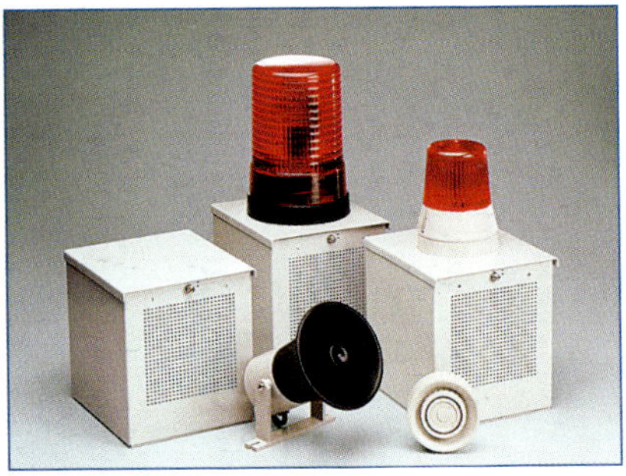

26-24 *Signalgeber für die örtliche Alarmierung*

(durch elektronische Schlüsseltransponder); In jedem Fall wird die Tür bei geschärfter Anlage zusätzlich verriegelt, um Falschalarm zu vermeiden

- als Signalgeber sind in ausreichender Höhe zwei Sirenen und eine Alarmblitzleuchte zu montieren
- mit Hilfe eines automatischen Telefonwählgeräts ist zusätzlich eine Alarmweitermeldung an eine hilfeleistende Stelle (z. B. Nachbar, Verwandte, Bewachungsunternehmen) möglich
- Sabotage-Kontakte in der Scharfschalt-Einrichtung, den Alarmgebern, Verteilerdosen und in bestimmten Meldern werden in einer Sabotage-Meldelinie zusammengefasst.

Als Kontaktmelder an Fenstern und Türen dienen Magnetreedschalter. Der Reedkontakt wird durch einen Permanentmagneten betätigt.

Solange der Magnet parallel zum Kontaktteil liegt, hält das Magnetfeld den Kontakt geschlossen. Durch Öffnen der Tür bzw. des Fensters wird der Magnet vom Kontakt entfernt, öffnet der Kontakt und löst Alarm aus. Die Schalter lassen sich für Außenstehende unsichtbar montieren.

Erschütterungs- oder Glasbruchmelder melden Glasbrüche nach dem elektromechanischen Prinzip, sie reagieren auf Schläge gegen Türen oder Mauerwerk (auch Glasbausteine) oder elektrisch auf die Glasbruchfrequenz.

Im Gegensatz zu den Glasbruch- und Erschütterungsmeldern arbeiten die Überfallmelder nicht automatisch. Sie müssen vom Betreiber betätigt werden, um Alarm auszulösen. Die Zentrale wird in einem überwachten, gut zugänglichen, aber nicht sofort sichtbaren Bereich angebracht. In ihr erfolgt die Kontrolle und Auswertung aller Meldungen. Sie enthält für jede schaltbare Meldegruppe getrennte Anzeigen. Weiterhin enthält sie die Zustandserkennung „scharf/unscharf“, die Alarmzeitbegrenzung, die Alarmquittierung, die Notstromversorgung und die Ansteuerung aller Signalgeber.

Bei der Verlegung des abgeschirmten Leitungsnetzes ist auf ausreichende Adernzahl zu achten. In der Regel sollten mindestens vier Doppeladern verwendet werden, z. B. Typ J-Y (St) Y 4 x 2 x 0,6 mm Cu.

Bild 26-25 zeigt die Installation einer Einbruchmeldeanlage anhand des Beispielgrundrisses, die Bilder 26-26 und 26-27 zeigen die Leitungsführung und den Anschluss der Melder. Dabei entspricht die Darstellung in Bild 26-26 der in normalen Wohngebäuden geübten Praxis, dass der Magnetreedschalter unten am Fenster angebracht ist. Dadurch ist das Kippen der Fenster möglich. Für die VdS-Anerkennung muss der Magnetreedkontakt oben am Fenster angebracht werden.

Bild 26-28 zeigt den Anschluss der verschiedenen Meldegruppen und Signalgeber an die Meldezentrale.

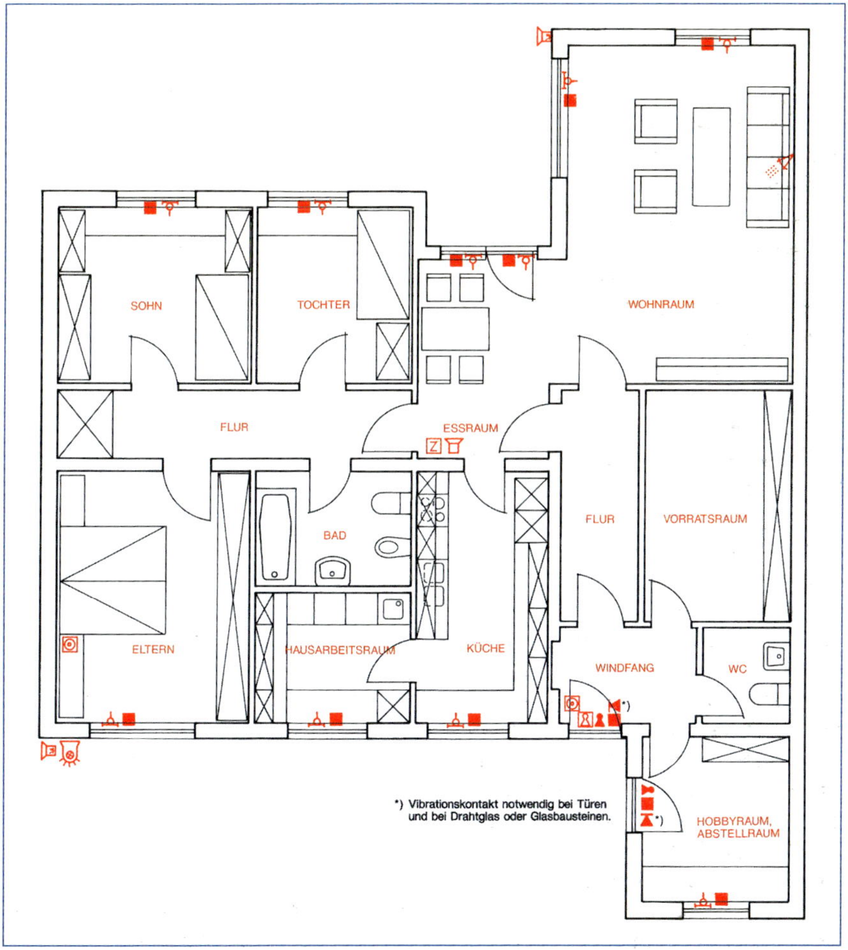

26-25 Installation von Einbruchmeldeanlagen im Beispielgrundriss

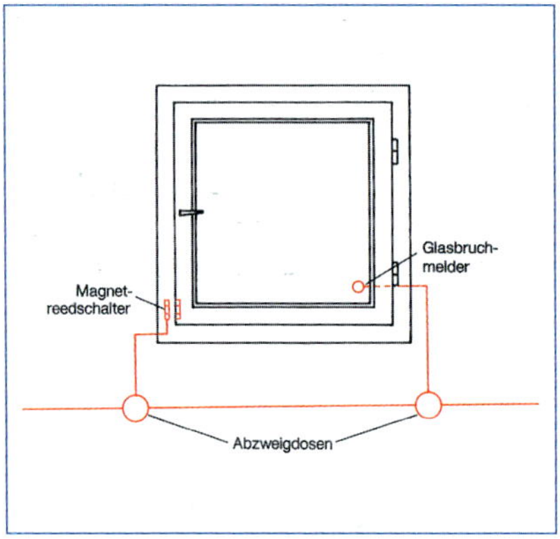

26-26 Sicherung eines Fensters mit Magnetreedschalter und Glasbruchmelder

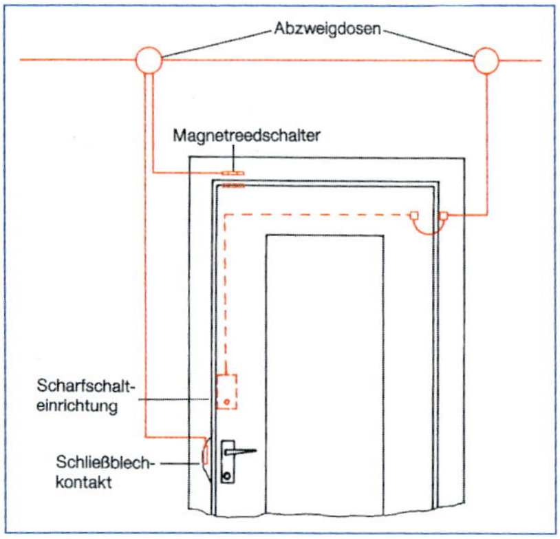

26-27 Sicherung einer Tür mit Schließblechkontakt, Magnetreedschalter und Scharfschalteinrichtung

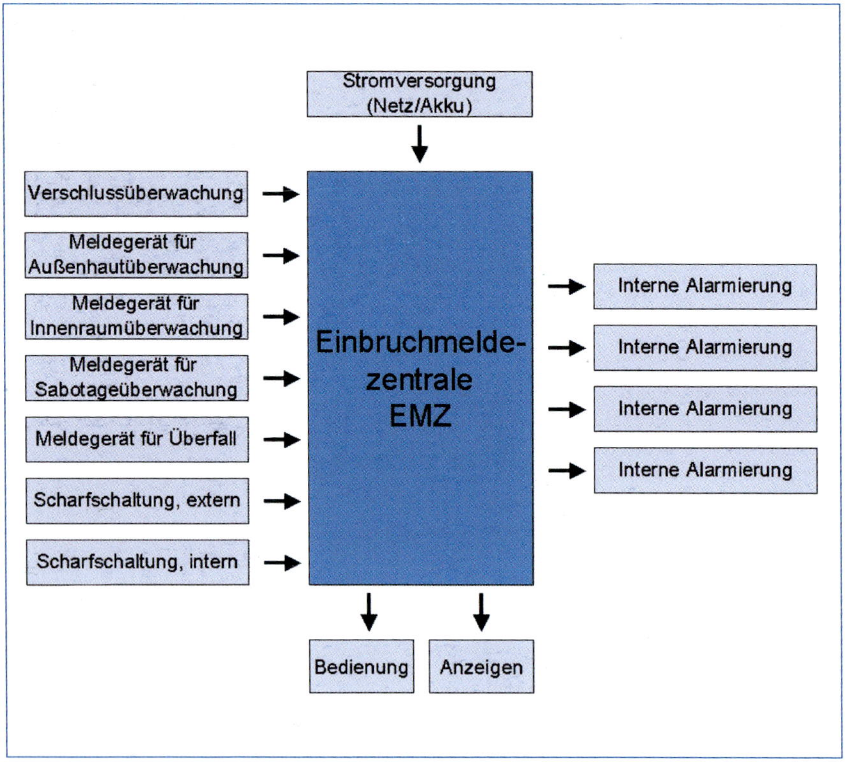

26-28 Aufbau einer Einbruchmeldeanlage

In Wohngebäuden – bei denen selten die VdS-Anerkennung nötig ist – kann über eine Schnittstelle die Anbindung an die Gebäudesystemtechnik erfolgen. Das hat den Vorteil, dass Bewegungsmelder oder Reed-Kontakte sowohl von der Alarmanlage als auch von der Gebäudesystemtechnik genutzt werden können. Beim Scharfschalten kann die Heizung abgesenkt, die Beleuchtung ausgeschaltet werden. Über die Gebäudesystemtechnik kann eine Anwesenheit simuliert werden und im Falle einer Alarmierung die gesamte Hausbeleuchtung eingeschaltet werden.

Auf die BUS-fähige Einbruchmeldezentrale können auch Rauchmelder, Wassermelder u.a. angeschlossen werden.

Gefahrenmeldeanlagen für Feuer, Rauch, Gas, Wasser

Zu den Gefahrenmeldeanlagen zählen auch die Meldegeräte für Feuer, Rauchentwicklung, Gasaustritt und Wasserschaden. Deren Meldung erfordert entsprechende Sensoren sowie optische und/oder akustische Signalisierung.

Diese Gefahrenmeldeanlagen benötigen stets eine Versorgungsspannung, die von einer Batterie oder einem Netzteil geliefert werden kann. Bei Netzbetrieb sollte eine Notversorgungsfunktion (Batterie, Akku) gegeben sein, die bei Ausfall der Netzspannung wirksam wird.

Für jede vorkommende Brandart gibt es spezielle Melder: Der optische Rauchmelder arbeitet nach dem Prinzip der Streulichtmessung und spricht auf den sichtbaren Anteil des Brandrauchs an. Der Ionisationsmelder spricht sowohl auf sichtbare Rauchpartikel als auch auf unsichtbare Verbrennungsgase an, der Temperaturmelder je nach Bauart auf eine Temperaturhöhe oder auf eine Temperaturerhöhungsrate. Um offene Flammen zu erfassen, werden Infrarot- bzw. Ultraviolettmelder eingesetzt.

Sinnvoll ist eine Vernetzung aller Melder im Haus über Leitungen oder über Funk. So werden alle Bewohner zeitgleich alarmiert (Bild 26-30).

Weiterhin zählt zu den Gefahrenmeldeanlagen auch die Erfassung von technischen Alarmen. Hier kommt z.B. der Wassermelder zum Einsatz, der auf dem Fußboden montiert, ausfließendes oder aufsteigendes Wasser sofort erkennt, oder der Gasmelder, der austretendes Erd- oder Flaschengas aufspürt.

Bei der Installation von Einbruch- und Brandmeldeanlagen werden in der Regel getrennte Systeme verwendet. In Wohnungen und Kleingewerbeobjekten ist es auch zulässig, die technischen Melder – wie Rauch-, Wasser- und Gasmelder – an die Einbruchmeldezentrale anzubinden. Durch verschiedene Alarmausgänge kann die Herkunft des Alarms unterschieden werden.

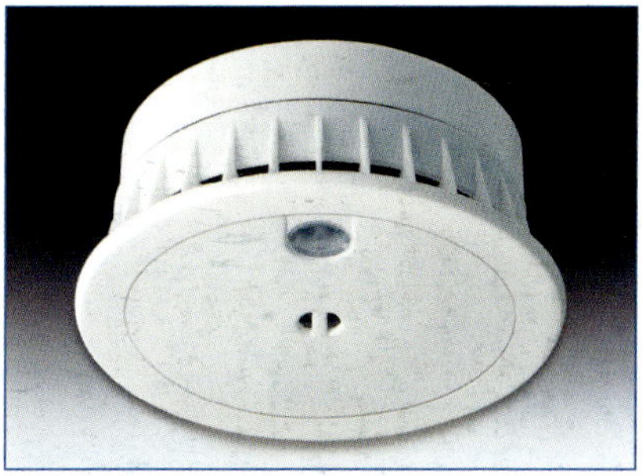

26-29 Rauchmelder

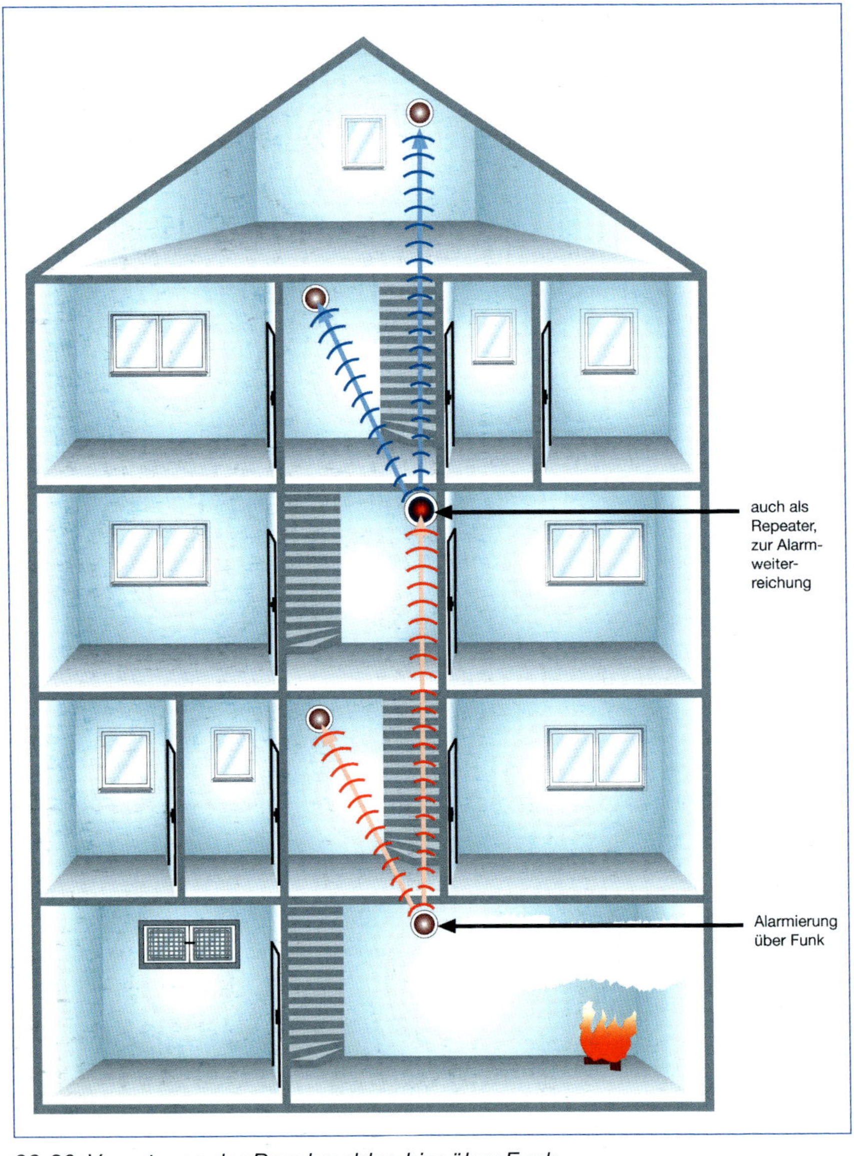

26-30 Vernetzung der Rauchmelder, hier über Funk

Bewegungsmeldeanlagen

Mit diesen Anlagen werden Bewegungen in Räumen oder im Außenbereich festgestellt und gemeldet. Dabei wird die von Lebewesen oder Gegenständen ausgehende Wärmestrahlung im Infrarotbereich erfasst, also kein eigenes Signal ausgesendet. Deshalb hat sich für dieses Konzept der Begriff „Passiv-Infrarot-Bewegungsmelder“ (PIR-Bewegungsmelder) eingebürgert.

Durch das Fresnel-Linsensystem (Facettensystem) im Bewegungsmelder ändert sich der Infrarotempfang jeweils sprunghaft, was eine Signalisierung auslöst. Langsame Temperaturwechsel, wie sie durch Heizungen oder Sonneneinstrahlung bewirkt werden, führen dagegen nicht zu einer Alarmierung. Der Erfassungsbereich eines PIR-Bewegungsmelders wird wesentlich durch das System der Fresnel-Linsen bestimmt. Für Außenmontage konzipierte PIR-Bewegungsmelder müssen so aufgebaut sein, dass Witterungseinflüsse die bestimmungsgemäße Funktion nicht beeinträchtigen.

Bezüglich der Montage von PIR-Bewegungsmeldern ist zu beachten:

- PIR-Bewegungsmelder an erschütterungsfreien Wänden befestigen,
- PIR-Bewegungsmelders stets so montieren, dass die Bewegungsrichtung eines zu erfassenden Lebewesens oder Gegenstandes quer zum Sensor verläuft,
- Nähe zu starken Wärmequellen vermeiden,
- Bereiche starker Zugluft vermeiden,
- direkte Sonneneinstrahlung vermeiden,
- unmittelbare Ausrichtung auf Fenster und Türen vermeiden.

26-31 Bewegungsmelder in Unterputz-Ausführung

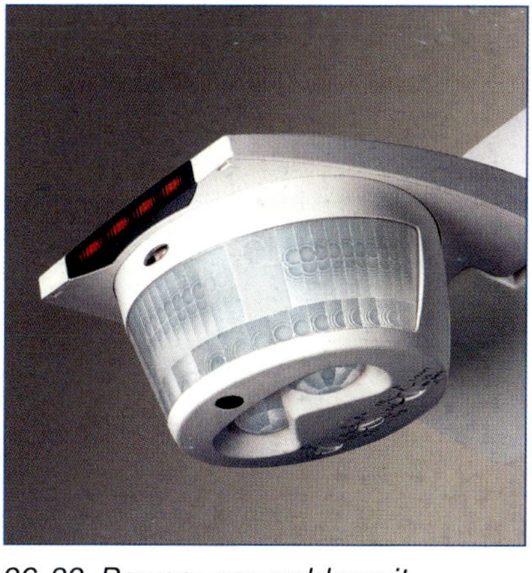

26-32 Bewegungsmelder mit Alarmfunktion

Moderne Bewegungsmelder schalten nicht nur das Licht ein, wenn der Erfassungsbereich betreten wird. Sie können differenzieren: beim Näherkommen aktiviert sich zusätzlich die Alarmfunktion mit roten Leuchtdioden. Darüber hinaus können sie selbst, wenn man einige Tage nicht zu Hause ist, durch eigenständiges Lichtschalten eine überzeugende Anwesenheitssimulation bieten.

Eine Variante zu den Bewegungsmeldern sind Präsenzmelder. Sie erfassen die Anwesenheit von Personen im Raum und messen gleichzeitig die Intensität des natürlichen Lichts. Wird ein vorher festgelegter Helligkeitsgrad unterschritten, genügen kleinste Bewegungen, um die Beleuchtung zu aktivieren. Erkennt der Präsenzmelder keine Bewegung mehr, oder reicht die Umgebungshelligkeit aus, schaltet er das Licht wieder aus. Der Einsatz bietet sich für Büroräume, lange Flure und Eingangsbereiche an.

26-33 Präsenzmelder

Videoüberwachungsanlagen

Während Meldeanlagen lediglich eine Gefahr oder einen Störfall signalisieren, kann mit Videoüberwachungsanlagen die Situation vor Ort unmittelbar eingesehen werden.

Wenn ein PIR-Bewegungsmelder den zu überwachenden Bereich nicht alleine abdeckt, werden mehrere dieser Melder mit aufeinander abgestimmten Erfassungsbereichen eingesetzt.

Die Signalisierung erfolgt entweder an eine Zentrale oder kann direkt genutzt werden, z. B. durch Schalten von Licht.

Videoüberwachungsanlagen bestehen aus einer Videokamera für die Aufnahme, der Übertragungsstrecke und einem Monitor für die Wiedergabe.

26-34 Kamera im Wetterschutzgehäuse für Videoüberwachungsanlagen

27 Wohnungsmodernisierung

Ein Schwerpunkt der allgemeinen Bautätigkeit liegt immer mehr bei der Wohnungsmodernisierung. Gleichgültig, ob es sich um Wohnungen, die nach dem Krieg entstanden sind, oder um die Renovierung und Modernisierung historischer Bauten handelt, darf bei der Planung die Elektroinstallation nicht in Vergessenheit geraten.

An dieser Stelle erübrigt sich eine Wiederholung der Aussagen über den notwendigen Umfang der Elektroinstallation. Einige Besonderheiten sollen jedoch erwähnt werden. Als Grundsatz gilt bei Renovierungs-, Modernisierungs- und Reparaturarbeiten immer, den Elektroinstallateur rechtzeitig hinzuzuziehen. In jedem – noch so kleinen – Teilbereich, ist zuvor die elektrische Anlage zu überprüfen. Diese Überprüfung darf sich selbstverständlich nicht nur auf die sicherheitstechnischen Aspekte beziehen, sondern auch auf den Umfang der Elektroinstallation. Schon bei mancher überstürzten Renovierung musste man im Nachhinein feststellen, dass man die Elektroinstallation vergessen hatte. Manche halbherzige Renovierung hat später viel Ärger bereitet.

Der Planung einer solchen Baumaßnahme geht eine genaue Bestandsaufnahme voraus. Dann muss festgelegt werden, ob die bestehende Anlage ergänzt bzw. erweitert werden kann, oder ob eine Neuinstallation notwendig wird. Nicht nur an die Wohn- und Schlafräume, sondern besonders an die haustechnischen Räume muss gedacht werden. Die Renovierung einer Wohnung, bei der die oft vorhandenen ein oder zwei Stromkreise belassen bleiben, kann nicht befriedigen. Die nach der Renovierung oder im Zusammenhang damit angeschafften Verbrauchsgeräte, wie z. B. Waschmaschine, Geschirrspülmaschine, lassen sich vom Benutzer der Wohnung nicht zufriedenstellend betreiben. Entsprechend den DIN VDE-Normen gibt es für Räume mit Badewanne oder Dusche inzwischen höhere Anforderungen. Diese Forderungen sind auch bei Modernisierungsmaßnahmen zu erfüllen. Steckdosen müssen in diesen Räumen mit FI-Schutzschaltern mit Auslöseströmen $I_{\Delta n} \leq 0{,}03$ A geschützt werden. Bei der Wohnungsmodernisierung bieten sich neben dem Fehlerstrom-Schutzschalter im Stromkreisverteiler auch Schutzkontaktsteckdosen mit eingebauten Fehlerstrom-Schutzschaltern an (Bild 27-1).

Mit einer Renovierung des Treppenhauses ist zweckmäßig eine Erneuerung der Hauptleitungen bzw. Verbindungsleitungen und Steuerleitungen zu verbinden. Besteht im Haus noch ein Freileitungsanschluss, sind entsprechend Rohre für einen späteren Kabelanschluss vorzusehen (siehe auch Kapitel „Hauptstromversorgungssysteme"). Sollen die Wände nicht aufgeschlagen werden, können Installationskanäle – in einer Ecke des Treppenhauses senkrecht verlegt – verwendet werden.

Die Installation in Installationskanälen ist auch innerhalb der Wohnung bzw. der Wohnräume – besonders bei der Erweiterung und Ergänzung der bestehenden

27-1 *Schutzkontaktsteckdose mit eingebautem Fehlerstrom-Schutzschalter*

27-2 *Einsätze zum nachträglichen Abdichten von vorhandenen Installationsdosen*

Anlage – oft vorteilhaft. So können fehlende Steckdosen z. B. in Fußleistenkanälen geschaffen werden; fehlende Schaltfunktionen (z. B. für Licht) können ergänzt werden durch zusätzliche Schalter in Türkanälen oder noch einfacher mittels Gebäudesystemtechnik mit Powernet EIB- oder Funk EIB/KNX-System (siehe jeweils dort). Es kann also auch eine Altbauwohnung funktionsgerecht ausgestattet werden.

Im Rahmen der Modernisierung muss darauf geachtet werden, dass die Gebäudehülle dicht bleibt bzw. wird. Der Markt bietet hierfür besonderes Installationsmaterial an (siehe luftdichte Elektroinstallation), aber auch Material zum nachträglichen Abdichten bestehender Installationsdosen.

Um auf dem Wohnungsmarkt wettbewerbsfähig zu bleiben, sollte man „faule" Kompromisse grundsätzlich vermeiden. Der Wohnungsmieter ist bei steigenden Mietpreisen kritischer geworden.

Bei der Modernisierung von Häusern wird oft auch das Dachgeschoss ausgebaut. Besteht auf dem Haus ein Freileitungsanschluss, muss daran gedacht werden, dass der Dachständer-Anschlusskasten leicht zugänglich bleibt und nicht hinter Abmauerungen oder Zwischenwänden verschwindet.

Besteht ein Dachständer-Anschluss und wird das Dachgeschoss wärmegedämmt, muss darauf geachtet werden, dass die Aluminiumfolie, auf die das Dämmmaterial aufkaschiert ist, keine leitende Verbindung mit dem Dachständer bekommt. Der NB ist sofort zu verständigen, damit geeignete Maßnahmen durchgeführt werden können.

Besondere Aufmerksamkeit sollte der Kommunikationstechnik gewidmet werden. Der früher oft nur im Flur vorhandene Telefonanschluss wird heutigen Anforderungen nicht mehr gerecht. Auch die Zahl der Antennensteckdosen steigt, wenn in jedem Hauptwohnraum zumindest eine Antennensteckdose vorhanden sein soll. Zudem wird heute ein Internetanschluss in jedem Wohnraum gewünscht. Dann ist zu klären, ob die Internet-Anbindung über das Telefonnetz oder – soweit überhaupt vorhanden – über das Breitbandkabelnetz erfolgen soll. Entsprechende Ausführungen zu beiden Lösungen sind in den jeweiligen Kapiteln zu finden.

28 Elektroinstallation im Fertig-, Montage- und Ortbetonbau sowie bei Hohlwandbauweise

In der Bundesrepublik Deutschland wird ein nicht unerheblicher Anteil der errichteten Wohnungen im Montage- oder im Fertighausbau erstellt. Mit dieser Bauweise kommen zusätzliche Probleme, die sich auf alle Details entscheidend auswirken, auch auf die Elektroinstallation zu.

Ist das Fertighaus unterkellert, gibt es im allgemeinen keine Probleme bei Hausanschluss und Zählerplatz, die Anordnung erfolgt wie im konventionellen Bau.

Ist das Haus nicht unterkellert, ist in jedem Fall Rücksprache mit dem NB notwendig. In den letzten Jahren wurden gerade bezüglich des Hausanschlusses bei den NB z. T. sehr unterschiedliche Lösungen eingeführt, die sich weitgehend

28-1 Geräte- und Geräte-Verbindungsdose mit Wand- und Deckenübergängen für Ortbeton

durchgesetzt haben. Für die Unterbringung des Zählerschranks haben die meisten Fertighaushersteller Absprachen mit den NB getroffen.

Weder im Fertigbau aus Leichtbau- bzw. Leichtbetonelementen noch im Montagebau mit Großtafelelementen ist die übliche handwerkliche Installationsmethode zu verwenden. Eine besonders gewissenhafte Planung ist erforderlich, da eine spätere, also nachträgliche Erweiterung schwierig oder mit hohen Kosten verbunden ist.

Deshalb ist gerade bei diesen Bauweisen darauf zu achten, dass eine quantitativ ausreichende Installation eingebracht ist. Bei entsprechenden Hinweisen der Hersteller auf Normen sei eindringlich darauf hingewiesen, dass Normen im allgemeinen nur Mindestanforderungen darstellen. Deshalb sollte grundsätzlich der HEA-Ausstattungswert ★★ gewählt werden.

Die nachstehenden Ausführungen stellen die Problematik der Elektroinstallation dar und geben allgemeine Hinweise. Aufgrund der vielfältigen Baukonzeptionen lassen sich diese leider nicht zu einem Patentrezept vereinigen. Auch sollten hier überwiegend Hinweise für den Benutzer gegeben werden.

Besonderheiten beziehen sich in erster Linie auf das zu verwendende Material. Stegleitungen sind sowohl im Fertigbau als auch im Montagebau grundsätzlich, wenn auch aus unterschiedlichen Gründen, nicht zu verwenden. Eine Universalleitung stellt die Mantelleitung NYM dar, sie ist in beiden Fällen anwendbar.

Im Ortbetonbau ist aber auch das nachträgliche Einziehen von Adern und Leitungen in eingefügte Leerrohre (Elektroinstallationsrohre der Klassifizierung 3) üblich. Hierfür verwendet man Aderleitungen des Typs H07 V-U oder Mantelleitungen NYM. Sind keine Leerrohre, sondern nur Hohlräume in runder oder eckiger Form vorhanden, dann ist wegen des mechanischen Schutzes mindestens eine Leitung NYM zu verwenden. Bei direkter Einbettung in Beton sind nur Kabel, z. B. NYY oder die Leitung NI2XY, zugelassen.

Die verwendeten Dosen, z. B. Gerätedosen, Geräte-Verbindungsdosen (Bild 28-1), müssen für die Installation in Beton geeignet sein und die Kennzeichnung ▽B tragen. Bild 28-2 zeigt eine Deckenleuchten-Anschlussdose, wie sie bei Ortbeton verwendet wird, d. h. bei Massivdecken im konventionellen Bau.

28-2 Deckenleuchten-Verbindungsdose und Deckenleuchten-Anschlussdose

Deckendosen gibt es mit vergrößertem Klemmraum als Deckenleuchten-Verbindungsdosen. Die Öffnung der Dosen wird mit einem Deckel verschlossen. In das Gewinde in den Dosen kann der Leuchtenhaken eingeschraubt werden.

An den Übergängen zwischen den einzelnen Bauelementen, z. B. an Dehnungsfugen, müssen Leitungen und Kabel vor mechanischen Beschädigungen geschützt sein (z. B. durch Schlaufen).

Elektroinstallation in Hohlwänden und Gebäuden aus vorwiegend brennbaren Baustoffen

28-3 Hohlwanddosen-Fräser mit Randversenker und Auswerfer

An die Elektroinstallation sind auch hier besondere Anforderungen gestellt. Hohlwände kommen nicht nur im Fertighausbau, sondern auch als Trennwände im konventionellen Wohnungsbau vor. Sie bestehen meist aus einer Rahmenkonstruktion aus Holz oder Metall, die mit Gipskarton-, Span-, Kunststoff-, Holz- und Metallplatten o. ä. bekleidet sind. Die für die Installation in Hohlwänden verwendeten Geräte- und Verbindungsdosen (Bild 28-4), Stromkreisverteiler und dgl. müssen die Kennzeichnung ▽H tragen. Ein einwandfreier Sitz der Hohlwanddosen in den Hohlwänden ist nur gewährleistet, wenn mit einem auf die Dosen abgestimmten Werkzeug, z. B. Hohlwanddosenfräser (Bild 28-3) gearbeitet wird. Bei den häufig verwendeten Hohlwanddosen mit Halterand ist darauf zu achten, dass der Rand versenkt (angefast) wird, damit eine wandbündige Montage möglich ist, ansonsten liegen Schalter und Steckdosen später nicht sauber an der Wand an.

Entsprechend der Energieeinsparverordnung – EnEV ist darauf zu achten, dass die Gebäudehülle luftdicht ist. Dementsprechend muss auch die Elektroinstallation entsprechend ausgeführt werden. Für die Hohlwandinstallation werden luftdichte Dosen angeboten (Bild 28-5), mit ihnen kann die Luftdichtheit einfach sichergestellt werden.

28-4 Gerätedose, Geräte-Verbindungsdose und Wandleuchten-Anschlussdosen in Hohlwandausführung

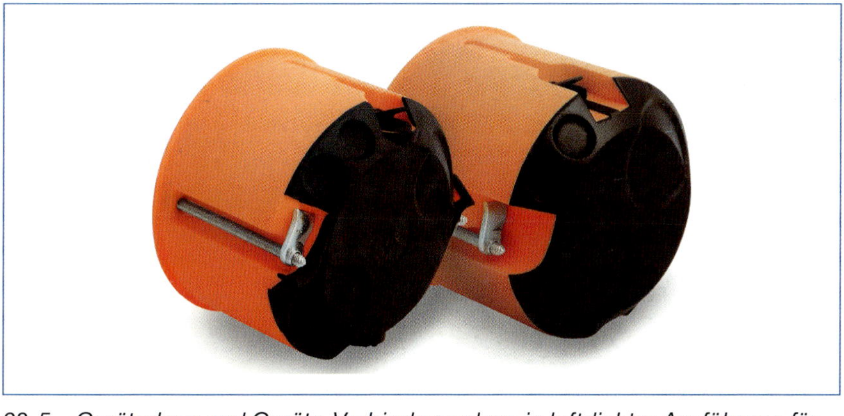

28-5 Gerätedose und Geräte-Verbindungsdose in luftdichter Ausführung für Hohlwand-Installation

Wichtig ist, dass auch die Leitungs- und Rohrdurchführungen durch eine vorhandene Dampfsperre sorgfältig und fachgerecht ausgeführt werden. Entsprechende selbstklebende Luftdichtungsmanschetten (Bild 28-6) stellen dauerhaft Dichtheit auf Folien, Pappen, Papier, Holz oder Grobspanplatten (OSB) her.

Spezielle Dosen für die Gebäudesystemtechnik ermöglichen eine fachgerechte Installation von Niederspannung (230 V) und Schutz-Kleinspannung in einer Dose (Bild 28-7).

Werden Stromkreisverteiler und Hohlwanddosen ohne Kennzeichnung ▽H verwendet, müssen diese mit einem 20 mm dicken Fibersilikat umhüllt oder in 100 mm Glas- oder Steinwolle eingebettet werden.

Für die Hohlwandinstallation müssen Leitungen und Kabel aus flammwidrigem Kunststoff, z. B. PVC, verwendet werden, meist wird Mantelleitung NYM verlegt. Stegleitungen dürfen nicht verwendet werden. Installationsrohre müssen die Klassifizierung 2 haben. Werden in Hohlwänden Leitungen nicht fest verlegt, müssen sie an den Anschlussstellen (z. B. Stromkreisverteiler, Schalterdosen) von Zug entlastet sein.

Wird die Zugentlastung nicht „automatisch" durch besonders geformte Einführungen an den Dosen gewährleistet, ist diese gesondert vorzunehmen (z. B. mittels Schellen).

Für Hohldecken gibt es Gehäuse, in denen Niedervolt-Einbauleuchten eingebaut werden können (Bild 28-8). Bei der Bestückung mit Leuchten und Lampen sind unbedingt die Herstellerangaben zu beachten.

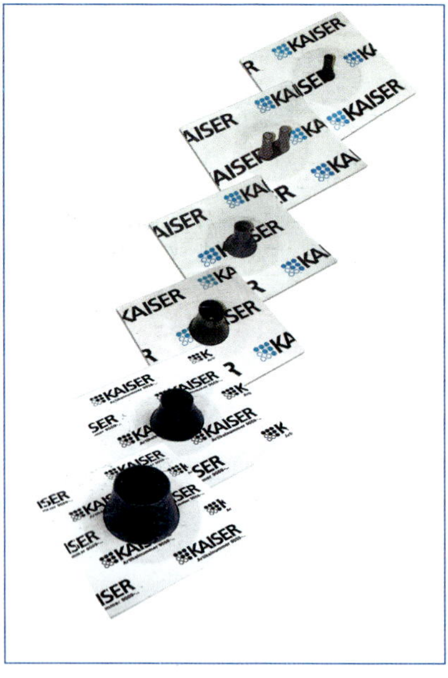

28-6 Manschetten für die Luftdichtheit von Leitungen und Rohren durch eine Dampfsperre

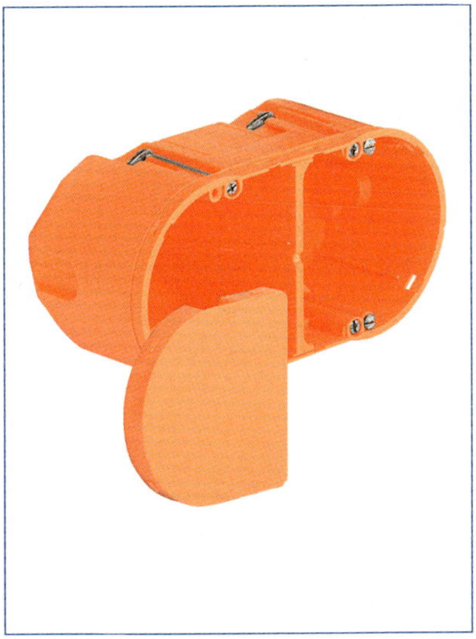

28-7 *Zweikammerdose für Geräteeinsätze und elektronische Komponenten z. B. für Gebäudesystemtechnik in luftdichter Hohlwandausführung*

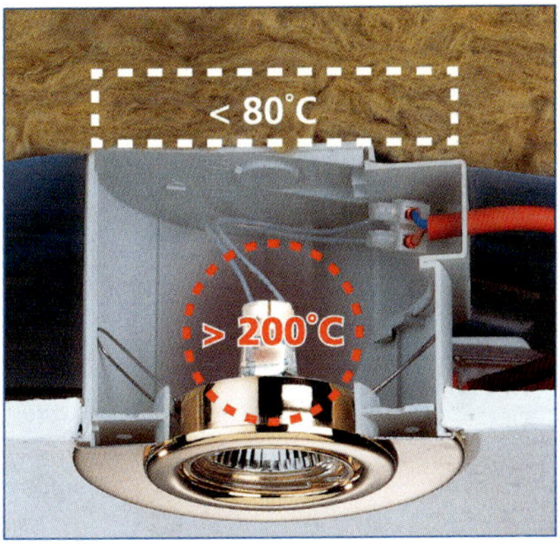

28-8 *Luftdichte Einbaugehäuse für Niedervolt-Leuchten in gedämmten Hohldecken*

29 Prüfen elektrischer Anlagen

Der Errichter einer elektrischen Anlage muss diese vor der Inbetriebnahme prüfen. Die Erstprüfung erfolgt nach DIN VDE 0100-600. Die Prüfung umfasst:

- Besichtigen
- Erproben und Messen

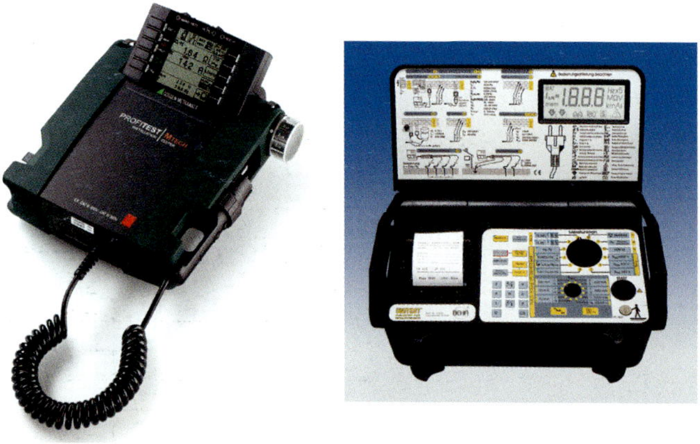

29-1 Kombinierte Prüfgeräte für die wichtigsten Messungen

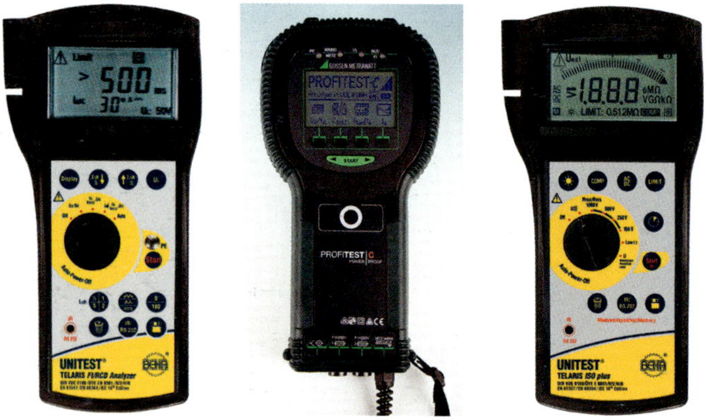

29-2 Prüfgeräte für Fehlerstrom-Schutzeinrichtungen, Schleifenimpedanz, Isolationswiderstand

Prüfung elektrischer Anlagen

Prüfprotokoll ①

Nr. Blatt .... von .... Kunden Nr.:

Auftraggeber②: Auftrag Nr.: Auftragnehmer③:

Anlage:

Prüfung④ nach: DIN VDE 0100-600 ☐ DIN VDE 0105-100 ☐ BGV A3 ☐ .... / .... BSV ☐ E-CHECK ☐

Neuanlage ☐ Erweiterung ☐ Änderung ☐ Instandsetzung ☐ Wiederholungsprüfung ☐

Beginn der Prüfung: Beauftragter des Auftraggebers: Prüfer⑤:

Ende der Prüfung:

Netz .... / .... V Netzform: TN-C ☐ TN-S ☐ TN-C-S ☐ TT ☐ IT ☐

Netzbetreiber

Besichtigen	i.O.	n.i.O.		i.O.	n.i.O.		i.O.	n.i.O.
Auswahl der Betriebsmittel	☐	☐	Kennzeichnung Stromkreis, Betriebsmittel	☐	☐	Zugänglichkeit	☐	☐
Trenn- und Schaltgeräte	☐	☐	Kennzeichnung N- und PE-Leiter	☐	☐	Schutzpotenzialausgleich	☐	☐
Brandabschottungen	☐	☐	Leiterverbindungen	☐	☐	Zus. örtl. Potentialausgleich	☐	☐
Gebäudesystemtechnik	☐	☐	Schutz und Überwachungseinrichtungen	☐	☐	Dokumentation⑥	☐	☐
Kabel, Leitungen, Stromschienen	☐	☐	Basisschutz, Schutz gegen direktes Berühren	☐	☐	siehe Ergänzungsblätter ☐		
Erproben			Funktion der Schutz-, Sicherheits- und			Rechtsdrehfeld der		
Funktionsprüfung der Anlage	☐	☐	Überwachungseinrichtungen	☐	☐	Drehstromsteckdose	☐	☐
FI-Schutzschalter (RCD)	☐	☐	Drehrichtung der Motoren	☐	☐	Gebäudesystemtechnik	☐	☐

Messen Stromkreisverteiler Nr.:

Stromkreis		**Leitung/Kabel**		**Überstrom-Schutzeinrichtung**			R_{iso} (MΩ)	**Fehlerstrom-Schutzeinrichtung (RCD)**					**Fehler-**
Nr.	Zielbezeichnung	Typ	Leiter Anzahl Quers. (mm²)	Art Charakteristik	I_n (A)	Z_s (Ω) ☐ I_k (A) ☐	ohne ☐ mit ☐ Verbraucher	I_n/Art (A)	$I_{\Delta n}$ (mA)	I_{mess} (mA) ($\leq I_{\Delta n}$)	Ausl.-Zeit t_A (ms)	$U_L \leq$ ..... V U_{mess} (V)	**code** siehe auch ⑦
	Hauptleitung		x										
			x										
			x										
			x										
			x										
			x										
			x										
			x										
			x										
			x										
			x										

Durchgängigkeit des Schutzleiters⑨ ≤ **1** Ω ☐ Erdungswiderstand: R_E .... Ω

Durchgängigkeit Potentialausgleich⑨ (≤ 1 Ω nachgewiesen)

Fundamenterder	☐	Hauptwasserleitung	☐	Heizungsanlage	☐	EDV-Anlage	☐	Antennenanlage/BK	☐
Haupterdungsschiene	☐	Hauptschutzleiter	☐	Klimaanlage	☐	Telefonanlage	☐	Gebäudekonstruktion	☐
Wasserzwischenzähler	☐	Gasinnenleitung	☐	Aufzugsanlage	☐	Blitzschutzanlage	☐	....	☐

Verwendete Messgeräte nach VDE	Fabrikat: Typ:	Fabrikat: Typ:	Fabrikat: Typ:

Prüfergebnis: keine Mängel festgestellt ☐ Prüf-Plakette angebracht: ja ☐ Nächster Prüftermin:

Mängel festgestellt ☐ nein ☐

Auftraggeber②:

Gemäß Übergabebericht elektrische Anlage vollständig übernommen ☐

Zustandsbericht erhalten ☐

Ort Datum Unterschrift

Prüfer⑤:

Die elektrische Anlage entspricht den anerkannten Regeln der Elektrotechnik ☐

Die elektrische Anlage entspricht nicht den anerkannten Regeln der Elektrotechnik ☐

Ort Datum Unterschrift

29-3 ZVEH-Prüfprotokoll

Prüfung elektrischer Anlagen

Übergabebericht⑦ ☐ **Zustandsbericht**⑦ ☐

Nr. Blatt .... von .... Kunden Nr.:

Auftraggeber②: Auftrag Nr.: Auftragnehmer③:

Anlage: Zähler Nr.:

Zählerstand kWh

	Ort/Anlagenteil⑧ — Anzahl Betriebsmittel ☐ / Fehler-Code ☐																	
Elektroinstallationsgeräte	Stromkreisverteiler																	
	Aus-/Wechselschalter																	
	Serienschalter																	
	Taster																	
	Dimmer																	
	Jalousietaster/-schalter																	
	Schlüsseltaster/-schalter																	
	Nottaster/-schalter																	
	Zeitschalter/-taster																	
	Steckdose																	
	Bewegungsmelder																	
	Geräteanschlussdose																	
	Telefonanschlusseinheit																	
	TV-Steckdose																	
	EDV-Steckdose																	
	Sprechstelle																	
	Gong/Summer																	
	EIB-Aktor																	
	EIB-Sensor																	
	Leuchten-Auslass																	
	Leuchte																	

Auftraggeber②:

Gemäß Übergabebericht elektrische Anlage vollständig übernommen. ☐

Zustandsbericht erhalten ☐

Ort Datum Unterschrift

Prüfer⑤:

Die elektrische Anlage vollständig übergeben ☐ Dokumentation⑥ übergeben ☐

In der Anlage wurden Mängel festgestellt ☐

Ort Datum Unterschrift

29-4 ZVEH-Übergabebericht/Zustandsbericht

Mängel-Liste und Bewertung der Besichtigung bei Wiederholungsprüfung

Kennzeichnung

	Bedeutung
	Allgemeines
10	Abdeckung schadhaft
11	Abdeckung fehlt
12	Betriebsmittel nicht ordnungsgemäß eingebaut
13	Betriebsmittelbezeichnung fehlt
14	Gehäuse defekt
15	Anlage verschmutzt / Lüftung behindert
16	Betriebsmittel falsch, z. B.: nicht den Umgebungsbedingungen entsprechend ausgewählt
17	Zugänglichkeit nicht gewährleistet
18	Mechanischer Schutz fehlt
19	Verbindung unsachgemäß, z. B.: falsche Auswahl oder Klemmenverbindung falsch ausgeführt
20	Wärmeschaden
21	Brandschutz fehlt, z. B.: Lichtleiste auf Holz montiert
22	Material für Umgebungstemperatur nicht geeignet
23	Brandschottung fehlt
24	Überstromschutz falsch eingestellt
25	Dokumentation unvollständig
26	Dokumentation nicht aktualisiert
27	N-Leiter fehlt
28	Plombierung fehlt
29	
30	
31	
32	
33	
34	
35	
36	
37	
38	
39	
	Schutzmaßnahmen gegen elektrischen Schlag
40	Schutzleiter nicht wirksam z. B.: verbogen, angebrochen, mit Farbe bedeckt
41	Schutzleiter falsch gekennzeichnet
42	Schutzleiter fehlt
43	Berührungsschutz fehlt (alles, vom Isolieren bis blanke Leiterenden)
44	Schutzisolierung durchbrochen z. B.: Metallverschraubung im ISO-Gehäuse
45	Schutzart falsch
46	Haupt-Potentialausgleich fehlt / unvollständig
47	Zusätzlicher Potentialausgleich fehlt / unvollständig
48	Schutzleiter als Außenleiter verwendet
49	FI-Schutzeinrichtung fehlt
50	FI-Schutzeinrichtung überbrückt
51	Spannungsebenen nicht sicher getrennt, z. B.: bei nicht fingersicheren Schutzkontakt-Steckdosen keine gemeinsame Abdeck.
52	Schutzmaßnahme falsch, z. B.: für bestimmte Bereiche wurden die geforderten Schutzmaßnahmen nicht angewendet, beim Kesselbau nur Schutzkleinspannung oder Schutztrennung zulässig oder Baustellenverteiler immer mit FI-Schutzschalter
53	
54	
55	
56	
57	
58	
59	

Kennzeichnung

	Bedeutung
	Verteiler
60	Zielbezeichnung fehlt
61	Passeinsätze falsch / fehlen
62	Verdrahtung mangelhaft
63	Überstromschutzeinrichtung falsch eingestellt
64	Überstromschutzeinrichtung falsch
65	Schraubkappe defekt
66	Sicherung geflickt
67	Lichtbogentrennung fehlt
68	Abdeckung fehlt
69	
70	
71	
72	
73	
74	
75	
76	
77	
78	
79	
	Kabel und Leitungen und Verlegesysteme
80	Leitungsverlegung unsachgemäß
81	Leitung beschädigt
82	Leitung unzulässig
83	Leitungseinführung unvorschriftsmäßig
84	Querschnitt falsch
85	Aderendhülsen fehlen
86	Brandlast zu hoch
87	Verlegesysteme falsch dimensioniert / befestigt
88	
89	
	Installationsgeräte
90	Leuchtmittel falsch
91	Leuchtmittel defekt / fehlt
92	Leuchtenabdeckung fehlt
93	Schutzabstand nicht eingehalten z. B.: im Badezimmer; Abstand zu brennbaren Stoffen
94	
95	
96	
97	
98	
99	

Bewertung der aufgetretenen Mängel

	Bedeutung
O	Ohne Gefährdung; kein Handlungsbedarf
A	Geringe (leichte) Gefährdung Anlage darf weiterbetrieben werden, Mängel sind bei nächster Gelegenheit zu beheben
B	Erhöhte (mittlere) Gefährdung Anlage darf weiterbetrieben werden, Mängel sind umgehend zu beheben
C	Hohe (akute) Gefährdung Anlage muss unverzüglich außer Betrieb gesetzt werden ➛ unbedingt per Unterschrift des Auftraggebers zu bestätigen

29-5 ZVEH-Vordruck „Mängel-Liste und Bewertung der Besichtigung bei Wiederholungsprüfung“

Besichtigen

ist im Rahmen der Prüfungen von grundlegender Bedeutung. Es beginnt mit der Errichtung durch richtige Auswahl des Materials und begleitet die gesamten Errichtungsarbeiten. So ist festzustellen, ob das verwendete Material den Anforderungen am Einbauort entspricht und keine Schäden aufweist. Weiterhin ist festzustellen, ob der Schutz umfassend und wirksam ist. Zum Besichtigen gehört auch, nachzusehen, ob alle Unterlagen wie Schaltpläne, Betriebsanleitungen usw. vorhanden sind und die Stromkreise dauerhaft gekennzeichnet sind.

29-6 Prüfgerät für ortsveränderliche elektrische Betriebsmittel nach einer Instandsetzung bzw. für Wiederholungsprüfungen

Erproben und Messen

Durch Erproben und Messen sind – sofern zutreffend – folgende Prüfungen durchzuführen, vorzugsweise in der angegebenen Reihenfolge:

- Durchgängigkeit der Schutzleiter, der Verbindungen des Hauptpotentialausgleichs und des zusätzlichen Potentialausgleichs;
- Isolationswiderstand der elektrischen Anlage;
- Schutz durch SELV und PELV oder Schutztrennung;
- Widerstand von isolierenden Fußböden und Wänden;
- Schutz durch automatische Abschaltung der Stromversorgung;
- Spannungspolarität;
- Funktionsprüfung;
- Spannungsfall;
- Drehfeldrichtung der Drehstrom-Steckdosen*. Es ist zu prüfen, ob ein Rechtsdrehfeld vorhanden ist, wenn die Kontaktbuchsen von vorn im Uhrzeigersinn betrachtet werden.

Die Prüfungen müssen durch Elektrofachkräfte durchgeführt werden, die über Erfahrungen beim Prüfen elektrischer Anlagen verfügen.

Der Elektroinstallateur stellt über die durchgeführten Maßnahmen ein Prüfprotokoll und einen Übergabebericht aus, die er auch dem Anlagenbetreiber bzw.

* Für andere elektrische Betriebsmittel, wie z. B. Hausanschlüsse, Stromkreisverteiler, im Anwendungsbereich der Normenreihe DIN VDE 0100 ist kein Rechtsdrehfeld für Drehstrom-Stromkreise festgelegt. Der Betreiber einer elektrischen Anlage kann jedoch aus betriebsinternen Gründen das Rechtsdrehfeld für Versorgungssysteme und/oder den Anschluss von Betriebsmitteln (z. B. für Zähler) vorsehen. Bei Drehstromzählern für die Abrechnung des Energiebezugs ist der Rechtsdrehsinn der Zählerscheibe nicht zu verwechseln mit einem gegebenenfalls geforderten Anschluss im Rechtsdrehfeld.

Hausbesitzer aushändigt. Bild 29-3 gibt das Prüfprotokoll wieder. Bild 29-4 zeigt den Übergabebericht, der für bestehende Anlagen als Zustandsbericht verwendet werden kann. Im Prüfprotokoll sind die technischen Werte der Anlage enthalten. Ergänzt wird die Dokumentation durch den ZVEH-Vordruck „Mängel-Liste und Bewertung der Besichtigung bei Wiederholungsprüfung" (Bild 29-5).

Der Elektroinstallateur bestätigt mit dem Prüfprotokoll, dass die Anlage den anerkannten Regeln der Technik entspricht, bzw. dokumentiert bei einer Wiederholungsprüfung bestehende Mängel.

Gerade die Wiederholungsprüfungen sind von Bedeutung, dienen sie doch dazu, den sicheren Zustand einer Installationsanlage zu erhalten. Für die Installationsanlagen werden dafür die Mess- und Prüfgeräte sowie die Protokolle genutzt, die auch für die Erstprüfungen verwendet werden.

Besonderes Augenmerk sollte bei den Wiederholungsprüfungen der Prüfung von instandgesetzten oder geänderten ortsveränderlichen Betriebsmitteln gewidmet werden. Die dazu notwendigen Prüfgeräte zeigt Bild 29-6. Hinzu kommen turnusmäßige Wiederholungsprüfungen im gewerblichen Bereich.

Dokumentation der Erdungsanlage

Nach DIN 18014 ist über die Erdungsanlage eine Dokumentation (Bild 7-14 und 7-15) anzufertigen. In der Dokumentation ist das Ergebnis der Durchgangsmessung sowie die Ausführungspläne und ggf. Fotografien der Erdunganlage einzutragen. Diese Dokumentation kann auch für die Übergabe der Erdungsanlage an den Elektroinstallateur dienen, der für die elektrische Anlage verantwortlich ist (siehe auch Kapitel 7 Fundamenterder).

Das Formular kann auch auf der Internetseite http://www.elektro-plus.com/ heruntergeladen werden.

30 Schrifttum

Dehn: „Blitz-Planer“. Dehn + Söhne, Neumarkt

DIN: „Praxishandbuch Elektrotechniker-Handwerk. DIN-Normen und technische Regeln für die Elektroinstallation“. Beuth-Verlag, Berlin/Köln

Fördergemeinschaft Gutes Licht: „Gutes Licht zum Wohnen“. Fördergemeinschaft Gutes Licht, Frankfurt am Main

Hasse/Wiesinger/Zischank: „Handbuch für Blitzschutz und Erdung“. Richard Pflaum Verlag KG, München

HEA: „HEA-Bilderdienst“ Gruppe 3: Bauwesen, Elektroinstallation. VWEW Energieverlag, Frankfurt am Main

HEA/IfB-Gutachten G 240/80: „Elektro-Installation in Wohngebäuden – Anforderung, Planung und Bewertung“. Fachverband für Energiemarketing und -anwendung (HEA) e.V., Frankfurt am Main

Initiative ELEKTRO+: „Raumplaner”, „Modernisierung”, „Schutz gegen elektrischen Schlag”, „Fundamenterder”, „Überspannungsschutz”, „FI-Schalter”, u. a.; www.elektro-plus.com

Hösl, Ayx, Busch: „Die vorschriftsmäßige Elektroinstallation“. Hüthig GmbH, Heidelberg

VWEW Energieverlag: „RWE Bau-Handbuch“, 14. Auflage. VWEW Energieverlag, Frankfurt am Main

Vogt, Schmolke: „Elektro-Installation in Wohngebäuden“, VDE-Verlag, Berlin

ZVEI/ZVEH: „Handbuch Gebäudesystemtechnik“. Wirtschaftsförderungsgesellschaft der Elektrohandwerke mbH (WFE), Frankfurt am Main

Außerdem sind VDE-Bestimmungen, DIN-Normen, Technische Anschlussbedingungen (TAB), BDEW, VDEW-, VDN- und FNN-Richtlinien, HEA-Merkblätter, HEA-Bilderdienst und Technische Richtlinien (T-Com) der Deutschen Telekom und RAL-RG 678 auszugsweise wiedergegeben.

31 Stichwortverzeichnis

30,70